生态与人译丛

THE SANITARY CITY

Environmental Services in Urban America from Colonial Times to the Present

Martin V. Melosi

环卫城市
从美国殖民地时期直到现在

〔美〕马丁·V. 梅洛西 著

毛达 王丽敏 译

梅雪芹 校

商务印书馆
创于1897 The Commercial Press

Martin V. Melosi

THE SANITARY CITY

Environmental Service in Urban America from Colonial Times to the present

Copyright © 2008 University of Pittsburgh Press

献给亲爱的吉娜和唐娜，阿德利亚和史蒂文

丛书总序

生态与人类历史

收入本丛书的各种译著是从生态角度考察人类历史的基础性的、极富影响力的、里程碑式的著作。同历史学家们惯常所做的一样，这些作品深入探讨政治与社会、文化、经济的基础，与此同时，它们更加关注充满变数的自然力量如何在各种社会留下它们的印记，社会又是如何使用与掌控自然环境等问题。

这些著作揭示了自然资源的充裕与匮乏对工作、生产、革新与财富产生了怎样的影响，以及从古老王朝到今天的主权国家的公共政策又是如何在围绕这些资源所进行的合作与冲突中生成；它们探讨了人类社会如何尝试管理或者回应自然界——无论是森林还是江河，无论是气候还是病菌——的强大力量，这些尝试的成败又产生了怎样的结果；它们讲述了人类如何改变对环境的理解与观念，如何深入了解关于某一具体地方的知识，以及人类的社会价值与冲突又是如何在从地区到全球的各个层面影响生态系统的新故事。

1866 年，即达尔文的《物种起源》出版七年之后，德国科学家恩斯特·赫克尔创造了"生态学"（ecology）一词。他将该词定义为对"自然的经济体系——即对动物同其无机与有机环境的整体关系所做的科学探察。……一言以蔽之，生态学即是对达尔文所指的作为生存竞争条件的复杂内在联系的研究。"以"动物"代之以"社会"，赫克尔的这段文字恰可为本丛书提供一个适用的中心。

在本丛书中，并非所有的著作都旗帜鲜明地使用"生态"一词，或直接从达尔文、赫克尔、抑或现代科学以及生态学那里获取灵感。很多著作的"生态性"表现在更为宽泛的层面，从严格的意义来说，它们或许不是对当前科学范式的运用，更多的是阐明人类在自然世界中所扮演的角色。"生存竞争"适用于所有的时代与国家的人类历史。我们假定，在人类与非人类之间并不存在泾渭分明的界限；与任何其他物种的历史一样，人类的历史同样是在学习如何在森林、草原、河谷，或者最为综合地说，在这个行星上生存的故事。寻觅食物是这一历史的关键所在。与此同样重要的，则是促使人类传递基因，获取自然资源以期延续文明，以及对我们所造成的这片土地的变化进行适应的驱动力。但就人类而言，生存竞争从未止于物质生存——即食求果腹，片瓦遮头的斗争，它也是一种力图在自然世界中理解与创造价值的竞争，一种其他任何物种都无法为之的活动。

生态史要求我们在研究人类社会发展时，对自然进行认真的思考，因此，它要求我们理解自然的运行及其对人类生活的冲击。关于"自然的经济体系"的知识大多来自自然科学，特别是生态学，也包括地质学、海洋学、气候学以及其他学科。我们都明白，科学无法为我们提供纯而又纯、毫无瑕疵的"真理"，如同那些万无一失、洞察秋毫的圣人们所书写的"圣语"。相反，科学研究基于一种较少权威主义的目的，是一项尽我们所能地去探索、理解、进行永无终结、且总是倾向于修正的工作。本丛书的各位学者普遍认为科学是人类历史研究中不断变化的向导与伴侣。

　　毋庸置疑，我们也可以从非科学的源头那里了解自然，例如，农夫在日间劳作中获取的经验，或者是画家对于艺术的追求。然而现代社会已然明智地决定它们了解自然的最可信赖的途径是缜密的科学考察，人类经历了漫长的时间始获得这一认知，而我们历史学家则必须与科学家共同守护这一成就，使其免遭诸如宗教、意识形态、解构主义或者蒙昧主义中的反科学力量的非难。

　　这些著作中所研究的自然可能曾因人类的意志或无知而改变，然而在某种程度上，自然总是一种我们无法忽视的自主的力量。这便是这些著作所蕴涵的内在联系。我们期待包括历史学家在内的各个不同领域的学者及读者阅读这些著作，从而发展出探讨历史的全新视野，而这一视野，正在迅速地成为指引我们走过 21 世纪的必要航标。

唐纳德·沃斯特　文

侯　深　译

中 文 版 序

《环卫城市》（精简版）能被译成中文并在中国出版，我感到很高兴。我曾有三次到访中国的经历，并有幸在位于北京的北京大学、北京师范大学、清华大学和中国人民大学，位于上海的上海大学以及位于宁波的宁波诺丁汉大学开办讲座或参加会议。在这些活动中，我遇到了多位新学术同行，与老朋友重建起联系，还跟曾在美国与我共事过的优秀学生有不少交流。每一回在中国，我与夫人卡洛琳（Carolyn）都得到了温暖礼遇，并有机会好好领略这个广博且多样的国家的各种奇迹与美丽。

起初，我对城市基础设施、城市公共服务、环境正义以及公众史学的兴趣，完全是和美国的研究实践相关联的，期待它们也能引起中国听众的兴趣，好像显得有些奇怪。然而，《环卫城市》（研究供水、废水和废弃物管理问题）——尤其是这本著作——虽然仅仅论述美国的经验，但触及的却是所有国家都共同面临的一些根本性问题。清洁供水，有效排放和处理污水，收集和处置固体废物，这些都是普世需求，会影响到每一个人的生活。我在中国经历过的讨论和对话，让我们对所有城市面临的共同问题和可能出路的理解愈发清晰，不论时代停留在远古还是转换到了当今。与此同时，跟中国同行的互动也揭示出不同的历史和文化会孕育出它们各自应对环境服务需求的不同模式。

我的中国访学活动，与我在其他很多地方，如欧洲、俄罗斯、南非、中东及澳大利亚的经历一样，重塑了我的研究工作，让它变得更具全球性、普世性，还可能更有意义。在一个新地方旅行和工作，既令人兴奋，又让人谦卑。要学的实在太多，而往往时间却太过有限。我与各地学术同行、朋友、学生保持着的联系，既丰富了我的生活，也能在很多方面改进我的工作。《环卫城市》能以这种特别的方式延续，真是一件欣喜之事。

马丁·梅洛西

美国得克萨斯州休斯敦

前　　言

　　我写《环卫城市》原版的初衷是要用一本书的篇幅，论述美国环卫服务在整个国家历史中的发展和影响。我把那本书看作是对以前历史著作的综合，同时也是一项全面的研究，可以为任何对这个主题感兴趣的人提供现成的参考。我意识到，即使是一本篇幅如此长的书，也只是触及了这个主题的表面。然而，它扎眼的体量并不适合课堂使用，也不适合那些希望篇幅和重点更可被驾驭的读者。在写这本精简版的时候，我尽量保留原文的品质和特点，而不增加篇幅和细节。如果你想了解更多关于这个主题的内容，请参考 2000 年出版的原始版本。在那一版本中，我写了以下序言（对本卷作了一些必要的更新），我相信今天仍然适用。

　　1989 年 10 月 17 日傍晚，我坐在电视机前的躺椅上，观看世界职业棒球大赛第一场比赛，互为对手的是旧金山巨人队（San Francisco Giants）和奥克兰运动家队（Oakland A's）。我在旧金山湾区（Bay Area）长大，所以对在曾经的居住地进行的比赛感到特别兴奋。比赛还没开始，电视直播现场就转移到海湾大桥（Bay Bridge）（连接旧金山和奥克兰），这座桥当时已经被一场显而易见的大地震扭断了。我立即站起来，拨打我父母在圣何塞（San Jose）家里的电话，那里离灾难现场大约 55 英里。出乎意料地，我接通了他们的电话。父亲接电话时，我的家人正拼命地设法躲过地震，那时在一片漆黑的厨房里，碗碟和小摆设从架子上纷纷落下。他们不知道在旧金山-奥克兰的海岸上发生了什么。至少，由我从 2000 英里外的休斯敦向父亲描述海湾大桥上的场景，那是一个奇怪的时刻。

我的父母（他们已经不在我们身边了）在这场灾难中幸存下来，他们的房子只受到轻微的损坏，但地震和多次余震使他们的神经紧张不安。10 月那个晚上的洛马普列塔（Loma Prieta）地震造成 55 名湾区居民死亡，数百人受伤，虽然不及知名地震专家预测的那样严重，但也已经足够糟糕。奥克兰附近的 880 号州际公路的高架桥上层坍塌到下层，汽车和司机被压；由于电线受损，许多社区陷入黑暗；煤气管道破裂并引发火灾；南至蒙特利半岛（Monterey Peninsula）的数百座建筑物遭摧毁或破坏；供水和污水管道发生了断裂；往来旧金山的通勤交通中断长达数周；成千上万人的生活被打乱需要重新安排。

巧合的是，地震发生的前一天，我离开了圣何塞，在完成一次加利福尼亚研究旅行后返回休斯敦，此行让我正好错过了袭击加尔维斯顿（Galveston）的飓风杰里（Hurricane Jerry）。我感到欣慰的是，我避开了这两场灾难，我的父母和住在雷德伍德市（Redwood City）的姐姐一家在地震后都安然无恙。然而，我无法忘记，就在几天前，我曾几次开车经过 880 号州际公路那一段现在已经坍塌了 1.25 英里的路段。

10 月 18 日或 19 日，我接到《休斯敦纪事报》（*Houston Chronicle*）的鲍勃·塔特（Bob Tutt）的电话，他想让我回顾一下洛马普列塔周围发生的事情。作为休斯敦大学（University of Houston）的城市历史学家，以及公共工程和城市服务方面的专家，我对他就地震问题联系我并不感到惊讶。碰巧我正处于《环卫城市》布面装订版研究的早期阶段，这也是我前往加利福尼亚州在当地受托机构做研究的原因。考虑到这本书的计划和我和湾区的关系，采访（10 月 22 日刊登在报纸上）成为一场有意义的讨论，城市基础设施遭受自然灾害的脆弱性，以及公共工程和城市服务对人们生活的重要性。我几乎无法预料，在接下来的几年里，自然灾害或其他灾害将会更多，尤其是"9·11"袭击以及卡特里娜和丽塔飓风（Hurricanes Katrina and Rita），而且会一次又一次地证明我的观点。

不幸的是，人们总需要像地震、恐怖袭击或飓风这样的重大破坏，来生动地展现街道和小巷、桥梁、电力和通信网络、供水和排污管道以及废物处置设施对城市生存的重要性，更不用说那些被这些事件夺去或影响的无数生命。

我最初对《环卫城市》的研究始于洛马普列塔地震那一年，这是多么合适啊。

致　　谢

　　《环卫城市》的第一版始于 1988 年，得到了国家人文学科基金会（National Endowment for the Humanities，NEH）研究项目部的大量资助。总的来说，国家人文学科基金会，尤其是项目主管丹尼尔·P. 琼斯（Daniel P. Jones），对我的工作表现出极大的信心，并耐心地等待我的劳动成果。如果没有国家人文学科基金会，这本书就不会被写出来。我也很幸运地从其他几个来源得到了大量的追加资金，包括宾州石油公司（Pennzoil Company）。史密森国家历史博物馆（The Smithsonian's National Museum of American History）使我作为一名研究员到了华盛顿特区，得以利用一些非常有用的手稿和期刊收藏。馆长杰弗里·斯廷（Jeffrey Stine）是这次研究机会的主要推动者。在我自己的校园里，人文、美术与传播学院（College of Humanities，Fine Arts，and Communication）通过教师发展休假和暑期补助金为我提供资金和准备时间。休斯敦环境研究所（The Environmental Institute of Houston）为本书的最后三章提供了重要的资金援助。休斯敦大学能源实验室一直是我工作的长期支持者，包括这个项目。我想要铭记前主任，已故的阿尔文·希尔德布兰特（Alvin Hildebrandt），他不仅通过正式学术体系对我的研究项目书给予指导，而且对我关于城市的研究内容也展现出浓厚的个人兴趣。

　　许多人对我最初的计划及其随后的迭代提出了早期的批评。吉姆·琼斯（Jim Jones）当时是我在休斯敦大学的同事，他帮助我思考了关于城市基础设施的广泛研究的模糊概念，然后用他巧妙的文笔为我起草了最初的资助申请书。芝加哥洛约拉大学（Loyola University of Chicago）的路易斯·凯恩（Louis Cain）是第一位向我介绍路径依赖理论的人，并帮助我打磨了一些关于城市服务的想法。工程师鲍勃·埃斯特布鲁克斯（Bob Esterbrooks）就环卫工程师的角色给了我很好的建议。我还受益于哈罗德·普拉茨（Harold Platts）对整篇手稿的详细阅读和中肯评论，乔尔·塔尔（Joel Tarr）对这一主题的广博知识，以及约瑟夫·科维茨（Josef Konvitz）让我超越显而易见之现象的努力。许多其他同事对我的最初项目提案或原稿的部分内容发表了评论，包括皮特·安德鲁斯（Pete Andrews）、彼得·毕肖普（Peter Bishop）、布莱尼·布朗内尔（Blaine Brownell）、约翰·克拉克（John Clark）、迈克·埃布纳（Mike Ebner）、鲍勃·费希尔（Bob Fisher）、大卫·戈德菲尔德（David Goldfield）、山姆·海斯（Sam Hays）、苏伦·霍伊（Suellen Hoy）、彼得·胡吉尔（Peter Hugill）、肯·杰克逊（Ken Jackson）、克莱顿·科佩斯（Clayton Koppes）、约翰·莱昂哈德（John Lienhard）、沃尔特·纽金特（Walter Nugent）、乔恩·彼得森（Jon Peterson）、乔·普拉特（Joe Pratt）、马克·罗斯（Mark Rose）、克里斯·罗森（Chris Rosen）、布鲁斯·西利（Bruce Seely）以及吉姆·史密斯（Jim Smith）。在巴黎第七大学（University of Paris Ⅶ）和赫尔辛基大学（University of Helsinki）的两次短暂教学机会，使我能够在法国和波罗的海沿岸各国的同事和学生身上验证了我工作中的一些想法。

　　我很幸运有几位勤奋的学生，他们为我找到了大量的参考书目，并复印了数千页的书籍和文章。特别感谢布鲁斯·博布夫（Bruce Beaubouef）、陶布伊（Thao Bui）、查尔斯·克罗斯曼（Charles Closmann）、汤姆·凯利

xii

（Tom Kelly）、杰克·麦克林蒂奇（Jack McClintic）、龙阮（Long Nguyen）、伊丽莎白·奥凯恩–利帕蒂托（Elisabeth O'Kane-Lipartito）以及伯纳黛特·普鲁伊特（Bernadette Pruitt）。非常感谢我们的前公共史研究中心办公室主任克里斯汀·沃马克（Christine Womack），她用数百种方式使这本书变得更好。还有休斯敦大学安德森图书馆（Anderson Library）、休斯敦大学法律图书馆、德州农工大学埃文斯图书馆（Texas A&M's Evans Library）、华盛顿国会图书馆以及美国公共工程协会图书馆（library of the American Public Works Association）的工作人员［特别是霍华德·罗森（Howard Rosen）和康妮·哈特兰（Connie Hartline）］，他们为我提供了非常有用的指导。特别感谢比尔·阿什利（Bill Ashley）和在休斯敦大学媒体服务部门的工作人员，他们出色地复制了原版书和现在这本书中的照片。

在这个项目的早期，美国地方中心（Center for American Places）的主席乔治·F. 汤普森（George F. Thompson）请我把《环卫城市》和他的书一起放在约翰·霍普金斯大学出版社出版。我真的很感激乔治长期以来对我工作的热情。乔治的团队还协助匹兹堡大学出版社出版了精简版。匹兹堡出版社的主任和我的朋友辛西娅·米勒（Cynthia Miller）始终陪伴着我，一起制作出这本篇幅更短、课堂教学更友好的书。还要特别感谢我的同事兼朋友乔尔·塔尔，他不停地向我唠叨完成精简版的重要性。他和其他人一样，把想法变成了现实。

我爱我的妻子卡洛琳（Carolyn），因为她一次又一次地忍受我弄乱文件，对必须做的工作发牢骚，以及有事没事的抱怨。幸运的是，我们成年的女儿吉娜（Gina）和阿德里亚（Adria），以及她们的伴侣唐纳（Donna）和史蒂文（Steven），没有受到我大部分情绪发泄的波及。我把这本书献给他们，因为即使我们不能总是在一起，他们每天也都给我和卡洛琳带来欢乐。

　　最后要说的是，原版书和新的精简版可能比我写的任何书都更让我满意。我也很幸运地得到了其他人的认可，我想和他们分享我的快乐，包括上面列出的所有人。

缩写词

AAAS American Association for the Advancement of Science 美国科学促进协会

ACIR U. S. Advisory Commission on Intergovernmental Relations 美国政府间关系咨询委员会

AJPH *American Journal of Public Health*《美国公共卫生杂志》

APHA American Public Health Association 公共卫生协会

APWA American Public Works Association 美国公共工程协会

ASCE American Society of Civil Engineers 美国土木工程学会

ASMI American Society for Municipal Improvements 美国市政改进协会

AWWA American Water Works Association 美国水工程协会

CEQ Council on Environmental Quality 环境质量委员会

CSO combined sewer overflow 合流排污溢流

CWS community water systems 社区供水系统

EPA U. S. Environmental Protection Agency 美国环保署

GAO U. S. General Accounting Office 联邦政府审计局

gcd gallons per capita per day 每人每日（消耗）加仑数

HEW U. S. Department of Health, Education, and Welfare 美国卫生、教育和福利署

HUD   U. S. Department of Housing and Urban Development 美国住房和城市发
    展部

JAWWA   Journal of the American Water Works Association《美国水利工程协会
    杂志》

mgd   million gallons per day 百万加仑/天

MSW   municipal solid waste 城市固体废弃物

NCPWI   National Council on Public Works Improvement 国家公共工程改进委
    员会

NPDES   National Pollution Discharge Elimination System 国家污染物排放消除
    系统

NSWMA   National Solid Waste Management Association 全美固体废物管理
    协会

RCRA   Resource Conservation and Recovery Act《资源保护回收法》

SDWA   Safe Drinking Water Act《安全饮用水法》

SMSA   Standard Metropolitan Statistical Area 标准都市统计区

SSO   Sanitary Sewer Overflow 环卫排污溢流

USPHS   U. S. Public Health Service 美国公共卫生署

目　　录

插图目录

Equipment: An Illustrated History），1986 年，第 113 页。

10. 匹兹堡的机械街道清扫车。公共工程历史学会，《公共工程设备百年图画史》，1986 年，第 129 页。

11. 密歇根州大急流城（Grand Rapids）供水系统的氯气控制装置。《美国城市》，第 25 期，第 135 页。

12. 圣路易斯市清理下水道口的机械方法。《美国城市》，第 43 期，1930 年 8 月，第 147 页。

13. 辛辛那提的敞口废品收集卡车。公共工程历史学会，《公共工程设备百年图画史》，1986 年，第 158 页。

14. 三轮街道清扫车进行洒水降尘作业。公共工程历史学会，《公共工程设备百年图画史》，1986 年，第 171 页。

15. 得克萨斯州沃斯堡市的水塔。《供水与排污工程》，第 100 期，1953 年 1 月，第 180 页。

16. 俄勒冈州奥尔维尔（Orrville）污水处理厂的滴滤池。《公共工程》（*Public Works*），第 88 期，1957 年 10 月，第 192 页。

17. 国际德罗特（International Drott）品牌的刮土拖拉机在北达科他州曼丹市一座垃圾填埋场中作业。《美国城市》，第 71 期，1956 年 4 月，第 200 页。

18. 费城天际线。iStockphoto，第 210 页 。

19. 利用真空泵清理排污管道中的细碎垃圾。公共工程历史学会，《公共工程设备百年图画史》，1986 年，第 225 页。

20. 一座填埋场中拖拉机进行垃圾铺平作业。《美国公共工程协会报道》（*APWA Reporter*），1981 年 4 月，第 240 页。

导　　论

在《城市中的服务交付》（*Service Delivery in the City*）一书中，作者称
"城市政府的首要职能是提供公共服务，其大部分雇员都会为此倾注大量时
间和精力。公共服务是促使公民与地方政府发生关联的主要原因，它时而
会衍生出激烈的社会争议，也经常伴随着各种谜团和误解。"[1]提供公共服务
还是一种"隐藏的职能"，这主要是因为它往往会与城市景观无形地融为
一体，成为我们对城市应有面貌期待的一部分。毫无疑问，经济是城市形
成的一种根本动因，但公共服务体系决定着城市基础设施和市民生活的水
平，因而成为城市增长和发展的关键。

我之所以将研究聚焦于环境卫生（环境卫生，简称环卫。——译注）
（或环境）服务——供水、排水及固体废物处置，就是因为它们早已成为
城市运行和增长过程必不可缺的要素，而且将长期如此。这些服务为市民
提供了生活和商业用水，及时清除废物，保护他们的健康和安全，并有助
于各种形式污染的防控。[2]树是"城市之肺"，纽约中央公园的设计者弗雷德

里克·劳·奥姆斯特德（Frederick Law Olmsted）曾因这一观点得到世人的赞誉。同样，若将城市比喻为一种生命体，环卫服务就是它的循环系统。

2　　认识环卫服务可以帮助人们理解与城市发展有关的现代环境思潮，因为它和各时代流行的公共卫生及生态思想的理论和实践密不可分，或者说，正是这些理论和实践支配着当时环卫服务是否得到采用，以及采用的形式如何。

《环卫城市》是一部较为宏大的关于美国城市供水、污水处置、固体废物处置系统发展的历史著作，时间横跨殖民时代至 2000 年（或更往后一点）。它重点分析这些环卫服务的演化过程，并评估它们对城市增长及生态环境的冲击或影响。此前，曾有学者对这三种环卫服务分别进行单独考察，但还没有人尝试过将它们整合在一项研究中，并且时间跨度如此之长。

正如我的另一本著作《城市中的垃圾》（*Garbage in the Cities*）一样，本研究采取的是一种全国性视角，并不局限在某些案例考察中。[3]其主要目标是在大量了解美国城市实践经验的基础上，挖掘出美国人环卫服务观念及相关环境思想演化的潜藏历史趋势。此外，本研究还关注了 19 世纪英国的环卫实践及其对美国的影响。漫长的时间跨度使我们能够对技术、管理部门演进和城市增长模式的变化进行细致的考察。

《环卫城市》一书广泛考察历史发生当时的期刊杂志、政府报告、城市出版物，以及工程和公共卫生专业协会的通讯。这些史料主要是根据编年—主题这样的次序结构组织起来的，既可展示研究对象沿时间推移而发生的变化，又可突出不同时期的共同议题：公共卫生和生态理论对环卫服务的影响；决策者——环卫学家、工程师、医师以及政治领袖——在选择提供哪种服务的决策过程中的角色和作用；相关抉择的环境后果。

怎样在不同的可行技术间做出选择，肯定受到决策过程所属历史时期主流环境理论的影响。在 20 世纪以前，当最早的环卫技术开始得以应用的时候，影响力最强的是关于疾病产生原因的瘴气理论（或污秽理论）。19世纪 80 年代伊始，一直到二战结束，细菌理论遂成为主流。而到了二战以后，新出现的生态学理论扩展了环卫工作者的视野，使相关服务逐渐超越狭窄的卫生范畴。上述卫生与环境理论的社会渗透面都非常大，足以构成不同历史时期的环境思想范式。正因如此，本书将美国环卫服务成长和演进的历史划分成了三个大的时期：瘴气时代（殖民时期至 1880 年）、细菌学革命（1880—1945 年）以及新生态学年代（1945—2000 年）。

　　环卫服务不是自然有机的过程，而是人工专业技术系统的一种功能，它塑造了现代城市的各种设置。[4]19 世纪发展起来的复杂的技术管网是现代城市的一种主要特征。在那个年代，尽管工业化在相当长的时间里仅在局部地区发生，但技术革新的影响很快就覆盖全国。这意味着，当美国城市还未等量齐观地受益于——或受害于——工业革命所带来的直接经济冲击的时候，它们因为当时新城市技术系统的应用，已经在硬件设施的层面迈入了现代化。而到了 19 世纪晚期，许多美国城市都进入到了技术系统建设的活跃期，重点领域包括能源、通讯、交通和环卫。[5]

　　新城市技术的应用并非自动、偶然或在不经意间发生的，它源自城市决策者有意识的大力推动，因为在经历了城市持续向上、向外扩张的 19 世纪和 20 世纪里，城市病一直困扰着他们。如历史学家乔恩·彼得森（Jon Peterson）所言，从工业时代的几个主要城市开始，管理者决定采用新技术的原因都是为了"挣脱和克服旧基础的束缚和失败，毫无疑问这些都是大城市增长带来的必然结果。"不过，城市环境服务的路线正是在这样的挣扎和努力中形成，一套新的技术系统也随之建设起来，此种变化实际确保了刚萌发的新城市主义得以存续，甚至变得特别的生机勃勃。[6]

3

为摆脱旧基础的束缚和失败，城市决策者的主要工作就是尝试新选择，而新选择往往伴随着对新技术的大力倡导。

城市领袖首先要应对显而易见且急切的社区需求，而这些需求往往和最基本的对生存环境的考虑有关。例如，纯净且充足的供水对人的日常使用和消防都至关重要；及时排走居民和商业部门产生的污水，清运固体废物也有助于对抗疾病、改善市民健康。

对城市环境治理路线起决定作用的基础性条件，是建立在市民对交通、通讯、能源及环卫服务的共同需求上的。城市基础设施、不同类型的技术系统以及环卫服务渐渐成为保护和促进公共利益的象征，理应得到市政部门——后来是州和联邦政府——财政支持的保证。但是，在美国城市发展的历程中，围绕着谁能做出决定和谁能享受服务的问题，不平等和社会歧视一直持续存在。理性决策也总受到偏见、腐败、个人膨胀、贪婪的破坏。

环卫学家和工程师是环卫系统科学与技术在城市间交流的关键媒介。同时，他们是塑造环卫系统面貌的主流环境思想的接受者和传播者。不过，环卫学家和工程师在城市决策过程中起重要作用的前提是：在配置了复杂技术管网的城市里，基础设施和相关公共服务的改变，是一种有意识的改
4 造城市物理形态的努力，并最终服务于政治、社会和经济方面的目的。

决策的后果有短期和长期之分。短期而言，环卫技术的应用通常可以满足城市领袖的期待。人们担心的健康问题因而缓解，生活条件因珍贵水资源的输送以及废弃物的处置得到改善，城市的声望也获得提升。长期而言，重项目设计、轻精心规划会将人们的注意力过度地放在紧迫的现实目标上，而非整个系统潜在的张力或它适应未来城市增长压力的能力。

在城市环卫系统的发展史中，即使在该系统最早出现的年代，服务职能的集中化是最常见的一种诉求，其理由是提高效率、增强控制。与此同

时，将某种技术方案视作提供服务、消除疾病、刺激城市增长的永久解决方案的想法也很普遍。然而，"追求永久"往往会使城市环卫服务套牢在某些专门的技术当中，严重限制未来世代人们的选择机会——可理解为是一种路径依赖现象。不论系统是建设得过好还是过差，都可能出现问题。如果建设得过好，现存系统会比较易于抗拒改变；如果建设得过差，人们就有拼命将之替换的冲动。路径依赖现象向我们展示，19 世纪环卫领域的相关决策，对城市产生的深远影响可以延续至一个多世纪之后。[7]

　　书写美国环卫服务的故事不能停留在简单的抽象概括上，而应该将以往 200 多年间技术系统、城市增长与环境后果彼此紧密而具体的联系展现出来。本书第一部分"瘴气时代"从 17 世纪的美国开始谈起，那时城市的环境卫生状况非常糟糕，城市居民的健康经常遭受流行病肆虐的严重损害，但他们对致病原因的认知却十分模糊。到了 19 世纪，少数大一些的城市已经建设起社区规模的供水系统，清洁用水得以通过初级管网输送到市民家中；至于废物处置，那时的人们仍坚持认为是个人的责任。19 世纪中期发源于英国的"环卫思想"的影响力遍及全球，它将疾病与污秽联系在一起，为改善环卫服务提供了更清晰的理据和更新的策略。英国律师兼环卫学家埃德温·查德威克爵士（Sir Edwin Chadwick）在其 1842 年的《环卫报告》（Sanitary Report）中大胆呼吁建设增压供水系统，以将家户排水、总管疏水、道路铺平以及街道清洁整合到单一的环卫服务程序之中。尽管此项非凡的水力系统从未付诸实施，但 19 世纪英国环卫学家和工程师却在创制给排水服务的标准方面成为整个欧洲和北美的领导者。更为重要的是，英国环卫理论为在美国及其他地方发展应用新技术系统提供了考察环境因素的氛围。这使得到了 19 世纪中期至后期，北美地区给排水系统的建设高度依赖于参考英国民用工程师和公共卫生倡导者的专业意见，移植和适应

5

英国环卫技术，以及吸收英国人的环境思想。

环卫技术最早传入北美的时间是城市快速发展的时期，特别是 19 世纪 30 年代以后，它受到的是英国 19 世纪 40 年代 "环卫思想" 的影响。当时人们相信瘴气——污秽和恶臭——是导致流行病暴发的原因。虽然瘴气理论无法解释疾病的根本原因，但它十分强调通过环境卫生治理来防治疾病的重要性。在此理论之下，供水水质比排污污染得到更多的重视。而由固体废物带来的波及整个城市范围的环境问题还未得到清晰的关注。由于卫生理论的局限，那个时代环卫服务的目标只能是避免废弃物在中心城区积聚，无法预防疾病的发生。尽管如此，现代城市供水和排水系统的建立，在形式和功能上都应归功于它们在 19 世纪的 "元系统"（protosystem）。正是这些系统，催生了环境卫生管理的实践。新兴的美国环卫系统显然不是英国模板的简单复制，而是在适应本国和本地文化、经济、技术、环境及政治条件基础上经调适而成的。

第二部分 "细菌学革命" 从 1880 年至 1945 年间现代环卫服务的发展开始论述。这一时期是美国城市充满增长和发展活力的时间段，其供水、排污、固体废物管理系统的规划目的是在为城市居民提供生活便利的同时，永久性地解除公共卫生受到的威胁。19 世纪末发生的生物学革命为城市领袖提供了抗击流行病暴发的新工具，包括建立细菌学实验室、实施疫苗接种。然而，寻求环卫问题永久解决方案的愿望也是建立在上一时代所设计的系统的基础上的，并非根据细菌学时代的新环境认知背景重新设计。事实上，环卫系统作为对抗疾病的首要措施此时开始受到质疑。与此同时，公共卫生的重点开始转向个体化的医疗方案。

从一战结束到二战结束期间，与之前的时代相比，环卫服务的质量和特性都没有发生什么实质性的变化，但固体废物收集和处置是个可能的例

外。人们开始将固体废物更清楚地界定为一种污染，并在开发新处置方法
上给予了特别的重视。

　　两次世界大战之间，摆在城市管理者、工程师、规划者和环卫专家面
前的主要挑战是使环卫服务既适应于由都市化和郊区化发展带来的城市快
速成长，又满足于许许多多小城镇和农村社区发展的需求。相关决策进程　6
还受到大萧条和第二次世界大战这两项特殊历史事件的波动干扰。就财政
角度而言，20 世纪 20—30 年代的经济混乱从性质上改变了已有的城市—联
邦关系，使原来主要由地方政府支持的公共服务，转变为一种越来越多地
受到地区和国家利益影响的体系。此外，尽管这一时期病因理论的微生物
与污秽之争早已平息，但从环境保护的视角看，对生物源污染形式的集中
关注，多少抑制了人们更好地认识源自化学物质，特别是工业污染物的
污染。

　　第三部分"新生态学时代"认为，二战结束后，外部因素对环卫服务
的改变起着关键作用。城市区域的蔓延对供水、排污、垃圾清运和处置服
务提出了越来越急迫的要求。这一时期，出现了美国历史上第一回对城市
腐坏基础设施的担忧，人们开始质疑，进步时代以及更早期建设和运行起
来的那些环卫系统能不能真正持久。外围地区的强劲增长以及中心城区的
衰退构成战后美国城市发展的主要特征，且仍旧是影响环卫服务维护和发
展的背景现象。此外，人们对城市问题的关注，开始越来越多地从纯粹硬
件设施的物理性衰败转移到社会病上，并将所有这些问题归纳为越来越严
重的"城市危机"。

　　环卫服务的变化不仅处于新政治和社会发展的氛围下，也与环境认知
的发展相关。新生态学和现代环保运动为人们从多角度审视环卫服务提供
了新的范式。新环境启蒙浮现于二战结束之后，勃兴于 20 世纪 60 年代，

它给科学和技术专业人群——包括在缔造环卫服务原型过程中发挥基础作用的环卫专家、公共卫生专家、工程师——带来了强大的冲击。重要的认知变化就是，专家们的关注焦点开始从纯粹的生物源形式的污染，转移到化学或工业污染物以及城市排污管网的污染上。固体废物作为水污染、空气污染以外的"第三种污染"，开始成为一项国家议题。

　　1970 年以后，所谓的基础设施危机反映出的事实是，公共工程大规模地老化、衰败，财政资金不断受到蚕食，无法应对眼前的许多问题。需要得到人们回答的一个主要问题是：环卫技术的潜在衰退，针对水陆污染逐渐提高的环保意识，萎缩中的本应运用于解决问题的管理资源，在多大程度上能触发环卫服务赖以存在超过两个世纪的一系列前提条件的重新评价？
7 此外，关注点从点源污染转向非点源污染也让人们担忧，现有技术和通行的政府治理机制可能无法继续用来应对更晚出现的和十分混杂的环境威胁。而且，日益增量的固体废物、更严苛的环保立法以及对卫生填埋厂的长久依赖也使人们不安地感到"垃圾危机"已经浮出地平面。由此可见，新千年伊始，对"环卫城市"的追求在美国还没有完全实现。

第一部分

瘴气时代：殖民时期至 1880 年

第一章

查德威克时代之前的美国环卫实践

19世纪30年代以前，许多美国城市的卫生条件相当恶劣，且常常遭受 流行病暴发的蹂躏。没有几个社区能说得上具有完备的环卫技术设施，卫生条件的保障基本全是公民自己的责任。

当18世纪英国正经历城市化和工业化的时候，殖民地省会级别的城市社区才刚刚开始对北美大地上占绝对优势的乡村社会构成挑战。殖民时期的城镇因政治和经济的重要地位而成长起来，但其规模和数量有限。[1]1790年联邦普查显示，城市居民占国家总人口比例还不到4%，只有两座城市的

人口超过 25000。费城（42520 人）是当时全国最大的城市，仅包含 24 个
人口密集社区。至 19 世纪 20 年代末，城市人口差不多翻番，但 100 个美
国人里仍只有少于 7 人居住在城镇中。[2]

12　　美国城市有限的规模并不意味着那里没有什么健康风险，也不意味着
公共性的环卫服务没有必要。在最大的城市中，城市规模的增长率是促发
人们关注健康和卫生问题的关键因素。1790 年至 1830 年间，纽约、费城、
波士顿、巴尔的摩在每一个 10 年都经历了很高的增长率。

　　除了城市成长的压力，欧洲已有的环卫实践对美国人开始应对供水、
排污和垃圾问题起到了帮助作用。本地实际状况的变化无疑决定着发展环
卫服务的时间选择，但服务的形式和方法却是由殖民者从大西洋的对岸带
过来的，或者干脆是从欧洲国家直接借鉴的。

　　那段时间，当美国城市社区还很少能遭遇与欧洲城市相提并论的卫生
问题时，公众和政府对问题的理解和反应都是差不多的。也只有很少人能
清楚认识疾病产生的原因，哪怕只有一点模糊的想法。除非是一些最大的
城市，政府在保护社群健康、防控火灾、清洁街道和提供清洁水源方面的
角色并不清晰，其必要性也未经验证。[3]

　　如果美国城镇面临的卫生问题要稍好于欧洲城市的话，其环卫工作可
能需要在适应低密度社群条件上作更多努力，而非要在环卫发展方向的展
望上发力。但美国城市的"健康状态"在程度上也是相对而言的。公害的
可忍耐性、流行病低偶发率是决定社群卫生状况的主要指标。最晚到了 19
世纪 60 年代，华盛顿市市民还会将垃圾和污液倒在街巷之中。市民养的猪
到处乱窜，屠宰场会排出恶心的烟气、污秽，害虫大量出没，严重骚扰着
居民的正常生活——包括住在白宫里的人。[4]几乎没有哪座城镇可以免于公
害之苦，更不会拿出有效措施管制那些"有害产业"——肥皂厂、制革

厂、屠宰场、屠宰坊及鲸脂提炼工厂——当它们坐落于穷人社区时尤其如此。

城市社区中的动物"居民"是前工业化时代社会生活的一部分。马服务于交通；牛、猪、鸡是食物来源；作为宠物的狗和猫可在街巷中任意游走。猪和火鸡还有特别的功用，人们利用它们来做路面垃圾的清道夫。粪便和动物死尸虽然令人厌恶，但马匹对城镇福祉的贡献尤其显著。[5]

流行病相比环境卫生得到人们更多的重视，一特殊原因是当时许多殖民者认为那是上帝施怒的表现。[6]不过，北美相对隔绝的地理环境使得殖民城市中流行病暴发的次数有限，其破坏性也比欧洲病疫肆虐的程度要轻。许多这一时期暴发的传染性流行病都源自于 17 和 18 世纪跨大西洋的贸易往来和北美城市自身的成长，包括：天花、疟疾、黄热病、霍乱、伤寒、肺结核、白喉、猩红热、麻疹、腮腺炎及腹泻疾病。突发性历史事件，如独立战争，也将流行病引入到了一些大城镇中。[7]

天花可能是早期最可怕的病灾，但在其变得没那么频繁后，黄热病和白喉上升成为最严重的传染病毒。17 世纪 90 年代，黄热病首次袭击北美大西洋沿岸社群，在 1745 年到达高峰后，短暂回落，但又于 18 世纪 90 年代在港口城市波士顿和新奥尔良凶猛重现。1793 年，费城暴发的黄热病夺去了 5000 市民的生命——每 10 位居民就有 1 人感染死亡。1798 年，该流行病又恐怖地在纽约暴发，在 8 万总人口中，夺走了 1600 至 2000 人的生命。到了 19 世纪 20 年代，黄热病在北部各州中基本消失，但仍长时间地困扰从佛罗里达至得克萨斯一带的居民。[8]

19 世纪早期，应对社区公共卫生问题的个人与政府责任界限并不分明。在那之前，"城市是私人赚钱的一个场域，其政府的职能只不过是促进私营经济的发展。"[9]此外，除非政治体系迫于外在压力而介入更多的公共事务，地方政府的工作一般只会迎合所谓"高级人士"的需要。[10]

流行病暴发迫使政府开始应对公共卫生问题，至少每次在危机之下，它们会采取一些行动，但缺乏制度性的预防措施总是和有限的传染疾病知识如影随形。在此情况下，过去的经验成了最好的老师。例如，更富有的市民可以逃离城市。在1805年纽约流行病大暴发期间，2万7千位市民中有三分之一选择了逃离。无力迁移的穷人则通常是最大的受害者。经济活动的停滞更是雪上加霜，在商人或其他产业主逃离城市之后，许多不得不留下的工人马上面临失业，哪怕是暂时的。而且，随着穷困工人社区的不断扩大，那里开始成为最受关注的，并具有可感城市卫生问题的区域。[11]

对患病者或可能的患病者采取检疫措施是另一个阻止流行病蔓延的办法。早在1647年，因受到西印度群岛发生的流行病"大死亡"事件的触动，马萨诸塞湾殖民地订立了卫生检疫法规。其他地区在出台相似法规上有所滞后，而且在大多数时候，检疫法规也只是临时性的措施。[12]

波士顿经常以设立全美第一个常设的地方卫生局而闻名，其时间是1797年。[13]在其他地区，激发政府设立类似卫生机构的主要动因是疾病的威胁，特别是黄热病的暴发，以减缓环境卫生公害问题为由设立这些机构的情况非常的少。非专业人员，特别是市长和一些市议会议员会在卫生局任职，但很少会行使他们的权力。1800年至1830年间，只有5座大城市设立了卫生局，18世纪90年代至1830年间，除波士顿外，所有卫生局都是临时性的。[14]

最晚到了1875年，许多人口多的城市地区还未设立任何形式的卫生部门，部分原因是在没有州政府立法授权的情况下，这些地方的政府无权出台卫生法规。[15]另一重要现象是，存在于流行病本身和流行病防控措施之间的某种奇怪关系一直延续至19世纪中叶。当时，倾向于立法管制公共卫生的人发现需要在应对环境卫生公害上采取持久的措施。而且，相对于难于捉摸的黄热病或天花流行病的出现迹象，由有害恶臭气体和腐败垃圾所引发的危险和不便更容易让人看到公共卫生工作的需求所在。

实际上，在17世纪晚期以前，粗简的环卫法规在美国殖民地已经常见。1634年，波士顿政府官员禁止居民将鱼或垃圾倾倒在港区公共停靠岸点附近。1647年至1652年间，当地政府又颁布了其他法令，其中一项是针对厕所建设的。1657年，新阿姆斯特丹市民率先通过阻止街道垃圾倾倒的法律。

另一些立法管制的努力针对的是有污染的产业，这些管制要求屠户、制革业者、屠宰场主必须保证他们的设施不产生卫生公害，或者命令屠宰场要搬迁至城镇界限以外。1692年至1708年间，波士顿、塞伦（Salem）和查尔斯顿（Charleston）各自出台了应对卫生公害和那些容易给公众带来不快和危险的产业的法律。1804年，纽约市政府设立了市政巡查办公室（office of city inspector），这是第一个旨在应对环境卫生问题的常设机构。但另一方面，在殖民时期的美国，环卫法规的执行情况却反复不定，削弱了政府保护公众健康的努力，且这种糟糕的状况一直持续。[16]

纽约还是美国历史上第一座制定全面性的公共卫生条例的城市，时间是1866年。在有立法的前提之下，法院可以在市政部门实施管制之外提供多种应对问题的方案。在美国，许多和环境有关的法律都建立在妨害法（nuisance law）之上，并源自于英国的习惯法。妨害法的形成则与土地使用诉讼有着最重要的联系。当被告因不合理使用其自身财产而妨害到原告对其自身财产的合理使用时，私益妨害诉讼就会发生。而在公益妨害，即公害案件中，若某人的行为对公共财物构成阻碍或破坏，进而影响到公众对共同权益的享有，诉讼也会发生。私益和公益妨害法在减缓特定污染源上能发挥有效作用，无需再要求增加相应的行政手段。妨害诉讼在理论上可以被利用来追究污染者的责任，不论污染制造者是个人、城市政府还是产业界，也不论污染是何种类型。[17]

　　整个 19 世纪，社会对妨害法的诠释并非始终如一。工业革命以前，对妨害法条文的实际应用主要集中在个人与个人之间严格的财产权关系上。工业革命期间，法院倾向于将经济利益的重要性置于环境问题之上。而在本章所讨论的历史时期，法院经常会通过援引妨害法关于限制个人破坏本地法令的信条，在法律诉讼中保护地方政府，来为城镇的增长和经济扩张"保驾护航"。[18]19 世纪 30 年代以前，妨害法在应对液体和固体废弃物处置问题上发挥的作用，要比应对流行病暴发带来的社会恐惧更重要。

　　在大多数的乡村地区，传统做法尚可满足环卫服务的需求，包括依靠水井或附近河道作为水源，使用室外厕所和污水坑作为生活液体废弃物的处置设施，以及交由清道夫收集垃圾，并最终将垃圾、灰土、废品在某处倾倒或焚烧。在人口低密度地区，这些做法没有被立即改变和替代的必要。而且，虽然这些做法通常是受到公共法规管制的，但很少由公共部门来实施操作。

　　随着人口增加，以上做法日渐不合时宜。最终，第一代卫生服务技术，即所谓的"元系统"发展起来了。此系统包含着更复杂的技术，资本更密集，在受到公共管制的同时也由公共部门来运行，并解除了个人所需要担负的责任。19 世纪中叶以前，美国几乎所有的元系统都是和供水有关的。[19]

　　相比其他环卫服务，显然一套高效的供水系统是城市居民享受福祉的关键。"在美国，至少直到 19 世纪末，能否获得可饮用的水是一座城镇的政府和居民主要考虑的事项。"[20]19 世纪初的几十年，随城市快速成长，其领袖们越来越多地将自己的注意力投向供水服务的问题。[21]

19世纪中叶以前，美国人对于可以从欧洲获得怎样的建设有效供水系统的经验还不太清楚，因为两地城市发展的背景状况实在大不相同。集中供水系统——或由私人公司主导的大型系统——已在欧洲多个大城市发展起来。这些系统最早可追溯到古罗马时代，或至少是受到古罗马人建设伟大的引水渠系统所影响的。[22]

两项技术进步使18世纪欧洲城市的供水服务变得更加可行，也催生了私人供水公司：利用蒸汽能抽水和广泛使用铸铁管道。据说第一台蒸汽驱动的水泵于1761年在伦敦安装运行。1776年，巴黎一家供水公司成立，它也利用蒸汽泵将水从塞纳河输送到用户那里。[23]到了19世纪，能量十足的蒸汽泵可以为重力供水系统提供稳定可靠的补充，并提高了水源至用户之间的供水量。

使用铸铁管道输水是一项时间持久、经济有效、技术可控的供水技术，能够提高将水分散输往个体设施的服务水平。引水渠可以将水从水源地输送至城市，但无法实现进一步的输配服务。城市里的公共水井很常见，但也不能解决将水送到住户家里的问题。在铸铁管道得以广泛应用以前，城市居民只能依靠一些其他效率不高的方法实现输水。例如，直至法国大革命期间，巴黎市民最常用的取水方法就是将容器浸入公共广场上的喷泉中，或者购买"水递员"的服务。和巴黎及其他大城市一样，伦敦市民也依靠水递员，特别是富有的人家。第一个重要的铸铁管道建设项目出现在1685年，其目的是为凡尔赛宫供水。1746年，切尔西水务公司（Chelsea Water Works Company）可能是伦敦市第一家使用铸铁材料作为供水主管道的企业。虽然铅制管道系统的历史可至少追溯至13世纪的伦敦城，但铅是一种较为劣质的工程材料，不消说后来大家所熟悉的健康危害问题。[24]

16 世纪晚期和 17 世纪早期发生在伦敦的两件事，让英国成为欧洲国家中能使供水服务遍及整个城市范围的领先者。第一件事是 1581 年荷兰工程师彼得·莫里茨（Peter Morritz）获得在伦敦桥建设抽水泵机的租约，使利用泰晤士河河水向伦敦供水成为可能。该租约的租期长达 500 年。有些人将这套引水系统视为伦敦第一套"现代"水务工程设施。[25]

第二件关键的事是 1619 年新河流公司（New River Company）的成立，它的主营业务是为个体住户供水。当时，生活用水由利河（River Lea）引至伦敦，然后通过木质管网以及后来的铸铁管网进行分配。这一新水源比伦敦本地污染越来越严重的水体优越得多。新河流公司的成功促使更多私人企业调整组织运营，开始在公共服务领域进行开拓，并最终催生了其他同类公司的诞生。[26]

然而，伦敦早期在供水方面取得的成就，还不足以抵消 18 世纪工业革命带来的不良影响。当时，英国人口统计特征的转换，给城市发展带来了深远影响，也使一些大城市产生了严重的过度拥挤现象，进而导致令人担忧的健康和污染问题。因此，作为世界上第一个步入城市化社会的国家，英国很自然地也成为致力于发展优质供水服务，以满足迫切的健康和消防需求的中心。在 19 世纪中期的伦敦，市场需求的快速增长使水务公司展开了疯狂的竞争，它们在抢夺客户和增加盈利上都使出了浑身解数。如果一家企业能够在城市之中和周围快速建设供水设施，且不断优化引水技术，它就有能力占领市场并高额获利。[27]

1805 年至 1811 年间，伦敦有 5 家水务公司依法成立，后来还有更多加入它们的行列。因为竞争日趋剧烈，一些人口密集的街区不得不划下区隔对手企业业务范围的分界线，但人口稀疏的区域就不用这样做。为盈利而展开的市场争夺很快带来价格战，到了 1817 年，还能在竞争中幸存下来的

8 家水务公司也濒临破产的边缘。它们进而通过划分供水区并通过协议调　17
涨水价而继续生存下来。

英国其他城市在供水方面的经验则有不同。这些城市的政府视水务管
理为"极为重要的公共事务，完全交给私人运营或逐利公司风险太大"。[28]
较于伦敦，一些城镇的主管部门对水务工作有更多的直接控制。利兹、德
比、麦克莱斯菲尔德（Macclesfield）、哈德斯菲尔德（Huddersfield）和曼
彻斯特，都不遗余力地推动公共项目的发展。然而，随城镇成长为城市，
本地政府是否还能继续有效管理水务，渐渐存疑。

到了 19 世纪 40 年代，议会更倾向于依靠市场力量，而非国家支持来
管理水务。在授权立法的条款下，私人公司有权在市场上筹措资本，也优
于地方政府的融资能力，后者在进行水务管理时，缺乏向社会长期借款的
权力。此外，城镇中心富有公民的不断撤离，也让通过公共控制实现水务
系统现代化的方案变得困难。[29]

不像曼彻斯特那样的城市，伦敦当时已经成为"水务行业私人企业兴
盛的堡垒"，而前者则一直挣扎着要将政府置于水务管理的中心地位。[30]此
时，水务服务的垄断也遭到许多批评，包括服务费上涨、输配不足、让市
民感到水质差等。1821 年，英国下议院任命了一个特别委员会，调查伦敦
的供水服务状况，这是这座城市的水务事业第一次得到整体检查。

委员会的调查报告称城市供水已经有很大改善，为私人使用和作为预
备防火用途的供水服务已得到扩展，水质整体而言要大大优于任何一座其
他欧洲城市。然而，这样的结果仍然无法让那些有抱怨的市民满意。在那
之后，没有什么进一步的改善措施得以实施，许多人认为这个报告很有效
地为水务公司"粉饰"了一番。事实上，伦敦的供水水质在持续恶化。在
一些地方，泰晤士河沿线的排污口与市政取水口距离很近。整条河正迅速

沦为一条露天排污河。

　　1827 年，英国政府又任命了一个皇家委员会，再次对伦敦市政供水的水质进行调查。除了发现几处问题外，翌年委员会发布的报告基本重复了上次调查的结论。不过，它还是向市政府提出了应保护好现有纯净水源并开发新水源的建议。委员会也质疑议会对用市场机制解决供水问题的支持，但议会并未因此采取有效行动管制好水务行业。[31]

　　不久之后，出现了一项能够为日益恶化的供水系统带来技术解决办法的工程方案。1804 年，约翰·吉布（John Gibb）在苏格兰佩斯利（Paisley）成功建造了一处慢砂过滤床（slow sand filter bed），1827 年苏格兰工程师及工厂主罗伯特·汤姆（Robert Thom）在苏格兰格里诺克（Greenock）也建造了一处慢砂过滤床。格拉斯哥随后成为英国第一座能够通过管道供应经过滤的自来水的城市。[32]在伦敦，切尔西水务公司也建造起一处类似的过滤设施。1829 年 1 月，泰晤士河水第一次流经这个设施，[33]而且过滤后的水质非常好，以至于切尔西过滤床日后成为人们熟知的水务领域"英国系统"的原型。很快，这项技术就被应用到了整个伦敦的供水系统中，并迅速普及到了世界其他地方。过滤技术的首要目标是降低水体的浑浊度，以满足一些产业对清澈度的需求，但附带的健康效益当时则还不太清楚。[34]

　　随着皇家委员会报告的完成以及慢砂过滤床技术的应用，供水作为一项主要的公共议题，暂时在英国脱离了人们的视线。此后，英国在这个领域的显著贡献是应用能更有效将水输送到私人住户和商业场所的新技术。但新系统下的水质如何仍然让人存疑。[35]

　　直至 19 世纪中期，英国市政供水系统的经验才开始影响美国城市。在那以前，大多数美国市政官员还未觉察到能驱使他们对现有管理方式进行变革的问题。而在 19 世纪刚刚拉开序幕的时候，虽然有不少美国城镇在供水问题上已发生一些悄然变化，但实际只有在很特殊的情况下，供水系统的原型才真正开始出现。

对火灾和病疫的惧怕是促使改变发生的重要动因。在整片住宅和商业街区都面临火灾威胁的时候，旧式的"水桶接龙"灭火方式就显得太捉襟见肘了。在费城供水系统建成以前，用水桶接龙方式将水注满一台消防泵，需要花 15 分钟，之后则只需要一分半钟。[36]

给水栓很快成为现代消防的象征，因为它的存在，意味着消防用水的供给不仅及时而且充足，有能力应对巨大的火灾。纽约曾是城市消防的领先者，但在铺设给水栓上却迟缓了，直至 1830 年才跟上时代步伐。给水栓一方面可以为应对紧急事件迅速供水，另一方面也刺激了用水量的提高，使得扩大供水规模变得越来越有必要。[37]

对火灾的惧怕是促使人们改善供水系统的一种平常动因，而疫病暴发带来的可怕危害则进一步增加了来自于公众的对这方面工作的压力。恐惧本身却不足以促使城镇的市政部门放弃传统的水源以及业已习惯的取水方式。只有获得相应的政治承诺、财政资源和引入新技术的能力，改变才能在一个社群发生。19 世纪中期之前，美国大概只有一半的大城镇具备一定形式的水务设施。而且，它们中的大多数都依赖水井、泉水或池塘这些水源来供水；就算有一些输水系统，规模也非常有限。已建成的水务设施大多集中在东北部地区，旧西北部［根据 1787 年《西北法令》（Northwest Ordinance）所设立的西北领地（Northwest Territory），亦称为俄亥俄之西北的领地（Territory Northwest of the Ohio），具体包括俄亥俄河、五大湖区至密西西比河之间的土地，面积约为 260 万平方英里，在西北领地上先后形成了 5 个联邦州，俄亥俄州、印第安纳州、伊利诺伊州、密歇根州、威斯康星州，以外还包括明尼苏达州的西北部。——译注〕和上南方地区（指的是在美国内战时期直至萨姆纳堡之役以前并未脱离联邦的州份——弗吉尼亚州、田纳西州、阿肯色州和北卡罗来纳州。另外属于边界州的肯塔基、密苏里和西弗吉尼亚也被视为本区的一部分，但不包括马里兰州和特拉华州。——译注）则少之又少。[38]

新旧世纪之交，大多数的城镇依靠的是包含运水车、水井和蓄水池在内的混合服务来满足供水需求。甚至到了 19 世纪的头几十年，仍有许多大城市和小城镇继续依靠本地水源供水。除非雇佣水贩子的服务，这些地方的市民每天用水量不会超过 3 至 5 加仑。[39]

正当美国大多数城镇仍在缓慢地发展着具有社区规模的供水系统时，费城在 1801 年率先建成一套完整的水务设施和市政输水系统，其水平就算拿欧洲的标准来看也是先进的。当时，必要的卫生、经济和技术动因，交织在一起促成了这套足以引领未来方向的模范供水体系。但费城的示范仍然是一种异常，因为它没能立即在全国范围内激发出一种新的发展方向。[40]

对健康的担忧首先引发了费城的水务改革运动。尽管在判断疾病因果关系上还缺乏确定性，但对于净水与身体健康关联性的认识，毫无疑问是处理病疫问题的一大驱动力。《斯科特地理词典》（*Scott's Geographical Dictionary*）就将城市最密集区的水描述为"因大量污水坑和其他不洁之物收纳地的存在而严重腐坏，以至于几乎无法适于饮用"。[41]

虽然寻找新水源早就成为费城的一项公共话题，但只有等到 1793 年和 1798 年，市民两度遭受黄热病的蹂躏，才迫使该城的政治和商业领袖设立水务委员会，以应对疫病的威胁。之后，委员们得出的共识是，源自水井和蓄水池的水导致了黄热病的发生，城市之内的私人水井应被社区共享的供水系统替代。此外，新的供水设施应能为其他公共事业提供水源，包括街道清洁、消防以及为能够提升城市美感的公共喷泉所用。[42]

在考察了不同的方案后，委员会采纳了本杰明·亨利·拉特罗布（Benjamin Henry Latrobe）的建议。这位出生于英国的工程师也是一位执业建筑设计师，曾于 1802 年至 1817 年为美国国会大厦的建筑而工作。[43]拉特罗布建议的供水系统计划从斯古吉尔河（Schuylkill River）抽水，然后通过由孔柱构件连成的主管道将水输送到城市。他的提议还包括，河水先由蒸汽泵提升至一条铺设在路面之下的隧道，然后利用重力输往费城中心广场的一座泵房。在那里，另一台蒸汽泵接着会将水提升到泵房屋顶的若干储水箱内，然后再利用重力将水输往这个系统的其他部分。他从 1799 年开始领导建设这套系统，并于 1801 年完成了任务。[44]整个工程的设计建造，都渗透着拉特罗布作为一名建筑设计师的美学理念。正如一位历史学家所言，"费城中心广场的水务设施是拉特罗布具有影响力的新古典主义建筑风格的早期范例。泵房建筑因协调的美感，以及对希腊建筑元素的运用，一直为人称颂。"[45]

不过，建成后的供水设备从未如预期的那样工作，即使在满负荷运行之后同样如此。整个系统的成本偏高，能被抽取的水量也有限。1802 年、1803 年和 1805 年，黄热病再次侵袭费城，令市民进一步警醒。1811 年，水务委员会在另一地点建设了一座更大的供水设施，取代了位于中心广场的泵房。此计划出自拉特罗布的前助手、工程师弗里德里克·格拉夫（Frederick Graff）。他的计划还包括在位于费尔芒特山（Fairmount rise）山脚、斯古吉尔河岸边的一处地点（已处于城市范围之外）建设泵站，以及在城市内一座小山的山顶上建造蓄水池。新设施于 1815 年竣工。虽然一开始蒸汽泵再次得以应用，但到了 19 世纪 20 年代，供水设施的能源都转向了更加可靠的水能。此后，费尔芒特水务设施一直为费城服役至 1911 年。[46]

　　在输水方面，费城的新系统一开始使用木质管道，后来最终转向铸铁管道。自 17 世纪至大概 19 世纪初期，木质主管道在美国城市普遍使用。第一套木质导管大概于 1652 年在波士顿铺就。北卡罗莱纳的温斯顿-塞勒姆（Winston-Salem）据称是第一座铺设了能覆盖全城的长距离木质输水管道的城市，时间是 1776 年。尽管存在腐烂和渗漏这样的慢性缺陷，木质主管道还是有一项特别的优点——万一碰到火灾，可以轻易在主管道上钻孔，以直接连接软管。（危机过后，用一块木栓可以堵住主管道的钻孔。这种做法可能就是"消防栓"（fire plug）这个术语的来源。）[47]1800 年以后不久，铸铁管道从英国引入美国。至 1825 年，铸铁管道的价格只是铅制管道的一半，至 1850 年，进一步降至四分之一。[48]

　　尽管存在一些缺陷，费城的供水系统仍被许多人认为是当时最先进的。而且，费城具备的供水能力最终超出了城市的需求，这和规模与之相当的城市，如纽约、波士顿和巴尔的摩有所不同。[49]所以，为了提高供水系统的利用率，在最初的几年里市政府一直向市民免费供水。但是，尽管存在对疫病暴发的恐惧，很多市民仍然没有完全被说服，即准备"用不冷不热的斯古吉尔河水取代他们自家冰爽的井水"。不过，到了 1814 年，从新系统取水使用的住户还是增加到了 2850 户。[50]

　　费城创建规模化供水系统的示范获得到了广泛的传播，但在 19 世纪晚期以前，大范围建设市政水务设施的趋势在全国之内还未见端倪。究其原因，规模化工程建设经验的不足至少是其中一点，可以部分地解释为何在相当长的时间里，由城市人口增长带来的用水需求一直超过水务设施建设的速度。1800 年，美国城市总人口为 32.2 万，供水系统仅有 17 套；1830 年，供水系统虽增至 45 套，但城市总人口也增至 112.7 万。[51]"19 世纪的城市政府才刚刚开始成为一种可以有效管理市政事务的实体；而做出创建一套水务系统的决定往往是城市政府实施的第一项重大举措，也是第一项需要通过发行债券来募集大量初期财政资金的举措。"[52]

以农村和农业为中心的各州立法往往试图通过管控由州财政提供的服务，以及限制城市宪章中关于征税和融资的权力，来监控城市的增长。由此产生的结果是，城市政府想要提供公共服务是极其困难的，即便在它们接受了这种责任的情况下同样如此。19世纪末以前，"自治条例"对众多城市而言尚未出现。因此，用不着惊讶的是，几乎所有的城镇一开始都只能通过雇佣私人代理或私营公司来提供供水服务。

私营公司一般通过政府发布的经营特许状获特许经营权，这也是18和19世纪初政府运作公共工程的一种典型方式。由于几乎没有什么公司有能力满足政府的期待，包括好的服务、足量且纯净的水、低价，所以实际同意合作的企业，其获得的特许经营权会包含相当多的让步条件。而它们获得的其他优惠措施，如长期合同、独家供水权、物业征用权、税收豁免等，也并非罕见。[53]1800年，美国17套水务系统中有16套（94.1%）为私营，到了1830年，45套中有36套为私营（80%）。[54]

在纽约，即便到了1800年以后，城市的主要水源竟然还是一处淡水池塘。若向前追溯至1750年，该市许多私人水井都遭受咸水渗透，以及茅厕、粪池和街道排水污染的严重影响。1774年，市议会与一位英国工程师签署合同，开始建设一套城市供水系统，相关工程包括用蒸汽泵将水提升至中心蓄水池。不久之后，独立战争让项目脱离了既定轨道，直至1799年，当纽约暴发了一次极具破坏性的黄热病疫情后，项目才得以重启。城市领袖了解到他们的竞争对手波士顿、费城和巴尔的摩都在建设或计划建设市政供水系统。

水务问题很快成为纽约州和纽约市政治博弈的焦点。市议会要求州立

法机构授予其特别的权力以发展市政供水系统。州众议院议员亚伦·伯尔
（Aaron Burr）则谋划着要为一家私营水务公司——曼哈顿公司——批发特
许状，他不支持发展出一套由市政府管理的供水系统。结果，该公司依靠
州议会通过的一份无限期特许状，获得了非常宽泛的经营权利，应当承担
的责任却少之又少。伯尔的实际企图是想通过这家公司来积累剩余资本，
滋补一项银行创业计划。

    从积极的角度看曼哈顿公司的供水服务，还算是适度成功的。在其运
营的高峰，可以为整座城市三分之一的地区供水，尽管相关的服务纠纷总
22 是不断出现。1801 年至 1808 年间，伯尔遭受了一场严重的政治打击，包括
失去了对曼哈顿公司的控制。1802 年，他被迫离开公司董事会，促使其政
敌德维特·克林顿（DeWitt Clinton）的政治地位的上升。

    克林顿很快意识到目前的体制根本无法满足整座城市的供水需求。于
是，将特许经营公司出售给市政府的方案开始经常得到讨论，但短期内的
改革仍仅限于特许状的修改，曼哈顿公司也继续享受着优惠的经营条件。

    不断恶化的供水质量终究还是动摇了曼哈顿公司在纽约市政水务行业
的地位。1825 年，一项关于授予纽约水务公司经营特许状的法案生效。然
而，多种因素使得新的供水服务尝试在很短时间内就被终止，包括围绕着
特许状产生的争议、为指定服务区提供纯净水源的能力的欠缺以及来自曼
哈顿公司及其他竞争对手的压力。此后，纽约市民对品质好、取用便捷水
源的需求一直没有得到满足，这种情况直到 1842 年旧克罗顿引水渠（Old
Croton Aqueduct）建成完工才结束，此项工程标志着该市有了第一套实用
有效的市政供水系统。[55]

    波士顿在 19 世纪 40 年代才建成第一代完整的供水系统，在那之前也
经历了一段长时间的社会争论。自 1630 年至 1796 年，该市的水源皆来自

水井和蓄水池，且水质被描述为"硬、颜色沉重，老有异味、咸、口感差，时而有污染"。[56]

1796 年，萨缪尔·亚当斯（Samuel Adams）州长批准了一项关于成立引水公司（Aqueduct Corporation）的法律，并促成了从罗克斯伯里（Roxbury）的牙买加池塘（Jamaica Pond）至波士顿市内的供水管道的铺设。供水管网于 1803 年完工，但它并未向社区提供完全的服务。尽管 1825 年以前，无人尝试对已有系统做进一步改善，但到了 19 世纪 40 年代中期，市民领袖还是围绕着供水问题开展了漫长且延续的争论。[57]

中西部、南部和美国其他地方事情发展的模式与东北部类似。某些大一点的城市转向建设全市规模的供水系统的时间要早一些，其余大部分的城镇只是缓慢跟随。辛辛那提是"西部"第一座拥有市政供水系统的城市。1813 年，在短短一个季节的时间内，社区领袖通过私人承包的形式，在城市中钻出了"可能 30 口"公共水井。但 1817 年的一项法令却授予辛辛那提制造公司（Cincinnati Manufacturing Company）开发水务系统的特许状，成为最早授予此类特许权的案例之一。1839 年，该公司被市政府收购。在交易发生的时候，该公司仅拥有一座泵站和若干储水池。而在收购前的若干年里，该公司不仅陷入了财务危机，还长期无法达到特许合约对它所能提供服务的要求，这些问题都引发了公众对私人水务公司的不信任，也保存了公共权力控制供水服务的可能性。[58]

圣路易斯水务设施于 1830 年建成。1821 年，对火灾隐患的整体担忧促发了对更好的供水系统的需求。最终，在 1829 年，市议会拨款 500 美元作为竞赛奖金，力图吸收到最好的解决方案。在很短的时间内，市政府就与威尔逊和伙伴公司（Wilson and Company）签署了合约，相关工程于 1830 年开建，但直至 19 世纪 40 年代管道才通水竣工。[59]

　　本杰明·拉特罗布将他在费城施展的创新事业带到了新奥尔良，后者当时刚刚处于行将进入井喷式发展的时期。他的计划是确保自己取得一份特许经营权，并让投资人能从售水中获利。新奥尔良的水务工程在几个方面都跟费城相似。一台蒸汽泵将水从密西西比河抽出，并通过管道，将其抬升注入 6 座木质储水池。然后再利用重力，以及木质与铸铁混合的管道输水。本杰明的儿子亨利绘制了计划设在河畔广场的喷泉的图纸，但该设施后来一直未被修建。

　　本杰明·拉特罗布还有另外一个特点为人熟悉，就是经常会接手一些他并不准备马上实施的项目。而且，由于他终日忙于东北部地区的业务，所以只能在 1811 年委派亨利前往新月之城（新奥尔良的别称）启动相关的工作。他本人直到 1819 年才亲自登上新奥尔良项目的舞台。除了工程师的缺席、技术方面的挫折以及与投资人的矛盾等问题，拉特罗布父子还需承受 1812 年战争给项目进展带来的扰动。值得称道的是，在亨利的努力下，项目得以保存。但随之而来对本杰明和项目更大的打击是，年轻亨利于 1817 年病死于黄热病。而在本杰明亲自来到新奥尔良前，项目一直由亨利的一位助手来打理。就在整个供水工程大部分都完工的时候，本杰明自己也意外故去，其原因显然也是染上了黄热病。在接下来的一年里，尽管新奥尔良水务公司（New Orleans Water Works Company）挣扎求存，但还是被市政府收购。此项目可谓是本杰明·拉特罗布最后的工程遗产。[60]

　　19 世纪初期发展起来的第一代供水系统在其技术成就方面，也考虑到了与水消费水平的关系。不过，新系统提供的服务是不均衡的。19 世纪 20 年代中期，辛辛那提有超过 26000 英尺长的木质管道，但服务的产业及居民用户仅为 254 家。当时，人均日耗水量大概为 3 至 5 加仑，能担负得起额外供水成本的用户则会消耗得更多些。

　　尽管以私人公司特许经营方式发展起来的供水系统有许多进步的地方，但享用新水源的权利仍然与阶级挂钩。城市中的富裕街区和中央商务区无疑占有了新水源的最大份额，而工人阶级的社区仍常常需要依靠受污染的水井和其他有潜在卫生问题的本地水源。[61]如历史学家小山姆·贝斯·华纳（Sam Bass Warner Jr.）所言，"作为水务事业的先驱城市，费城率先意识到：从在人行道边铺设管道到在住家中安装水龙头、抽水马桶、洗浴盆这些设施，还有很长一段路程要走。对于城市穷人而言，要等到贫民区房屋业主安装管网，更需要一代人或更长的时间。"[62]

　　尽管新供水系统存在局限性，但少数在整个社区范围做出尝试的美国 24 城市为不久之后将出现的现代环卫服务体系提供了发展模式。第一代供水系统是 19 世纪末更加精细且集中化的供水系统的前身。而在英国，对污染和疾病因果关系的有效认知，在时间上是滞后于新一代技术的应用的，当然英国人也为改善城市公共卫生和消防能力做出了很大的努力。

　　在废弃物的处置方面，保证纯净、充足的供水服务，在当时还几乎与消除一系列污物、恶臭的措施不存在任何关联。在市政官员的眼里，废弃物问题尚未达到一种公害的程度。至于如何具体应对废弃物问题，美国人采用的方法与欧洲常用的方法一样，且多年如此。19 世纪中期以前，只有很少的美国和欧洲城市可以建成能够比肩伟大的巴比伦、美索不达米亚、迦太基或罗马文明的排水系统和垃圾处理设施。在这些古代社会里，科层化的权力机构创建和管理着高度发达的环卫系统，大规模地为人们提供相关公共服务。但这些服务在阶级之间的分配是不平等的。[63]

　　美国人沿用了旧世界的做法，即强调废弃物处置的个体职责，而这种做法在 1830 年以前还是能适应城市中心的客观条件的。化粪池、粪坑以及为清理茅厕而发展起来的粪桶运输系统，直至 19 世纪都较好地能满足欧洲城市本地社区的需求。当时城市排水系统的首要功用是排涝，而非输送污水。如果真的存在一些排污管道，那也不过都是一些露天的壕沟而已。[64]

英国被记载下来的最早的排污管道可以追溯到 14 世纪，但它们其实只是简单的排水沟。[65]1700 年以前，伦敦没有任何的排污管道。当时人们理论上认为粪池或粪坑是接纳粪便的最佳设施，而排水沟应该是地表水流通的路径。[66]但实际情况也并非照此运行。直到 1815 年以前，伦敦市一直禁止向排水沟渠倾倒除厨房污水外的废弃物。尽管如此，那些遗留在地上的废弃物，大多数都会最终随着雨水一起进入露天壕沟，或有覆盖和围挡的水流当中。

1810 年英国首度开始使用的冲水马桶，为城市居民提供了一种更加便利——而且似乎更卫生——的处置人体排泄物的方法。这种"技术魔法"对用水量的增加构成了很大的刺激。但如果它与粪池相连，却会影响粪池本来的功能，因为粪便随大量的马桶水进入粪池后，无法渗入土地，而是会溢出，进一步流入城市街道或排水系统。[67]

25   19 世纪以前，垃圾收集和处置方面的进步并不比排污多多少。即便当时英国议会禁止向公共水域和壕沟倾倒垃圾，但违法的行为仍旧继续。在巴黎，直到 14 世纪之前，市民始终可以合法地将垃圾抛出窗外，尽管城市里有过一些收集和处置垃圾的努力，但到了 1400 年，城门外连片的垃圾堆已经堆高到妨害城市防卫的地步。1349 年和 1750 年间不断侵袭欧洲的鼠疫虽然为环卫服务的改善提供了一些诱因，但直到 19 世纪以前，相关职责仍主要仅限于个体的努力。

一项显著改善废弃物收集和处置的做法是铺平和清扫道路，最早可以追溯到 12 世纪。巴黎于 1184 年开始铺平道路，根据当时的记载，菲利普二世国王是因受不了宫殿外泥泞道路飘来的阵阵恶臭而下达了相关的命令。

1415 年，奥格斯堡成为德国第一座铺平道路的城市。道路清扫则较晚才获得了公共财政的支持——巴黎要等到 1609 年后才如此。在德国的诸侯国中，街道清扫工作经常被分配给犹太人和为执行死刑服务的奴役。不过，如其他环卫服务一样，街道铺平和清扫往往仅限于商业街道或富人社区。[68]

在美国，液体废弃物疏排和处置的发展状况与欧洲一样糟糕。历史学家乔尔·塔尔（Joel A. Tarr）所称的"粪池-茅坑-淘粪工体系"在一定的阶段，还有足够能力应付许多社区人体排泄物和住家液体废弃物的处置，但随着这些社区有了快速发展，或因发生了如大量引水入户导致粪池和茅坑常被浸没这样的排污系统的重大变化，上述体系变得无法持续下去。

人体排泄物有时存放于可以外渗的粪池，但更多时候会进入地窖中或房屋旁边的茅厕中。茅厕相对较小，它的粪池或在填满后和被替换前被覆土关闭，或由住户自己或雇佣私人淘粪工清理。大多数城市的法令规定茅厕清理的时间是晚上，所以"夜土"（night soil）也渐渐成为人体排泄物的委婉替代语。尽管在很多年里，茅厕较为合理地解决了人体排泄物处置的问题，但这种装置很少是不透水的，需要经常性维护，同时也经常产生让人生厌的气味。

在许多社区，住家废水会就地排入附近的粪池或旱井，但更常见的情况是四处倾泻在地面之上。最好的情况是，这些废物会得到再利用、还田、或当作废料出售。不过，关于废物再用，特别是夜土再用的记录，美国和英国一样，时断时续，并不稳定。[69]

离开私人屋舍的废水，通过街道径流放大的雨洪变成了更严重的问题。当粪池-茅坑-淘粪工体系能为应对人体排泄物处置提供一种粗放方式的时候，已有的"排水渠道"在排污问题的控制上则越来越显得捉襟见肘。到 18 世纪末，大的中心城市，如纽约和波士顿建起了排水渠道。这些早期设 26

施的首要功能是排洪或疏导滞留不动的池塘水，而非解决排污问题，通常也只是露天水沟，而非地下暗渠。在波士顿，市政部门直到 1823 年以后才开始承担排水渠道的维护职责，或开始修建新的设施。而且，1833 年以前，排水渠道只允许接纳液体废物，固态污秽是特别排除在外的。[70]

如英国一样，当时美国还有许多城市的法令仍禁止向排水渠道投放任何废弃物。尽管如此，地面排水渠还是被经意或不经意地慢慢转变成了露天排污沟，里面漂流着大量或由人直接倾倒的，或从粪池和茅坑外溢出来的污物。[71]

与排污系统有所区别的是，街道清扫得到了更大的重视，这是因为道路承担着多重的社会职能——运输货物，便利人畜交通，紧急的防火通道，甚至是一种社交场所。正因为道路很早就成为社区"公共物品"的一部分，所以街道清扫也早于垃圾收集成为市政职责的一部分。对于产生在私人住户和商业场所的垃圾，其处置的责任仍然由市民个人或他们雇佣的清道夫来承担。

前卫的环卫工程师萨缪尔·格里利（Samuel A. Greeley）曾经说过："城市清洁的事业毫无疑问是从街道清扫开始的。"[72]在许多城镇，市民的抱怨多集中于干道的泥泞状况，以及被忽视的小街巷和非商业道路的清洁工作。而长久以来，在欧洲和美国的城市里，市民将街道当作垃圾倾倒场习以为常。马匹和其他动物也对街道上的废弃物有所贡献。波士顿和新阿姆斯特丹是率先出台法令禁止上述最可恶行为的城市，但都遭遇执行难的问题，基本起不到阻吓市民任意抛撒垃圾的作用，而且几乎无一街道能够幸免。[73]

在一些较大的社区，早在 17 世纪，就有清道夫开始在街道上做清理障碍、清运废品和垃圾的工作。最终，游走在街道上吃垃圾的猪和家禽就不再常见了。一些城镇，特别是其街道有适度功用的那些城镇，通过雇佣清道夫的服务，可以满足市民对于非居住区街道清洁工作的需求。到 19 世纪中期，随城市中车辆交通增多而卷起更多尘土，以及驮马用量变得更大，系统地建立起授薪街道清洁队伍就变得很有必要。不过，对于多数城镇，即便在最好的情况下，也只是草草地应付一下由液体或固体废物导致的诸多问题；就算到了 19 世纪后期，也只有大一些的城市在此问题的解决上展现出多一点点的决心。

1830 年以前，美国城市没有碰到什么可以激发它们改善废弃物处置的事情。但在供水问题上，因惧怕火灾和疫病，以及受到英国经验的影响，一定的改变已经发生。最为显著的成就当数费城建立起来的第一代供水系统，但它却仍不足以引领全国范围的新潮流。英国后来出现的"环卫思潮"和对疾病瘴气理论的建构，才为 19 世纪中后期美国环卫技术的系统阐述提供了智识背景。27

第二章

将蛇尾放入蛇口
埃德温·查德威克与英国的"环卫思潮"

28　　19世纪中叶英国出现的"环卫思潮"让健康依赖于环境卫生的观念流行起来，即人们相信物质环境的好坏对个人福祉有巨大的影响。这种观念也重塑了人们关于纯净供水、污水排放以及垃圾收集和处置的认识。正如一位作家所说，环卫思潮的最大作用在于"去除了……宿命论，取而代之的是树立起用科学力量控制物质环境的信念。"[1]

　　环卫思潮的出现为改善环卫服务带来了清晰的理由。不过，历史学家安·F. 贝尔热（Anna F. La Berge）则认为法国早在18世纪末和19世纪初便成为"理论上、体制上以及实践上的"现代公共卫生管理的先驱国家，并且，在不列颠和法国的公共卫生倡导者之间存在着大量的思想交流，达到了互相滋养的效果。直到 19 世纪 50 年代，英国才有资格称得上是公共卫生实践领域，如排污和供水服务的佼佼者，而且有能力承继这方面的领导地位。[2]

在公共卫生实践领域，英国取得优势地位也意味着环卫思潮所蕴含的 29 病因理论的胜利。这种胜利带来的重要后果之一是，对于维多利亚时代城市居民而言，物质环境变得更有活性，而非如狄更斯时代人们所认为的那样缺乏生机。[3]那个时代最伟大的环卫思想普及者就是从律师转变成环卫工程师的埃德温·查德威克。1800 年 1 月 24 日，查德威克出生于曼彻斯特附近。他幼年获得的教育机会有限，后来逐渐对"传统知识精英"心生厌恶。在基本依靠自学的情况下，查德威克在 18 岁时以学徒身份进入一家律师行实习，1823 年，他获中殿律师学院（Middle Temple）录用，为将来成为一名大律师而做准备。他一边靠为报纸写文章维持生计，一边与伦敦一些法学和医学学生建立了紧密的联系。

1824 年，查德威克先后结识了托马斯·索斯伍德·史密斯（Thomas Southwood Smith）博士和约翰·斯图尔特·穆勒（John Stuart Mill）——二者皆为哲学激进派分子（Philosophical Radicals），并初次接触到边沁学说。[4]而杰里米·边沁（Jeremy Bentham）正是公认的哲学激进派的领袖人物，他身兼法学家、司法改革家、功利主义哲学家三重身份于一身。他抨击传统的宪法思想，呼吁用新的理论取而代之。一位作家将这种新理论概括为："能对公共福利起最大促进作用的举动才是正当的举动。"[5]

查德威克从边沁及经济学家大卫·李嘉图的学说中获得，或者说强化了他对于一个有积极作为的中央政府的信念。随着他在边沁主义群体中声望渐长，查德威克于 1829 年受邀到伦敦辩论学会参加一场关于济贫法的辩论会。两年后，他成为边沁本人的秘书，直接协助这位渐渐年迈的功利主义思想家起草其名著《宪法典》（Constitutional Code）。尽管二人在一些问题上有分歧，但查德威克赞同边沁对效率及国家威权属性的追求。[6]

伦敦贫民窟的生活环境成为查德威克主要的研究兴趣，而就在他投入此课题时曾一度患上斑疹伤寒，但不久后完全康复了。1832 年，即边沁去世的那一年，查德威克获一委员会委任，调查英国济贫法的实施情况。调查结束后，他发表了《1834 年济贫法报告》。在为公共部门服务超过 20 年后，查德威克于 1854 年重新过上自主的生活。当时，他以健康原因为由，辞去了卫生总局（General Board of Health）的职务，就连其众多反对者也送上祝福。[7]

尽管批评者诟病查德威克的社会观是专制反动的，但其作为一位济贫法改革家的高尚形象是毋庸置疑的。1834 年，当济贫法委员会有三名委员空缺时，查德威克认为自己能得到一席。但是，出身和财富地位支配着当时这些职务的任命。而且，他对于一些关键问题所持的强硬立场，也让当时政权摇摇欲坠的辉格党政府对他没有太多兴趣。不过因为他在此领域具有不可替代的地位，查德威克还是在新成立的济贫法委员会中获得秘书一职。他一开始不愿接受任命，但后来改变了决定，因为委员会保证其将获得高于职务位阶的实际权力。不过，尽管他后来在委员会中发挥了中流砥柱的作用，但实际从未获得他所期望得到的决策影响力。批评者则继续冠以其穷人压迫者的形象。[8]

在其整个职业生涯中，查德威克与众多政府官员、医生、工程师有过交锋。一些人觉得他作风僵硬，难以与人共事。"从来不会有人会指摘查德威克是一位有宽容心的人，"当时的一位观察家如此说。[9]查德威克也对批评发起挑战，但总无法明白为何他对社会变革的委身投入，竟招致如此多情绪化的反应。

查德威克最终转向公共卫生领域，然而他在人们心目中的形象是对穷人麻木不仁，以及一直蔑视不怎么把预防医学当回事的医师。紧随 1837−1838 年流感暴发过后，济贫法委员会针对贫困状态与环境卫生状况之间的关系展开了调查。查德威克受命承担了这项工作，并将当时因投身于环境对健康影响研究的三位知名医生——詹姆斯·凯伊（James Kay）、尼尔·阿诺特（Neil Arnott）和托马斯·索斯伍德·史密斯——招入调查团队。显然，对于查德威克来说，与这些医师共享一次重要的全国性环境卫生调查的机遇，不是一件容易的事，后者因其自身的能力和成就已正成为卫生改革领域杰出代言人。[10]

查德威克通过发布《关于大不列颠劳工群体环境卫生条件的报告（1842 年）》，将许多的公众注意力引向了贫困导致的社会崩坏以及工业城市令人忧虑的人口健康状况。此文献获得了大范围的传播，其销售册数比此前任何一政府出版物都多。它生动地描绘了城市衰败的图景，由此凸显出疾病预防的重要性。[11]作为一位边沁学说的善用者，查德威克还引入了"市民经济"的概念，说明"治已病"比"治未病"更加昂贵。[12]

这份报告是当时正兴起的公共卫生运动集大成的结果，而非某一位改革家独创观念的产物。[13]其内容之所以让人感到激进，是因为它拒绝用宿命论的观点解释病因，也反对将贫困视作导致不良健康状况的主因。[14]报告反而认为，不良健康状况是导致贫困的一个原因，因为疾病的发生有环境方面的根源。此观点无疑是对工业贫民窟不卫生生活环境的一项强力指控，也是对那些无视传染病因的医生以及暮气沉沉的地方卫生局的一种激烈批评。[15]

19世纪初多次席卷英国的霍乱疫病让报告发出的强音变得更大。在19世纪20年代晚期，不少人将慢性痢疾和其他一些地方病作为一种生活常态接受，也毫不在意那些针对大城市日趋严重的健康问题的警告。1832年暴发的霍乱大流行改变了这种情况，迫使改革者的主张获得了更严肃的对待。这第一波蹂躏大不列颠的霍乱疫情夺去了6万人的生命，其中许多都是穷

31 人。接踵暴发的霍乱疫情分别在1848年至1849年、1854年和1867年再次侵袭不列颠群岛。污染严重的水成为传播霍乱菌的载体。尽管后来发现预防霍乱措施其实相对简单，但此病疫袭来的突然性和毁灭性，以及可怕的传染性还是让人们感到恐怖。[16]

这个时期的英国环卫工程师多认为人口特征与疾病有直接关联。[17]比尔·勒金（Bill Luckin）却很恰当地将查德威克的观点概括为一种"元环保主义"（proto-environmentalism），因为它在未掌握有关致病生物的知识或未准确认识致病生态因素的条件下，仍将环境确定为导致疾病的一种因子。[18]此外，作为一位典型的边沁主义者和中产阶级改革家，查德威克相信"贫困状况和疾病都不是无缘无故的，都可以预防。"[19]

直到19世纪晚期以前，支配环卫工程师观念的一直是所谓的污秽理论，或称瘴气理论。因为此时人们认为疾病源自腐败中的有机废弃物、臭气（瘴气）、以及从阴沟散发出的气体，也无法由人传给人，所以污秽理论也被称作是一种反接触传染论。又因为这种理论体系针对的疾病多为肠道病，所以通过改善环境卫生控制疾病的措施获得了显著成功。[20]

查德威克在调查报告中粗略交代在鉴别致病原因的过程中需要考虑环境这一背景条件后，开始着手构建落实新疾病预防措施所需的管理框架。通过强调卫生工作的环境维度，他展望医生和其他医疗人员需拓宽他们的角色，即不仅仅只是医治患病的个体，而是投身到更广阔的社会干预中，

特别是预防接种和环境卫生这两项行动。他用边沁学说总结道，一小部分人的权益应让步给大多数人的需求。因此，地方政府对环卫服务的管控应在更强有力的中央机构的指导下进行，也需要由授薪巡查员来负责执行。这种想法是一种有开创性的制度设计，也是提早建议的现代公务员制度的雏形。[21]

对于查德威克来说，应对不卫生环境的恰当措施应体现在得到改善的公共工程项目中，包括供水系统、排污管道、铺平的道路以及通风良好的建筑。[22]他提议建设的水力循环（或称动静脉）系统可以将可饮用的水送入配有抽水马桶的住家，然后将废水排入公共排污管道，并最终作为"液肥"注入临近的农田中。

查德威克受约翰·罗（John Roe）的影响很深，后者是一位铁路和运河工程师，曾经担任过霍尔本和芬斯伯里排污委员会（Holborn and Finsbury Sewers Commission）的调查员。罗让查德威克见识了一位作家笔下的"当时集罪恶之大成的几处排污渠"。罗把查德威克带到排污渠现场，向他展示老旧设施暗藏的害虫和几近腐坏的砖壁。罗主张的解决方案之一是通过提供稳定的水流，以及配备与之相适应的卵型截面管道，提高排水速度和载污能力。尽管这种想法与他所处时代的传统观念格格不入，却正好契合查德威克创造"动脉系统"的构想。[23]在附加污水施肥这一阶段后，查德威克认为："我们完成了一个闭环，实现了古埃及人向往的那种永恒状态，如同将蛇尾放入蛇口。"[24]

查德威克同时代的许多人，包括那些既得利益获得者，宣称他的计划不切实际。最终，他提出的整套水力循环系统并未被采纳，因为不愿接受国家支配其公共工程事务的地方政府此时势力渐长，因预算紧张或其他因素掣肘而主张渐进改革的呼声也很强。

查德威克的调查报告，以及他尝试建立水力循环系统的努力仍然标志着现代环卫服务发展转折点的来临。因为他首度将城市规模的环卫服务体系建设所应持的四项基本原则整合起来，包括：清晰的疾病环境观（健康依赖于环境卫生），相应的行政管理体系，具体的技术方案，对扩展公共服务范围的认可。它们并不需要等到《1875 年公共卫生法》（The 1875 Public Health Law）通过才被汇聚到一起。

新服务体系能获得实质性发展则得益于 19 世纪中后期一些重要立法的通过。《1848 年公共卫生法》（The Public Health Act of 1848）是查德威克在环卫领域工作带来的一项成就，尽管他本人在 19 世纪 40 年代晚期对于整个环卫运动的影响已经式微。此法标志着英国政府在历史上首度确认了它对保护国民健康应负的责任。连同 1866 年通过的《环境卫生法》（Sanitary Act），1848 年的法律也标志着为应对环境卫生问题而发展现代法制体系的起点。

不过，从另一个角度看，1848 年的法律并没有达到查德威克自己关于实施环卫体系改革的期待。中央集权的反对者在保留地方特权上获得了胜利，因为该法没有为指导地方部门的工作建立一整套全国性的管理架构。此外，地方卫生局可以（但不是应该）任命自己的医务官员，也被准许（但不是被强制）实施铺平街道、建设排污管道及供水设施的工程。尽管权力较弱的中央卫生局（Central Board of Health）依法建立了起来，但其任期一开始被限制在 5 年。[25]

查德威克自身的某些做法在一些方面也造就了中央集权反对者的胜利。他的报告确实没有就中央政府机构该如何实施环卫工作计划，或它相对于地方行动有怎样的优势做出清楚说明。他自己想要达到的优先目的是争取人们支持他对公共卫生状况的分析，然后"自然而然地认可只有他能英明地领导相关的管理机构"。如果这是他的计划，当时确实失败了，中央集权反对者获得胜利。[26]

1848 年法律通过后，又有一些相关立法紧跟着出现，其中不少是为了 33 应对跟环卫服务，特别是排污系统有关的具体问题。环卫运动最终走向成功的标志是《1875 年公共卫生法》，此时距查德威克从环卫运动的公开参与中撤出已经过去 20 年。新法几乎将所有之前的相关法律都整合了起来，并扩展成为一部综合性相当强的环卫法典。新法是 19 世纪晚期细菌学诞生以前对公共卫生思想做出最广泛阐述的一部文献，为确立环境卫生工作原理起到了推动作用。[27]

在 1842 年调查报告发布后超过十年的时间里，查德威克的公务生活主要聚焦于尝试建立新的环卫管理体系，艰难地干预立法工作，以及在很大程度上努力延续自己的职业生涯。克里斯托弗·汉姆林（Christopher Hamlin）曾有力地指出，关于查德威克动脉方案的争论已经结束，其结论不是"查德威克系统的胜利，而是确立一种能体现英国工程学风格的富有弹性、遵循客户需求而实践的原则"。换言之，所谓英国工程师的风格就是根据客户提出的问题解决问题——而非固执推行他们自己既定的某种技术设想——并在不预设只有一种技术方案的氛围下开展工作。[28]

不过，关于一套完整环卫服务体系的争论，的确包含着对英国环卫服务实际发展状况的讨论，以及对英国公共工程理念在全世界范围扩散现象的关注。充足且洁净地供水虽然是查德威克系统的核心部分，但他更优先的注意力其实转向了污水处置和利用。但固体废弃物处置——一项更多聚焦于公共街道清洁和个人处理责任的事务从来就没有成为查德威克环卫规划的一部分。生活垃圾及其他固废在他的时代主要被看作是私益或公益妨害，而非健康威胁。[29]

获取和分配纯净水源的工作原理在 19 世纪较早的时期就已基本确立。尽管到了 1850 年也没有多少社区会对供水服务满意，但对于发展此项事业必要性的认识却已经得到很好的普及。如果供水问题要在排污争论中有一席之地，那肯定会出现在污水处置效果因用水量增加而恶化的情况下。只要居民区和商业区接入了自来水服务，由此产生的废水和污物总量，旧污水处理系统肯定没有能力驾驭。[30]

1842 年和 1845 年间，城镇卫生委员会（The Health of Towns Commission）成为污水问题争论的疏导机构，它的成立也标志着水载排污系统将逐步得到采用。[31]排污问题之所以引起查德威克的兴趣，首要原因是当时的公共排污渠和粪池让地表水和它携带的污秽直接能够渗入底下，没有在某些特定排放口进行沉淀处理。而且，查德威克相信动脉系统能够将污水收集起来，进而导入农地进行利用，还可能产生一些经济收益，可以用到各种不同的改善城市生活的事业中。[32]

34   于是，查德威克要求工程师协助落实他的构想。此时在英国，土木工程作为工程专业的一个分支，也只是刚刚出现并获得认可。将土木工程与其他工程专业区别开来的是，前者聚焦于基础设施的建设，如道路、桥廊、隧道——以及很快出现的供水和排污系统。18 世纪英国商业和工业的扩张，刺激了非政府部门主导的基础设施发展项目。而在 18 世纪 50 年代以前的整个欧洲，国家——尤其是军队——一直是工程项目的主要资助方。到 19 世纪前夕，介入"民用"工程项目的英国工程师开始互相交换专业意见，并逐步发展出一种职业特性。[33]

查德威克和罗的动脉系统理念给工程界带来了挑战。大伦敦地区共有 7 个排污委员会（查德威克认为它们腐败、低效，且这种看法有一定道理）。它们都由政府委任产生，且常常维护的是在委员会中任职的建筑设计师、建设商和测量师的利益。它们还是一种"准司法"机构，掌管着辖区内的所有排污渠的管理。当这些委员会与土木工程师维持着一种脆弱联系之时，查德威克批评大多数工程师不遵从他的水力排污系统设计行事。这种批评和他对医生不践行预防医学的指责如出一辙。

1847 年设立的旨在改革伦敦排污管理的都市环卫委员会（Metropolitan Sanitary Commission）成为查德威克攻击作风更传统的工程师的工具。他的攻击不仅仅聚焦于对手工作中的技术劣迹，还强调他们在履行环卫事业改革的道德使命方面也是失败的。他甚至连其旧同盟者都抛弃了，包括罗。在他的努力下，釉面陶质管道取代了卵型排污管道。提高水流速度成为查德威克最执念的目标。

1849 年的都市排污委员会（Metropolitan Sewers Commission）同样被查德威克所主导，此机构成立的任务就是为大伦敦建造排污系统。此时罗已经回归到这个委员会中，并负责开展排污管水流实验。与此同时，动脉系统的设计也在试验当中。但现实中要将设计思想转化成工程建设的实际还面临着不少困难。查德威克的工程师发现有必要脱离原先的设计原则，才能找到符合建设实际的解决方案。查德威克的方案还在伦敦以外的地方进行尝试，相关项目是由卫生总局批准的。该局也担负着建设环卫工程的职责，而且，按照汉姆林的话说，它是"查德威克最后的根据地"。截至1852 年，当足够的排污管道建成并能够测试查德威克的设想时，结果令人失望。

查德威克重新提起他关于强化管理的建议，并指出保持排污管道清洁的方法需包括教育公众如何使用管道，以及如何定期检查住户排污管道的连接情况。大多数工程师和管理机构都不同意，并拒绝为他的建议背书。35汉姆林则指出，查德威克尝试改变排水管的用途，即"从转移地表和土壤水分变为神秘地运走废弃物"。如果两种功能都必须实现，查德威克则"不愿意承认雨污分流的排污管是实际所需"。[34]

对查德威克的批评忽视了一项事实，即针对排污管道设计的争论对于决定如何同时解决液态废物和日益增长的用水量问题非常关键。查德威克既然提出理由反对仅将排水管道视作疏水之用，也意味着把排污摆在了为实现良好卫生环境所需的主要工作的位置。尽管他的技术方案、对工程师的攻击以及独断的形式作风对实现自由流动的动脉系统的构想很不利，但他还是不可复回地转变了人们关于排污管价值的认识。而且，在19世纪余下的时间至20世纪初，更加重视排污管道修建的思想支配了整个公共工程领域的实践。查德威克未能成功完成一个示范项目的确有损他的声誉。他的计划的最大弱点就在于太过野心勃勃。

虽然大多数英国城镇都回避查德威克综合治污的核心思想，但排污系统本身随19世纪中叶水载系统开始在各地建设而获得了蓬勃的发展。[35]水载系统的重要性在1847年后获得了进一步提升，因为在那一年议会授予地方政府直接向河流和海洋排污的权力。[36]

水载系统的扩散让业界不仅要关注排水技术，而且要关注排污口的设计、排放点的位置，并最终关注不同类型的水污染。像伯明翰和曼彻斯特这样的城市，相对早地开始应对新问题。[37]

在一次霍乱疫情过后，议会通过了《1855年妨害清除法》（Nuisance Removal Act of 1855）。按此法的要求，都市工务局（Metropolitan Board of Works）得以组建，其目的就是为伦敦建设一套足以满足实际需求的排污系统。该局的总工程师约瑟夫·威廉·巴扎尔杰特（Joseph William Bazalgette）于1859年启动了系统的建设工作，主排水渠基本上于1865年完工。[38]

巴扎尔杰特曾经出任过威斯敏斯特市的顾问工程师，主要参与铁路项目，但最终他成为伦敦都市排污委员会的一名专职委员，并很快被委任为委员会的总工程师。[39]与查德威克的方案有很大不同，巴扎尔杰特提出了建设一系列主截流管道的构想，污水先被这些东西走向的管道收集，然后再进入泰晤士河。污水在到达泰晤士河的时候，会被引入一个离市区较远且位于下游的排污口。在河水处于高潮的时候，水泵会将污水泵入河流。

关于排污口位置的选定是件有争议的事情。尽管获得都市工务局的支持，巴扎尔杰特在 1856 年提出的雄心勃勃的计划最初遭到否决。2 年后，政府颠覆了自己先前的决定，原因很大程度是 1858 年发生的所谓"大恶臭"事件。当时，因为炎热天气和数千个冲水厕所的存在，以及下水道污物不断淤积腐败于泰晤士河水高潮水位线附近，最终导致了延续达 2 年的令人厌恶至极的臭气。船员会因船舶驶过恶臭区而感到头痛和恶心，议会大厦的窗户只有打开并挂上用漂白粉浸润过的布单，部分会议才能勉强召开。所以说，让巴扎尔杰特最终获得胜利的不是他制作的工程图纸和雄辩的游说，而是人们鼻子遭受到的蹂躏。在接下来的 20 年里，伦敦铺设了 83 英里的排污管道，服务范围达到 100 平方英里。[40]

冲水厕所数量的增加以及水载排污系统的建设，实际将污染问题从居民区转移到了河流当中。此时，一个世代以前令人担忧的供水污染问题又重新回到了大不列颠，而造成这个局面的恰恰是旨在改善城市卫生环境的新技术的应用。零敲碎打的排污设施建设让"管道之末"成了事后才能加以考虑的问题。而排污管道的迅猛发展也的确很有效地使人口死亡率降低。一项研究显示，12 座英国城市每千人死亡人数从排污系统应用前的 26 人下降到了应用后的 17 人。[41]

将污水作为肥料用于农业生产，却从未达到查德威克所预见的水平。

至 1880 年，大约有 100 座城镇尝试过污水灌溉。不过，能够接受污水反复浇灌的作物其实有限，而城市周边那些比较低级的、只能作为污水灌溉的农用土地也因为有了其他用途价值在提升。[42]不少英国农民开始转而使用新的高效肥料，如过磷酸盐或南美海鸟粪，而非持续流淌的经过稀释的污水肥。如汉姆林所言，污水肥"不管你需不需要，它都会一直流进来"。[43]

维多利亚时代的英国人到 19 世纪 80 和 90 年代以后才开始明白污水处理是一种生物变化过程。[44]不过，水污染不仅是技术问题，也常常引起政治和司法管辖问题。在大不列颠，河流污染作为一个公共问题的严重性是非常突出的，因为这个国家土地资源非常有限，河流沿线人口密集，水资源也会被多个不同的市镇所共享。[45]对于很多已经将地方纳税人的钱投入水载系统建设的城镇而言，将污水直接排入河道是廉价和实用的做法。一旦马桶中的废物被水冲走，或通过管道离开了居民房屋，公民的责任感就随之迅速消失。

早在查德威克环境卫生调查报告出台前的 25 或 30 年，英国就出现了对河流污染的关注，但最密集的社会辩论始于 19 世纪 50 年代。勒金在研究此问题的时候，很有意思地将伦敦与英格兰北部工业区的水污染情况进行了区分。19 世纪初，工业并非伦敦经济和社会结构的主导因素。因此，伦敦不把河流水污染看作是生产活动的结果，而是其商业及消费发展优势地位的一种体现。不断扩展的郊区带也将它隔绝于乡村的经济利益和价值诉求。所以，伦敦最让人厌恶的污染源是人体排泄物，而非生产废弃物。公众的注意力主要集中于水冲厕和居民住家的排泄物。在工业发达的米德兰（Midland）北部和西部地区，发生在新兴工业资产阶级和那些试图限制工业资产阶级权势的政府官员间的争斗，则更多地聚焦于工业污染，而非人体排泄物。[46]

因为河流污染的严重性已经上升到了国家层面，由此引发的咨询、调查和新立法层出不穷。1857 年一个皇家排污委员会获委任成立，目的就是要查明如何才能保护好河流，如何才能确定污水处置的最佳方法。它指出："日益恶化的河流污染问题，对于整个国家的严重性已经达到了一种罪恶的状态，急需应用新的修复方法，加以解决。"尽管委员会 1865 年发布的最终报告建议运用污水土地处理法，但对于污水种植的可盈利性不抱热切的期待。报告坚定地认为造成污染的城镇应该停止污染，并建议只要一个地方认定化粪池为公共卫生的威胁，就应该用更现代的方案替代之。然而，这样的结论并未有效回应水载排污系统应用产生的污染潜力。[47]11 年后，《河流污染防治法》获得通过，并成为此后 75 年内英国应对河流污染的基本法律。尽管如此，此法还是包含了一些保护工业利益的条款。[48]

英国水载系统的发展经验带来了混合的后果。接入排水管道的住家和商业设施能够很有效地排放其产生的污物。虽然城市中心地区处理污水的效率大大提高，但代价却是将污染移位到了几乎所有主要的河道之中，由此便威胁到纯净供水的质量，也造成上下游社区关系的紧张。

在 1855 年的一期《笨拙画报》（Punch）里，随附一幅描绘泰晤士河污秽不堪状况的漫画，有一首诗（部分）写道：

少有的老家伙泰晤士王，

竟然躺在烂泥床，

脸色蜡黄令人厌，

有烂泥的地方却发黑。

好哇，好哇！就因为污水和烂泥！[49]

在此诗画发表的前一年，那个被载誉已久的宽街水泵（Broad Street Pump）故事悄然上演。约翰·斯诺（John Snow）博士是伦敦的一位医师，曾经对霍乱的起源进行过研究。1849 年，他提出假设，认为此疾病是由某种有机毒素所致，而且这种毒素会随人的粪便排泄出来。如果受污染的粪便进入到了公共水源当中，一场流行病肯定会紧跟着发生。

斯诺在调查紧邻宽街暴发的一场严重霍乱疫情的过程中，发现有一家位于疫区内的工厂（拥有自己专用的水井）没有上报一则发生在其雇员身上的病例。受这个情况的引导，他决定去寻找被污染的水井在哪。最终，仅仅通过拆毁水泵手柄，斯诺终止了一场灾祸的蔓延。他成功的关键在于在水污染与流行病之间建立了关联。[50]

政府机关从 19 世纪 40 年代末至 50 年代初的霍乱疫情应对中也获得了经验。1852 年，议会通过了《都市区水法》（Metropolis Water Act），强制要求截止到 1856 年 1 月 1 日，所有从泰晤士河（以及其他为城市供水的河流）取的水都必须进行过滤处理。1855 年，作为对宽街霍乱疫情的回应，伦敦市政当局要求所有水务公司只能供应经过滤的水。10 年间，不少英国及欧洲大陆的城市都配备了滤水设施。[51]按当时的标准而言，过滤是保证供水"安全"的最佳途径。直到 19 世纪 80 年代，即细菌学说出现和普及之后，人们才清楚地意识到，过滤虽然在抗击许多污染物上有其价值，但仅用这种办法不能阻断以水为媒介的所有疾病的传播。[52]

在做出种种努力以保证净水供应和有效污水处置服务的过程中，英国人对环卫体系的发展施加了强有力的影响。各种技术革新，如抽水马桶、水泵、污水管道输送以及慢砂滤池都成为当时行业发展的标杆。其立法和司法领域的行动，或设立了相关制度建设的基准，或凸显出政府和司法行动的局限性，因为它们所处的时代刚好是自由放任主义与为实现更大公共效用而进行管制的理念在不断竞争拉锯的时期。

19世纪中期英国发展起来的新环卫服务体系给世人留下了重要遗产，并显著地对美国产生了影响。首先，对环卫思想的探求与对恰当环卫设施及服务的需求彼此密切相关，成为了一种社会信条。当时的人们越来越相信，纯净的供水不仅为大众提供了方便，还是保证良好健康状态的必需。

第二种遗产虽然难以清晰界定，但仍然显而易见，即开展新环卫服务的具体方式。查德威克提倡的水载系统若从环境科学的角度考虑，毫无疑问是当时最成熟的设计。然而，通过单一且封闭的系统来实现环卫功能却被证明不切实际。许多工程师对于开发一套现有客户不熟悉的新系统感到犹豫。即便得以建设，他们也不能确信查德威克式的系统是真正可行的。另外，对于建设如此大规模的工程项目，所需资金的筹集难度极大，更不消说后续的拨付问题。

更显而易见的是，查德威克为实施其环卫系统所预设的某种集权部门，对于当时有着强烈分权倾向，以及私营公司在提供环卫服务上扮演更重要角色的社会而言，也不存在。由于关系和利益纷繁复杂，英国最终形成的环卫服务监管机构实际上是地方政府、私营公司及英国议会共享权力的产物。 39

令人遗憾的是，由于未能实现环卫服务所需要的整合和协调工作，英国公共卫生状况的改善可能被延后了一些年。但无论如何，查德威克将蛇首尾相连的设想的确开启了现代环卫服务得以评论的语境。他透过其环卫思想，为公共卫生改革设立了一种环境维度的认知背景。而在关于推动变革所需要匹配的管理架构方面，他也提出了重要问题。他还将对纯净和充足供水的需求与建设废水排放补足系统的必要性联系了起来。可以说，当英国人在其国内奋力将环卫思想转变为行动计划的时候，他们也为世界其他地方，包括美国，开启了一场环卫改革的运动。

第三章

"环卫思想" 穿越大西洋

40　　从 19 世纪 30 年代开始，美国城市的成长以及将废弃物与疾病联系起来的模糊认识，催生了数种具有城市规模的环卫技术，尤其是水载系统。在接下来的 10 年间，这些系统的设计和发展受到由埃德温·查德威克引领的英国"环卫思想"的强大影响。美国城市在 1830 年和 1880 年间，经历了第一轮环卫觉醒，由此带来的变化之巨大，足以为今后多年间的环境服务绘出一幅蓝图。

新环卫技术最根本的特征形成于瘴气时代。当时的环卫学家将环境卫生的语义扩展至包含了与流行病进行抗争的基本观念。土木工程师为新系统的设计和建设提供专业技术支持。私营公司和地方政府则负责为落实变革拓展所需的经济资源。

"瘴气时代"出现的现代环卫服务是在城市加速成长的历史背景下不断演化的。在 1830 年和 1880 年间，美国城市数量快速激增，人口增长率 41 迅速提高，城市物质身躯也不断向上和向外延伸。1830 年至 1860 年，人口超过 2500 人的城镇数从 90 个增长至 392 个。城市在东北部的集中趋势仍在继续，紧随其后的是南方地区，而西部的城市前沿已经逼近到了加利福尼亚州。[1]

1830 年至 1860 年，美国城市人口数增长了 552%，达到 620 万之多，如此之高的城市化速度是这个国家前所未有的。1820 年和 1870 年间，城市人口增速是全国人口增速的三倍。商业所获得的持续性重视，以及制造业的扩张成为城市人口增长的主要经济动因。[2]

尽管美国城市总人口规模，按欧洲的标准来看还很小，但在 19 世纪中叶，其发展势头仍是令人瞩目的。此外，美国城市在物理形态上开始与其欧洲城市有所不同，主要表现在郊区获得更多开发这一趋势上。最突出的例子就是 19 世纪 40 年代的费城，其市中心的开发速度为 29.6%，显得较为温和，郊区扩张的速度则达到几近 75%。[3]

城市的快速成长和蔓延为疾病提供了更多潜在的温床，所以亟待改善其保健和环卫措施。随之而来的英国环卫改革首先吸引了一批愿意接受新事物的美国人。环卫思想之所以有说服力，是因为在 1830 年以后很容易将城市问题进行互相比较，而此前在城市发展有限的时代则较困难。

查尔斯·罗森博格（Charles E. Rosenberg）在其经典著作《霍乱年代》

（*The Cholera Years*）中就对 1832 年至 1866 年间美国人疾病观的转变有了洞见。他观察到："1866 年的霍乱疫情被视作一种社会问题；而在 1832 年，对于许多美国人而言，它主要被视为由个人道德原因产生的问题。疾病渐渐成为人与其环境互动的产物；它不再是人们道德抉择和灵魂救赎故事中的一个情节。"[4] 在 19 世纪大部分的时间里，将流行病的暴发归罪于穷人、弱者或非白人族群的看法相当平常。新到达的移民更是引起了最严重的恐慌，特别是因为他们都拥挤地居住在污秽和荒废的房屋中。具有讽刺意味的是，霍乱——"穷人的病疫"——的确让那些被谴责为滋生疾病温床的人更容易成为受害者。在纽约市，黑人和爱尔兰移民受疾病侵袭得最为频繁。在费城，黑人病例是白人的近两倍之多。[5]

在南方城市，霍乱被视作为一种种族性的疾病。在里士满、纳什维尔、亚特兰大和其他南方城市，霍乱首先出现在黑人社区。[6] 南方城市的地方政府一直强调社会凝聚力是它们的主要工作目标。因此，当穷人的健康状况威胁到所有公民的时候，公共和私人基金就会汇合到一处，以努力建立一套有效的保健体系。一些历史学者甚至认为南方城市在促进健康和控制疾病方面所采取的措施，总体来讲更为先进。在南方，病疫是人们"形影不离的同伴"，因为能够杀死细菌和病毒的冰点气温总是很晚才降临。不过事实上，抗击流行病的行动常常未获成功，特别是在完全缺乏对传染病理有正确理解的情况之下。[7]

不同于霍乱，黄热病放过的黑人比白人多。祖籍西非的黑人则受害程度最轻。在 1878 年的黄热病大疫情中，新奥尔良市 4046 名受害者中只有 183 名黑人；孟菲斯市 5000 名黄热病死亡病例中只有 946 例发生在"有色族群"身上。[8]

尽管反传染病因说（anticontagionism）最终没能得到人们的信任，但它在19世纪的大面积流行,还是可被视作是实证主义和理性主义对空洞说教和道德愤怒的胜利。环境卫生理念诉诸简明的逻辑和直观的感受,因而为大众指明了一条直接参与到城市清洁和在表象上消除疾病的行动道路。虽然它对病疫产生的根本原因的误解是很严重(有时甚至可以说是致命的)的错误,但由它而引发的对废弃物的清除却成为了一项有价值的主张。

19世纪50年代,瘴气理论"展现出了实践的活力"。基于污秽与疾病之间显而易见的联系,此理论一开始显得粗糙,因它推测有机物腐坏本身会导致疾病。人们最终认识到,污秽只是传播疾病的一种媒介,而非传染物的第一源头。这也为后来细菌——或病菌——理论的确立,架设了一道理解的桥梁。[9]

尽管病菌理论要在1880年以后才得以确立,病因的传染学说至少早在16世纪后就得到了不断的传播。不过,在路易斯·巴斯德(Louis Pasteur)和罗伯特·科赫(Robert Koch)清晰地将某种有机体和某种疾病联系在一起之前,此学说在细节层面还不够精确。1871年,一位传染病因学说的支持者因推测黄热病是由一种活生物体所致而受到了《科学美国人》杂志的猛烈抨击。但仅仅过了几年,病菌理论就被社会广为接受了。[10]

传染病因学说摆脱不掉的争议,以及发生在19世纪中期几场主要的霍乱瘟疫,让反传染病因学说更易让人信服。[11]查德威克报告将环境因素置于个人卫生习惯之上,此观念为19世纪大部分剩余时间里的疾病防控和环卫改良战略设置了基调。然而,实际上没有多少美国人愿意接纳查德威克的社会观点,也对他所持的政府行政管理的集权理念不感兴趣。[12]

也许反映查德威克对美国产生影响的最早一份文献案例是纽约市政巡查员约翰·格里斯科姆(John H. Griscom)博士出版于1845年的研究,书名为《纽约劳工人口的环境卫生状况》。[13]作为一位土生土长的纽约人,格里斯科姆毕业于宾夕法尼亚大学医学院，随后成为一名为穷人服务的卫生站医生。他与查德威克有通信往来，并于 19 世纪 40 年代与其他医师合作创建了纽约医学会。他在其他较为广泛的社会议题上也有积极参与，包括济贫、监狱改革以及移民管理。

在他 1842 年以市政巡查员身份发表的第一份报告中，格里斯科姆加入了一段强调穷人生活状态的评论。市议会却对格里斯科姆关于城市环卫形势的描述很不满，而且因此不再任命他为巡查员。然而，他依旧无畏地将相关评论延续至那本题目能让人忆及查德威克报告的著作中。作为第一项对纽约市卫生问题的深入研究，《环境卫生状况》涉及的议题颇广。其内容注满了对疾病的环境维度理解，而且比当时大多数的美国人都倾向于接受查德威克的社会观点。[14]遗憾的是，格里斯科姆的努力并未立即带来什么实质性效果。纽约是一座出了名的特别不卫生的城市，背后有着错综复杂的问题以及纠缠不清的政治关系网，一本报告显然没有能力改变那些根深蒂固的习惯做法，或者扭转存在已久的有缺陷的政策。[15]

莱缪尔·沙特克（Lemuel Shattuck）是格里斯科姆的一位朋友，也和查德威克有过通信往来，他更成功地使美国社会对方兴未艾的公共卫生运动产生更多注意力。不过，沙特克未在环卫改革过程中对社会争议有什么投入。他在其大部分的人生中，一直固守着强烈的本土主义思想，认为外来移民要对疾病和贫困问题的蔓延负责。[16]

沙特克于 1793 年出生于马萨诸塞州，并在新罕布什尔州的一个农业社区被抚养长大。在那里，他的宗教观受第二次大觉醒（第二次大觉醒是美国历史上的一次宗教复兴和思想启蒙运动，时间为 1800—1920 年，这次运动首先要解决的问题是如何使宗教精神更加世俗化、更加大众化、更能符合大众的需求。加上美国刚刚建国，整体心态昂扬向上，所以体现在教义上是至善论和至福千年理论盛行一时。美国教会各界对传教的热情空前高涨，传教舆论宣传在新英格兰地区尤为突出，一些神学院和大学的学生对传教事业表现出异乎寻常的兴趣。第二次大觉醒导致了反奴隶制的产生，并最终引发了美国内战。——译注）的塑造，因而充满了对源自于生活无常的虔诚之心。因为对秩序感有很强的把握，并且对细节有锐利的观察，他作为一位业余历史学者和系谱学者赢得了不错的声誉。他最终定居于波士顿，并在那里尝试成为一位职业出版商。他在系谱学领域的工作使其着迷于统计学，1839 年他成为美国统计学会的创始成员之一。他还分别于1837 年和 1838 年在波士顿市政府和州议会供职。

正是在他的敦促之下，立法机关在 1842 年通过了一项要求实行出生、死亡和结婚登记的法律。1845 年，他筹备了 19 世纪内的第一次城市人口普查，并将城市环卫状况纳入到了统计调查中。沙特克相信，最令人不安的普查结果就是波士顿有三分之一的人口是国外出生的或是国外出生人口的子女，以及他们的生活环境对城市整体卫生状况有不利影响。他得出结论：44 应强力推动市政府剿除每一处疾病的潜在发生源。[17]

1849 年，沙特克再次当选为马萨诸塞州议员，并担任一个旨在调研该州健康和环卫问题的委员会主席。正因有了这样的角色，他成为推动全州环卫调查计划的幕后主要推手。[18]《马萨诸塞州环境卫生委员会报告（1850年）》总结了公共卫生事业在欧洲取得的进步，勾勒出美国环卫发展的历史，并呼吁推进全面的公共卫生管理。与查德威克的文献相比，报告缺乏生动的想象以及热烈的情绪，而是主要聚焦于那些可被统计量化的事物关联上。而且它继续强化了沙特克将城市退化和疾病扩散问题首先归罪于移民的观点。其结论称，因为相当比例的人口不遵守正确的环卫准则，州政府必须承担起保障公共卫生安全的责任。[19]

　　尽管暗含一定的前提假设，此报告仍不失为一份杰出的文献，尤其是在其他州或联邦政府缺乏相关公共卫生管理计划的历史情境下。为了很好地管理公共卫生实践，它还呼吁成立州和地方级别的管理局以及环卫巡查员队伍体系。

　　当时公共卫生的概念外延很广，包含各种对象或领域的清洁卫生服务，如城镇和建筑、公共浴室、公共洗衣房、航运检验检疫、天花防疫、婴幼儿保健以及控制食品掺假。公共卫生的概念还可能包含一些看上去不相干的事情，如控制烟尘公害、树立模范公寓以及强化城镇规划。公共卫生思潮与医学活动也有紧密关联，因为前者呼吁设立护士培训学校，在医学院教授环卫科学，并将预防医学纳入临床实践。[20]

　　不管沙特克自己是否意识到，报告内容涵盖了许多被查德威克、格里斯科姆及其他人士关切到的社会问题。它同样强有力地反映出疾病预防重于病发医治的观点，这正是污秽致病理论的核心思想。然而，尽管沙特克报告有很强的创新之处，但仍未能成功促使立法机关立即采取措施。它对公共卫生事业应走的变革之路提出了建议，并呼吁社会各界下更大决心、投入更多财力，来解决那些被经常忽略的问题。[21]

　　如许多学者都承认的，19世纪50年代的政治环境对于理解公共卫生改革所获得的社会反应而言，是重要的因素。在马萨诸塞州，数个世代掌握着州政治权力的清教徒精英们，当时正面临着天主教徒移民的大量涌入，因而"更担心大众的投票行为胜过他们的卫生习惯"。[22]在全国的层面，还有其他社会议题在争夺着公众的注意力，其中比较突出的是奴隶制，也包括妇女权利、戒酒以及监狱改革。从商界的立场来看，提议普及环境卫生服务一则会威胁住宅业主的利益，因为他们对住宅改革思潮很反感，二则会有引发私营和公共部门对新水务系统、排污管道和泄洪渠建设进行大规模评审的危险。[23]

不过，沙特克的计划并非马上遭到舍弃，只是延后了一些而已。早在1848年的时候，美国医学会（American Medical Association）下设的一个公共卫生委员会，就已注意到沙特克提出的一些工作目标。然而，随着马萨诸塞州议会未能依据报告行事，医学协会内出现的推动公共卫生改革的势头也渐渐式微。内战之前的1857年至1860年间，查德威克、格里斯科姆和沙特克的思想，通过一系列主要由医师群体参加的环卫主题会议的交流、传播，仍保持着活力。医学界内部对于公共卫生的兴趣因这些会议得到重新激发，医师们的焦点也从检疫措施转移至环境卫生。如果不是因为内战爆发的干扰，这些会议活动可能几近于成功游说成立一个国家层面的公共卫生组织。[24]

一些公共卫生领域的实际改善源自于战场上的经验，而且为政府部门更正式地回应环卫论坛以及格里斯科姆和沙特克报告提出的理念铺平了道路。具有改革精神的美国环卫委员会（U. S. Sanitary Commission）——作为妇女中央伤病军人救济协会（Women's Central Association of Relief for the Sick and Wounded of the Army）的派生物——向军方施压，要求其成为半官方的公共卫生附属机构，并推动在北方军事设施和南方被占领区开展公共卫生实践。成千上万名劳工及中产阶级妇女在军队医院和战场上参与了照顾士兵健康的工作。[25]

到了1865年，环卫思想开始融入多个公共部门的工作。那一年，纽约市民协会（Citizens' Association of New York）调查了该市的卫生状况，其结果完全呼应了格里斯科姆和沙特克的观察结论。接下来的一年，纽约立法机关通过了《纽约都市区卫生法》（New York Metropolitan Health Law），都市卫生局（Metropolitan Board of Health）也依据该法成立，权力范围可覆盖

纽约市和布鲁克林。纽约都市卫生局的成立意味着在美国大城市中开始有
了第一个有行政效力的卫生部门，它也成为日后组建其他城市卫生局的
模范。[26]

　　以往的地方卫生局因过于政治化和工作无效而变得声名狼藉。因为缺
乏权力，它们只能依赖警察来执行本地条例，但后者很少能将公共卫生摆
在其工作的优先位置。有时，卫生局委员还会通过发包废物清理或街道保
洁合同收受贿赂。[27]环卫改革家们则对都市卫生局有更高的期待。从某种角
度而言，这个时期环卫科学在美国的兴起，有助于恢复因在应对几场毁灭
性疫情中表现不佳的美国医师的整体形象。[28]

　　1869年马萨诸塞州卫生局的创建清楚地树立了现代公共卫生制度的概
念。尽管该局的诞生与沙特克报告的发表相隔了19年，但在这段间隔期
里，马萨诸塞州一直保持着作为卫生状况较好地区的声誉。与此同时，爱
德华·贾维斯（Edward Jarvis）博士通过收集和分析数据，成为公共卫生专
业界一位能起关键作用的人物。与沙特克一样，他将道德和个人卫生联系
起来看待，坚定主张道德和物质秩序维系过程中个人责任的首位性。在贾
维斯看来，在保护和提升公共卫生这件事上，州政府的角色从根本上而言
与经纪人无异。

　　通过贾维斯及其他人的努力，基于污秽理论的环卫发展计划获得越来
越多的支持。卫生局的创建在时间上则正好与内战后马萨诸塞州立法者努
力重组州政府的行动重合。1869年9月，卫生局的委员们第一次会晤，并
尝试继续组建能有效工作的地方卫生局。在遭遇地方政府冷淡反应后，州
卫生局在其他一些议题上进行了探索，包括住房、贫困人群生活条件、卫
生教育、动物屠宰技术、毒药销售管理以及对多种疾病的调查。变革总不
会轻而易举地到来，但卫生局抵御住了多种外界冲击，不仅幸存下来，还

46

促成了环卫改革者们热情的延续。[29]

至 19 世纪 70 年代，环卫思想融入美国卫生管理体制已成定局，污秽理论的优势也到达了顶峰。尽管纽约和马萨诸塞两州都遭遇一些挫折，但较大城市的发展趋势就是建立永久性的卫生局。芝加哥和密尔沃基（Milwaukee）两市建立卫生局的时间是 1867 年，路易斯维尔、印第安纳波利斯及波士顿则分别为 1870、1872 和 1873 年。[30]

环卫社群的专业化也因 1872 年美国公共卫生协会（American Public Health Association）的成立而得到提升，此机构是战前系列环卫论坛的衍生物。[31]环卫改革在全美范围内扩展的最重要标志则是 1879 年国家卫生局（National Board of Health）的创立。至 1873 年，联邦政府有两家军队机构负责卫生事务，即海军医院服务部（Marine Hospital Service）和陆军医疗团（Army Medical Corps）。虽然这两家机构所藏文献是流行病研究的资料来源且能提供统计调查服务，但其职责有限，无法转变成为一种国家卫生组织。环卫改革活动的扩展的确可使公共卫生问题获得关注，但没有什么事情能像一场病疫那样如此显著地提升公众环卫意识。1873 年，一场发生在密西西比河谷（Mississippi Valley）的霍乱瘟疫夺走了约 3000 人的生命，另一场黄热病瘟疫蹂躏了新奥尔良和孟菲斯两市。1878 年，就在一部国家防疫法刚获通过不久，南方便遭受了全国历史上最严重的一场黄热病疫情的打击。[32]

上述剧烈事件的发生，使得成立国家卫生局的主张上升为应对灾祸的优先选项，尽管当时广泛的社会焦点在于因 1873 年"大恐慌"（The Panic of 1873）引发的严重的经济秩序混乱。虽然国家卫生局仅仅存在了 4 年的时间，它所提供的许多服务后来都通过其他机构获得延续。它的成立也标志着联邦政府在承担全民卫生管理职责上开了先河，其意义如同 1848 年英国颁布公共卫生法一样。[33]统计数据显示出环卫措施的应用获得了预期效果。1860 年至 1880 年间，除了少数城市，美国人口死亡率大约从每千人 25 至 40 人降至每千人 16 至 26 人。[34]

新出现的土木工程专业在促进和实施环境卫生发展计划，特别是环卫新技术应用上发挥了主导作用。如历史学家泰瑞·雷诺兹（Terry Reynolds）所言，19 世纪初期至中期，土木工程如同进入了"朝气蓬勃的青春期"一般，该职业领域在修建渠道和铁路以及建设许多城市基础设施方面都有重要作用。一批新近由美国国内院校培养出来的工程师可以开始为城市服务，与他们并肩工作的还有从国外引进的欧洲工程师以及在实践工作中获得培训的美国工程师。[35]

1820 年至 1860 年，位于西点（West Point）的美国军事科学院（U. S. Military Academy）培养的土木工程师的数量占全国该职业人群的比重较大，而且一直在持续增加。因为从该院毕业的工程师人数多于军队在 1820 年以后数年间的实际需求，他们中的许多继而退伍并转投民用领域。在内战前的美国，西点可能培养出全国多达 15% 的土木工程师。

第一所土木工程学院于 1820 年在佛蒙特州的诺维奇大学成立。该校最初的目标是为州民兵部队培养军官，但它从 1825 年便开始教授工程学，并在 1834 年以前正式设置了一项三年研修课程。1835 年，纽约的伦斯勒理工学院（Rensselaer Polytechnic Institute）开办一年制土木工程课程，进而在 1850 年设立三年制课程。其他学校也纷纷尝试开设工程方面的课程，但成功者有限。但到了 1850 年以后，永久性课程出现在了密歇根、哈佛、耶鲁、达特茅斯、联合学院等大学中。

土木工程师获得专业声誉和地位的渐进过程与职业教育体系本土化的努力相仿。由于 1860 年以前美国工程师数量实在太少，也由于这个国家地域太辽阔，地区性及全国性的职业机构需要经历好些年才能扎下根来。政治上的裂变和敌对，以及工程哲学的分歧，也让新生职业的普及呈缓慢扩散之势。48 1867年，美国土木工程学会（American Society of Civil Engineers，ASCE）成为全美第一家成功的工程类专业学会。1850年至1880年间，美国工程师的数量从512名（包括机械和土木）增长至8261名（仅指土木）。他们当中有大量的咨询工程师，在全国范围内向客户有偿提供其专业知识和技术。[36]

职业教育和专业组织的发展变化对工程学美国"风格"的形成有所贡献。相比从其他地方承继过来的传统，美国风格"更注重如何降低劳动成本以及提高工程建设的经济性上，而非项目的时间周期、恒久性、美学吸引力以及安全性。"[37]如此概括，虽然很好地强调了工程学的美国化，但也有些过于笼统。事实上，如后面章节所示，在新的供水和排水系统建设中，恒久性仍是一种核心追求。虽然美国工程师在现实中必须要坚持因地制宜的原则，但这也不妨碍他们继续向其欧洲同僚们大力借鉴经验。[38]

19世纪中期城市政治经历了显著变化，给良好环卫实践的倡导者带来了不稳定的外部环境。许多政府在继续推动经济活动发展的同时，让本地商界领袖在相关部门中担任要职，它们也倾向于为市中心和精英阶层居住区提供公共服务。[39]然而在19世纪50年代至90年代间，因移民的大量涌入，以及城市无法实现有效的自我治理，一些社区组织、城市机器和州立法机关向公共服务事业施加了影响。[40]

19世纪50年代，首批城市选区政治机器在纽约市形成，它们一心只想通过邻里间的忠信关系培育出自己的政治权力。1866年，城市政治机器的原型——特威德集团（the Tweed Ring）——掌握了哥谭镇（Gotham）（哥谭镇是纽约市的别称。——译注）的控制权。因为公共权力已成为商品可被买卖，政策倾斜也可拿来换取选票。官职授受是为赢取支持者而最喜欢使用的手段，公共工程则为这种手段的实施提供了大量机会（可能的工作岗位例如：垃圾清运者、消防巡查员、水务工程主管），同时还能伴随有行政许可、特许经营权、合同、执照等特殊权利的输送。

那些年在城市政治力量更迭的过程中，州立法机关也在竭力控制地方公共服务事务或篡夺那些尚未被选区或城市政客掌控的地方权力。然而，城市政治形态转变的结果，并非只是公共服务的优先受益人群从一个阶层变成另一个阶层那么简单，也并非对基础设施发展的完全忽视。[41]

正如任何一个历史时期一样，环卫新技术的支持者唯有理解政治现实，才能有可能实现他们的目标。并非所有的大城市都有运转顺畅的政治机器。如城市史学者所指出的，城市政治机器其实经常只是"脆弱的结合"或"临时拼凑的联盟"，充斥着众多内部冲突，也容易被反对党和反对派系削弱。[42] 任何一个城市政府，不论称自己为改革主义者还是完全相反，都会在公然使用政治机器伎俩来为其支持者谋取职位的可能性不大的情况下，倾向于通过某种新形式的官职授受或偏袒来分派合同和特许经营权。而更多专业人群受聘于城市政府，为关于落实城市公共服务的政治谈判带来了更多精细的考量。[43]

包括土木工程师在内的环卫专业社群，总体而言持反传染病因的观点；该观点深植于他们的环卫思想，并进一步塑造出他们对城市居民健保需求以及应该提供何种类型服务的认知。他们还向政治领袖传递这些观点，以争取后者支持环境卫生事业发展的目标。很显然，环境卫生的理念，对于揭露上述城市眼前的不健康状态，确保充足和安全供水及有效排污而言是一种过度简单的工具。然而，它将改善公共福祉的责任置于人类之手的主张，让其能在改革主义者的圈子里有极大的影响力，它在现代环卫服务发展历程中留下的印记也不可磨灭。

第四章

纯净与充沛

从元系统到现代水务，1830-1880 年

19 世纪初期，一小批供水元系统开始出现在美国大城市之中。费城供 ₅₀ 水项目的建成虽然没有立刻掀起一股全国性的潮流，但为其他元系统的发展树立了模板。到了 1880 年，一些供水设施已处于向现代城市规模供水系统演化的过程。它们不仅能为更广阔的区域输送更大量的水，还配备了一些初级的净水保障措施。人们对水质的关切与日俱增——环卫运动的一项直接产物——使过滤技术和水质处理新方法吸引到了更多的注意力。此时，

城市领袖以及环卫学家之类的专家，希望从供水服务中收获的要多于拧开
龙头取水带来的方便。

从绝对数量而言，1830 年至 1880 年间（见表 4.1），城市水务系统以
越来越快的速度增长。然而到了 19 世纪 50 和 60 年代，水务系统的增加却
未能跟得上新城市获准成立的步伐。直至 1870 年，城市人口增长的速度要
大于水务系统数量的增加，但在此时，这二者的数量关系有开始反转的
迹象。

51   **表 4.1　建有水务工程的美国城市的比例**

年	工程数量	城市数量 *	有工程城市比例（%）
1830	45	90	50
1840	65	131	50
1850	84	246	36
1860	137	392	35
1870	244	663	37
1880	599	939	64

* 人口达到或超过 2500 人。

来源：U. S Bureau of Census, Census of Population：1960, vol. I, Characteristics of the Popula-
tion（Washington D. C.：Department of Commerce, 1961），pt. A, 1-14-15, table 8；Earle Lytton
Waterman, Elements of Water Supply Engineering（New York：Wiley and Sons, 1934），6.

新供水系统的发展势头稳步增强。一些正经历适度增长的社区仍继续
依赖水井和其他本地水源，或者期待获得特许经营权的私营公司来提供供
水服务。然而，即便是扩展快速的城市也对建设城市规模供水系统所需的
资本投资持有疑虑。到 19 世纪 70 年代，发展更多公共供水服务的趋势已
经显而易见。此前一段时期，供水工程经历了由私有向公有的转换（1830
年时，45 项工程中 9 项为公有，36 项为私有），最终达到 1880 年二者数量

相当的局面（599 项中 293 项为公有，306 项为私有）。[1]

　　充足供水对于满足市民、商业和工业设施需求的重要性——以及正在出现的城市维护公共卫生的职责——意味着那些面积最大的城市区域内的政府部门倾向发展能被它们直接控制的集中式系统。城市振兴主义（boosterism）是额外的动机，因为健全水务系统是夯实一座城市经济基础的有力途径。尽管许多水务公司盈利记录不错，但系统越是现代，资本投入的强度越大，运营成本也在升高。私营服务因而逐步被一些社区淘汰。此外，对供水服务的公共控制强化了城市政府相关部门相对于立法机构或竞争城市的优势，因此私营业者经常会面临被出售的压力。

　　城市领袖有将私有系统转化成公有系统，或建造新公共系统的渴望，还不只是因为他们希望那样做。关键因素在于城市有举债支持重要项目和维持新环卫技术应用后的高成本运营的能力。自 19 世纪拉开帷幕以后，城市财务状况无论在规模还是复杂度上都经历了变化，最终使得公共卫生系统的发展成为可能。

　　上述发展势头一度因 1873 年金融恐慌受挫，当时紧缩和保守性的财政政策给社会带来的是"量入为出"的观念。而且，直至 1875 年，水务工程特许经营权通常会被设置得很具有吸引力，目的就是要将私营公司导入供水业务以及让它们为消防服务匹配足够数量的灭火栓。[2] 52

　　征税权在城市财政体系中占据核心位置。在全美城市中，征税税基一般为所有权，而非收入。在一个将私有企业视为商业运作形态的社会中，完全土地占有制（fee simple land tenure）是其基本的制度模式。这种模式引发的结果很多，其中一点就是把基于商业收入评估的税务转移到更一般的税种上。1870 年以前，市民期待市政服务缴费标准由相关成本确定，且不会让城市从中获利。但随着服务的扩展，税收方面的增加变得不可避免。

一般财产税就是作为一种增加城市收入的基本制度而出现的。与英国不同，美国财产税的税基是总财产价值，而非租赁价格。当财产税是 19 世纪中叶地方政府最重要的收入来源时，城市征税权却一般掌握在州政府手中。在某些情况下，州政府还会给城市政府强加额外的责任，却不提供额外的财政支持。举例来说，当时一些疫情的暴发迫使城市向州请求支援，但鲜有成功的结果。

尤其对诸如建设供水系统和排污管网这样的资产改良项目而言，特别税捐成为一项重要的增加财产税的财政工具。随着城市公共服务范围的扩展，对增加收入的需求也与日俱增。城市增长一时成为大势所趋，意味着仅仅依靠税收和特别税捐几乎无法满足市民或本地商业机构的需要。在此情况下，增加城市举债在 19 世纪变得愈发流行。

到了 1870 年，组织市民公决成了争取公众支持政府发债的一种方法。许多城市在 19 世纪中后期，因要资助市政服务改良项目及吸引商业投资而深陷债务之中。最重要的一点是，1870 年以前流行起来的征税和分配市政资金的方法为城市财政管理树立了一种模式，并持续超过一个世纪。[3]

对新型征税权和举债权加以利用的诱因源于 19 世纪城市政府角色的演化，尤其是它对提供更多公共服务这种职能的追求。主要的财产所有者是城市政府的首要支持者，而政府也确实在尽可能地为他们服务。地方政府的另一重要角色是地方经济的振兴者。市政府在越来越多地寻求一些公共工程和基建项目——包括运河、铁路、桥梁、道路和港口，以及诸如公共卫生、警察、消防这类公共服务的发展资金。对于公共卫生而言，相关工程、项目的开拓正好与环卫思潮的到来，以及公众对环境卫生怀有越来越强的信念在时间上不谋而合。

许多前工业城市的治理架构，是围绕着市议会和弱势市长搭建起来的，53
所以很少能展现出有效率和有实效的领导力。市议会有多重职责，包括充
当初级法院，但其权利往往受限。一方面，在选区代议制下，党派之争会
削弱议会决策的凝聚力。另一方面，由农村地区支配的州立法机构，也对
扩展城市权力持有保留。[4]

对于发展大规模和资本密集型项目而言，政治机器的管治更是一种障
碍。选区老大会把很多时间花在应付其党徒的各种日常诉求上。举例来说，
19世纪70年代，费城共和党政治机器几乎不给水务部门留有任何维护设施
或扩充服务的经费，因为该部门的收益，连同从公共工程合同中获得的回
扣，都被挪用到了机器的运作中了。[5]其他一些城市的政治机器，干脆直接
通过水务部门来谋取私利。特威德集团就是其中一例，它强行要求商人们
购买比实际价值几乎贵4倍且毫无用处的水表。[6]

此一时期，在发展城市规模的供水系统过程中，投入可观的公共资金
对于绝大多数城市而言都是有难度的事，但那批人口最多、财政状况最好
的城市却是例外。假如州立法机构不打算限制城市权力的扩展，市议会要
么会围绕着是否增加城市的债券债务展开辩论，要么会陷入党派之争当中。
若至少回到1855年，当时公共水务系统的建成比例与不同城市的总体财务
健康状态息息相关。这种状态至少延续到19世纪80年代，在那以后，其
他因素也开始对城市决策产生影响。[7]此外，为了给一些工程改善项目，包
括供水系统进行融资，城市的举债程度在稳步提高。至1860年，城市债务
规模已经达到联邦债务的3倍，几乎相当于各州债务的总和。

城市宪章的自由化和其他财政方面的变化，同样给城市供水系统及其
他公共工程的融资带来了新契机，这种趋势从19世纪60年代开始尤为显
现。在大多数情况下，促使市政服务从私有向公有转变的是一套能综合本

地实际和其他城市经验的方案。[8]在纽约，1834 年一项批准设立水务委员理事会（Board of Water Commissioners）的法律，为最终建成于 1842 年的克罗顿引水渠和水库（Croton Aqueduct and Reservoir）——一项疏解城市供水压力的主要措施，提供了司法和行政方面的制度工具。该工程也是纽约发展首个实用市政水务系统的奠基之作。[9]

波士顿同样饱受供水政治之困多年，相关工程和服务系统直至 19 世纪40 年代才发展起来。1796 年，州议会的一项立法批准设立了引水渠公司（Aqueduct Corporation），后者建设了一条从位于罗克斯伯里的牙买加池塘至市区的供水管道。该系统于 1803 年扩建，但直到 1825 年以前，市政府都没有进一步完善它的意向。从 1825 年（当年该市惨遭一场巨大火灾）开始至 1846 年（一段城市遭遇多场病疫震撼的时期），市民领袖们被卷入一场关于供水问题的论辩当中。

54　　市议会的行动从若干公共咨询开始，由此相继出台了几项新的供水计划。对于供水服务应有属性的问题，议会中的政治帮派仍持续小有争斗，因为私人水务公司对越来越高的供水服务公共化呼声抱有很大疑虑。然而那些支持市政接管供水服务的政客立场坚定，一场水务公投在 1844 年 12月上演，结果是支持市政系统的一派获得了重大胜利。随后，市政府选择长池（Long Pond，后被改名为科奇图维特湖，英文名为 "Lake Cochituate"）为城市水源地，并用公共财政将其购买下来。尽管如此，市政府直到 1846 年才获得合法授权建立一套市政供水系统。那一年，州议会通过了《波士顿水务法》（Boston's Water Act），支持对长池水源地的开发。与此同时，市政府得到了通过发行市政债券为建设项目进行融资的授权。[10]

1848 年 10 月，科奇图维特引水渠（Cochituate Aqueduct）启用，标志

着波士顿供水事务由市政控制时代的开始。科奇图维特系统的建成，也改变了供水问题辩论的焦点。它将供水系统的监管置于专家手中，在他们的影响下，波士顿有幸免于未来发生的水短缺以及流行病疫的打击。波士顿供水系统的成功，不仅提升了技术专家们的地位，而且强化了社会对于环境卫生的信念。[11]

巴尔的摩水务公司尽管没有遭遇到其他同行经历过的困境，但在整个19世纪30年代至40年代也要面对一些公共批评。拓展服务会受到盈利能力的制约，这对大多数城市来说都是常见情况。在巴尔的摩水务公司保守的拓展规划下，城市外围或贫困区域的市民被排除在了供水服务之外。持续的人口增长也刺激了对公共水务的需求，但在1854年以前，市政府一直没有收购巴尔的摩水务公司。[12]

芝加哥的第一套水务系统直到1840年才得以建立，其运营是由芝加哥城市水力公司（Chicago City Hydraulic Company）赞助支持的。该公司建设了城市第一座水泵站和蓄水池，其首要水源来自于密歇根湖。输水管线只能到达城市南部和西部的一小部分区域，五分之四市民的用水仍然只能从受到污染的芝加哥河或运水工那里获得。1852年一场霍乱疫情过后，市政官员决意要掌控供水系统。因为人们相信病疫源于水井污染，改由密歇根湖取水的意义变得更为重要。[13]

圣路易斯水务工程建于19世纪30年代。1823年时，圣路易斯市市长便开始提倡建设覆盖全市范围的水务系统。1829年，市议会设立了一项现金奖，以向社会征集最佳方案。仅在很短的时间内，圣路易斯市官员便同意与威尔逊和伙伴公司签订协议。相关工程启动于1830年，但"19世纪40年代以前，管网中一直没有流淌过一滴水。"[14]

供水服务主体从私营公司向市政公共部门转变的时间在城市的圈层间

不一样。位于核心圈的城市发生时间早，它们主要是工业化东部地区出现
55 的一些大城市和一些散落在其他地区的城市，核心圈以外的城市则一般要
等到 19 世纪 60 年代或更晚才会发生变化。例如，在纽约州的布法罗（Buf-
falo），朱比利泉水务公司（Jubilee Spring Water Company）早在 1826 年就通
过木质管道开始输水，但该市迟至 1868 年以后才真正建立起市政供水
系统。[15]

　　密尔沃基得到认可的第一项水务工程建于 1840 年，服务对象是合众国
酒店（United States Hotel），那个时候该市大多数居民的生活用水仍取自本
地泉眼和水井。面对市民的压力，市议会于 1857 年授权发行公债，以为水
务工程融资。相关项目从未完工，后续努力也因内战而被搁置。直到 1868
年以前，该市任何有意义的水务工程进展都未发生。[16]

　　在南方，同一时期的市政供水系统十分罕见。在重建时期的亚特兰大，
旨在发展新水务工程的计划得以实施，但其首要需求是城市消防以及为商
业和工业服务。如果缺乏可靠的市政供水服务，富裕一些的市民仍会转而
购买泉水或依赖私人水井供水。黑人社区的排水情况糟糕，污物经常从排
污口倾倒至排水渠中，井水污染严重。孟菲斯的情况也很相似，那里的水
务事业很少关注居民区的需求。[17]

　　相比水务管理系统的缓慢演变，供水技术层面的变化真是少之又少。
当旧水源无法继续满足公众需求或受污染严重，开发新水源就显得非常必
要。可供选择的方法只有如下几种，即挖掘新水井；从附近湖泊、河流和
溪流引水；开发更远的水源；或过滤净化已有水源（19 世纪 70 年代以后
才出现）。对于那些不得不改变或扩展其供水服务的城市来说，好的地理位
置是明显的优势。过滤（和处理）技术则最终让城市摆脱了地理位置对它
们的限制。

　　芝加哥的地理位置就让新的水源可以临近于人口集中区。该城 1833 年始建的时候，流动迟缓的芝加哥河被认为是一处纯净的水源，但水质随季节的变化有所不同。此外，居民也从浅井抽水。19 世纪 50 年代，随芝加哥河变成一条露天排污河，公共水源改从密歇根湖的一个内湾泵取，位置距河口有 3000 英尺。密歇根湖延绵广阔，面积可达 22400 平方英里，是绝佳的新水源地。

　　随城市进一步成长，以及靠近湖岸的湖水逐渐受到污染，取水管道不得不向更远和更深处的湖水延伸。1863 年，芝加哥市议会通过了一项计划，准备在湖底钻通一条长 2 英里的管道，使之能与新的取水位置连接起来。随后的工作证明此项目比任何人想象的都要更困难。尽管历经艰难险阻，此第一条湖底管道能满足城市用水需求的时间却不长。1871 年的一场大火后，一条新的管道和水泵站就不得不要兴建起来。[18]

　　大多数像芝加哥一样发展迅速的大城市，就没有如此靠近水源地的便利，因而必须考虑开发远距离的水源地。但和芝加哥一样的是，这些城市在开发新水源的时候，也都会面临天价资本投入，以及庞大和复杂的工程技术需求。

　　老克罗顿引水渠（Old Croton Aqueduct，1842 年）被尊为工程界的壮举，并象征着为适应城市人口爆炸而对自然的征服。克罗顿引水渠工程也是现代供水系统规模和复杂度发生改变的范例。此前，多项为解决纽约市供水问题的尝试都以失败告终，但 1835 年此城的运势发生改变。当时，饱受劣质井水困扰以及霍乱暴发之恐惧的市民，准备好要支持一项新的市政计划。在异乎寻常的和谐政治氛围下，选民、州立法者以及纽约市议会都同意建设一条从韦斯切斯特县（Westchester County）克罗顿河（Croton River）至纽约市的长达 41 英里的引水渠。

56

克罗顿河之所以得到青睐是因为该水源体量大，且无需水泵即可传输。不过，即便可以动用储蓄金，建造引水渠的成本仍然高昂。相关工程先委托给了工程师梅杰·戴维·贝茨·道格拉斯（Major David Bates Douglass）负责。但他缺乏大型公共工程经验，尤其是那些需要修建多种不同结构设施的项目：一座水坝、一条封闭的石质导管、数座桥梁和堤防，以及一座巨型水库。水务委员们后用约翰·B. 杰维斯（John B. Jervis）替换了道格拉斯。作为一位自学成才，并有丰富工作经验的工程师，杰维斯曾在伊利运河（Erie Canal，1823 年）的部分工程中担任监理工程师，并在特拉华和哈德逊运河（Delaware and Hudson Canal，1827 年）担任总工程师。[19]

尽管面对的是当时世界上规模最大的引水渠工程，杰维斯的工作却相当沉稳。该工程引入了一系列创新性技术设计，可以保证引水渠能在横跨多样地形的情况下保持良好运行，同时能克服冬季的严寒。为保持引水渠的统一坡度，工程队在山区开凿了隧道，在峡谷和溪流之上架设了支撑桥梁。1842 年 7 月 4 日，引水渠正式启用，当时它每日可安全地输送水量达7500 万加仑。至 1860 年，克罗顿引水渠的工作负荷到达了极限，在新输水线建成前，其每日最大输水量被推升到了 1.05 亿加仑的水平。[20]

进入 19 世纪 70 年代，在克罗顿引水渠之外补充新供水设施成为纽约市显而易见的需求。在有旱灾的时候，以及寒冬的几个月份里，城市耗水量大于供水量，使得市政部门要在城市内的其他水源地额外取水。尽管每天从克罗顿大坝流出的水量有几百万加仑，但因为水库补水时间相当长，这些水并不能马上得到利用。[21]

瑕不掩瑜，克罗顿水务系统在获得巨大成功的同时，也遭遇了很多技术困难，包括特殊利益集团的干预，合同得不到规范执行，来自纽约州北部地区公民的抵制，以及服务过程中出现的社会歧视等。在供水主渠经过排污管线的时候，建设程序有时显得缺乏章法。当集中供水显著增加的时候，中产阶级比穷人更有接入相关服务的可能。[22]

其他一些城市的主要工程随克罗顿引水渠的兴建接踵而来。波士顿于1848 年建成其引水渠，并成为另一项重要的工程壮举。科奇图维特引水渠的许多段行经由泥土覆盖的深沟，最终将水引入一座 20 英亩大的水库，以及后续的两座输配水库。华盛顿引水渠的修建，目的就是要为国家的首都从波托马克河大瀑布（the Great Falls of Potomac，离城市有 14 英里）引水。该工程开工于 1857 年开工，1863 年 12 月完成。[23]

开发远距离水源之所以得到相当的关注，一方面的原因是它们可提供的水量大，而且可靠，另一方面的原因是它们为已被污染或感染的城市本地水源提供了替代。更小的社区在寻求远距离水源上却有更大的压力。对于许多这样的社区而言，缺乏应对供水被污染的可选措施，是发展早期水务系统的最薄弱的一环。在元系统向现代水务工程转型的过程中，需要具备保证或改善水质的方法。过滤以及其他输水新技术的引入，为达成上述目标带来了希望。

另有一层因素使寻找纯净水源的工作变得复杂，即在瘴气时代，确定水源是否受到污染的科学认知还几乎不存在。在大多数水质评估中，口尝、鼻闻是主要方法，而非科学检测。一些医师警告患者不要饮用硬水或含有动植物成分的水，他们担忧那会对肾脏构成伤害，或引发肠胃疾病。1873年，纽约卫生局主席，同时也是哥伦比亚大学的一位化学教授支持饮用源自湖泊或河流的水，他认为："尽管河流本身是庞大的自然排污渠，并不断接受着来自城镇的洪污，但在大多数情况下，其自然的净化过程会将污水中的令人厌恶的东西消灭，进而恢复它们的无害秉性。"[24]

约翰·斯诺关于水载疾病传播的研究激发了威廉·巴德（William

Budd）医生对伤寒热的探索。如斯诺一样，巴德确定伤寒热也是因饮用水供应受到人体粪便污染而传播的。在所有可能威胁美国城市的水载疾病当中，伤寒热是最严重的一种。人可以通过被污染的食物，如牛奶、生水果、用粪便施肥的蔬菜，以及从污染水域收获的贝类直接感染伤寒杆菌。病菌的扩散大多都是在患病者的粪便直接进入到了供水系统中，或间接变成没有处理的污水时发生的。要尽早发现疫情并不容易，因为潜伏期大约有 14 天。这种疾病如果暴发，不仅是对人生命的威胁，也会沉重打击一座旨在吸引更多新公民和新商业企业的城市的声誉。[25]

那些利用附近河流和湖泊水源的城市，总的来说黄热病暴发的频次最高，而另一些依靠远距离水源的城市通常情况要好得多。因为致病有机体要等到 1880 年才被发现，此前的统计信息是零零碎碎的。[26]

世纪之交，关于如何保障纯净供水，减少水载疾病的不同观点在细菌学和化学实验室浮现了出来。但在 19 世纪末，城市可以采用的第一种净水技术——也与污秽理论的认知框架相容——是通过沙子或砾石来过滤，以改善水的清澈度，并消除异味和颜色。

1832 年，里士满水务系统的设计师阿尔伯特·斯泰因（Albert Stein）成为美国第一位在公共供水服务中尝试过滤技术的人。斯泰因在水库修建了一处沙滤设施，准备将从詹姆斯河中抽取的水进行处理，但整套系统始终未能有效运行。在那之后的 40 年间，其他一些大城市，包括波士顿、辛辛那提、费城，都考虑过上马沙滤设施，但在当时而言，造价还过于昂贵。[27]

1869 年，布鲁克林工程师詹姆斯·P. 柯克伍德（James P. Kirkwood）提交了一份题为"向圣路易斯市水务委员会作出的关于欧洲供水服务中河水过滤技术的报告"。此举虽然当时并未立刻得到人们的注意，但后来被证明是推动过滤技术发展的重要事件。早在 1865 年，柯克伍德就曾建议圣路易斯和辛辛那提两市在其水务系统中开始安设滤水装置，但当时没有获得任何实质反馈。一段时间后，他受雇于圣路易斯市，开始对沿密西西比河供水设施的选址进行调查。在一项包含着过滤环节的供水项目规划的建议下，水务委员们指示柯克伍德去欧洲考察一番，以搜集相关技术的第一手知识。随时间推移，反对柯克伍德计划的声音甚嚣尘上，并最终导致整个委员会的大换血，委员都被替换成了那些不愿为过滤处理成本背书的人士。市政当局也不打算发布他的报告，并在随后的 50 年内没有对水做任何过滤处理。[28]

柯克伍德的报告最终却成为其他对复制欧洲试验感兴趣的那些城市的圣经。在报告完成后的多年间，关于不同种类欧洲处理系统的一手新知，鲜有得到更新。到 19 世纪 70 年代早期，一些城市开始认识到滤水的价值。纽约州的波基普斯（Poughkeepsie）于 1870 年至 1872 年间修建了美国第一套慢砂滤池，其原理就是基于柯克伍德报告的相关设计。[29]

到 1880 年，全美只有三处慢砂滤设施，而加拿大一处都没有。相反，欧洲人取得了持续进展，修建了多处慢砂滤池，布宜诺斯艾利斯在 19 世纪 80 年代也对不同过滤材料的适用性开展了试验。其间，过滤试验的信息及其他供水实践的数据，可通过美国水务协会（American Water Works Association，1881 年）和新英格兰水务协会（New England Water Works Association，1882 年）出版的通讯获得有效传播。其他工程学会及公共卫生专业组织也为更丰富且可获得的数据积累做出了贡献。

在开展滤水试验的同时，泵水技术的多元发展以及管道技术的变化，对水务事业由老旧的元系统向现代、集中式系统的转变起到了促进作用。除自流输送系统外，蒸汽泵越来越多地被应用在水源地，并成为将水转移到水库、水罐和储水管的一种手段。[30]木质管道对于应付低压自流输水系统而言绰绰有余，但如果遇上高压水泵，就承受不了相应的压力。至1850年，铁质管道在美国获得了更广泛的应用，尤其是在高压系统当中。然而，直到19世纪30年代以前，一些水务设施仍在继续使用木质管道。在西部，木材在大型引水渠、灌溉、水力发电厂，以及水力采矿中都有应用。

一开始，美国的建材商并未生产铁质管道，第一批这种管道不得不从英国进口。即便在国内生产商开始能够提供相关产品后，其价格也不具竞争性，也要克服一些技术上存在的问题。随价格持续走低，铸铁管道毕竟还是越来越普及，而成本降低也成为1870年以后输水系统不断扩展的一个主因。[31]

私人企业通过获取城市特许经营权开启了完善供水服务的进程，但能够享有这些服务的人仍受社会阶层的限制。富足社区和中央商务区能获取的水量最大，反之，劳动阶层的街区常常得依赖被污染的水井和其他有潜在健康威胁的水源。如小山姆·巴斯·沃纳（Sam Bass Warner Jr.）大约在随后一个时期敏锐观察到的："给排水系统的营建模式，将不同主体的责任区隔开来，一边是作为市政资产的普惠服务，另一边是专注于中产阶级市场的由中产阶级房屋业主及开发商建立的私人设施。"[32]这一观察其实同样适用于1880以前的私营水务公司时代，至少在那时，供水服务的市场是很有限的，中产和上层阶级以外的人还无法接触到它。[33]

尽管现代水务工程要迟至19世纪末和20世纪初才兴盛起来，但其基本形式和功能到1880年已经建立。那时，大城市开始在强化市政收入和长期举债的基础上制定财政规划，有步骤地建设和维护新型水务系统，或确保旧系统免于私营公司的控制。供水水源不再局限于本地水井、池塘以及溪流。输水系统也扩展至更广阔的区域，这至少部分地归因于铸铁水管和一系列泵水技术的运用。至于人们对水质的关切，同样促发了对过滤技术的研究，以及该技术在某些案例上的应用。所有这些变化，都发生在将纯净和充沛供水明确摆在环境卫生事业中心位置的瘴气时代。

第五章

地下管网

进展中的排污系统，1830–1880 年

　　1830 年至 1880 年间，较于水务事业的大踏步前进，地下排污系统的发展却相形见绌。如著名的环卫工程师威廉·保尔·格哈德（William Paul Gerhard）所观察到的，排污管道的建设速度比供水工程慢得多。他认为："这一现象可部分地由纳税人几乎总是更愿意为供水支付一小笔年度税金给予解释，因而相关项目在财政上取得成功是鲜有意外的；相反，一套排污系统不仅无法创造出年度收入，有时还会产生巨额运营支出。""所以，"他总结道，"……想引导社区建设排污系统是件困难得多的事情。"[1]

　　杰勒德认识到历史学家小山姆·巴斯·沃纳所称的"先者占先"哲理，反映在环卫领域，即污水处置工作最基本的改善需要被迫等待"供水问题得到解决后"才能开展。[2]很少有城市能在财政上支持两项主要的环卫技术同时发展。私人公司有时能借助政府的支持，负担早期发展供水系统的费用，但相似发展路径很难复制在排污系统建设上，可能的原因是其营收潜力有限。 62

地下排污管道最终获得认可是因为它在阻延瘟疫、预防洪涝和接通厕所方面展现出的价值。然而，公众对此技术的支持开始得并不早。在管道水还未接入以前，茅厕和粪坑对于处置粪便而言算是相对有效且不昂贵。同样，当社区中的排洪渠还未迎来快速扩建的时候，露天壕沟也足以应付排水需求。在19世纪50年代的纽约市，排污管道已经可以接入社区，但许多房屋业主却抵制这一服务，因为法律并不强制他们必须这样做。结果，正因为穷人房东们的这种不情愿，使得其租户不得不继续忍受茅厕和粪坑散发的恶臭。[3]

究根结底，许多人之所以看不清排污系统清除诸如污水一类的令人厌恶之物的优势，是因为其他处置方式还可行。此时，查德威克将蛇尾放入蛇口的理念在美国获得的支持不如在英国多。因为惯性不易改变，所谓的"前排污管道"时代一直延续到了19世纪末期。即使在一些已经建有地下沟渠及覆盖面积广的地面排水系统的地方，法规条令通常禁止在排污渠中处置粪便废物。[4]

城市人口的增长以及管道水的引入，最早在19世纪30年代开始对旧污水处置方式构成挑战。如在英国一样，随自来水涌入，水冲厕在一些中产阶级家庭出现。只不过起初市场较小，对污水处置旧习的冲击很有限。例如，纽约市1856年人口63万，仅有水冲厕约1万套。1864年，18万人口的波士顿仅有1.4万套。1874年，12.5万人口的布法罗仅有3000套。

当自来水变得更常见时，粪坑-茅厕系统开始走向失败。1880年，所有城市家户约三分之一安装了水冲厕，用水强度迅速提高。当住家、商户和工厂用水量大大增加后，同步增加的污水就会淹没粪坑与茅厕，进而溢出到场院和空地，演变成一种严重的健康危险。[5]

旧方法的崩溃是相互不匹配的不同技术体系间发生碰撞的结果。茅厕和粪坑无法应付将用水量显著提高的输水系统的到来。但正是因为由这种技术碰撞引发的环境后果，使得变革获得了动力。污水淹没问题，以及尤为突出的健康威胁问题，都可被直接归因于前排污系统的崩溃。被浸污的场院于是变成环境卫生项目发展的新战场。

63   然而，改变并未立即到来，原因是要在全城范围建造和维护排污系统，成本高昂且需必要的规划。早自 19 世纪 50 年代以来，公共卫生官员和工程师就一直努力让城市官员乐于接受他们所认为的废弃物处理方面的根本变革应该是怎样的。他们不厌其烦地说明，尽管排污系统是资本密集的技术体系，但长期平均成本会比粪坑-茅厕系统的年均废弃物收集和处置成本还低。[6]

虽然一般美国人还没那么快接受建设综合给排水系统的想法，排污管可在改善城市卫生方面发挥重要作用却成为了一种广为认同的思潮。当时最主要的社会争论发生在合流式（与分流式相对）排污管道上——一项 19 世纪 40 年代英国人也曾努力厘清的议题。[7]尽管相关争议在美国要等到 19 世纪 80 年代才变得尖锐，但早期出现的小矛盾就清楚呈现出：对环境卫生事业的许诺是如何影响关于排污管道设计新方法的讨论框架的。乔尔·A. 塔尔已雄辩地说明："对于选取不同类型排污管道所做的决定，会倾向于一种简单的工程设计。……这种主要基于粗放的成本-效益计算的决策模式，在排污系统的选择上会首先得到应用。而对于设计的选择而言，特定的决策模式却不存在。"[8]造成此现象的部分原因是，地下排污系统在世纪中期仍是一种新鲜的概念。工程师们仅仅开始围绕着系统中一些最基础的功能展开工作。环卫工程师则尽力在判断潜在健康收益有多少。

　　先到来的是合流系统。它用单一管道同时收纳家户废弃物和雨洪。一种更新的技术，即分流式系统，则通常会使用两条管道——较细的一条收纳家户废弃物，较粗的一条收纳雨洪。在某些分流系统中，雨洪则简单地被导流到路边沟渠中。[9]

　　为了让那些在欧洲运行有效的排污系统能在新环境里继续发挥作用，美国工程师努力对其作出了适应性改良。例如，英国和美国降雨模式的差异对于设计合流排污管道而言很重要。通常，英国降雨频繁但强度不算特别大，所以其排洪渠就可以比美国建得小些，因为后者降雨要猛烈得多。然而，因为缺乏暴雨可以带来的自然冲刷效应，英国的排污系统需要更多由人工来清理。[10]

　　美国第一批得到规划的排污系统（虽然未覆盖整个城市的范围）在 19 世纪 50 年代至 70 年代间陆续出现。但仅有合流系统真正在 19 世纪 60 年代以及 70 年代早期成功落地，很大程度是因为成本的限制以及缺乏成功运行的分流系统。[11]1857 年，布鲁克林（Brooklyn）始建全美第一套经规划和设 　64 计的，能有效移除生活废水和雨洪的排污系统。詹姆斯·柯克伍德是当时该市的水务工程师，他聘请了土木工程师朱利叶斯·亚当斯（Julius W. Adams）来制定规划，后者以参与科奇图维特引水渠工程而知名。柯克伍德曾经搜集过各个城市排水工作的信息，也与多位英国工程师保持通讯。在一份递交给水务委员会的报告中，柯克伍德建议将水务和排污两系统互相连接起来。就健康影响的问题，他注意到来自茅厕和粪坑的废物会渗入下层土并污染水井，由此可导致长期的有害作用。而且，这种作用只有到了一定阶段才会被人们清楚认知或直接感觉得到，但在那以前，它已"毫无疑问地对健康造成了长时间的不利影响"。[12]

有了柯克伍德研究的助力，亚当斯决定建设一套管道系统，但选择应用大型截流排污管以避免污染潮间带水域。截污管的使用清晰地体现出了查德威克的对手约瑟夫·威廉·巴扎尔杰特的想法。而且，他的想法还在伦敦得到实施。[13]紧跟布鲁克林步伐的第一个伟大的截污管道项目始于1876年的波士顿。尽管波士顿于1833年解除了不得向任何公共排污管倾倒排泄物的禁令，该市仍继续维持着严格禁止将住户与排洪渠进行管道连接的规定。然而，私下偷偷摸摸的连接行为还时有发生，各种各样的废弃物都能流入排洪管道。到了城市边界之外，周边社区长年抱怨波士顿向其附近的河流和沼泽排污。[14]

一份报告成为波士顿建设截污管道的决策基础，其内容为该市及周边社区未来都市排污系统的发展奠定了基础。它建议将超过100组的排污管道汇聚到位于波士顿港水域的唯一一处排放口，理由是"和我们城市里的专家一样"，相信"我们的高死亡率或多或少与我们排污系统的缺陷和弊端直接相关"。[15]该报告还强调将新系统建设与满足"增长中城市的需求"联系起来的重要性。此点尤其重要，因为委员会委员们认为此前在排洪、排污方面零敲碎打的努力不足以实现上述目标。[16]

早些年，因在靠近城市边缘的潮间带填海造地，波士顿的地形发生了改变。随填海活动继续，旧的排污管有必要延伸，否则其排放口就会被切断。不过，这一过程进行得不成系统，延长管线经常是由负责填海的企业在缺乏规划的情况下铺就的。这些管道主要由木材建成，有些则用的是更劣质的材料，因此很容易堵塞。[17]

截污管的设计和部分的建设是在约瑟夫·戴维斯（Joseph P. Davis）的
65 指导下进行的，他曾向埃利斯·切萨布鲁夫（Ellis S. Chesbrough）和詹姆斯·柯克伍德了解排污管道技术，并最终成为波士顿的城市工程师。然而，1872 年一项关于设立一个委员会，以全面报告排污系统计划的尝试遭到了城市领袖们的反对，因为他们认为调研成本应由相邻城镇共担。1876 年，在城市卫生局的敦促下，一委员会通过举荐成立。委员会提出的规划引来排污管道总监及一些商界领袖的反对。总监之所以不支持，是因为该规划将死亡率上升归咎于他所管理的排污管道，而且，他也认同商人们的看法——成本太高。广大公众却不理会这些批评，到 1884 年，排污系统的核心部分建成。[18]

芝加哥完成了同时代最出色的排污系统建设，它成功地将公共卫生界和工程界的想象变为现实，这样的成就如同费城在供水系统领域所获得一样。曾有一段时间，芝加哥的排水功能很差；供水管道仅能到达市中心区域，而且服务并不充足。[19]

埃利斯·切萨布鲁夫是新系统的首席建筑师。他因修建芝加哥第一条引水隧道而闻名，也因排污工程而获得了同等的知名度。1813 年出生于马里兰，切萨布鲁夫早年接受的是铁道工程方面的训练。1851 年，他成为波士顿城市工程师，1855 年接受担任芝加哥排污委员会（Chicago Sewer Commission）总工程师的职位。1856 年至 1857 年间，他为做好委员会的工作，远赴欧洲研学排污系统。切萨布鲁夫后又成为新组建的公共工程委员会（Board of Public Works）的总工程师，并在其责权范围内提出修建一条埋于密歇根湖底的隧道（1867 年），水下排放口离岸边达 2 英里。他还计划扩展整个水务系统，设施包括上述隧道、芝加哥大街（Chicago Avenue）水泵站以及旧水塔。1872 年，即芝加哥大火（Chicago's Great Fire）发生后的一年，芝加哥西区（West Side）的新湖底隧道和水下排放口工程开始建设。1879 年 1 月，切萨布鲁夫获受聘于公共工程委员会委员的新办公室，但他在那仅工作 4 个月，就转而做咨询工作。[20]

芝加哥的新给排水系统令人印象深刻。该市地形平坦，海拔仅略高于芝加哥河和密歇根湖，而且土壤和被改造过的地表孔隙很小，以至于吸水作用实际几乎不可能存在，排水路径混乱。密歇根湖自然是城市径流的终点，但它也同时是当地最大饮用水源。[21]随芝加哥要挣扎应付更多来自于社会的对公共健康的担忧，其排污问题的规模也显现出来。1854 年，每 18 位芝加哥人就有 1 位被霍乱夺走生命。是年霍乱的流行和严重的痢疾病情促使伊利诺伊州立法机构决定在第二年设立芝加哥排污委员会。切萨布鲁夫于 1855 年发表了一份报告，重申此前提出的数项提议，并关注到其他城市同样面临的健康与环卫问题。

切萨布鲁夫的报告如同一份全面的美国大城市的排污系统发展规划。他建议将污水通过芝加哥河引入密歇根湖。他也承认该规划会引发潜在健康威胁并导致水道变浅，影响航行，但其他方案似乎会带来更大的风险。尽管面临众多挑战，切萨布鲁夫相信自己提议的是一项可行的计划，而排污委员会也同样如此认为。[22]系统的建设始于 1859 年，并在 10 年以内，建成了长达 152 英里的排污管道。不过，并非所有事情都如切萨布鲁夫所愿，例如，两条旨在通过充分稀释污水以保障供水安全的冲水导管就未能得以建设。[23]

切萨布鲁夫规划的一项独特之处在于它要"抬升城市"，即将城市部分区域的水平面提高——最大幅度达 12 英尺，以获得能够保证顺畅排水的足够梯度。在建设阶段，此规划让城市在长达 10 年的时间里都呈现出一种"古怪无常且似乎永远不能修复"的状态。那时，社会关注更多聚焦在排污口建设上，而非城市建筑抬升规划。然而，后者虽然成本高，却获得了成功。[24]

芝加哥是在合流排污系统的模式上应用了截污管道。在排污管线接近河道的地方，下方的街道被抬升，管道被覆土，然后新的街道得以铺就。

与此同时，城市中的空地被填平，框架建筑或被提升到新的平面，或者被拆除。切萨布鲁夫的规划还要求对芝加哥河进行清淤，目的是让它能接纳更大量的污水负荷。[25]

切萨布鲁夫最初设计的系统有其局限。因为排污规划本身的问题、人口增长以及包装车间、酿酒厂和其他产业设施数量的增加，芝加哥河的污染负荷快速增高。此时，密歇根湖的污染也到达了能长期招致水质投诉的临界点。[26]关于将污水入湖位置推得更远的呼声，似乎马上能缓解危机，但并不能纠正污水处置存在的缺陷。

若从财政角度看，新系统未能保障所有芝加哥市民的参与，也未能马上带来快速的扩展。若能像收水费一样来征收排污费，就可能永久保障系统的运行，但排污管理局无法这样做，只能依赖一般性的公共资金。在如此环境之下，排污管系统建设需直接从其他城市服务收入中获得资金支持才能最终完成。此外，一些房屋业主对接入管道系统态度谨慎，因为这么做会让他们为接通设施付出更多金钱。[27]

纽约市的排污系统还受到当地政治和经济环境的左右。[28]城市中最富有　67
的人群并不总是能率先获得新排污管道的服务，这很大程度是因为他们并未遭遇如贫民窟或穷人社区所遭遇的排水问题。（这并不意味着排污服务青睐于下层阶级。实际上，将排污口终端设在穷人和少数族裔社区的现象很常见。）[29]而且，政治机器倾向于通过资助某些服务来为自己收获利益。例如，特威德集团除了通过收受回扣、虚报建设成本以及其他手段赚取巨额利润外，还在不动产交易中增长自己的财富。像在郊区哈莱姆（Harlem）这样的地区，特威德和其他政治集团投入力度很大，因而可以看到供水主管网及排污管线实实在在地出现。[30]

当时，通过稀释来处置污水是最通行的实践，其基本做法就是将废水注入大体量的流水中处置。尽管污水灌溉和化学沉淀技术已渐成熟，间歇砂滤床也早在 1868 年就得到了研究，但这些方法在 19 世纪 80 年代以前都没有在美国得到广泛应用。马萨诸塞州卫生局确实在 19 世纪 70 年代预见到了一些潜在的污染问题，且开始研究欧洲的相关处置技术。但对许多工程师及其他人士而言，由污水处置引发的污染规模，在美国还不足以让环卫界寻求稀释以外的其他办法。[31]

虽然切萨布鲁夫为了在高质量供水与有效排水两种需求中取得平衡，被动采取了一些权宜之计，但相关决策仍使芝加哥发展成为全美第一座拥有大型综合环卫系统的城市。这一过程虽然是逐步实现的，但供水与排水系统彼此具有互补性质却是毋庸置疑的。然而，当时却很少有人能清楚认识到两个系统间的整合也是其他城镇应对需求的有效途径。

最终，在对纯净供水的追求与不会制造二次污染问题的废水处置实践之间，将建立起一种清晰的联系。1880 年以前，通过地下管网并辅以地表沟渠来解决污水处置问题，才刚刚悄然兴起。而对于"废物问题"究竟是什么，当时的社会还处在激辩当中。

环境卫生实践背后的健康信条似乎对于尽快将液态废物从住家和商户设施清除的必要性有清楚认知，但当废物流至管道末端后该如何处置却并非总是明晰。那垃圾又当如何对待？液态和固态废物之间有何关联？垃圾多大程度上是一种健康威胁？如果它的确构成威胁，是否需要发展出将之从城市清除的环境卫生技术？

68 　　在细菌学革命到来的前夜，本章所述的新环卫技术已开始得到应用。在环境卫生使命的强力驱使下，它们仍在取得进步当中。城市文明正开始意识到它们的价值，但一般人依旧不能注意到这些系统的全部潜能——同时作为公共卫生的护卫以及新环境问题挑战的来源。

第二部分

细菌学革命，1880-1945 年

第六章

临近新公共卫生时代
——细菌学、环境卫生及对一劳永逸的追求，1880-1920年

到了19世纪末，把环境卫生当成抵御疾病首要武器的信念失去了支持者，尤其是在医疗专业群体中。细菌学更重视找到疾病的治疗方法，而非预防，这样的思潮自19世纪40年代以后成为环卫改革的主流。然而，对建设供水和废水处理——以及后来的垃圾处置——精巧设施的追求却没有减弱。至1920年，许多美国城市都因为能在提供纯净供水和有效废弃物处

置方法上，比此前任何时代投入更多资源而感到自豪。

为何环境卫生运动能一直持续至 20 世纪而不衰？如果历史果真如此的话，这一运动又是如何发生改变的呢？环境卫生之所以能持续，有这些原因：城市的快速成长加重了市政官员应对纯净供水和充分处置污水的压力；进步运动改革通过城市公共服务管理促进了城市文化发生潜移默化改变所需的良好外部环境；而且在地方自治的时代，有更多反应积极的城市政府出现并制定了本地目标。

环境卫生发生了角色上的变化，则是因为细菌学重塑了公共卫生业界的工作重点，这一过程伴随着对业界有能力抗击流行病之信念的削弱。以往认为可以通过清除废物或提供看似纯净的水就能预防疾病的简单目标，被更多对生物污染物的重视所替代。因此，环卫服务管理的首要责任人转移到了——或至少分摊到了——市政工程师那里。细菌学实验室承担起鉴证生物污染物的任务；环卫工程师则聚焦环卫技术的运作事宜。

在"细菌学时代"，上述专业力量所培育出来的供水、排污以及固体废物处置系统，愈发依赖集权性的组织架构和资本密集型的技术革新。虽然这些系统仍在继续供水、排污，并维持基本市政环卫服务，但它们对某些污染风险投入了更大的关注。到了 1880 年，供水和地下污水管网的基本形态和功能已很好地构成，而与此相应的垃圾收集和处置系统则要等到 1880 年以后才开始成形。19 世纪末和 20 世纪初，大城市普遍追求的目标就是要通过创建更加广泛且能覆盖全城范围的公共环卫服务体系，来找到财政上可一劳永逸的解决方案。在这样的思路下，具体项目设计比长期城市规划更优先。因此，1880 年至 1920 年间，如何满足眼前需求得到了最充分的研究。

环卫服务也是"管线网络技术城市"的一部分，后者于 19 世纪出现于欧洲和美国。尽管形式不尽相同，但工业主义（industrialism）使得"大多数北美和西欧的大型和中型城市都能配备管道、轨道及线路设施"成为可能，因为在该意识形态的支持下，一系列前所未有的建设材料和技术都可获得。[1]

美国城市技术转型发生的背景是城市数量和人口同时快速增加。1880年至1920年间，城市数量从939座增至2262座。同期，人口超过10万的城市数则从19座增至50座。[2]1880年，美国城市总人口约为1400万，到了1920年，增加到了5400万，并标志着美国历史上首度有半数以上居民生活在城镇中。在这几十年当中，城市人口较总人口比重的增速为每十年18.3%，增量则主要来自于南欧和东欧移民，以及从农村前往城市的居民。

城市的范围也在向外延展。一些都市区域的面积扩展到至20平方英里 73以上并非不同寻常。交通的完善、生活服务的延伸以及房地产业的强劲发展，都在促进城市增长。另一重要原因是城市边界因行政区域的兼并或合并而发生调整。1897年形成的大纽约是同时代最令人欢呼雀跃的合并案例，新的城市行政区囊括了曼哈顿、布鲁克林、长岛市、里士满县、皇后区大部以及韦斯切斯特和国王县部分。芝加哥则通过兼并活动将其行政区域面积从原来的36平方英里扩展至1899年的170平方英里。[3]

随城市增长，可密切观察到工业化进程的同步发生，尤其在城市发展最为活跃的东北部和大湖区沿岸。到1900年，美国工业总产出的90%来自于城市工厂的贡献。纽约至芝加哥一带的城市成为聚集资源和劳工、延展交通和通讯系统，以及开辟新市场的核心地区。全美10大城市有9座都位于这条产业带中。[4]

除了要应对快速的实物增长外，人口基数的变化和增长，以及各种经济力量的活跃发展，也给城市领袖带来艰巨的挑战。然而，社会转型同样激发出新政治和官僚系统的回应。到了 19 世纪晚期，对政治机器当局的挑战是来自多方面的，而且通常是以改革之名。[5]历史学家乔恩·蒂福德（Jon Teaford）观察到："快速的城市化和前所未有的工业化，制造出所属各部不能协调发展的城市，但许多人因享受到城市带来的舒适和安全，以及感受到与中产或上层阶级地位有关的自信，从而相信自己有能力重塑城市，创造出更多美好、更少分化的城市社区。"[6]

城市政治改革家们向城市老板体系发起进攻，内容包括质疑其效率，指控其总体腐败。改革团体通过将民意代表产生的分区扩大到全市范围，力图倡导非党派政治的选举。他们还发起了民用服务改革并提倡非竞争性合约。这些团体同样害怕所谓的来自于移民和劳工阶层的政治影响。老板体系对他们而言，就如同广大劳工阶层选票的掌握者，以及城市里"更优一类人"的蔑视者。然而，我们现在对老板体系的印象产生自改革主义的建构，而最近一些研究揭示出城市老板和改革者之间并非泾渭分明，实际的政治安排其实复杂得多。[7]

此一时代的城市环境改革的视野要比早先的环卫运动更宽广，很大程度是因为进步主义（Progressivism）撑起了一张更大的网。改革家们共享着这样一种理念，即好的社会应是"有效、有组织、有内聚力的。"[8]由此生发74　出一种既通过强化秩序，也通过改善环境来控制人的行为，最终实现进步发展的信念。相比英国福利制度的中央集权制，环卫改革对进步派人士而言更有吸引力，因为后者超越了阶级界限，追求的是普世实惠。[9]

快速及大规模的城市增长不仅有引发新一轮流行病的危险，还会使空气、水和土地质量进一步恶化。那些对城市环境改革抱有热情的人常公开为城市生活辩护，因为他们相信城市值得捍卫。进步主义者致力于消除城市及其居民面临的各类有形威胁，但避免完全改造城市环境。改革家们有良好的组织性，他们视污染和健康风险为可能影响整座城市的问题。

　　这个时期，两类气质截然不同但又非彼此完全独立的团体推动了城市环保主义的发展。一类由具备科技能力的专家或半专家构成。他们受雇于城市和州政府官僚体系，首要职业是工程师，但也包括公共卫生官员、环卫学家及效率专家。其主要职能有：通过制度和体系建设应对疾病和污染，编撰关键统计报告，以及监控社区健康和环卫状况。这些人有能力将其理念输送至市政事务的决策者，或者通过直接沟通，或者通过专业组织传递。相反，他们与公众的交流就不那么成功。

　　第二类团体由那些对民生事务和环境美学抱有强烈价值观的公民组成，他们通常在城市政府体系外行事，主要通过有组织的抗议、社区行动计划及公众教育来产生影响力。因为缺乏直接推动大多数改变的专业能力或权力，他们选择支持与他们有相似理念的政府人士的行动。民间环保主义者主要来自于志愿性的公民协会、改革运动俱乐部、市民组织以及环保压力团体，如煤烟和噪声消减联盟和对特定城市问题感兴趣的环卫运动团体。所有这些民间团体的会员一般属于中产和上层阶级，但有时候也来自于劳工阶层和少数族裔，妇女的代表性也不错。1894 年初至年末，此类美国民间组织的数量从少于 50 个增加到了超过 180 个。到 1909 年，全国有超过 100 种期刊杂志将首要内容定位在城市问题。

　　因为有数场进步主义改革深植于工业城市的环境中，城市环保主义者对将其理念与同期流行的改革精神等同起来并无障碍。某些情况下，环境改革家就是那些接受了进步主义意识形态的城市抗议者。另一些情况下，那些称自己为进步主义者的人也对城市环境问题抱有兴趣。这两种人都有志于在工业革命所引发的混沌中重建秩序，也同时是环境决定论的信徒，所以会期待通过消除因环境不完美而带来的邪恶，让人们的良善盛行。他 75

们还对专家精英有能力解决社会问题怀有信念。虽然他们会从道德家的角度并经常用家长式的作风来谴责贫困、不公、腐败和疾病，但对于在政府中直接给予少数族裔一定的位置并不青睐。进步主义为许多支持环境改革的人士提供了一套友好的理论框架，同时也创造出一组能够应用于抗击污染和疾病的概念和原则。然而，进步主义者对环境改革的倡导，经常会受限于大众对于社会公益事务的热忱不足，这种现实会削弱他们引导政治和社会改变的能力。[10]

改革主义精神的核心观念是城市问题有环境维度的根源。一个有利的观察点出现在如下这个问题中："我们如何能够创造或培养出市民自豪的精神？"当时的一种答案是："此问题的真正解决方案在于通过公民个体教育，建立起对市民生活和城市公共事务维护的更高标准。"[11]

干净、整洁的环境可抑制不良因素的出现，因此有社会责任感的居民"会从堕落的恶习中脱颖而出。"如果外部条件可以忍受的话，像贫困这样的问题就会自行解决。[12]从某些方面看，城市里新兴的进步主义信条，距上一个时期里将贫困和疾病联系起来的查德威克观念并不遥远。尽管还谈不上是现代意义上的生态视角，但进步主义的确在提倡一种更为宽广的市民复兴战略，它不仅仅着眼于对社会良善的追求，也注重对城市生活的保护以及更多原初物质环境水准的恢复。

城市官僚体系在19世纪晚期经历了显著的变化，结果是它可以更多地对发展覆盖全市的环卫服务做出响应。恰好在后几年民用服务法律正式实施的前夕，"市长和委员们遵从于职业工程师、景观建筑师、教育家、医师以及消防队长的判断和专业指导，而且不论在行政或是立法机关里发生怎样的政治变换，这些专家中的一些人可以数十年如一日地占据市政管理的职位。"[13]专家融入城市政治场域也是进步主义能够存在的重要因素。[14]

在城市管理权力逐步从州议会转移至市政厅的过程中，城市领袖可更容易从技术官僚化的发展中获利。从 19 世纪 70 年代开始，一些城市通过要求授予更多的地方自治权，来努力限制州对其事务的干预。这场运动的形式是多样的，包括增强市长委任官员的权力，以及加强他们对各种公共服务的掌控。起初，地方自治权的授予相对而言是有选择性的。例如，1873 年至 1874 年间，得克萨斯就将涉及城市的特别法律的数量从 71 件删减到了 10 件。

地方自治的活力在那些拥有大城市的州得到了证明。某些情况下，一些城市能在州政府的级别施加政治影响力。1889 年，丹佛被授予了一些地方自治权力，但其实那只是对该市已经获得的实际权力的一种象征性背书。另一种很不同的情形是，1896 年路易斯安那州给除新奥尔良之外的所有城市授予了法定地方自治权。[15]

至 19 世纪末，改革的各项努力为变化的真正到来创造了政治有利条件。城市改革者视获取自治权和在州政府层面争取到拥护者为第一要务，并终结了将许多带限制性及特别设立的权力设置。在倡导第一批宪制性的自治条令过程中，财政因素举足轻重。19 世纪 70 年代的通货紧缩给许多城市增加了债务负担，使得它们没有意愿或没有能力履行额外的财政或服务义务，以达到州立法机关的相关要求。密苏里和加利福尼亚是首批制定宪制性地方自治计划的州，其他州也很快跟上了。尽管该运动在第一次世界大战期间有所减退，但在那之后又重拾动力。[16]

更大的自治权并不能保证城市获得政治和财政的稳定，但它确实为地方设定自身优先事务提供了一些空间。最早从 19 世纪 50 年代开始，市政财政支出就稳步上升，这也是一系列公共服务需求增加的体现。人均支出水平之所以快速提升，是因为相关需求不具有价格弹性，也就是说，在服务成本上升的情况下需求仍旧旺盛。[17]

尽管遭遇 19 世纪 70 年代的经济动荡，许多公共服务支出仍保持在高位。而对于 19 世纪 80 年代这个相对繁荣的年代，相关支出却反而较低，但到了 90 年代，总体又开始回升。如此波动可能要归因于 19 世纪 70 年代由价格水平下降34%而导致的城市严重的债务问题。那时，财产估定价值——财产税的税基——同样下跌。[18]

综合而言，1900 年至 1920 年间市政支出增长显著。其中，运营成本的增加多于资本投入。20 世纪早年，地方上仅仅非学校相关支出这一项，就高于联邦政府的预算。[19]在有条件增加支出及可获取地方自治的额外条件下，城市领袖在提供公共服务方面有了更多决断权。然而，他们还需应付一些管辖权方面的纠纷，在可提供服务类型的选取时，也受到非经济因素的掣肘。进步时代的改革气氛"体现在对诚信的更多检查，但也同时体现在强化财政职责，以及同时让城市获得更多财务自由以实现其应有职能的倾向上。"[20]

细菌学的出现给全世界对健康和疾病的认识方式带来巨大转变。其对
77 环卫服务的影响一开始较轻，没怎么削弱环境卫生事业的价值，而只是为扩展中的健康领域提供了一种更狭窄的语境。某些情况下，细菌理论的支持者会从瘴气理论的应用中直接借取思想和方法。[21]最终，细菌学对反接触传染论的核心思想构成了挑战，也同时给供水系统、污水和垃圾处理系统在城市卫生事务中的恰当作用带来了质疑。

关于疾病的细菌理论（germ theory）或细菌学理论（bacteriological theory），作为一种科学事实在 19 世纪 80 年代得以确立。仅仅在 20 年以前，还有一些能与正在出现的细菌理论抗衡的理论，它们试图在与反接触传染论的竞争中提升接触传染论点的地位。"与其他理论比较，"细菌理论"吸

引人的地方在于它的简单"，并且，那些已出现的动物和人体真菌疾病信息推动了理论间的比较，进而支持了细菌理论的发展。然而，寻求疾病因果关系答案的进程，还是因缺乏足够的微生物、特别是细菌的实验技术专长而延缓。[22]

在对空气颗粒物直接进行研究这一方面，相关活动几乎没有。盛行论点让存在着看不见或隐形的细菌这一更古老的观念复活。约瑟夫·李斯特（Joseph Lister）似乎是第一位准确将细菌鉴定为空气传染疾病病原的人。英文单词 germ——时而也用 fungi——成为描述细菌（bacteria）的通俗名称，尽管术语使用未见精确，但现代接触传染理论已开始形成。[23]

得益于路易斯·巴斯德和罗伯特·科赫的工作，19 世纪 80 年代成为细菌学发现最丰产的年代。炭疽热是第一种被证明的由微生物引发的疾病，而巴斯德早期对炭疽菌的研究为这种证明提供了实证基础。然而 1885 年以前，美国在细菌学应用上的进展还乏善可陈，细菌理论仍持续遭遇强烈抵制。[24]

环卫专家和公共卫生官员最终还是拥抱了细菌学，并将之作为防控传染性疾病的首要工具，但从反接触传染观到接触传染观的转变并非一蹴而就。相关人士在将环卫（sanitation）/预防医学（preventive medicine）与卫生（hygiene）进行区分上付出了大量努力，主要方法就是辨析清楚关注环境与关切个人健康之间的不同。[25]

在查德威克以前，虽然污秽已被等同于一种妨害，但环卫观念更进一步，将环境问题直接视作导致疾病的原因。到了细菌学兴起的年代，污秽在健康危险分析中失去了它的重要性。"气味并不危险，"工程师恩内斯特·麦卡洛（Ernest McCullough）曾如是说。"它们作为一种病原，即便不是从来未有，也是非常罕见的。它们不过是一种不快之感而已，而且只是相对于现代人对什么是正确和恰当的感知而言的。"麦卡洛承认太多的污秽肯定是一种"明显的威胁",但"城市面临的危险来自于穷人的聚集,因为他们必须居住在临近工作地点的地方。"[26]

78　　罗德岛普罗维登斯(Providence)的查尔斯·查宾(Charles V. Chapin)博士成为"新公共卫生"的热情代言人。在其 1907 年的演讲中,他说:"1884 年我当选为卫生官的时候,城市环卫还是城市清洁的同义词……但是,污秽理论已经终结,我们知道脏物只有在很罕见的情况下才会是疾病的直接原因。"他补充道,大多数的环卫计划"是能获得良好实施保障的,或者更好情况的,是卫生官员能够透过其他渠道,在他们可独自担当的事务上自由地投入更多精力。"[27]

　　多年以来,环卫学家们的营销工作做得非常出色,以至于环境卫生有益于预防疾病成了一种压倒性的常识,即便遭遇接触传染论的批评也未有撼动。即便到了后来,环境卫生的支持者还持续且有力地为他们的理念辩护。环卫学家乔治·惠普尔(George C. Whipple)在 1925 年谈到:"目前在卫生官员队伍里出现了一些新倾向,包括小看环卫的作用,更强调人际交往中的感染因素,而忽视感染因素以外环境条件的重要性。从疾病认知的角度,他们是对的;从健康认知的角度,本发言者认为他们是错的。"[28]

　　在新公共卫生时代,不同理念之间达成了妥协。然而在此之中,环境卫生对于维系社区健康而言,处于细菌学的补充地位,而非抗击疾病的主力军。[29]支持细菌学成为消除疾病事业首要手段的观念,在公共卫生职业和健康机构本身的转型中最显而易见。随更多医师和研究科学家在公共卫生领域崭露头角,志愿性工作的价值不再受到太多重视。在公共卫生领域,医师总是发挥着重要作用,但随细菌学的降临,其影响力激增。1900 年,美国所有受过职业训练的卫生工作者中,医师比例达到 63%。几乎所有美国公共卫生协会的早期主席和职员都同时活跃于美国医学会。相反，并非所有医学学会都会积极参与公共卫生改革活动。[30]

19 世纪末，地方卫生局在疾病预防和疾病消减中开始担当越来越多的公共职责。1890 年，在美国人口普查局（U. S. Census）有记录的人口达到或超过 1 万人的 292 座城市中，276 座常设卫生局。尽管在地方的层面新疾病理论的影响已经能被感知，但环卫工作还是最引人注意的。直至第一次世界大战，卫生部门才明显脱离环境卫生领域，后者职能也转而由工程及市政建设部门承担。[31]

卫生局参与环卫工作的有效性后因公众对该局的不信任——特别来自于移民和劳工群体，以及环卫条例长期得不到公正执行的痼疾而受到进一步限制。新移民会隐瞒其疾病，抵制卫生巡查员入户，并抗议强制接种疫苗。种族或族群偏见同样会表现为对下层居民健康危险的过度关注，或者完全相反，即彻底忽视他们的健康危险，这种情况在种族隔离的南部尤其突出。[32]

新理论的堡垒在细菌学实验室。第一座诊断实验室于 1888 年在普罗维登斯建立，职责是追查城市供水中的伤寒病毒。1886 年由马萨诸塞州卫生局设立的劳伦斯实验站（Lawrence Experiment Station），目标是开展水样的化学分析。然而，因饮用水和伤寒病毒关联的建立，该站重点很快转向了细菌学的问题。[33]

在整个 19 世纪末至 20 世纪初的时期，公共卫生仍是地方政府关注的问题，有时候也得到州政府重视。一战之前，全国政府在此领域的领导力是较温和的。内政部对学校环卫状况抱有一些兴趣；农业部拥有一座食品实验室；卫生局局长（Surgeon General）办公室拥有一座医学图书馆；人口普查局保存关键统计数据。联邦政府系统中对公共卫生参与最多的是海军医院服务部，它接管了寿命短暂的国家卫生局的职责。此后联邦政府的介入未有进一步扩展，直至 1912 年美国公共卫生服务局的一些计划获得了法规形式的确认。随后，新管理体系经历了一次最大的考验，即 1918 年至 1919 年间席卷全球的流感疫情。[34]

伴随着新公共卫生体系的到来，推行环卫服务计划的职责转而落到了市政工程师肩上。他们不只是环卫改革运动的技术支撑，也是其最鼎力的支持者。在这个时期，工程作为一个职业领域经历了快速发展，到了 1900 年，它已经是仅次于教育的美国第二大职业。那一年全国共有 45000 名工程师，到了 1930 年增至 23 万。这些数量不断增加的工程师不少就受雇于各城市的政府部门。[35]

在受雇于城市的技术官僚精英当中，工程师是居于首位的。城市新基础设施正是由这些精英建设和管理的，他们同时与新出现的由城市终身雇员构成的官僚阶层并肩工作。戴维·诺布尔（David Noble）曾提出，工程师们尝试将自己描述为"技术"的代言人，而技术正是驱动现代文明发展的原动力。[36]

上述身份归类与当时"技术推动进步"的强大社会信念契合，而这种信念也是由工程师群体推动的，并获得了很多改革家的认同。工程进步主义者"期待社会由技术精英拯救。"[37]市政工程师也同时承担了一些管理上的职责，使得他们对城市管理面临的政治、财政和社会压力有更多的感知。[38]1918 年一期的《科学美国人》杂志（*Scientific American*）就工程师的新角色做出了如下观察和阐释："因为我们生活在工程师的时代。他可以被定义为做事情的人，而非仅仅知道事情的人。"[39]

毫无疑问，在 19 世纪晚期和 20 世纪初的美国城市，市政工程师在"管理"——如果不是"保护"——环境上，发挥了核心的作用。而"环卫工程师"这种描述性的称谓也开始代表 20 世纪初以前一段时间市政工程的演化结果。[40]环卫工程成为"一种新的社会职业，既非医师所从事的工作，也不等同于工程师或教育者的行当，而像是这三者的结合。"环卫工程师威廉·保尔·格哈德大胆地记述过："环卫工程师的多数工作必然带有传道士的色彩，因为公众必须要被教育，由此才能认同环卫服务带来的益处。"[41]

新职业具有独特性，因为它代表的是当时一群能对城市生态系统掌握相对广泛知识的人。环卫工程师不仅有工程学专长，而且熟悉最新的公共卫生理论和实践。他们中的一些人在工作中获得这些技能。一些人则接受过土木和水利工程方面的职业培训，后来又学习了化学和生物学。另一部分人先是化学家和生物学家，然后接受再接受工程学训练。一战前，美国大学里环卫工程毕业生稳步上升。[42]

环卫工程将观察环境要素的通才视角与实践技能综合起来。如同其他那些将发展环卫新技术视为首要职责的专家一样，市政工程师显然是延续环境卫生工作目标的倡导者，即便到了细菌学时代也是如此。很大程度而言，他们接受了新的细菌学科学，但也同时认为新旧公共卫生体系的目标并没有多大矛盾，这和许多其他医学或科学群体的同行不一样。

工程师对为切实存在的环境问题——如污水或垃圾累积——寻找技术解决方案显示出最强的信念。毕竟，新开发出来的环卫技术就是他们努力工作及产生影响力的丰碑；也正因如此，他们将会是最后一批不再将环卫服务摆在疾病预防和污染减缓重要位置的人。

尽管对工程师们的热心努力不容忽视，但 1880 年至 1920 年间美国现代环卫服务获得大发展的现象还是有些不合常理。历史本来的轨迹好像应该是，新公共卫生体系的到来以及细菌学的兴起，会给环卫领域各种技术

的投资热泼冷水。然而，早期的元系统和后来经改造系统的价值还是在多
81 个层面获得了肯定：它是必要的供水服务者，一种便捷的清除废物的方式，
也是公共卫生的保护者。环卫科学作为社区健康守护工具的定性得到社会
的理解，虽然相关的解释并非总是很清楚。[43]延续瘴气时代以来的惯性，许
多城市在细菌学时代完成了建设永久、可覆盖全市范围的环卫系统的任务。

第七章

成为市政公用事业的供水服务

1880-1920 年

　　到 19 世纪晚期，在城市领导者中流行着一种很强的观念，即任何受尊 重的社区都需要能覆盖全市范围的水务系统。[1]1870 年，所有水务系统的总数停留在 244 套。到 1924 年，美国已建成的水务系统估计达到 9850 套左右。统计显示，在 1880 年和 1890 年，投入运行的水务系统的数量增长比人口增长要快。

　　19 世纪晚期和 20 世纪初期的发展趋势显示出，水务系统正从分散化向集中化转变，输水服务正从劳动密集型向资本密集型转变。[2]一些系统可被视作旧的元系统的扩展版，配备了越来越长的地表输水线路，更多和更大的水库和沉淀池，以及延展更广的输配管网。新的技术变化则主要是出现了更多高效水泵和更多电力的使用。对于很多小城镇——即那些税基有限

83 的地方——和新城市而言，旧的元系统仍为它们提供了一条快速发展公共供水服务的捷径。

　　但一些最先进的系统得到了显著改造，使得供水量更多，输配管网范围更大。它们同时在提高水的纯净度上投入了更大努力，方法包括过滤和不同形式的水处理。然而，技术进步往往导致更旺盛的需求，也无法让人们可以完全摆脱流行病或污染的威胁。人口的日益增长引发的是一种几乎无法抑制的对水的渴望，而且大大超出原来的预计。那些促成工业时代到来的各种力量也同时增加了自然水道的污染负荷，包括那些被用作饮用水源的地方。具有讽刺意味的是，那些曾在 19 世纪为城市扩张起关键作用的水务系统有时却沦为了增长过度的牺牲品。

　　19 世纪晚期不仅是旧的元系统扩大发展的关键期，也是那些还未建立起首套全城范围水务系统的城市的起点。辛辛那提被认为是在水务系统提升方面做得最全面的城市，它 1872 年就拥有了一台新型水泵，1907 年建成了一座试验性滤水厂。而在芝加哥，1871 年大火之后，其西区就建设了一条新的输水隧道和泵站。随 19 世纪 80 年代对附近地区的兼并，该市又吸纳了一些更小规模的水务系统。新型系统则开始在东岸更小的城市以及西部和南部更新的城市出现。[3]

　　供水是美国第一种重要的公用事业，也是第一种能够彰显城市以促进

增长为使命的市政服务。为了能与社区对手竞争，政府官员和城市发展推手倡导一系列的市中心改造计划。他们与环卫学家及市政工程师合作，支持那些能改善健康状况的公共服务，并以此作为自己能夸耀其城市有多么洁净的资本。[4]

健康的社区是增长的关键。城市领导者得出了清晰的结论：如果水供给仍落在私人手中，要控制城市水务的卫生质量很困难。[5]因此，推进市政所有权，不仅是相关官员有影响城市增长的强烈期望所致，也和他们试图解决公众因特定缺陷引发的与私营公司的纠纷有关。由此可见，水的"政治属性"有其重要之处。[6]

大城市在支持公共水务系统上一般早于其他级别的城市。1890年，超过70%的人口过3万的城市拥有公共水务系统。1897年，50座最大城市中的41座（82%）拥有公共水务系统。因为大多数城镇人口都集中在较大城市中，所以尽管1890年只有43%的美国城市拥有公共水务系统，但所有城市人口中可被公共服务覆盖的比例达到66.2%。[7]

到了19世纪90年代末，中西部地区对公共水务系统显示出最大的兴趣，时间上正好和对商业领域加强管制重合。一项重要研究显示，纳入统计的中西部城市中有73%拥有公共水务系统。大湖区周边新兴工业州对公共水务系统展示出强烈的支持，更多的农业州也同样如此。[8]

有如下一些因素可以解释为何19世纪晚期公共水务系统得以在良好的政治和经济氛围中发展：城市财政状况得到改善，大城市与州立法机关合作发展或扩展公共服务，公众对私营公司提供服务产生质疑，以及政府在公用事业发展上获得了更广的管制权力。

如之前提到的，城市有着变供水服务为一种公用事业的愿望，但同时也要考虑它实现这种变化的财力，二者之间存在着一种紧密的关系。当城市可以更容易举债之后，这种关系便朝着更乐观的方向发展。1860 年和1922 年之间，城市举债额从 2 亿美元增长到 30 亿美元。相比其他形式的公共债务，立法对水务领域城市公债发行的审批更加宽松，因为此类项目很稳定并有着良好的偿还记录。而同时兴起的投资银行业务，使全国性的债券市场得以建立，让城市可以获得更多资本的支持。[9]

随私营公司受到的批评与日俱增，公共水务系统获得了更大的扩展。某些情况是，政治环境发生的变化对私营公司不利，尤其是当具有改革思维的领导者批评特许经营者就是腐败之源的时候。另一些情况是，私营公司因运营表现差而触发社会对服务提供者开始重新考虑。一开始，水务特许经营权的时效很长，还授予相关公司以税务豁免地位，并对价格几乎没有管制。至第一次世界大战，14 个州在普通法中限制了特许经营合约的时长，但仍有 18 个州准许无限期的特许经营权。[10]尽管 19 世纪 80 年代全国有多达 850 份新的特许经营权批出，但它们获得的优惠条款已不如前。

特许经营权的时长常常成为辩论的焦点，因为永久合同对官员而言，意味着他们对水务公司没有控制权。其他令人关注的问题包括管理费率的能力，以及在相关公司无法履行其义务时收购水务系统的可选方案。就供水服务的费率而言，城市是有着独特经营手段的。19 世纪 90 年代，私营公司服务的费率比市政服务高出 40% 至 43%。有别于私营公司，城市在经营方面可以承受一定的损失，并用税收来填补差额。市政服务费率变动的灵活性有时会凸显出私营公司收费相对偏高，因而使公共部门获得竞争优势。在这种情况下，特许经营权面临被终止的威胁也就越来越真实。[11]

85　　　随公共系统竞争力越来越强，对自由水务合约的敏感经常会导向呼吁将相关服务划归市政所有。1895 年，纽约州通过立法，授权瑞曼波水务公司（Ramapo Water Company）为纽约市地区的顾客提供服务。一项批评声称，瑞曼波获得了"最广泛的权力"来做生意，该公司想对每百万加仑的供水收取 90 美元的费用，而纽约市实际的零售水价仅为每百万加仑 50 美元。1899 年 8 月，市议会通过一项要求市政部门获取水务系统所有权的决议。[12]

某些情况下，对地方政府获取控制权的担忧，比期望实现市政所有权来得更有说服力。加利福尼亚州的弗雷斯诺市（Fresno）自 1876 年就开始考虑市政所有权选项，并在 1882 年的一场大火后又重新考虑该选项。但是，在 19 世纪 80 年代，该市实际做的事情也不过是设置了一些公共水井和消防栓。与此同时，私营的弗雷斯诺水务公司（Fresno Water Works）继续将其服务投放到居民区中。1889 年，虽有一个小团体向城市理事会请愿，主张将供水服务划归市政所有，但弗雷斯诺的多数居民倾向于小政府和低税收，且对私营公司没有提出过什么特别重要的投诉。后来，当地水务和电力公司经营终于破产，于 1902 年被本地一公用事业大亨重组，进而在 20 世纪 20 年代被国有公司收购。只有在那时，人们对市政所有权的期待才热烈起来。[13]

一些城市，如旧金山，则站在了市政所有权潮流的反面。该市流行的观念是相信已有的供水是清洁、健康的，并对所有权转换的诉求有保留。邻近的圣何塞市居民的供水则绝大部分来自私营公司，而且这种模式还在持续。[14]不过，加州的这些案例是大趋势中的例外。

19 世纪 90 年代，一系列因素的组合使大多数大城市朝获取市政所有权的方向不可逆转地前进。这些因素包括人们对私营公司的不满、对供水质量的怀疑、高昂的水价以及地方政府对控制公共服务的意愿。那时，城市已获得更多授权以设立、租用、收购和运行水务设施、照明设施，某些情况下还有有轨电车。另外，能够在此前的授权限制和税收优惠范围以外发行债券也是新的有利之处，它可为城市运营带来额外资本。

进步时代的改革措施，例如全民公投，也被利用来批准公用事业收购案或授予新特许经营权。1891 年至 1901 年间，关于拥有、设立和收购水务或照明设施的批准决定出现在了 24 个州的城市中。加利福尼亚州和堪萨斯州则通过了很一般性的法律，允许市政所有权的存在。一些城市还在新的城市宪章中加入了所有权条款。

为了跟上同一时期建章立制的步伐，一些州成立了管辖权可以覆盖水务系统的委员会。第一批于 1907 年出现在纽约、威斯康星和佐治亚三州。86 然而，州立法削弱了地方政府在管控公用事业中的角色，如同又倒回至以前的日子，即由州立法者塑造公共服务的内容，城市的参与无足轻重。[15]

从私营到公共的转向，并非可看作是州权对地方权的胜利，也不是所谓的州和地方立法管制对自由市场的胜利。实际情况是，对水需求的快速增长超过了大多数私营公司提供服务的能力。这个矛盾的存在，为促进市政所有权提供了机遇，因为这是唯一能满足需求并能与城市增长相协调的办法。[16]

自 19 世纪初期以来，政治气候已经发生了变化。进步主义改革引来许多城市人的共鸣，他们对改革的目标认识得很清楚，即强烈地致力于促进公民权利和责任。在这种氛围下，一种通过高效政府运作、依靠技术专家，以及更公平地分配公共服务来改善生活质量的呼声，也叠加到了日益增长的对市政承担职责的社会支持中。此时，"强盗资本家"（robber barons）引起的公愤以及私营部门对公众信任的透支，都为私人水务公司的前景投下了阴影。[17]

实践当中，市政所有权并不能自动纠正水务系统的不公平问题。相比城市中心区，郊区往往可获得更多改良后的服务。在底特律，水务服务的分配和提升的确考虑了地理差异，无人居住土地——具有开发新潜力——要优先于城市里劳动阶层所居住的地方。[18]

在社会明显倾心于转向市政所有权的时代，即便是有理有据的批评，也会被支持公共管理服务的狂热所淹没。此时，水务俨然成了一项绝佳的政治议题，因为潜藏在供水服务的背后，有许多触及到公民福祉以及政府如何服务好公民的问题。[19]

在公营水务系统的供水管理中，水消费计量成了一项有力的管理措施。表面上安装水表是定立费率的有效途径，但它在测量浪费和预测未来供水系统的扩大上，也同样重要。19 世纪 70 年代以前，当时的水表在计量浑浊水或有沉淀的水时，效果很差，以至于有大量流经水表的水没有得到测量。随技术改善，水表成了监测水流的最实用设备。在针对大众的市场营销中，它被描述为"水消费者之友"、"一张永久的发票"或"对浪费的预防"。水管理官员成功地将"水表不仅能省水还能省钱，服务因此可以更公平"的观念带到了千家万户。[20]

但消费者却对安表计量有抵触。他们已有其他类似的体验，最显著的是在煤气和电力消费上，并认为这是对隐私的侵犯，以及在已经很昂贵的服务中榨取更多的钱。[21]一位批评家说道："不应该让人们因为有用水限制 87 而避免洗澡，或不能自由地冲洗卫生洁具。任何抑制人们自由用水的事情都是对社会进步的阻碍。"[22]

计量用水的支持者则认为随城市扩增，水供给的成本会升高。计量有助于节水并使开发新水源的成本最小化。至少理论上可以说，没花在新水源开发的资金，可以用于解决其他系统中存在的问题，特别是维持高水压和预防污染。尽管有抗议存在，19 世纪晚期一些大城市和一些更小些的城市还是开始在其服务管线上安装水表。[23]

19世纪90年代，计量用水仅取得温和的进展。50座最大城市中有4座开始在超过50%的终端实施计量。到1920年，计量取得了显著进步。尽管仅有约30%的城市在水泵处实施计量，但1000座城市中还是有超过600座将水表安在了水龙头边。[24]

虽然有计量措施，但开发新水源还是非常必要，因为已有的水源要么不能继续满足需求，要么受到污染。对于许多大城市而言，从附近湖泊和溪流抽水相比开挖新井，已变得更不可行。已有的水源地，作为本地水利系统的一部分，经常受到污水和工业排放物的污染。流经本地的水体是许多城市最便捷的废物处置途径，因此其作为洁净水源的价值被严重削弱。

远距离水源成为最大型城市两项最好的选择之一，另一项则是过滤和处理。在纽约市，虽然有克罗顿引水渠的成功，但到了19世纪80年代该市还是要面临因干旱、耗水量攀升、系统泄漏以及人口扩增带来的水危机。1883年，州立法机关批准建设新克罗顿引水渠（New Croton Aqueduct），该工程经十年建设完工。为了增加供水，整个集水区的水资源被大量抽取，几座蓄水水库和一座新克罗顿大坝（New Croton Dam）也同时配套建设起来，后者在1906年竣工时是世界上最高的石制水坝。与其原版不同，新克罗顿引水渠大部分工段（33英里）都首选用砖头作为隧道的衬垫材料。

在合并了5个新自治区后，纽约市的供水扩张需求再次浮现。新区合并使城市增加了350万人口，每天耗水量就达到约3.7亿加仑。克罗顿系统此时却几乎达到了运行饱和状态，而另一个更小的系统，即从水井和长岛溪流中抽水，也无法满足整个都市区的需求。1905年，一项法律批准设立纽约供水委员会，以便监督新发展策略的制定和实施；与此同时，州供88水委员会也得以建立，并负责在州域范围内调配供水资源。1905年至1914年间，纽约市从100英里以北的卡茨基尔集水区（Catskill Watershed）抽取水资源。为此，一条新的引水渠和用深层隧道构成的输配系统得以建设起来。而对卡茨基尔集水区更进一步的开发一直延续到了 20 世纪 20 年代。[25]

在太平洋沿岸，洛杉矶是无休止地深入周边腹地搜寻水资源的典型。这段历史是为人所熟悉的，不仅戏剧性地反映在 1974 年上映的电影《唐人街》（*Chinatown*）中，也被相当多的有关加州及其水资源的文学作品覆盖。[26]世纪之交的洛杉矶，是注定要成为一座大城市的社区。然而，这座城市尽管拥有约 20 万人口，以及各种得天独厚的自然条件，但独缺一样——水。1892 年至 1904 年，当地的一场旱灾把这个弱点暴露得淋漓尽致。

城市发展倡导者的期待都落在了本地水务事业的领袖威廉·马尔霍兰（William Mulholland）身上。马尔霍兰是一位爱尔兰移民及自学成才的工程师，1877 年来到南加州，九年后便晋升成为水务公司主管。1902 年在市政府收购私营水公司后，他进一步成为市政公营水务公司的总经理。因为具备足够的信心和突出的工程学识，马尔霍兰可以获得足够的权威来作出重大决策。

1904 年，马尔霍兰为应对供水短缺，开始安排寻找新水源。他的朋友前洛杉矶市长弗雷德·伊顿（Fred Eaton）告诉他在内华达山脉以东有一处绝佳的水源地。9 月，二人向北考察到欧文斯谷（Owens Valley）；在那里，他们发现了一处可以满足百倍于洛杉矶人口需求的水源。在伊顿成功获取该地取水权后，马尔霍兰开始向洛杉矶的城市领袖推销其开发计划。1905 年，《洛杉矶时报》（*Los Angeles Times*）宣告"给城市一条河流的泰坦尼克计划"正在诞生。对此，整个城市弥漫着一种愉快的情绪，但在欧文斯谷，迎接伊顿的却是不乏愤怒的反应。就在人们得到新水源地的水若马上不能被城市利用就要引向圣费尔南多谷（San Fernando Valley）用作灌溉的消息后，一场关于水的战争爆发了。并非偶然的是，就在马尔霍兰的计划公之

于众以前，一家由城市商人组成的联合财团在圣费尔南多谷收购了 16200
英亩土地。欧文斯谷居民因而明白，攫取土地就是攫取水资源。

欧文斯谷居民于是尝试阻挡马尔霍兰在联邦土地上的通行权。西奥
多·罗斯福总统则提议修改法案，以阻止洛杉矶将水转售给公司或个人。
该法案以修正案的形式于 1906 年通过，但对将欧文斯谷的水用于圣费尔南
多谷灌溉活动没有任何禁止措施。洛杉矶在 1908 年又获得了另一场胜利，
当时联邦首席林务官吉福德·平肖（Gifford Pinchot）决定将塞拉森林保护
区（Sierra Forest Reserve）的范围扩展到可以囊括欧文斯谷的平原地带，就
此阻挡住私人进入并接近水源地。

洛杉矶市做好了为自己争得有利位置的一切准备。引水渠长达约 240
英里，线路穿越了高山和沙漠地带。马尔霍兰在欧文斯谷建造了两座水利
电站，使引水渠成为全美第一项主要依靠电力建设而成的重要工程项目。
1913 年 11 月 5 日，一座曾经对水饥渴的城市现在反而感到了绰绰有余。两
年内，城市官员组织兼并了数个社区——因为有了充足的水供给保障，它
们的加盟都不成问题。圣费尔南多谷也从曾经一处半干旱的谷物种植地，
变成了发展机械化农场和果园的良湾。欧文斯谷却什么也没得到。

在过后的几年中，马尔霍兰遇到了一项新任务，即开发一座城市急需
的水库。1923 年，他再度进入欧文斯谷。这回，当地公民不再感到满足，
一场曾经发生过的口舌之战，演变成了一场真正的枪战。最终，洛杉矶赢
得了对欧文斯谷的战斗。推动南加州城市扩张的力量已到了令人生畏的
地步。[27]

洛杉矶和纽约市争取水资源的故事虽然是同一时期最具戏剧性的历史
篇章，但它们并不独特。为了满足水需求，小一些的城镇同样会开发更远
距离的水源。亚拉巴马州的伯明翰将引水渠向泵站东北方向延伸了 6 英里。

艾奥瓦州的芒特艾尔（Mount Ayr）因为没有较浅的含水地质可供挖井，所以也走向城市边界以外寻找新水源。[28]

所有这些社区都有一项共同认识，即充足的供水是保证城市扩张和提升城市地位最优先的事业。供水服务的扩展也是增加水消费最显著的影响因素。有人估计美国 1916 年的总耗水量为 50 亿加仑（总人口 5000 万人，人均耗水量为 100 加仑）。[29]人均耗水数据作为水使用量的绝对衡量可能会产生误导。很多情况下，商业和工业耗水单位也会被纳入统计当中。举例来说，与农业用水相比，民用和市政淡水使用只占总耗水量相对小的一部分。此外，新式卫生洁具，如水冲厕和浴缸的应用，以及管道泄漏也会影响耗水总量。[30]

输水管网的扩展使得现代水务系统变得更加复杂。技术革新产生了三类供水系统：重力（纽约、洛杉矶及旧金山）；直接泵送（芝加哥和底特律）；从抬高的储水罐泵送（圣路易斯、克利夫兰及堪萨斯州的堪萨斯市）。送水方式会影响系统供水量和管道类型的选择，而街道规划和地势地形则决定着管网的布局。与此同时，对供水服务的多样需求也需纳入考量。例如，集中式输配系统，可高效满足防火栓安装的需求，因而有特别的 90价值。[31]

1890 年，美国水务协会为所有类型的管道、其他材料和设备以及现场使用的化学品都订立了标准。尽管输水管网需根据特定需求有所变化，但标准化无疑会使整个网络运行效率最大化。木制管道开始逐渐被淘汰，铅制管道也慢慢地在水务系统中被禁止。铸铁管道随价格持续走低，得到了更广泛的使用——这本身也是输水系统得到扩展的一个主要因素。[32]

主管道上的用户负荷对已有的输水系统构成了压力。1888 年，主管道每英里服务人口数，最少的是太平洋沿岸城市的仅 276 人，最多的是中大西洋沿岸城市的 830 人。[33]到了 1897 年，主管道每英里服务人口数在几个大城市都超过了 830 人。用户负荷之所以是个明显的问题，就是因为尽管将供水服务延伸至郊区的呼声高涨，但管网系统还是集中在城市中心区。一些城市甚至不会在城市界限以外修建管线。其他一些城市则仅在用户自己铺设管道的情况下，才接受城市界限以外地区接入管网。西雅图就是如此，其目的是在不增加任何建设成本的情况下，通过提供供水服务来增加收入。[34]在那些私营公司仍掌控着水务事业的城市，围绕着新延伸的管线如何并入已有管网出现了激烈的辩论。而如何评估用户所需分摊的服务延伸成本也变成了一个问题，这在主要延伸服务显著增加水厂运行成本的情况下变得特别突出。[35]

城市中心区外对管道连接的需求实际促进了城市的扩张，也因而增强了城市的活力。在大多数情况下，经济角度的考虑会倾向于推进系统扩展，因为相关成本可以转嫁到新用户身上。显然，整个系统的改善会影响到所有用户，但如果改善仅是直接因为用户负荷增加，成本分摊就会变得特别不公平。此时，用户实际没有什么选择，只能支付已经定好的价格。一条老套的规律是，延伸输水管线总比提升原有的水务设施和管线来得容易。[36]

当管理、消费以及输水管网的延展都成为关键问题时，保障水的洁净度也被提升到同等优先的层面上。公共卫生革命和抵抗水污染的科学努力，不仅有助于确保安全的供水，也对系统本身的硬件设施进行了改造。细菌学实验室、滤水厂以及水处理设施为水务系统增添了新的维度。[37]干净的水同样可以促进饮水——被视作一件健康的事情——并激励人们增强个人卫生。一位作家从市民的角度说到："你有权期待获得供水服务的保护，正如获得警察部队的保护一样。"[38]

最早期的水洁净度标准主要是物理方面的指标——颜色、浑浊度、温度、臭气和味道——而且外行人也能观察得到。对不达标水的抱怨是很常见的。马萨诸塞州有如此投诉："臭味太浓，只要嘴里稍微尝一下，就知道这些水根本没法喝。"纽约州："臭味浓烈，有鱼腥气，也像荨麻草。投诉最多的就是输水主管中的死鱼。非常恶心。"蒙大拿州："水质实在太差，所以每年6月至12月，我们都不得不停止供水。"[39]

但感官经常会给出误导性的证据；要真正判断水质，需要进一步检测。化学标准继物理标准后也出现了，但它们同样也可能不准确。[40]对细菌学的热衷，有时会不恰当地贬低化学家在评测供水质量中的工作。20世纪中期以前，与流行病相关的生物源污染获得的关注要比工业及其他化学污染物多得多。[41]

总之，进步时代可以参考的最新标准是由细菌学家提出来的。1900年，环卫学家乔治·惠普尔写道："显微镜不再是件玩具，而是一件工具；显微镜下的世界不再是另一个世界，而与我们的世界有着至关重要的关联。"1887年，马萨诸塞州卫生局创立了美国第一个环卫化学分析和显微镜检测研究项目。类似研究计划和设施很快出现在大多数的大城市。某些情况下，水务官员和工程师正是通过控制或影响实验室的运作来行使其权威的。[42]

在环卫领域，水洁净度是一个相对概念，而非绝对概念。在术语的使用上，"安全"（safe）一词较"纯净"（pure）用得更多，前者指的是水的使用不会对人或动物产生危害，后者则在自然界并不存在。早期试图通过过滤而获得"干净"（clean）水的努力——即不浑浊、无臭味、无臭气的水——同样不能保证水的"纯净"。化学家揭示出水里集中有大量的有机物，但直到1904年，仍没有多少专家能从生物学的立场出发，认为化学分析能足以确定水质。

细菌学技术的进展，使水质的细菌学指标获得了更多的重视。但水化学在改善滤水实践和检测有毒物质方面仍显示出它的重要性。这个时期，实验室的常规工作包括对采自所有水源地及输配系统的水样进行定期检测。[43]

92　　　一直到 20 世纪 20 年代，伤寒热仍是一种人间灾祸。随 19 世纪 80 年代伤寒杆菌和其他病原微生物被陆续发现，公共卫生官员和工程师开始理解水传播疾病的范围，并开始寻找抗击它们的办法。1896 年《工程学新闻》（*Engineering News*）这样报道："因为伤寒热和供水之间的关联现在被认为是如此紧密，所以任何城市中若出现高伤寒死亡率，即可被认定为供水遭污水污染的确定证据。"[44]

1890 年至 1893 年间，马萨诸塞州卫生局实验室把注意力主要投放在了伤寒热的传播上，这种做法也树立了一项先例。就在 1890 年洛厄尔（Lowell）流行病暴发后不久，同时兼任麻省理工学院生物学教授和州卫生局首席生物学家的威廉·塞奇威克（William T. Sedgwick）开展了一项系统性调查。细菌学方法随之首次应用到了野外调查工作中。在经历过一度令人沮丧的查找后，塞奇威克和助手将造成伤寒暴发的传染源锁定在北切姆斯福德（North Chelmsford）附近的一座村庄里。他们的调查技术很快就被其他遭受伤寒病疫蹂躏的地区所效法。[45]

关于水传播疾病的知识和后续广泛的公共讨论，引发了社会对可行解决方案的需求。将希望寄托在科学和技术的城市领袖们相信，保护供水安全的办法是有的，也不应简单地放弃被污染的水源，因为净化它们的办法也是有的。直至第一次世界大战，大多数最大型的城市和一些规模小点的城市，已投资建设滤水厂和水处理设施。现代供水系统的硬件部分因而变得规模更大、更复杂。

　　就在一些个人对滤水技术抱有过多期待，甚至视之为解决水传播流行病万能药的时候，就每一处对该技术有应用的社区而言，相关投资确实是值得的，且有改善效果。然而，在整个国家的层面，滤水技术并未立即获得无条件的接受，因为成本可能是一项阻碍因素，对于哪种过滤技术最好也存在争论。[46]

　　知名工程师 M. N. 贝克（M. N. Baker）将美国水处理技术的发展分成了五个时期，可以解释水净化的演进过程。[47]第一时期结束于 1870 年，时间上与詹姆斯·柯克伍德于 1869 年发表《河水过滤报告》（*Report on the Filtration of River Waters*）大体一致。这个时期中，沉淀被应用在净化浑水上，"自然"过滤——或者使用渗滤池或廊道——也有实践，一些小型过滤设施则可滤掉体积最大的物质。[48]

　　第二个时期从 1870 年延续到 1890 年，见证了慢砂和快砂——或机械——滤池的引入。此类技术的应用不够稳定，而细菌学原则在此时期还不够根深蒂固，因此不能就如何最高效使用滤池给出提示。[49]然而，到了 1880 93 年，美国只有三套此类设备，加拿大则一套都没有。

　　快砂滤池是一项美国人的发明。除了流速，英国和美国滤池技术上最显著的区别在于净化过程。前者用的是人工净化，后者则用的是机械。美国第一批滤池主要用于造纸行业和其他对净水有严格要求的工厂。一般认为，新泽西的萨默维尔（Somerville）是第一座在市政供水中应用快砂滤池的城市（1885 年）。[50]但到了 1900 年，过滤技术在美国仍未获普及，而关于快砂是否比慢砂过滤技术有优势的争论也还在继续。[51]

　　第三个时期是从 1881 年至 1900 年，标志性的技术进步是获得科学设计的慢砂滤池和优化设计的机械滤池。此时，马萨诸塞州的劳伦斯实验站成为全美领先的水净化研究中心。劳伦斯实验站是在伤寒热和霍乱有可能摧毁整个社区的时代背景下出现的。1887 年秋天，疫情袭击了明尼阿波利斯、匹兹堡、渥太华及其他北美城市。在此前两年，宾夕法尼亚的普利茅斯——一座 8000 人口的小镇——出现了 1200 至 1300 例伤寒病。1890 年至 1891 年，人口达到 22000 人的纽约州的科霍斯（Cohoes），伤寒病也有 1000 例；而沿哈德逊河，处在科霍斯下游的西特洛伊和奥尔巴尼，疫情也很快降临到它们头上。

最有启示意义的疫情是 1892 年德国暴发的一场霍乱。当时，拥有 64 万人口的汉堡市，病例数达到 17000，死亡人数达到 8600。相反，紧邻汉堡的阿尔托纳（Altona，人口 15 万），病例数仅为 500，死亡数只有 300。汉堡从易北河取水且不做处理，而阿尔托纳则对水进行过滤。汉堡的教训不可谓不惨痛，但它随后就改善了水务系统，其他德国城市也同样如此。[52]

那些年最重要的技术发现可能就是获改进的慢砂滤池有能力将河水中的伤寒杆菌去除，其效果也在汉堡-阿尔托纳事件的对比获得了验证。在这一发现的基础上，劳伦斯市于 1893 年建起第一座滤水厂。[53]虽然有所进展，但在贝克五时期划分中的第三个时期，新出现的、且相对而言未获验证的滤水技术还是有很多不确定性，南部和西部城市尤为突出。[54]

1901 年至 1910 年是第四个时期，慢砂和机械滤池间的竞争关系更趋激烈。一些决策者虽被夹在争论的中间，但仍不得不选边站，还要承担难以接受的后果。1900 年至 1913 年，费城修建了 4 座大型慢砂滤池工厂，并配以氯气消毒设备，此举一下子扭转了城市形象——从被认为忽视供水系统长达 30 年，变为走在了全国的前列。但是，新厂上线后不久，快砂滤池就开始获更多关注。[55]

20 世纪的头十年，水处理事业有了重要进步。氯气消毒技术此时已经完备，用硫酸铜控制藻类的实验也在进行当中。环卫学带头人已有能力让城市领导者确信伤寒热和相关疾病可通过过滤和处理技术的结合应用得以预防。据说供水专家艾伦·哈森（Allen Hazen）曾经说道，因为伤寒可预防，所以只要有人死于这种疾病，就应该有人承担被绞死的责任。乔治·A. 约翰逊（George A. Johnson）是一位顾问环卫工程师，同样强有力地宣称："一个人知情地把另一人的粪便吃进自己嘴里肯定是一种缺陷。如果知道一个社区的供水系统被其他城市的污水污染了，却不做出丝毫净化的努力，肯定是文明缺陷的受害者。"[56]

没有多少位水净化的主要支持者会宣称过滤是疾病预防的唯一答案，但当时的统计指出过滤对于控制伤寒热而言特别有效，以至于人们有时会忘记过滤本来的首要目的是减少水的浑浊度和去除悬浮物。

消毒开始成为过滤技术的补充，并有望在去除供水中的细菌物质上发挥更大作用。古代文明通过煮沸或使用铜制器皿来给它们所认为的污水消毒。斯蒂文斯学院（Stevens Institute）的一位教授于 1888 年将用氯气净水技术申请成专利。不过，在氯气消毒普及之前，英国、法国和美国已经有了用氯气对污水进行处理的实践。1896 年，奥地利首次将漂白粉应用在了氯气净水上。第二年，密歇根的阿德里昂（Adrian）也开始在试验滤池中使用氯气。1902 年，比利时建造了第一座可连续工作的氯气净水厂。美国的第一座相关设施建在位于芝加哥肉联厂（Union Stock Yards）的泡泡河滤水厂（Bubbly Creek Filter Plant），时间是 1908 年。新泽西的泽西市很快成为泡泡河试验后第一个在供水服务中应用氯气净水的社区。1909 年，液氯开始得到生产，它在水中更容易扩散。[57]

在很多地方开始使用氯气之后，伤寒热病发率显著下降。在水处理中利用了次氯酸盐的城市的统计数据，为变化的发生提供了令人吃惊的佐证（参见表 7.1）。然而，尽管有乐观的报告，但在公众中间，仍存在着一些对"给水掺入"化学药剂的担忧。尽管在世纪之交以前，这种担忧来得更严重些，但此后也未曾完全消失，因此直至 1920 年，氯气净水技术未获得

95 普及。1920 年一项由《美国城市》（*American City*）杂志所做的调查显示，在大约 1000 座城镇中，少于一半的城镇开始在供水中使用氯气或其他消毒方式。[58]

不过，实际教训也未缺席，1916 年便发生在密尔沃基市。因为有市民投诉氯气消毒过（但没有进行过滤）的密歇根湖水有难闻的气味和味道，操控人员就在未经批准的情况下将氯气消毒关停了一个晚上。结果，在之后的几天里，出现了 5 万至 6 万起肠胃炎，以及 400 至 500 起伤寒病例，并最终导致 40 至 50 人死亡。[59]

表 7.1　次氯酸盐应用后伤寒死亡率的下降

城市	之前 （1900—1910 年）	之后 （1908—1913 年）	变化 （%）
巴尔的摩	35.2	22.8	35
克利夫兰	35.5	10.0	72
艾奥瓦得梅因（Des Moines）	22.7	13.4	41
宾夕法尼亚艾利（Erie）	38.7	13.5	65
伊利诺伊埃文斯顿（Evanston）	26.0	14.5	44
新泽西泽西市	18.7	9.3	50
堪萨斯堪萨斯城	42.5	20.0	53
内布拉斯加奥马哈（Omaha）	22.5	11.8	47
纽约波基普西（Poughkeepsie）	54.0	18.5	66

来源：John W. Alvord, "Recent Progress and Tendencies in Municipal Water Supply in the United States," *Jawwa* 4 (Sept. 1917): 284.

尽管过滤和消毒技术普及的速度比贝克在其著作中所提的要慢，但在

1910 年以后，一场通向纯净之水供给的运动已经悄然上路。密歇根的滤水厂居于领先地位，它还对较晚引入美国的双重——或多重——过滤技术开展了额外试验。在宾夕法尼亚的韦恩（Wayne），双重过滤在 1895 年至 1896 年获得试用，但随后遭放弃。费城于 1911 年建成一座双重过滤净水厂。双重过滤技术包含一套常规过滤系统，并针对水污染严重或细泥沙负荷大的地区，配以预过滤器或洗涤器，但该技术从未被广泛使用。[60]

1880 年至 1914 年，不论具体使用的是哪种系统，过滤技术在美国大多数大城市和一些较小城市的普及程度获得了提升。1920 年《美国城市》对 1000 座左右城市的调查显示，过滤技术所取得的进展，就算达不到出色的程度，也是良好的，在东部和中西部地区尤其如此。到那个时候，过滤技术的广泛应用，以及消毒技术的引进，能够在大城市伤寒热发病率的急速下降中得到反映。[61]新世纪早年许多城市患病率的显著下降显示出滤水技术的影响，而 20 世纪第二个十年中患病率的更显著下降，则可归因于通常与过滤技术结合运用的消毒技术。1920 年美国伤寒死亡率与西欧国家趋于一致，后者在净水技术的应用上已经很普及。[62]

因为在本章所述的时代，水的洁净度是和水传播疾病相关联的，所以对污染的关注首先集中在了水里的细菌（特别是通过污水排放传播的），而非工业污染物或其他有毒物质所带来的影响。直到一战以后，工业废物才被视作是影响水洁净度和污水处理的重要因素。某些情况下，工业废物还被认为是一种杀菌剂，一旦混入水中，可以抑制有机物的腐败。从更广阔的视角看，当时许多人认为工业废物的存在是经济增长的必要代价。[63]

美国公共卫生署（The U. S. Public Health Service）对污水污染的兴趣，也比对特定工业废物处理的兴趣更高。该署首要开展的是溪流调查，并以此发展出了一套溪流净化的综合理论。一项 1912 年的法律将溪流污染列为

96

需要进行特别研究的课题，第二年国会接着在辛辛那提组建了溪流污染调查站（Stream Pollution Investigation）。那里的水质专家对废弃物的生化需氧量（biochemical oxygen demand，BOD）特性、溪流的自然氧化作用，以及俄亥俄河沿岸的水处理方法做了更细致的考察。[64]

水质分析新方法的目标是要为供水服务提供准确的细菌含量水平描述。1914年，美国公共卫生署在细菌分析的基础上，为跨州商业领域制定了一套水质标准。一些州复制了这套标准，并使其与公共卫生协会、美国水务协会及其他团体所设计的检测方法相协调。[65]

在标准设定之前，航道中的污染是人们主要担心的问题。各州是通过新立法来特别对溪流污染采取控制措施的行动中心。1886年，马萨诸塞是第一个试图保护内陆水体免于污染的州。直至1905年，有36个州颁布了保护饮用水供给的法律。到了一战爆发前，各州都在组建各自的理事会或委员会，其明显的目标就是要控制水污染；州政府还获得了更广泛的权力，可以干预工业和市政水污染。然而，法规管制往往缺乏连续性，其执行度也不严格。[66]

1920年时，当水污染的全部自然机理还未被探索完毕时，美国供水系统在满足消费和环卫需求上已走过了漫长的道路，至少在大城市如此。在城市领袖之间，存在着这样一种信念，即一套有效运营的公共水务系统，可以增加城市的美誉度，也是促进城市增长的有效工具。环卫领域所应用的现代技术最终被视作进步主义时代城市建设的主要成就，相关系统也将能经受住时间的考验。

第八章

管道两端的战斗

排污系统和新健康范式，1880-1920 年

　　地下排污系统的价值在 19 世纪末得到广泛认可。但是，在 1880 年至
1920 年间，还有三个主要问题有待回答：覆盖城市全境的水载系统是否最
终可行？何种系统最适合城市的需求？污水应当如何处置？因输入水量猛
增而引发的对废水处置的需求，也被证明是地下排污系统发展的拉动因素。
过去的粪坑-茅厕方式不再应付得了新的污水负荷。尽管供水系统和排污系
统的功能相互关联，但二者还是很少能被真正串接在一起，或作为更大的
环卫系统的组成部分加以管理。

　　私人排污管道对满足公共需求而言意义不大，特别在较大城镇的中心

区更是如此。尽管一些富裕房屋业主和商人建设了私有排污管并将污水导
入附近溪流，但由于没有接入更大的主管网，其价值很有限。其他市民则
很少有污水处置的选择，多数情况下，有粪坑即已感到满足。世纪之交，
夏天的巴尔的摩港经常因垃圾腐败和其他污染变成一片恶臭的水体，而水
岸边的贫民窟居民只能被迫忍受。[1]

开发并运营大型排污系统的公司可以提供有用的服务，但它们在输水
方面鲜有财务潜力。排污子管网的开发商是一例外，他们提供的服务有望
通过房屋销售收回建设成本。然而，开发商还不太倾向于将建成的管网作
为一个独立体系来经营。[2]

对私营排污系统的抵制常常与对健康的关注相关，因此，在公共卫生
被视为市政责任的时代，兴建覆盖城市全境的废水管理系统的冲动与日俱
增。1883 年，鲁道夫·赫林（Rudolph Hering）建议在特拉华州的威明顿建
设一套收费适中的排污系统，但城市领袖畏缩不前。1887 年，相关话题又
被提起，一群市民提议通过组建私营公司来兴建排污管道。市议会驳回了
建议，其立场是城市的排污管道应由其公共部门来控制。在宾夕法尼亚州
的特洛伊，私人资本则有所参与，并使该城在 20 世纪的第二个十年里建成
了一套排污系统，运行成本则完全由使用者承担。但最终，当地的自治政
府还是开始收购私人投资者的股份，并将系统成本分配到所有房屋业主
头上。[3]

唯一对外授予特许经营权的城市是新奥尔良，但延续时间也很短。该
市是排污系统建设的晚到者，一方面是因为当地流行财政保守主义，另一
方面是因为独特的地形特征。新奥尔良市建立在冲积平原之上，坐落于密
西西比河和庞恰特雷恩湖（Lake Pontchartrain）之间，从河流到城市有下降
坡度。这就使得排污入河有难度且成本较高。新奥尔良水务公司，就其成

立的目的而言，是要为千家万户供水，且费率固定，同时扩展排污管主管道，以使城市更多街区能接入新排污系统。但此公司后来无力履行其合同，相关工作被迫搁置。1898 年，即在上一年遭黄热病袭击后，选民同意通过征收必要税收来开发一套市政水务系统。[4]

尽管公共排污系统并非公共供水服务的自然延伸，但前者的价值随市政所有权盛行，以及税务和债券收入可大胆投入城市基础设施建设，而变得更显而易见。有排污服务覆盖的城市人口的比例从 1870 年的 50% 上升到 1920 年的 87%。同期，配备某种形式排污系统的社区数量也从 100 个上升到了 3000 个。覆盖比例最高的区域是东北部，最低的是南部和西部。不过，相对于所有建有供水系统的社区，启动了新排污系统建设的城市只占其中的一部分而已。[5] 在最大的城市中，排污系统则稳步扩展，有些进展速度还非常快。1880 年至 1905 年间，芝加哥和费城的系统规模就经历了 5 倍的增长；匹兹堡系统的增长率更是达到惊人的 1522%。[6]

排污系统的发展和扩张是资本密集性的。尽管任何一套被选取的系统都预期要永久使用，但工程是否上马却取决于当时财政预算的条件。成功入围者需证明它的扩展计划是具有财务可行性的，即在若干年内，建设成本能够被分期偿还。而且，它们也要确保能维护公共卫生。

现实证明，对理想系统的追逐是令人生畏的一件事，而围绕着合流和分流系统的争论是导致这种状况的重要原因。争论的高潮发生在田纳西州的孟菲斯市决定要建设一套分流系统的时候。从全国范围而言，当时的焦点集中于不同系统的相对运营表现和健康效益、成本以及不同技术拥护者的特质。19 世纪 70 年代末，孟菲斯面临双重危机。在密西西比河下游沿岸众多城镇中，孟菲斯以疾病肆虐而闻名。与此同时，该市的政府还很腐败，无力应对其卫生问题。在 1873 和 1878 年，孟菲斯分别遭到具毁灭性的黄热病疫摧残。1873 年夏天，有超过 2000 人死亡；1878 年，5150 人死亡，占该城人口的六分之一。即便在通过了严苛的防疫和卫生法规后，1879 年仍报告有 485 份新死亡病例。[7]

管理不善的公共卫生计划，反而增加了孟菲斯面临的问题。1879 年，城市社区中的商业精英带头废除了城市宪章。州长阿尔伯特·S. 马克斯（Albert S. Marks）签署一项法案，通过设立谢尔比县（Shelby County）税收区来为孟菲斯地方政府提供财政支持。与此同时，征税权转移至州政府，本地举债被禁止。新的市政府是以委员会形式组织起来的，它获得了处理城市日常事务的授权，环卫改革也被放到了优先位置。[8]

孟菲斯市的排污系统建设几乎是白手起家，但人们当时已经将它视作战胜未来病疫的最根本武器。当黄热病肆虐于 19 世纪 70 年代的时候，孟菲斯市只在中央商务区有几英里的私人排污管道，并严重依赖维护不善的粪坑和茅厕。更贫困的阶层——主要是黑人——则居住在环卫状况最差城区的建筑不良的房屋中，遭受着各种疾病的困扰。[9]

孟菲斯危机是当时全国性的新闻。新近成立的国家卫生局提议在该市展开一次卫生调查并对供水进行化学检测。本地和州政府官员很快接受。1880 年 1 月，一项挨家挨户的调查得以完成，它揭示出人口过度拥挤的严重问题，以及许多生活质量恶劣的居住区。调查报告指出，孟菲斯市一年近四分之三的死亡率是因不当排污和通风，以及水和土壤中各种污染物所导致的疾病所引发的。现有环卫措施的不足虽属意料之中，但仍令人悲哀，一些区域甚至连垃圾收集的服务都没有。在上述调查以外，报告还清楚指出供水服务也折射出孟菲斯环卫技术水平极度落伍的一面。大多数市民仍依赖贮水池和水井取水。私营的孟菲斯水务公司——1879 年破产——没有多少顾客，也只能提供微不足道的服务。[10]

100

负责调查的特别委员会给出了若干建议，包括聘用一名"独立于政治派别"的合格的环卫官员，由市政控制水务事业，为所有可被修理的房屋配置恰当的通风设施并拆除其余不值得修理的房屋，清理茅厕，改善排污，更有效地收集垃圾，以及合理修筑街道。[11]

国家卫生局调查团中的一位成员，排水工程师及农业学家小乔治·E.华林上校（Colonel George E. Waring Jr.）提出修建一套单一的、低成本的排污系统，并认为只有这样才能让孟菲斯完全幸免于未来的病疫。华林建议的分流系统，大致是基于英国的设计，但为每处房屋的排水通道增加了一小段陶瓷管，并配以能接入公共自来水的冲洗水箱。这些排污管会连接到比它们稍大的管道，最终注入更大的主管道。因此系统将雨洪排除在外，所以成本较低。华林坚持认为，只要在主要街道上挖好排洪沟槽，就足以应付地表径流。[12]

华林的规划最终胜出，但仍然在本地经历了一场剧烈的争论。一些房屋业主要么相信排污管道应由私人修筑，要么对排污系统是否能回应孟菲斯的公共卫生难题还抱有怀疑。而在公共排污系统的支持者中，一些知名工程师也发出了对华林规划的反对声音。不过，最终时代还是青睐于那些既能保证低成本，又能保证效果的方案。至 1881 年末，华林最初规划的大多数工程都获完成。[13]

让良好的卫生环境重回孟菲斯是新系统建设的首要正当性理由，华林在推销其方案时也倚重于当时的环卫理念。他是瘴气理论的一位主要支持者，而且强烈认同"阴沟气"是传染性疾病首要诱因的观念。[14]总之，华林分流系统的核心理由依靠的是反传染病因说的可靠性。[15]而对经济发展的需求也推动了对华林方案的选择。"我设计的一套理论体系，"他后来声称，"从未被付诸实施——或许将永远不会被付诸实施，但它绝对是符合孟菲斯最广泛需求的，也是对孟菲斯贫困人群最有利的。"[16]最终，他出于经济因素的考虑，给出了妥协方案，即很大程度上忽略掉孟菲斯的排洪需求，转而只聚焦于建设一套小型的单一管道系统。[17]

在排污系统工程进行发标的时候，关于孟菲斯排污系统的争议才刚刚开始。尽管华林宣称他已获成功，但一些人抱怨新系统并没有达到一开始所许诺的效果。其他人则批评分流系统的概念本身，以及带头支持这种概念的人的动机。实践中，孟菲斯排污系统从一开始就遭遇到多种技术问题，并不得不做出改进，因此造成实际支出高于乐观预测。小型的平行管道出现了永久堵塞现象，但由于没有事先预留检修孔，街道不得不要被挖开才能清除堵塞之物。这些非常昂贵的维修成本最终促使市政府设置了检修孔。在排污源头，住户也不得不要应对各种各样的管道阻塞以及冲水箱故障，因此经常需要水管工上门提供维修服务。华林的排污系统还要求与供水系统相连接。但因为1880年时供水能力不足，扩展供水管道以保证冲水箱运行变得非常必要。

尽管华林一开始便期待将污水导入密西西比河，但孟菲斯市直到1886年以后才授权相关部门修筑排污口。在那以前，污水被排入就近的河口，所以使老的污染问题再次被诱发出来。华林在推销其系统时显得过度乐观，或者更有可能的是，他过度强调了环卫效益，而对低价招标工程可能存在的排污有效性问题只是轻描淡写。城市领袖也应负同样的责任，他们的短视使得排污口建设没能及时获得资助，也未能对系统建设的高昂成本给予充分考量。[18]

围绕着华林系统的辩论继续走向深入，超出了技术选择和成本的范畴。它使得原本就存在于工程师群体中对分流和合流系统的分歧尖锐化，也引发了对华林个人的攻击。内战以前，华林已是一位成功的农业科学家。

101

1855 年，他在纽约州查巴克（Chappaqua）附近负责管理霍勒斯·格里利（Horace Greeley）的农场，并在两年后接受了一个相似的职位，管理弗雷德里克·劳·奥姆斯泰德（Frederick Law Olmsted）在斯塔滕岛（Staten Island）的农场。他与奥姆斯泰德的关系使其有机会作为一名排水工程师参与到纽约中央公园的建设。这个机遇为他提供了一张接触全美各地方排洪和排污项目的跳板。内战暂时性地中断了华林蒸蒸日上的职业进程。华林最初以陆军少校身份参军，1862 年被晋升为上校，整个战争期间服务于多个部门。华林一生都在自己的名字上加"上校"称谓，使人能够记住他身上一直遵循着的军人原则、礼仪和作风。

　　1865 年退伍后，华林经历了一系列商业失败。1867 年，他重返园艺和耕种业，在罗德岛纽波特（Newport）附近管理奥格登农场（Ogden Farm）足足十年时间。19 世纪 70 年代，他开始在东岸承接修建排洪和排污系统的承包合同，并成为一位知名市政工程师。1879 年他获委任加入国家卫生局的特别委员会，这给他带来了相当大的社会肯定。在成为一位领先的环卫学家的同时，华林还是一位个人营销家，不遗余力地推广数个他自己掌握或购买的专利。例如，19 世纪 60 年代，他向公众大力推销"撒土厕"102（earth closet），并将之描述成一项居家环境卫生的革命性发明，而在此之前水冲厕已经被证明更加实用。[19]

　　孟菲斯排污系统是华林最高效推销术的结果。一位当时的人评论到："华林上校超强的个人吸引力使得他能利用其在孟菲斯环卫事业获得的成就和威望，来强化他对于在一些社区中铺设小型排污管道的观点。"[20] 1881 年和 1883 年，他将孟菲斯系统的部分技术申请成了专利，开办公司，然后准备向数座其他城市兜售其概念。许多工程师认为他的这些举动是地道的不专业行为，在其推销的系统存在未公之于众但有严重缺陷的情况下尤其如此。尽管遭遇来自同行工程师的批评，华林还是从广受关注的孟菲斯系统中获利。他不仅积攒了更多排污工程合同，还因在 19 世纪 90 年代被委任为纽约市街道清洁委员，而赢得了作为一位环卫先驱的响亮名声。[21]

关于华林排污系统及建设项目的争论不止于其职业操守，还包括工程设计和经济性这些最基本问题。在那之前，分流系统已经对合流系统构成挑战，后者直至 1880 年都被主流美国工程师所支持。因为对华林的话语感到不舒服，国家卫生局于 1880 年派遣鲁道夫·赫林赴欧洲对两种系统的优劣进行考察。赫林，一位被视为"环卫工程界教父"式的人物，成就与华林上校一样卓越。他于 1867 年毕业于德国皇家理工学院（German Royal Polytechnical School），从 1876 年至 1880 年在费城任助理市政工程师。而后，他开始对费城旧排污管道的失败产生兴趣，并在 1878 年召开的美国土木工程师学会大会上发表了相关主题的论文。赫林的著述在环卫领域吸引到了广泛的注意。[22]

赫林的欧洲考察之旅延续近一年时间。1880 年 12 月 24 日，国家卫生局发表了他的报告。赫林观察到欧美城市排污管道之间存在着令人惊讶的反差，而且他认为造成这种反差的原因是美国对排污工程的建设和维护做得相对更好。至于合流和分流系统，他总结认为二者间并没有哪一种优势更突出；合流系统最适合于大型、人口密度高的城市，因为那里要同时解决家庭废水和雨洪两个问题，分流系统则在小一些的城市较为有用，因为那里的首要问题是家庭废水。[23]该报告实际让分流与合流系统的争论变得更加剧烈。但从 1880 年开始到步入 20 世纪，工程师逐渐对哪种系统更具设计优势或在环卫效果上相对更佳的争论失去兴趣，他们转而更注重本地的 103 条件和成本问题。[24]

20 世纪头一个十年之前，分流和合流系统的建设实践似乎遵循着如赫林所展望的路线：大些的城市青睐合流系统，小些的城镇倾向分流系统。至 1900 年，没有一座大型城市建设分流系统。[25]赫林也评估了社区在做出选择时强调本地因素的重要性。"甚至人们的习俗"，他说，"都会对系统设计产生实质性影响，一些设置可能在某一地区被接受，但在另一地区会遭遇强烈反对。"[26]

除技术方法外，一些城市的争论只是因政党政治引起，以及在一套覆盖全城的排污系统的决策过程中出现了利益冲突。排污管道成本昂贵，所以在许多城市的议会讨论是否要上马相关工程的时候不可能一帆风顺，一定会有一些不同声音。例如，在 19 世纪末的波士顿，环卫项目占据了该市每年约三分之一的总公共预算。[27]

1859 年至 1905 年间，巴尔的摩市的领导层至少四次拒绝建设能覆盖全城的排污系统的提案。直到 1905 年，相关提案才因通过发行排污债券获得成功。表面上缺乏资金是发展慢的首要原因，但实际情况比这更复杂。供水服务扩展、城市实体增长、人口增加，以及不动产价值上涨，都使土地密集型的茅厕系统服务失效。这些变化动因都需要与城市政治内讧的惯性相抗衡。民主党的政治机器想要置公共工程项目于它自己的利益之下，但机器成员害怕自己的拥趸转而支持改革派，而改革派同样也有类似的担忧。在排污管道争论中，与茅厕系统有关的利益集团、牡蛎产业、反对税收提高的商人、拥有私人排污管道的富裕街区以及新近被兼并的社区反对市政公营的排污系统。但到了 1905 年前，更职业化的市政府的出现，更好的财政条件，1904 年大火以后市民重建市中心的努力，以及与其他城市竞争经济的渴望，使巴尔的摩克服了公共工程碎片化的问题。最终，该市拥有了自己的排污系统，并有能力摆脱只靠露天沟渠的城市形象。[28]

城市的向外增长同样暴露出覆盖全城的排污系统在提供服务时出现的

不公平性。一些情况下，市中心的商人不得不对是否接入排污管道进行额外的特别评估。但中央商务区和远离中心的郊区也经常在排污管道的分配上占优，却损害了少数族裔和劳工阶层街区的利益。在 1880 年至 1920 年的底特律，供水管道和公共排污管道最密集处在最远离市中心 1 英里处，以及 2 英里开外的区域，明显偏袒城市郊区土地投机者，歧视劳工阶层。

104 事实上，不动产开发商在许多城市排污管建设的决策中发挥着重要作用。[29]

　　对本地条件的重视有助于将社会关注从有效清除废物，转移到污水离开管道后进入自然水体而产生的污染负荷。一位美国工程师学会的会员称："过去 10 年间，没有哪一个问题能像废水排放所导致的污染那样，引起环卫主管部门如此高的重视，包括可被允许的水体污染限值和预防过度污染的最佳方法。"[30]这一现象反映了细菌学的兴起以及业界对水媒污染物的确认，也说明人们意识到新的排污系统只是转移了废水和径流，而非消灭了它们。

　　随排污系统在截获废水愈发成功之际，它们作为一种污染源的威胁也愈发明显。特别是在那些采用合流系统的城市，进入溪流的原生污水总量越来越成为一种环境负担。依赖分流系统的城镇同样对附近河流的污染负荷有所加大，形式主要是地表径流和雨洪。而且，愈发明显的一个认识是，对于那些要在土地上处理或处置污水，或者污水会专门进入排污管道的城市而言，合流系统可能不适合。[31]

　　处置难题引发出环卫服务中最关键的一个问题，即供水过滤和污水处理哪个技术更优。[32]处置问题也凸显出环卫服务如何受污秽理论向细菌理论转变过程的制约。在第一批排污管道的建设时代，对人们健康的首要威胁似乎源自于阴沟气和无人处理的腐败中的垃圾。因此排污系统必须是密不透气、密不透水的，而且必须能快速将废水转移。因为开始关注自然水体遭受的污染威胁，人们的焦点转移到了管道的末端。而排污系统的载荷增加现在变成了一个最初在设计时没有考虑过的问题。

如前所述，专业界对原生污水的危险性质，更多看作是生物性的而非化学性的。对不洁概念的化学和生物学解释在 19 世纪初一直肩并肩地存在着，但 1880 年后，结合了生物学观点的解决方案获得了更集中的关注。[33]

1850 年至 1900 年，英国科学界开始将生物学原理应用到水净化和污水处理中。随后，美国科学家跟进开展了类似的研究活动。相关工作聚焦于被认为是首要污染物的水中有机生物。而 19 世纪 90 年代早期劳伦斯实验站对伤寒热的研究，也肯定了对该疾病与排入水道中的污水存在关联的担心不无道理。[34]环卫学家开始接受乔治·惠普尔表达得不能再清楚的公理："污水的危险首先在于它所含的细菌。"[35]

在美国，随数以百计的新建排污管道源源不断地将污水排入附近水道，105水污染的生物原因解释也获得更强的支持。当那些用管道和沟渠将未经处理的液态废物清除出境的城市对新系统欢呼雀跃的时候，下游城市分摊到的却是灾祸的侵入。

美国最常见的污水处置实践形式是稀释。污水只是很简单地排入自然水体当中，在此之前有时会得到某些形式的初步处理。美国城市主要依赖体量大的水体资源作为排污池，这与英国的情况很不同；后者因河流小、城市增长快、使用合流排污管这三大因素，不加选择地倾倒污水会很不合时宜。[36]在其最早期阶段，稀释法的应用只是星星点点罢了。如一位当时的人所观察到的："排污管通常接入距离最近的水体，但污水在离岸很近的点位排出以后，并没有得到有效扩散。"结果不仅仅使排污口附近的水整体遭受污染，还会形成污泥岸、油层及浮渣，给附近社区带来公害。[37]

支持者声称用稀释法处置污水是一种理论上有效的技术，因为流动的水本身就有自净能力。因此在 20 世纪初期，预处理的程度和类型成为该技术是否适用的主要影响因素，而直到整个第一次世界大战期间，该技术才真正时兴起来。[38]

相比简简单单地将污水排入河流、小溪，工程师更青睐系统性的稀释方案。为达到有效和经济处置的目标，方案要将重点摆在通过限制指定河道中的细菌总量，以及确保水体中有充足的溶解氧供给来保护公共卫生。对于污水净化的时机，工程师也更青睐于在再利用之前，而非处置之前。为了减少河道中的微生物负荷，一些统计方法获得应用，以判断污水量何时会超过河道自身的稀释能力，以及净水厂可以承受的处理限度。

美国第一套较为知名的稀释标准是由鲁道夫·赫林及其助理在开发用于稀释芝加哥污水的排洪渠时提出的。尽管此标准在多年中得到广泛采纳，工程师们仍对不因地制宜地接受一项固定标准心存戒备。除了要考虑不同的载荷因子，污水处置技术也可能因要更多满足分散处置，而非集中处置的需求而被改造。[39]

到 19 世纪 90 年代，很多卫生官员和一些工程师开始质疑稀释。不断增加污水处置量，以及对水作为一种疾病载体的担忧，激发人们对作为稀释和/或过滤技术对立面的污水处理技术产生更大兴趣。乔治·富勒（George W. Fuller）估计，1904 年有超过 2000 万城市居民将原生污水直接排入内陆河湖，只有约 110 万人可接受带有净化设施的市政系统服务。另一史料估计，在 1909 年被收集起来的污水中，88% 未经处理就被直接倒入河道中。[40]

一方面关于稀释的争论仍然继续，另一方面关于是否要处理污水或对水进行过滤的问题也悬而未决。[41]在人们有更大能力将污水从住户和商户排走的同时，如何处置它们也成了更大的难题。环卫学家因视污水处置为一种健康问题，所以将处理技术奉作抵御水媒疾病传播的最佳方法。在坚持这种看法的同时，他们认为那些废水的产生者也应当承担责任。如果污水处置的媒介是同一社区的饮用水源，处理是理所当然的。如果废水可顺流而下，处理环节似乎就是多余的，而且关于污染者责任的假定也更难证明。此外，如果要求排污者承担处理成本，也要因获益者的不同——排污社区本身抑或另一座城市——而有所区别。

细菌学理论本身也因发展得不够充分，无法对处理的必要性给予关键的科学支撑。但伴随河道污水处置的进程，下游城镇对污水带来的病菌污染的担忧与日俱增，并引发出一些法律诉讼。按当时大多数州的诠释，这些法律事件仍被置于习惯法原则处理的范围。根据这些原则，河岸权利人有权对流经其物业的水加以利用。因此，除任何"合理"的使用之外，下游河岸权利人有权期待抵达其物业的水还保持着自然的状态。而对"合理"一词的解释，不同的法院则有不同的解释。

在污水排放这件事上，公共权利和私人权利关系的问题也对决定如何界定合理使用变得复杂。城市政府被视为是州政府的代理者，在立法机关设立的城市宪章或特别法下行事。向河流排污传统上被视为是城市的合法功能，因而其政府无需为损害下游河岸权利人的行为承担法律责任。然而，诉讼审理的衡平原则又准许权利人证明污水在持续对其物权造成损害；这种证明如果存在，则意味着没有任何成文法可保护其权利。这种情形之下，法庭可发布禁止令，以防止污染的继续发生。当时一般认为，如果大面积的河流污染未在超过 20 年的时间里发生过——或被法规裁定发生过——污染行为可因衡平诉讼受到限制。[42]

至于公共卫生威胁，习惯法只能在有成文法的补充时才可应对，因为它只处理物权问题。1910 年，明尼苏达州最高法院支持了一起下级法院的裁定，内容是给予两位寡妇赔偿金，因为她们的丈夫死于饮用了由曼卡托市（Mankato）提供的被污染的水。至20世纪20年代初期，一些法院主张城市应对因供水服务而导致的任何疾病问题承担法律责任，并且不能在存有疾病威胁的情况下将未经处理的污水排入自然河道处置。[43]

州一级的管制工具为杜绝水污染提供了治理机制。至1905年，有多达44个州具备针对河流污染的法律，但只有8个州制定了可被执行的条款。至一战前，一些州为治理水污染设立了专门的局或委员会，并给这些部门充分授权，使其工作能同时覆盖对工业和市政污染的管制。然而，此时不同的政府管制之间缺乏一致性，执法也不够严格。[44]

伤寒病疫经常会促使相关的州政府授权对河流污染实施管制。在宾夕法尼亚，一个州属卫生局于1885年设立，时间就是在一场严重的伤寒病疫袭击了矿业小镇普利茅斯（Plymouth）之后。20年以后，又因为一次伤寒病疫暴发，州立法机关首次通过针对河流污染的法律。新成立的卫生局拥有执法权力，但法规仅可管辖新建成的排污系统或旧系统的延伸部分。[45]

州政府一直是应对河流污染的关键政府实体，到了一战后，出现了更多订立州际协议的尝试。然而，正如河岸权利人争议不能轻易消除一样，州际合作也无法解决所有上下游城市围绕废水污染问题产生的争端。圣路易斯曾争取获得联邦禁止令，意图阻止芝加哥通过其排洪渠向密西西比河排放污水。该市领袖宣称废水改道污染了圣路易斯的水源密西西比河。1900年1月启用的芝加哥环境卫生和航行运河（Chicago Sanitary and Ship Canal）永久性地将芝加哥河的流向从密歇根湖改为密西西比河水系。1907年，最后两个向湖排污的出口被关闭。芝加哥人这样做的理由是，一旦停止向密歇根湖排污，其供水安全的最大威胁就得以消除。

芝加哥市政环卫区的官员早就意识到圣路易斯市对排洪运河的反对，

但仍在其邻居获得禁止令前低调地启用了该设施。最终，密苏里州向美国最高法院提出请愿，要求禁止伊利诺伊州和芝加哥环卫区向位于伊利诺伊河的运河主渠道释放污水。该诉求虽被驳回，但后来因发现运河伊利诺伊段的水质要比密西西比段洁净，促使圣路易斯市在其河段区间内建设了一座净水厂。[46]

随公共卫生官员及其他人士不断宣称处理优于简单稀释，以及上下游 108 城市围绕水污染问题产生的法律争端愈演愈烈，一系列不同的处理技术获得了关注。其中，利用土地处置污水有很深的历史传统。将污水灌溉至农地的做法——漫灌或污灌——始于 1858 年的英国，并成为截至 19 世纪 70 年代英国唯一长期获得承认的污水处置技术。大面积的沙质土壤是应用此技术的最佳场地。随后，污水灌溉同样在欧洲大陆、亚洲及美国崭露头角。19 世纪 70 年代，新英格兰地区开始率先使用该技术，目的是帮助作物种植。1881 年，伊利诺伊州的普尔曼（Pullman）则成为第一个以污水处置为目的而使用该技术的城市。

污水灌溉虽然在将废物转化成有价值产品方面有优势，但它未能延续下去。例外的地方是西部，因为那里土地干旱，污水作为一种特别的水资源仍有价值。西部第一座污水灌溉场始建于 1883 年的怀俄明州的夏延（Cheyenne）。此后，许多其他地点的灌溉活动陆续因运作不善、产生妨害或被清水灌溉系统替代而遭放弃，仅有加利福尼亚州的漫灌系统仍能大行其道。

西部之外，污水灌溉遇到了诸如效率不高、对健康有潜在危害这样批评。公共卫生机关对污水中的病菌可能因农场工感染或通过作物本身而传播开来感到担忧。尽管没有充足证据表明这种担忧的存在，但相关批评还是遏制了该技术的大规模运用。[47]

间歇过滤法是 19 世纪 60 年代在英国发展出来的，并于 19 世纪 80 年代在美国臻于完善。一般认为该技术要优于污水灌溉。事实上，它是漫灌技术的一种改型，易于建设，操作过程所需土地面积更小。污水每天间隔固定时间就会被导入砂砾层，即一种由自然砂砾或瓦砾铺就的暗沟设施。这种间歇性的操作使空气能充分进入滤床，进而让废弃物处置所需的生物和物理作用发挥出来。污水经处理后，变得清澈且几乎没有气味，大部分的悬浮物及高比例的细菌也得以去除。此法于 1887 年在马萨诸塞州首次应用。至 1934 年，有超过 600 座处理厂在运作。间歇过滤法主要流行于新英格兰和其他大西洋沿岸地区，因为那里有丰富的自然砂砾沉积。[48]

化学沉淀法就是利用絮凝剂（石灰、明矾、硫酸盐）将污水中的固态物质去除，它有时会和其他沉淀技术一同运用。此法起源于法国，后传至英国，美国首次使用的时间是 1887 年，地点为科尼岛（Coney Island）。因为成本高昂、有大量污泥产生以及净化不彻底等原因，化学沉淀法作为一种辅助处理技术是最合适的，但最终还是被其他技术所取代。[49]

至 19 世纪末，为能一劳永逸地解决污水处置这个棘手问题，英国人——尤其是他们——将所有已知的技术都试验了一遍。随细菌理论日渐获得人们的接受，诸如间歇过滤这些技术也开始关注得到该理论背书的生物净化过程。19 世纪 90 年代发展起来的接触滤池是第一波现代生物净化技术中的一种。"它是 19 世纪 90 年代出现的关于污水处理原则的观念革新的一部分，"克里斯托弗·汉姆林（Christopher Hamlin）称，"也可称得上是一种旧哲学被新哲学的替换，前者将污水净化视为对分解腐败的预防，后者则要通过促进生物活动过程将污物自然消除。"[50]

新技术的开拓者是威廉·约瑟夫·迪布丁（William Joseph Dibdin），伦敦都市区工程局的总化学师，以及 1882 年至 1897 年间伦敦郡议会的总化学师。就其职责范围而言，迪布丁应对接收伦敦市政污水的泰晤士河口一带的水环境状况负责。对于公众而言，他们不仅要求终结河口污染，还要求用低成本方式解决污染，面对这种压力，迪布丁寻求的技术方案，得是"能维护好公共关系的，即让公众觉得负责的政府机构在采取负责的行动。"1887 年，他提出河口水流中的微生物有机体有净化污水能力的观点。[51]但污水处理技术的革命并非迪布丁的独家宣示。事实上，生物处理技术在英美多个地区都有着各自独立的发展。

19 世纪 90 年代初期，迪布丁开发出一套能够更快处置污水的设备，其运作过程随后就在劳伦斯实验站获得研究。而在英国的一个试验点，他组织铺设了一块面积达 1 英亩、由焦炭组成的处理床；他将之称为"接触系统"（contact system），因为污水进入之后，要关闭出口，使污水与焦炭充分接触。1894 年，他在萨里郡（Surrey）的萨顿（Sutton）安装了 7 套试验床，进而研发出一套双接触系统。接触床的构造其实就是装有过滤媒介的结实箱子，而媒介材料的选择很多，如焦炭、煤块或石头，只要质地坚硬、表明顺滑即可。污水流出接触床后，水质可显著提高，但床本身则隔一段时间就会被堵塞。不久，很多接触床开始实际运作，但一般应用于比较小的处理厂。[52]

在探索更好的污水氧化技术的过程中，滴滤池（trickling filter）成为超越迪布丁接触床的一步。其设计和接触床相似，但能让空气循环起来。污水被间歇式地喷洒在处理床上，但渗入深度不一。滴滤池一旦安装，通常会与初级沉淀和隔筛过程或其他辅助性技术相互配套使用。[53]

滴滤池尽管是由劳伦斯实验站研发出来的，但在英国获得的关注更多，因为那里适合滴滤池技术的粗粒材料资源比天然细砂丰富得多。结果，对滴滤池技术更积极的改良从美国转移到了别处，而劳伦斯实验站的这个案

110 例也说明了技术转移的方向不再是单一的。19 世纪 90 年代以前，技术革新基本上都是从大西洋的东边向西边流动，而现在它们也开始从西边往东边流动了。

1893 年在英国索尔福德（Salford）建起的一座滴滤池，属于同类设施中的最早一批，它的诞生即是受劳伦斯实验站的实验成果激励而成的。随后美国也出现了最早一批实用性滴滤池，1901 年威斯康星洲的麦迪逊（Madison）建成的一座就属于这个行列。而美国最早投入市政使用的喷滤池（sprinkling filter）则是 1908 年在宾夕法尼亚州的雷丁市（Reading）建成运营的。[54]

在所有不同种类的生物处理工艺中，被称为"化粪池（septic tank）"的技术是最具广泛适用性的。尽管它不适合解决污水的最终处置问题，但对于好几种集中收集起来的污水的初步处理而言是最具价值的。它的主要优势在于用很经济的方法去除污泥。化粪池从本质上而言，就是一个沉淀箱，能在缺氧的条件下使污水中的固体物或污泥沉积下来，然后促使其产生一种发酵反应。1895 年，英国埃克塞特的城市测量师唐纳德·卡梅隆（Donald Cameron）给这种技术起名"化粪池"，之后它便流行起来。[55]

技术改良很快接踵而来。英国汉普顿（Hampton）的威廉·欧文·特拉维斯（William Owen Travis）博士于 1903 年获得特拉维斯池专利。他设计的两层化粪池包含着三个空间——两个沉淀仓、一个液化仓，可使污泥在与新鲜污水大部分隔离的情况下进行分解。1904 年，特拉维斯在汉普顿建成了最初的一座处理厂，但在那之后仅有一座大型设施得以建设。[56]特拉维斯的技术发展之所以停止，是因为德国的卡尔·英霍夫（Karl Imhoff）设计的新型化粪池的出现。赫林对汉普顿的设施很感兴趣，并建议德国埃姆舍河排水区委员会（Emscher Drainage District Board）的排污工程师学习一下特拉维斯的设计。1905 年，汉普顿开始建设一座新的特拉维斯池，但在其完工前就终止了。化粪池技术的继承者卡尔·英霍夫继续研发，并做了很多改良。英霍夫池（或者说埃姆舍河）同样也是两层结构，包含沉淀和液化部分，但没有任何污水能够进入到污泥仓，且处理过程时间更短，成本更低。至一战开始前，大约有 75 座城市和若干个机构应用了英霍夫池。它很快就在美国及欧洲成为污水二级处理前最流行的预处理技术。[57]

在上述技术革新的同时，一系列能够增强处理效果的技术也在应用，如沉砂池（grit chamber）和格栅（screen）。在荷兰，里昂纳尔（Liernur）系统利用空气泵和抽真空的方式将污水导入中心处理站。然后污水被载入驳船，最终运至附近的农场。[58]

在一些地方，消毒技术会被用来去除污水中所含的潜在致病有机物。纽约州的布鲁斯特（Brewster）是该技术的首个尝试者，1892 年那里建起了一座氯气消毒厂。[59] 另一技术创新是电解工艺，即在污水流过的地方设置 111 电解槽，可使污水中的固体物更易于沉淀，也能通过生成次氯酸盐达到给污水消毒的效果。[60]

活性污泥法是 20 世纪第二个十年所诞生的一项最有应用前景的污水处理技术，它也被冠以"现代奇迹"的称号。曝气过程是此法的一个环节，它可在污水中产生出絮凝状沉淀物，即一种富含细菌的污泥，并加速硝化有机物的繁殖。因为植入了硝化细菌，"活性污泥"可被注入新鲜污水中，经过短暂曝气，就使污水被硝化，细菌被去除，并形成能快速沉淀的污泥。它的细菌去除率可超过 90%。该处理技术占地面积较小，但污泥产物在当时却是一个未能解决的问题。[61]

其实，污水曝气处理试验已经开展了好多年，但活性污泥法的发明还要归功于曼彻斯特的吉尔伯特·J. 福勒（Gilbert J. Fowler）博士。但他显然也是从劳伦斯实验站的曝气试验获得了灵感。曼彻斯特污水处置工程（Manchester Disposal Works）包含了一项曝气试验，并由此产生了历史上最早版本的活性污泥法。1913 年 11 月，福勒和助手公开发表了他的第一份曼彻斯特研究，并报告污水经植入氧化菌后会变得澄清，且在曝气后六小时仍能保持不被细菌污染。此后，在英国和美国，还有进一步的试验得以展开。美国配置的第一套活性污泥处理设施于 1916 年在得克萨斯州的圣马科斯（San Marcos）完工，然后又出现了更广为人知的密尔沃基处理设施，后者引领了将污泥残余物制成可销售产品的技术开发进程。[62]

　　由于成本高昂以及仍然存在污水处理与供水过滤两种技术路线之争，新的方法并未得到形式统一的或立即的应用。1900 年，1500 座城镇（人口超过 3000）中大约有 1100 座具备某种形式的排污系统。但直至 1905 年，仅有 89 个市政污水处理项目在运作，其中 69 个是在 1894 年以后才得以建成的。而要等到 1940 年以后，才有超过一半的可接入污水管网的城市居民能获得污水处理服务。[63]

　　乔尔·塔尔观察到，至 1890 年，大多数工程师都接受了赫林在其 1881 年排污问题报告中所描述的关于系统设计的理性选择模式。原因就是既然合流系统或环卫排污系统都不会导致明显的健康风险，那就应当由当地社区根据自己的需求来对技术应用做出决断。这种信念根植于一项假设，即具有合流系统的大城市能够通过将污水排入附近水道来进行安全处置。但关于水质的研究却得出了另外的结果，并使得对污水进行处理的做法获得了更多的关注。然而，新证据的出现并未使工程师们将其注意力转向开发新排污系统，他们反而更加倚重水流的稀释过程和由此带来的自净作用。这种立场使工程师们站在了公共卫生官员的对立面，前者主张稀释处置，同时愈发支持供水过滤技术，后者则支持对污水进行处理。[64]

塔尔认为工程师与公共卫生官员的争端在 1905 年和 1914 年间变得最为严重。尽管此言不假，但同样清楚的是到了大概 1920 年左右，那些支持稀释的工程师们已经转而更加相信应在最终处置以前对污水进行某种形式的预处理。而且，之所以还要坚持供水过滤，就是要保证待用水的水质，此出发点与推行污水处理无异。

应铭记的一点是，污水处理的倡导者仅仅关注的是细菌污染，而非化学污染。此外，也并非所有工程师都必然地是稀释法的坚持者。他们貌似一致的观点背后其实存在很多微妙差别。[65]可以非常肯定的是，从 19 世纪末到 1920 年（至少是这段时间），变化中的公共卫生范式又获得了一次调整，而且业界对管道末端的污染问题有了更多关注，这是当初发生分流与合流系统之争时无法预见的。管道末端的污染问题之所以进入工程师和公共卫生官员的视野，和社会各界对水污染关注度的日益提升密不可分。相关利益方包括法院、州立法机关以及介入不太深的联邦政府，它们对水污染问题的聚焦，最终迫使城市对污水处置的选项进行重新考虑。

至 1920 年，就地下排污管网建设给出公共承诺的做法得到了广泛接受。但对日益严重的水污染的治理才刚刚开始，而拉开它序幕的正是关于供水过滤与污水处理技术路线选择的争论。与此前供水系统的扩张逐渐越过城市界限一样，排污系统因环卫理念和法规制度的原因，也在更大的区域范围内得以发展。

第九章

环卫服务的第三大支柱
公共垃圾管理的兴起，1880-1920年

　　自环境卫生概念问世以来，垃圾收集和处置已与供水、排水和排污、通风被归为同一类别；在它们之列的，还有其他可从环卫设施应用中受益的公共卫生问题。[1]当供水和排污系统逐渐发展成为一种公共职能时，垃圾还没有超出"妨害"的范畴。

　　19世纪80年代，"垃圾问题"开始被公众诟病。首先，在不断发展的城市里，家庭垃圾、灰渣、马粪、街道垃圾和废弃物堆积得太多，人们无法自己处理。其次，环卫学家已经有效证明了腐烂物质的潜在危险。第三，19世纪末的"公民觉醒"提高了清洁城市作为自豪、文明和经济福祉来源的价值。第四，已经明确了环卫服务纳入公共管理的倾向。

19 世纪末，垃圾的数量和种类见证了产生它的美国城市的成长、生产力和商品消费状况。[2]1890 年，波士顿当局估计，清道队伍收集了大约 35000 车垃圾、灰渣、街道垃圾和其他废弃物。在芝加哥，225 个街道清洁队每天收集大约 2000 立方码的垃圾。在世纪之交的曼哈顿，清道夫们每天平均收集 612 吨垃圾。由于水果和蔬菜的季节性变化，这一数量在 7 月和 8 月增加到每天 1100 吨。1900 年至 1920 年间，每个纽约市民每年产生大约 160 磅的垃圾，97 磅的废品以及 1231 磅的灰渣。1903 年到 1918 年间，调查显示，美国城市的年人均垃圾产生量在 100 到 300 磅之间；废品为 25 到 125 磅；灰渣为 300 到 1500 磅。每年人均垃圾总量在半吨到一吨之间。[3]

1880 年至 1920 年间，美国正从生产者社会转向消费者社会。历史学家苏珊·斯特拉瑟（Susan Strasser）这样写道："各地各阶层的美国人开始吃、喝、洗、穿、以及坐在工厂生产的产品上。牙膏、玉米片、口香糖、安全剃须刀和照相机——这些都是没有人在家里或小作坊里做过的东西——为新习惯提供了物质基础，也为真正告别过去的时代提供了实物表达。"亨利·福特（Henry Ford）著名的装配线技术被用于生产大批 T 型车（Model T）之前，有几家公司在肉类包装、蔬菜罐头和啤酒酿造中使用了传送带系统。19 世纪 80 年代，新机器使肥皂、香烟、早餐麦片和罐头食品等消费品的流水线生产成为可能。在大城市，人们可以在新的百货商店里购买无数商品；在农村，西尔斯（Sears）（西尔斯曾经是美国及世界最大的私人零售企业，专门从事邮购业务，出售手表、表链、表针、珠宝以及钻石等小件商品。——译注）和蒙哥马利沃德（Montgomery Ward）（蒙哥马利·沃德是美国商品零售公司，1872 年由 A. 蒙哥马利·沃德成立于芝加哥，他将批发来的商品直接零售给农场主，并在全世界首次散发邮购商

114

品目录，并提供退货还款的保证。——译注）目录将城市商店里的许多样产品带进了家庭。[4]

生活水平的提高得益于 19 世纪 70 年代至 90 年代物价的下降。然而，20 世纪初的通货膨胀导致了消费支出的激增。更多的商品意味着更多的垃圾。然而，对于土生土长的美国人来说，很容易把成堆的垃圾归咎于少数民族社区的新移民或贫民区的黑人，而不是富裕的白人。1912 年，芝加哥的一项调查表明，国民和族裔背景与垃圾的产生有关。本土白人比新移民产生更多的垃圾。从本质上讲，一家位于市中心的豪华酒店所产生的垃圾就像小意大利（Little Italy）或小波兰（Little Poland）（美国大城市的意大利和波兰移民区。——译注）一样多。[5]

一些垃圾正在以惊人的速度累积。从 1903 年到 1907 年，匹兹堡的垃圾从 47000 万吨增加到 82498 万吨（43%）。其他城市也有大幅增长：密尔沃基增长了 24%；辛辛那提增长了 31%；华盛顿特区增长了 24%；纽瓦克（Newark）增长了 28%。人口增长、消费增加和收集效率提高是造成这些增长的主要原因。[6]

麻省理工学院环卫实验室的研究人员小弗朗茨·施耐德（Franz Schneider Jr.）进行了富有想象力的计算："如果把纽约市全年的垃圾收集起来，并堆积成一个立方体，其边长相当于约八分之一英里。如此惊人的体量是吉塞赫（Ghizeh）大金字塔的三倍多，可以轻松容纳 140 座华盛顿纪念碑。从另一个角度看，这些垃圾的重量相当于 90 艘泰坦尼克号级别船舶的重量。"[7]

相比之下，欧洲城市居民产生的垃圾明显少于美国。1905 年的一项研究表明，14 座美国城市的年人均混合垃圾产生量为 860 磅，8 座英国城市为 450 磅，77 个德国城市为 319 磅。[8]

　　马匹是这一期间的主要交通工具，产生了很大一部分垃圾。19 世纪 80 年代中期，全国 10 万匹马和骡子拉着 1.8 万辆马车行走了 3500 英里的路程。许多其他马匹也满足了城市的各种工作需求。环卫专家计算得出，城市马匹日均产生大约 15 到 30 磅的粪便。另一观察家估计，芝加哥饲养的 8.2 万匹马、骡子和奶牛每年产生超过 60 万吨的粪便。在世纪之交，美国城市中大约有 350 万匹马，粪便问题因而变得很严重。马厩和粪坑也是疾病的滋生地，由于城市里一匹马的寿命只有两年左右，所以尸体很多。仅在 1880 年，纽约市的清道夫就清理了 1.5 万匹死马。[9]

　　垃圾的收集和处置带来一些特殊的问题。一座城市的地理位置、气候、经济和技术因素以及当地的传统至关重要。必须处理的垃圾的多样性——废品、人类和动物排泄物、动物死尸、街道垃圾以及灰渣等——也使这一过程变得复杂。

　　19 世纪 80 年代，权宜之计常常胜过健康或审美方面的考量。当时占主导地位的两种垃圾处置方法是将垃圾倾倒在陆地上或水里，但这只是将问题从一处转移到另一处的快速方案而已。许多城市，尤其是那些不在水道上的城市，通常将垃圾倾倒在空地上或"最不理想"的社区附近。那些不幸居住在恶臭的土堆附近的人的抗议常常被置若罔闻。在发展最快的城市，116 商业和住宅建筑的迅速增加以及随之而来的高昂地价，使得很难找到新的倾倒区。

　　水体倾倒危害更大。向河流倾倒垃圾的城市不得不面对下游邻居的愤怒。1886 年，纽约市向海洋倾倒了 100 多万车的垃圾，多年来一直以这种方式作为主要的垃圾处置手段。它导致了港口的淤塞和附近海滩的污染。在芝加哥，由于缺乏"方便和合适"的倾倒场地，该市将大量垃圾排放入密歇根湖。[10]

只有将垃圾用作动物饲料或肥料，才能显示出将废弃物作为一种资源加以利用的远见。然而，用于农业目的的垃圾往往在处理时缺乏适当的保障措施。垃圾从城市转移到农场有时需要在泔水场——城市境内的疾病滋生地——设立一个中转站，在那里，垃圾被卸下，供农民运走。

给猪喂食垃圾的惯常做法也开始受到质疑；研究表明，以垃圾为食的动物产品可能不适合人类食用。19 世纪 90 年代中期，在新英格兰（垃圾喂猪很常见）进行的一项调查显示，在 3 年内，用垃圾喂养的猪的旋毛虫病病例从 3%上升到 17%，猪瘟的年死亡率也以惊人的速度增长。但造成这一问题的主要原因不是垃圾喂养本身，而是垃圾的处理和运输方式。[11]

垃圾收集和处置方式的改革通常产生于当地对变化的需求，并最终与已有的环境卫生业务挂钩。只要反传染主义在社区中占主导地位，固体废弃物引发的潜在健康风险就会受到卫生官员的关注。卫生局通常不管理垃圾公共收集和处置业务，而是监督公民的行为和清道夫的工作。

1880 年的人口普查显示，至少 94%的被调查城市有卫生局或卫生官员。其中，46%的城市政府对垃圾的收集和处置有直接监管权，几乎所有城市都能应对固体废弃物造成的公害问题。与小城市相比，美国大城市的卫生局对垃圾收集和处置的直接影响更大。卫生局工作的有效性取决于其获得足够资金以及不受政治干预的程度。许多卫生局由市政官员主导；一些局官员中甚至没有医师或环卫学家。[12]

117　　尽管受到地方环卫部门的限制，在此期间，环卫专家仍主导着有关改善垃圾收集和处置实践的想法。美国公共卫生协会因注意到全国的垃圾收集和处置情况不尽如人意，于 1887 年设立垃圾处置委员会（Committee on Garbage Disposal）。之后 10 年间，该机构收集统计数据，研究欧洲的方法，并分析美国采用的各种方法，以期获得一些能解决实际问题的答案。[13]

　　要求改善环境卫生条件的公民组织在很大程度上依赖于健康方面的论据。公众对垃圾问题的关注反映在当时的大多数报纸、大众杂志以及技术和专业期刊上。公民忽视环境卫生问题是这些媒体报道的一个普遍主题。1891 年，《哈珀周刊》（*Harper's Weekly*）的一篇文章指出："普通市民已经习惯了像座头鲸忍受自己的残疾那样忍受各种公害，对恶臭和人行道上的障碍物漠不关心。"[14]

　　最终，针对不当收集和处置垃圾的抗议活动渐渐成为许多公民团体的主要职能，这在很大程度上是因为垃圾是每个人都必须面对的问题。纽约市妇女健康保护协会（Ladies' Health Protective Association，LHPA）成为推动环卫改革的主要力量。该协会成立于 1884 年，是贝克曼山（Beckman Hill）专属区的女士们通过努力，成功迫使相关责任方从其社区清除恶臭粪堆的产物。协会承担了各种项目，包括屠宰场和学校的环卫措施、街道清洁改善和垃圾管理改革。虽然妇女健康保护协会的活动受国家公共卫生发展趋势的影响，但它却是一个没有医疗或技术专长的社区组织。该协会的主要兴趣点还是在于审美方面的考虑。[15]

　　可能是得益于将垃圾总体定性为一种公害及对美丽城市的玷污，妇女健康保护协会用公民和政治领导人能够理解的话语把问题解释清楚了。它在游说改善纽约市环境卫生条件上所取得的成功，导致其他城市也成立了类似的团体。[16]

　　各种公民改革团体在寻求解决垃圾问题办法的同时，也是将其视为消除城市罪恶、腐败和疾病努力的一部分。这种进步主义的改革精神坚信有能力通过改善人们的生活和工作环境来改变行为。在此期间，许多重要的全国性市政行业组织，如国家市政联盟（National Municipal League）和美国市政联盟（League of American Municipalities），都将垃圾管理改革作为其目标之一。[17]

　　中产阶级妇女团体在解决垃圾问题的公民努力中发挥了领导作用。克利
夫兰（Cleveland）住房与卫生专员米尔德里德·查德西（Mildred Chadsey）
使用"城市家务管理"（Municipal Housekeeping）一词来定义那些以前由个
118 人履行的环境卫生职能。"家务管理是一种使家庭干净、健康、舒适和有魅
力的艺术"，查德西说，"……城市家务管理是一门使城市干净、健康、舒
适和有魅力的科学。"[18]

　　工程师塞缪尔·格里利认为，垃圾处置工作的成功需要具备两项素质
——常识和专业技能。他断言："妇女正在努力把这些品质应用到她们所属
社区的垃圾处置问题上。"[19]尽管有些人为"城市家务管理"赋予特别价值，
但对妇女来说，它更多地是一项可以接受的改革活动，因为相关工作可看
作是家庭主妇和母亲职能的延伸。然而，妇女在卫生改革中的角色还有更
大的意义。"对普通妇女来说，健康革命已成为女性现代化的一个基本组成
部分，使她们能够应对工业和城市生活引发的问题，并更容易过渡到一个
更复杂和现代化的世界。"[20]城市家务管理不仅仅是城市清洁的口号，也是
日益扩大的城市环保主义主流思潮的一部分。[21]

　　妇女是垃圾管理改革的积极倡导者。在波士顿、芝加哥、德卢斯、明
尼苏达和其他城市，妇女组织开始调查垃圾处置方法。布鲁克林妇女健康
保护协会的努力收获了新的城市垃圾收集和处置条例。路易斯维尔妇女公
民协会（The Louisville Women's Civic Association）出版并分发了 4000 份有
关垃圾问题的小册子，并制作了一部名为《无形的危险》（*The Invisible
Peril*）的电影。这部电影向成千上万的市民展示了一顶被丢弃的帽子是如
何传播疾病的。[22]

　　历史学家莫林·A. 弗拉纳根（Maureen A. Flanagan）用确凿的证据表

明性别角色不仅影响垃圾管理改革的类型，而且影响垃圾管理改革的方式。她举了一个例子，芝加哥的两个城市俱乐部在垃圾的最佳处置方式上持相反立场。男子俱乐部支持外包服务，主要是出于经济方面的考虑，因为男性认为城市"主要是一个做生意的场所"。妇女俱乐部青睐市政所有权，着眼于改善城市的健康状况，因为对大多数中产阶级妇女来说，"日常生活中的主要体验……就是家。"[23]

19 世纪末 20 世纪初，城市清洁运动是公民参与垃圾管理改革的一种广为宣传的形式。大多数城市每年至少举办一次"清洁周"，以唤起人们对卫生和其他问题的兴趣，比如防火、灭蝇、灭蚊以及城市美化。对这些运动的兴趣使几个公民组织聚集在一起。在费城，市政府承担起城市清洁运动的领导职能，并将其转变为一项重大活动。一些社区，如得克萨斯州的谢尔曼（Sherman），抓住机会争取到更好的垃圾收集和处置条例。但也有 119 很多时候，清洁运动仅仅是做做样子，除了宣传要追求更好的环卫水平外，几乎没有什么好处。[24]

倡导解决垃圾问题的呼声源于对城市卫生和"文明"的关注，也产生自对管理不善以及随意收集和处置做法的批评。虽然供水和排污责任问题已基本通过纳入公共管理范畴而得到解决，但城市仍挣扎于谁应该提供清道服务的问题。在 1880 年接受调查的所有城市中，只有不到四分之一有垃圾和灰渣的公共收集系统；在人口不足 3 万的城市中，只有不到三分之一有垃圾公共收集系统，但私人收集的比例几乎相等。[25]

有数据表明，与垃圾收集相比，市政承担起街道清洁责任的趋势更为显著。在 1880 年的人口普查中，接受调查的城市中有 70%为街道清洁提供了公共设施。[26]主干路的功能是让人、动物和货物能从一个地方移动到另一个地方，因此它必须免于被障碍阻挡。而且，由于街道没有明确的地域界限，因此其清洁责任比垃圾收集更容易确定。虽然街道邻近业主经常被要求承担建造和修复街道的经济责任，但直接要求私人履行清洁责任则更难监督。实际上，主要街道，尤其是商业区的主要街道，可能是唯一需要进行定期清洁的。[27]

由于靠个人收集和处置垃圾在许多城市越来越不现实，官员通常会在私人安排的清道服务、城市外包的清道服务和市政服务中进行选择。外包合同制在大城市很受欢迎，因为它几乎不需要资本支出，同时还保留着一些市政监管。此外，外包合同制的倡导者担心推行市政服务会滋生政治腐败。外包合同制也作为城市自由企业发展的激励措施得到推广。并非所有官员和有关公民都对外包合同制充满信心。与供水合同一样，垃圾收集和处置合同通常被认为对承包商过于慷慨，没有足够的保障措施来纠正服务质量差的问题。[28]

新出现的市政自治和公民改革势头也破坏了合同制度。1898 年，费城市政协会强烈反对将垃圾合同授予总是中标的投标人。该协会指控徇私舞弊的存在，并宣称招标过程是"抢劫城市的狡猾计划"。[29]

事实上，不同外包合同的条款差别很大，但大多数期限较短，约 3 到 5 年。频繁的续约程序虽然使市政当局有机会重新评估合同条款并审查业绩，但这些条款耗时耗力，而且还陷入了官僚主义的繁文缛节。承包商也不愿意设计运营需要大量资金投入的清洁系统，比如建造昂贵的焚烧炉。为了降低成本，他们经常雇佣训练有素的工人。对短期合同的不满导致了公众对垃圾收集和处置公共服务的不满。1880 年的人口普查显示，24% 的被调查城市提供了市政收集服务，而在 1924 年的一项调查中，这个比例上升到了 63%。[30]

垃圾管理市政责任的转变伴随着市政府内部官僚机构的转变，即相关职责从卫生部门/卫生局监督转变为工程或公共工程部门管理。接受细菌理论使人们对环境卫生在遏制疾病方面的重要性产生了怀疑，由卫生官员担负垃圾管理的责任也受到了抨击。医学界中的一些人认为，细菌学的发展还不足以排除腐烂的有机废物作为间接疾病起因的影响。另一些人则认为，垃圾收集和处置与传染病无关，因此不应成为卫生部门的职能。[31]虽然"垃圾问题"和疾病之间的确切关系尚未解决，但工程和公共工程部门的职责转变使人们越来重视将技术专长应用于收集和处置实践。

任命乔治·E. 华林上校为纽约市街道清洁委员（1895 年）是这种转变的最好例证，并且可能成为了现代垃圾管理发展的转折点。这就是那位因孟菲斯排污系统而声名狼藉的华林。除了热情、推销技巧外，随华林一同到达纽约的，还有争议——他曾引发过一场关于分流和合流排污管道的全国性辩论，类似状况又将出现在垃圾管理问题上。事实证明，华林在纽约所获的任命是他职业生涯的巅峰。为了加强城市服务，改革派市长威廉·L. 斯特朗（William L. Strong）同时聘任了华林和西奥多·罗斯福（Theodore Roosevelt）（警察局长）二人，希望他们能改造腐败盛行的市政部门。

华林从清理街道清洁署的朽木开始他的工作。经过多年的塔曼尼厅（Tammany Hall）统治，街道清洁部门充斥着党派利益分赃者，他们大量滥用部门资金，却只提供微不足道的服务。在驱逐了党派裙带人员之后，华林挑选聘任了一些具有工程背景或受过军事训练的年轻人。甚至在雇佣员工做最琐碎的工作时，他也试图把"员工而不是选民"的标语放在每把扫帚的后面。[32]

为了实施其全面的清洁计划，华林策动了多种改变。他的工作方案可以说是全国范围内各种被尝试的最佳垃圾管理方法的集大成。首先，垃圾的收集面临许多困难。华林的第一步是在家庭层面启动"初级分类"制度。垃圾和灰渣要分别存放在不同的容器中，等待收集。这种方法使街道清洁署可以针对垃圾所含的不同材质，选择使用适当的方法来处置。他还在美国建造了第一座城市垃圾分拣厂，从废弃物中挑选出可回收的材料，然后再转售出去。工厂获得的利润会返还给城市，以抵消垃圾收集成本。[33]

街道清洁是华林在收集环节面临的最严重的问题。街道建筑简陋；乱丢垃圾是可以接受的行为；马粪随处可见。作为应对，华林扩大了清洁工的队伍，提高了他们的能力，鼓舞了他们的士气。清扫街道本不是一项光荣的工作，但是上校通过增加工资和改善工作条件，给其部下赋予了一种团队精神。他的清洁队伍因身着白色制服被冠名"白色之翼"（White Wings）。尽管制服不实用，但它们使清洁工与医生和护士的清洁程度联系在一起。人数超过2000名的白色之翼表现出色，让街道清洁署获得了前所未有的关注。[34]

华林的分类计划和对街道清洁的改善，旨在增强公众对改善环境卫生状况的意识，并鼓励社区积极参与。这样一来，他就无需像此前在孟菲斯所做的那样，将新的工程技术应用到他所致力解决的问题上，而他在纽约获得的成功也比在孟菲斯要多。

纽约市公民参与垃圾管理最生动的例子是少年街道清洁联盟（Juvenile Street Cleaning League）的成立。最初，有500多名青少年参加了这个项目，目标是传播正确的环境卫生信息，并鼓励社区参与保持街道清洁。华林希望这些孩子，尤其是来自"东区一些无知人群"的孩子，能为他们"不那么开化"的父母树立榜样。尽管该项目带有可疑的阶级和种族色彩，但华林的最终目标是传播正确的环境卫生知识，培养市民对城市清洁的个体责任感。[35]

华林还要面临垃圾最终处置这项最大的考验。但他与众不同地将新旧技术结合了起来。尽管他认为将废弃物倒入海里是最简单的方法，但也意识到其中的许多缺陷。他委托建造了一种新型倾倒船，虽然有助于延缓海滩污染，但也只是权宜之计。[36]

　　华林的垃圾处理方案是建立在更多创新方法之上的。他试图通过在巴 122 伦岛（Barren Island）配置一套分解提炼（reduction）设备，从垃圾中获得可转售的副产品，具体而言就是提取出可制成肥料的氨、胶质、油脂和干燥残渣。这些可回收材料是以城市的名义出售的。他还开始了一项面积覆盖很广的土地复垦计划，并用废物作填料。[37]

　　在华林担任街道清洁委员的短暂任期结束时，他在当地和全国引起了相当大的关注，并影响许多其他城市也开展了类似的计划。[38]然而，当改革派市长斯特朗在 1898 年下台时，华林上校也离任了。而此时，他作为一名环卫和市政工程师，影响力仍处巅峰时期，所以随着美西战争的爆发，他被威廉·麦金莱（William McKinley）总统派往古巴研究那里的环境卫生条件。回到纽约后不久，他死于在哈瓦那（Havana）感染的黄热病。虽然殉职提高了华林的声誉，但悲剧性死亡却缩短了他从事公共服务的时间。[39]

　　华林在纽约市取得的成就意义重大。他的清洁计划建议将垃圾视为一个多层面的社区问题。他采用的具有全面性的收集和处置方法，不仅改善了美国主要城市的环境卫生条件，而且使它们具有令人愉悦的审美效果。华林表示，他相信市政府能够在提供环卫服务方面起到带头作用，并得到不受政治恩惠影响的技术精英的帮助。他还用进步主义的话语表示，要为新工业社会的出现带来秩序。

　　华林在纽约市的工作为 19 世纪晦涩的垃圾管理方法和 20 世纪的新方法之间架起了一座桥梁。市政工程师现已成为垃圾收集和处置的推动力量。

尽管华林的许多继任者都避免了巴纳姆式（Barnum-like）（巴纳姆被称为公关之父，拥有超高的口才和营销技巧，他把个人当作一个品牌来经营，使自己成为漩涡的中心不断吸引人才与他合作。——译注）的自我推销，但很少有人能表现出鼓动公众参与环卫运动的惊人才华。追随华林的市政工程师们越来越相信"垃圾问题"的技术解决方案。而卫生官员们虽然能够发现垃圾问题的具体所在，但找到解决办法的却是新的专业人员，即环卫工程师。[40]

环卫工程师为市政当局控制街道清洁、垃圾清除和处置做了大量的游说工作。鲁道夫·赫林和塞缪尔·格里利在他们的重要著作《城市垃圾的收集和处置》（1921 年）中明确指出："公共场所垃圾的收集是一项公共事业。"[41]随着工程师在市政官僚机构中扎根越来越深，公共环卫体系获得支持也就成了既成的结果。

环卫工程在市政事务中的权重很大，这不仅是出于当地的需求，而且还是重要的全国性工程协会和委员会网络串联的结果。最早的团体之一是
123 美国公共卫生协会的垃圾处置委员会。它的主要功能包括收集统计数据，检查地方环卫工作并分析环卫趋势。美国市政改进协会（American Society for Municipal Improvements, ASMI；后称美国市政工程师协会，英文为 American Society of Municipal Engineers）成立于 1894 年，是垃圾管理改革的重要机构，也是第一个将所有市政工程师联合起来的全国性组织。[42]

这些团体的一项重要职能是收集北美和国外有关垃圾问题的统计数据。收集的数据虽然不完整，但提供了先前无法获得的大量信息。此时，环卫工程师开始就垃圾问题的许多方面达成共识。美国公共卫生协会的"垃圾处置委员会的报告"（1897 年）是对全国垃圾收集和处置趋势的第一次全面分析，并激发产生了其他此类研究和调查。[43]

1913 年，由于意识到在大量城市数据的解释工作中存在固有的问题，美国公共卫生协会垃圾委员会制定了"城市垃圾统计标准表格"。工程专业团体还建议城市将记录保存工作做得更好，特别要注重废弃物产生量、季节变化和成本等方面信息。[44]

环卫工程师对垃圾问题有了更深刻的了解后，便转向分析收集和处置方法。他们谴责旧的做法，更完备的标准也开始出现。环卫工程师越来越强调，在确定适合社区的收集和处置方法之前，必须先查验当地条件。在规划新系统时，他们考虑了废弃物的种类和数量、当地交通的质量、相关工作的负责人员、城市的自然特征以及地方政府和公民对实际变化的接受程度。对垃圾收集和处置技术解决方案的依赖，最终获得人们对眼前问题的复杂性有所认识的调和。然而，这也意味着已不太可能再纳入一些华林风格的公民参与项目。[45]

市政工程师和其他有见识的人士得出了一条重要结论，没有一种"最佳"的收集方法存在。在实践中，决策主要集中在初步分类和混合垃圾收集之间的选择上。前者的支持者在那些具有资源回收实践的城市最有说服力。但在有计划进行垃圾分类的城市中，只有不到一半对所有废弃物都实施了分类。该方法的批评者认为，混合收集对于家庭居民而言更容易，对于收集队伍而言更简单，对于城市而言更便宜。一般来说，使用焚烧炉的城市倾向于混合收集。[46]

收集是垃圾管理最昂贵的环节——其费用是处置阶段的 2-8 倍。改革者推动的服务频率的上升，是造成高价格的原因之一。为广阔的区域提供服务需要大量的劳动力，而且越来越需要为机动卡车提供额外资金。尽管开支不断增加，但服务仍然不平等。城市中心的商业和富裕地区优先于工人阶层和少数种族社区。[47]

处置也有其自身困难。在此期间，人们最常讨论的是分解提炼和焚烧技术。用火处置废弃物是一种古老的习俗。"火化"（cremation）、"焚烧"（incineration）或"毁灭"（destruction）垃圾是一种相对较新的做法。工业化的英国之所以在这方面处于领先地位，是因为其陆地倾倒的开放空间有限，以及其海洋利益与邻国有潜在冲突，使它在海上倾倒方面受到限制。此外，英国的人口非常稠密，可以使集中处置系统变得经济实惠。那里的许多工程师认为，焚烧炉是一种有效的处置技术，尤其是在不使用额外燃料的情况下。

19 世纪 60 年代末至 20 世纪 10 年代之间，所谓的英国垃圾焚烧炉技术经历了三个发展阶段：低温、慢燃炉；在较高温度下工作的焚烧炉，能够产生蒸汽为各种用途服务；能够为发电或泵水提供能量的焚烧炉。

第一代焚烧炉的设计只是为了燃烧废弃物。大约在 1870 年，伦敦郊区建起了最早的市政焚烧炉，但产生的黑烟令人讨厌，而且运转状况不佳。1874 年至 1875 年，曼彻斯特也建造了一系列焚烧炉。第一代焚烧炉运作不善，削弱了人们对该技术的信心。不完全燃烧和有毒烟雾引起了极大的关注。到 1885 年，为减少烟雾所做的努力导致了技术上的调整，但是改造焚烧炉的成本非常昂贵。

19 世纪 80 年代末和 90 年代较新的焚烧炉产生了更高的温度，减少了烟雾，同时生成可转化为有用能量的蒸汽。高温焚烧设备的宣传铺天盖地，但技术运用却缓慢，公众信心再次下降。到了 1905 年时，人们普遍认为，通过使用焚烧装置发电需要在垃圾中添加更多的燃料。虽然在技术和经济上不确定是否可以将焚烧装置与产能装置结合使用，但这种新系统在英国和国外还是得以迅速推广。[48]

焚烧技术向美国的转移带来了很高的期望，但也存在许多问题。自

1885 年，美国开始引进低温炉。在世纪之交后，美国也建造了具有辅助锅炉和发电能力的高温焚烧装置。由于不能避免英国引进技术的缺陷，以及缺乏对新技术在不同物理、经济和社会环境下适应性的了解，这两种技术 125 都未能流行起来。

　　1885 年，美国第一座焚烧炉建在纽约市总督岛（Governor's Island）。1886 年，第一座市政焚烧炉在宾夕法尼亚州的阿勒格尼市（Allegheny City）建成，使用天然气燃烧垃圾。到了 19 世纪 90 年代，全国各地都出现了焚烧炉。1897 年，美国公共卫生协会对焚烧作为一种有效处置方式给予暂时性背书。然而，在 1885 年至 1908 年间建造的 180 座焚烧炉中，有 102 座在 1909 年之前就被废弃或拆除。

　　除了不完全燃烧和产生有害烟雾外，一些批评人士认为，在美国建造焚烧炉时，没有考虑英国的工程技术经验。另一些人指责过度使用燃料助燃，大大增加了运营成本。还有一些人注意到英国和美国垃圾的不同，他们推测美国垃圾含水量更大，因此需要更高的温度才能燃烧。

　　这些批评表明，采用英国技术无法满足美国城镇的本地要求，而美国城镇的居住密度通常比英国低。廉价的垃圾填埋场是垃圾焚烧的强大竞争对手，而且，随着交通燃料成本的降低，将垃圾从城市中心运走也变得更加可行。在某些情况下，美国制造商只是利用人们对英国设计的热情，生产的却是劣质焚烧炉。

　　大约在美国第一代焚烧炉名誉扫地的时候，英国人已经进入了第二个发展阶段。1906 年，北美工程师在魁北克的韦斯特蒙特（Westmount）首次成功地采用了新的英式焚烧炉，随后在温哥华、西雅图、密尔沃基和纽约的西新布莱顿（West New Brighton）也进行了类似的尝试。到 1910 年，许多工程师声称新一代燃烧技术已经到来。1914 年，美国和加拿大约有

300 座焚烧炉投入运行，其中 88 座建于 1908 年至 1914 年间。

英国和德国将废弃物转化为蒸汽和电力的项目最终在美国引发了类似的试验。1905 年，纽约市启动了一项将垃圾焚烧炉与电灯厂结合起来的项目。然而，从其他来源获得能源要便宜得多。因此，产生能源的垃圾处置系统在美国很难有发展的理由。当美国工程技术专家能够使英国的高温焚烧炉适应美国的需求时，其他的因素却使他们的努力受挫。[49]

126   1886 年，纽约市布法罗的一家公司引入所谓的维也纳或梅尔兹工艺（Vienna or Merz process），用于从城市垃圾中提取油料。这种"分解提炼"方法旨在为城市提供可销售的副产品，如油脂、肥料和香水基料，并抵消部分成本。[50]分解提炼与焚烧同时在美国出现，它也经历了类似的早期发展：冲动的实施、遭遇批评和重新评估。1897 年，美国公共卫生协会的垃圾处置委员会报告显示，由于分解提炼技术承诺将收益返还给城市，人们对其产生了极大的兴趣。[51]经过一段时间的运作，一些不良的副作用——包括难闻的气味——导致了更多的批评和抗议。在 1898 年举行的美国市政联盟会议上，新奥尔良市议员奎特曼·科恩克（Quitman Kohnke）抱怨道："我们被丰厚回报的光鲜承诺所吸引，而分解提炼过程却未能给我们带来收益。"[52]19 世纪 80 年代，在密尔沃基、芝加哥、丹佛（Denver）、圣保罗（St. Paul）和其他地方，参照欧洲设计建造的工厂被证明是失败的。19 世纪 90 年代建造的较新工厂的情况也好不到哪里去。到 1914 年，全国 45 座分解提炼厂中只有 21 座投入使用。[53]

分解提炼工艺的问题与焚烧有很大不同。反对分解提炼的人质疑这种技术本身的可行性，而反对焚烧的人则仅质疑其设计特征。1916 年，美国市政改进协会（后称美国市政工程师协会）的垃圾处置和街道清洁委员会提出了一项折中方案：对大城市来说，分解提炼是可以接受的，因为大城市的财政收入足以保证该技术的运用，但对小城市来说，焚烧似乎更卫生，成本更低。[54]

这一时期，两种最有希望的处置方法的结果令人失望，促使工程师们就最有效的收集和处置方法持续交流。但当时的统计数据已揭示出万能方案并不存在。[55]许多较旧的做法依然盛行，但对其中的几种批评越来越多。向水中倾倒废弃物是最普遍受到谴责的做法。20世纪初，纽约市暂时减少了海上倾倒垃圾的数量，因为有太多的垃圾漂浮回岸；同时，街道清洁署认为可以将这些垃圾更好地用作土地填料。[56]向河流或溪流倾倒垃圾也会产生严重的法律后果。下游城市开始对利用河流倾倒垃圾的上游城市提起诉讼，就像在污水处置案件中所做的一样。[57]

向土地倾倒垃圾也受到越来越多的批评。一些城市采用了向土地倾倒垃圾的做法，因为在更好的系统可获资金安排之前，这是一种可行的替代办法。[58]卫生局和公共工程部门不断接到有关露天倾倒垃圾的投诉。1917年，克利夫兰商会住房和环境卫生委员会（Cleveland Chamber of Commerce's Committee on Housing and Sanitation）的一份报告指出，那些倾倒场"在垃圾收集和处置系统中引起的投诉最多"。该报告还称，倾倒场成了"老鼠和蟑螂的孳生地，附近的房屋也受到了它们的侵扰。纸和其他轻的物品在周围区域上空飞扬，是引起居民厌恶的重要原因。倾倒场还经常发生火灾，不仅危及相邻地区的物业财产，而且烟雾和污迹也非常令人讨厌，尤其是在大火经常闷烧数月的时候。"[59]

由于向土地和水域倾倒引起了越来越多的批评，工程师和环卫专家不仅指望用分解提炼和焚烧来处置垃圾，而且还考虑到一些较旧的方法——如填埋和掩埋——来替代。"卫生填埋场"是一项突破，并且它最终会将填埋实践提升为垃圾处置的首要方法。然而，直到第二次世界大战之后，该技术才开始大量应用。不过，将垃圾填埋场用于填海造地的目的变得越来越普遍，尤其是在废物利用的想法获得支持的情况下。最著名的填海工程是由华林上校在纽约东河（East River）的莱克岛（Riker's Island）（监狱所在地）启动的。[60]

对废物利用的热情——重复使用或循环再生——很符合当时的改革精神。资源得到保护是一个运作良好的垃圾收集和处置系统的明显标志。成本因素在确定所用方法方面也起着重要作用。和华林一样，环卫工程师们也试图提出新方法的建议，同时越来越强调运行效率和可能的收益回报。[61]

1920年，环卫工程师的努力和公民改革者的热心促使垃圾管理系统得到了实质性改善。一战的到来推迟了一些预期的变化，但它也对一种"原始"处置方法——给猪喂食垃圾——的复兴起到了一定的作用。战时的食物保护运动暂时加强了垃圾收集条例的执行，最终减少了垃圾数量。有人认为，当粮食生产具有高度优先性的时候，垃圾中的残存物仍然可以喂猪并带来更高效益，而不是被焚烧或作分解提炼处置。[62]

食品管理局（Food Administration）的努力没有产生持久影响，垃圾数量的减少也没有能在战后持续并成为趋势。尽管人们对"垃圾问题"的认知日益提升，并尝试应用最新的管理技能以及实施新技术，但仍未触及关乎垃圾产生根本原因的问题。废物利用工作让人们关注到浪费资源的问题，但很少有人考虑到富裕增长、商品消费和废物产生之间的关系。工程师和广大公众都坚信科学技术能解决堆积如山的垃圾。例如，随着汽车逐步成为主要交通工具，许多人认为街道最终将没有粪便和其他垃圾。新式汽车还被誉为街道清洁工最好的朋友。但没有人意识到这将变成残酷的讽刺——马粪会被以有害烟雾形式存在的更大危险所取代。[63]

公民意识提高只是使公民注意垃圾问题的一步。但清理行动只是昙花一现。甚至努力获得新的条例或更有效的收集和处置方法本身也是困难的。鼓励公民改变生活习惯不可能一蹴而就，更不用说要他们了解与环境卫生有关的复杂问题。市政官员还必须确信，改进垃圾管理方法是选民期待的优先要务。

然而，我们不应忽视的是，直到19世纪90年代，大多数美国城市还没有系统的垃圾收集和处置系统。1920年，情况发生了变化。19世纪末和20世纪初，供水和排污系统更加成熟，但垃圾收集和处置最终成为现代环卫服务的第三大支柱。此时，增加对公共且集中的环卫技术的依赖，在多大程度上可确保"环卫城市"的延续，仍有待观察。

第十章

经济大萧条、第二次世界大战和公共工程

1920–1945 年

第一次世界大战后,环卫服务的质量和性质都没有发生重大变化。然而,决策过程由于两个重要因素而变得复杂:经济大萧条和第二次世界大战。两者都改变了城市与联邦关系的性质,并将基本上由地方提供的服务转变为日益受到区域和国家关注影响的系统。对于市政官员、工程师、规划人员和环卫学家来说,挑战还在于使环卫服务适应城市化和郊区化的增长,以及小城镇和农村社区对此类服务的需求。

供水和排污服务或被连接到区域系统,或陷入管辖权纠纷。到第一次世界大战时,水污染问题和对远处纯净水资源的获取已经表明,规模最大的水务系统所带来的影响超出了城市范围。固体废物的收集和处置是一个特例，到第二次世界大战后仍是地方问题。行政和财政方面的考虑优先于 130 技术改进，对工业废物的日益关注扩展了长期以来对生物污染的专注。

20 世纪 20 年代，"城市化的范围比以往任何时候都要宽广"[1]，全美 51% 的地区实现了城市化。1920 年至 1940 年间，美国城市人口从 5420 万增加到 7440 万，与此同时，人口数量在 2500 人以上的城镇从 2722 个增加到 3464 个。[2]第一次世界大战后，新的商业和服务活动也反映出从以工业为基础的经济向以消费者为基础的经济的转变。

汽车加速了城市和郊区的扩张，形成了区域性的城市网络，新的都市区包含众多社区、工厂、购物中心和其他商业区，以及各种被重整、重组或取代的公共机构。大都市区的数量从 1920 年的 58 个增加到 1940 年的 140 个，人口从 3590 万增加到 6300 万。中心城市与卫星城市的增速比趋于缩小，中心城市增速下降，远离中心的地区增速上升。[3]

1920 年，郊区的增长率首次超过了中心城区。"郊区化已经成为一种人口现象，与东欧和南欧人向埃利斯岛（Ellis Island）迁移或美国黑人向北部城市迁移一样重要"。[4]到本世纪末，郊区人口的增长速度是中心城区的两倍，这使 20 世纪 20 年代成为美国"第一个郊区十年"。在 20 世纪 30 年代的大萧条期间，虽然郊区的增长有所放缓，但它并没有完全消失。[5]

生活在公共交通覆盖范围之外的新郊区居民越来越依赖汽车。1931 年，43.5 万人开车进入洛杉矶市中心，而乘坐公共交通工具到达洛杉矶的人数为 26.2 万人。汽车削弱了公共交通。1920 年，每 13 个人有 1 辆汽车；到了 1930 年，每 5 个人有 1 辆汽车。[6]

政治和社会领袖以及许多专业规划人员推动了城市分散化趋势。20 世纪 20 年代，大多数大城市都成立了规划委员会，负责起草解决交通运输和公用事业系统发展的总体规划。由刘易斯·芒福德（Lewis Mumford）领导的美国区域规划协会（The Regional Planning Association of America，1922年）提倡城市发展，将城市、郊区和开放空间融为一体。虽然区域规划在理论上很受欢迎，但实施了利用区划和交通管制的狭隘规划策略，使城市中心区和郊区之间的划分更加僵化。[7]

131　　　联邦政府和私人开发商是推动城市蔓延的主要力量。联邦住房管理局（The Federal Housing Administration，FHA，始于1943年）使美国中产阶级白人买房比租房便宜。该局和退伍军人事务署（Veterans Administration，VA）的贷款鼓励在核心区以外修建大量住宅。大量的新抵押贷款掀起了大规模的郊区住房热潮，但也加速了市中心社区的衰败。此外，对少数族裔聚居区进行重新规划，鼓励在许多郊区社区禁止黑人居住的限制性条款以及拒绝向非白人家庭提供抵押贷款的做法，在少数族裔聚居的城市核心区和纯白人生活的郊区之间造成了隔阂。[8]

　　郊区自身抵制与中心城区的整合，并寻求为其居民提供专门设计的服务，从而加剧了社会、经济和政治的分裂。契约限制、限制性契约和区划法被用于新的城市分区，以禁止出租或出售给非裔美国人。在西部州，这样的禁令扩大到拉美洲裔和亚裔，以及天主教徒和犹太人。[9]

　　城市的稳定增长、人口扩散以及政治和社会分裂，给环卫服务的提供带来了新的挑战。20世纪20年代是充满希望的十年，许多城市开展了大型公共工程项目，但很快就陷入了沉重的债务。事实上，这些年来，债务支付开始在公共支出中占据相当大的比例。[10]

　　大萧条的爆发对城市发展产生了乘数效果。对更好的服务以及维修和更换的需求加速增长。然而，债务管理的需要、不断上升的失业率，以及越来越多的业主拖欠税款，使公共服务支出受到抑制。在一些案例中，城市还拖欠了 20 世纪 30 年代到期的债券，结果导致市政债券价格暴跌。[11]

随着财产税不再能够成功支撑城市财政、沉重的债务负担、不断上升的失业率以及本地工业的萧条，市政领导开始寻求其他地方的经济救助。州政府提供的支持很少，而私人金融机构则需要考虑自己的偿付能力。[12]因此，华盛顿很快成为了希望之源。

尽管许多城市为大规模公共工程承担了巨额债务，给自己制造了麻烦，但实际上，从 1929 年经济危机开始到 1933 年，这些城市几乎独自承担了失业者的福利负担。赫伯特·胡佛（Herbert Hoover）总统不愿为这些城市开放联邦金库。[13]共和党政府和保守派民主党人对联邦政府干预地方事务的行为反应冷淡，尤其是在此前几乎没有这种先例的情况下。胡佛呼吁自愿主义，并坚信经济困境主要是全球经济混乱的结果，但如此观念在日益严 132 重的危机中价值不大。

随着 1931 年至 1932 年经济萧条的加剧，胡佛政府勉强转向了更积极的角色。这些计划实质上旨在支持公司和银行机构，而不是提供直接救济或为公共项目提供资金。胡佛执政期间，公共工程支出大幅下降。[14]

尽管胡佛的反萧条措施对恢复公共工程支出几乎没有直接影响，但它还是开启了一种政府参与的模式，并在新政期间得到了扩展。重建金融公司（The Reconstruction Finance Corporation，RFC）的最初形式不资助任何公共工程，而只向私人机构贷款。《紧急救济和建筑法》（the Emergency Relief and Construction Act，1932 年）重新确定了重建金融公司的任务。这标志着联邦政府开始大量参与地方公共工程，尽管其实施对缓解眼下的经济困难作用甚微。[15]

与胡佛时期相比，各种新政方案对城市和公共工程的影响更为显著。更具行动力和干预主义色彩的民主党人认为，这些方案的主要目标是提供国家经济救济和恢复，而不是制定连贯的国家城市政策。[16]

在新政的头一百天里，国会兑现了富兰克林·罗斯福（Franklin D. Roosevelt）总统的竞选承诺，使联邦政府更直接地参与应对经济危机。1933 年，国会授权联邦紧急救济署（Federal Emergency Relief Administration，FERA），拨款 5 亿美元用于紧急救济；公共工程署（Public Works Administration，PWA）通过各种公共工程项目向经济注入 30 多亿美元；土木工程署（Civil Works Administration，CWA）通过一项全国性的工作计划提供短期救济。1934 年选举后，工程进度署（Works Progress Administration，WPA）取代了土木工程署。这是一项大规模的以工代赈计划，工程进度署花费了 110 亿美元，雇佣了 850 万公民。尽管被一些人嘲笑为"创造工作"的机构，但它仍参与了数千条街道、高速公路、公共建筑和公园的建设和维修。[17]

公共工程署是在公共工程中建立起长期的地方—联邦关系基础的中央机构，但并非没有缺点。该署的项目不断陷入繁文缛节的泥潭。由于政府在花钱和创造就业方面行动迟缓，新政领导人先后推动土木工程署和工程进度署成为直接服务于就业的部门。[18]

公共工程署着力于寻找"符合社会需要"、有助于协调当地规划、"符合经济需要"和费用超过 25000 美元的项目。1933 年至 1939 年间，公共工程署在高速公路、桥梁与水坝、机场、下水道与供水系统、各种公共建筑以及其他公共工程项目上花费了 48 亿美元。与重建金融公司基金不同，超过一半的资金流向了城市地区。总的来说，除了两个县外，共有大约 35000 个不同的公共工程署项目——大部分都是小项目——分布在全国每个县。

在新政中，公共工程署和其他救济与恢复机构的记录好坏参半。与胡佛政府实施的计划相比，这些项目在为日益恶化的基础设施提供急需的财政支持，以及为二战后的新发展奠定基础方面，是一个巨大的飞跃。然而，许多项目都陷入繁琐的手续和延误之中。在某些情况下，项目赠款还会被取消。

作为市政事务新伙伴的联邦政府，在解决地方问题时既带来额外的冲突，也有更多的援助。1932 年至 1934 年间，财产税收入在州政府和地方政府财政收入的占比从 60% 下降到 45%，而联邦政府的缴款比例则从 1% 上升到近 20%。市政事务的新时代即将来临，这是一个对公共工程融资和管理产生深远影响的时代。[19]

20 世纪 30 年代，在驱动经济复苏的过程中，联邦政府更多地参与地方事务，到了 20 世纪 40 年代，对战争的经营进一步增强了联邦政府的权力，扩大了其对城市的影响。诚然，战争动员对私人生活产生了深远的影响——从服兵役到天然气配给，它也通过建设新的军工产业、国防住宅以及购买大量战争物资和其他产品，刺激了城市经济。诸如飞机和电子产品等国防工业的布局，以及在南部、西南部和太平洋沿岸新石油设施的开发，加速了已经开始的去集中化进程。[20]

尽管城市在整个战争期间获得了大规模投资，联邦与城市的伙伴关系也得以延续，但公共工程的进一步发展此时与战时需要捆绑得更加紧密。联邦工程局（The Federal Works Agency, FWA）是公共工程署的继承。它成立于 1939 年，为高速公路、公共建筑、住房和其他社区项目提供联邦拨款。[21]

1920 年至 1945 年间，环卫服务的进一步发展受到了城市形态去中心化，以及因联邦权力扩张和对城市事务关注增强所带来的政治、行政和财政变化的强烈影响。尽管环卫服务的活跃度在新政时期有一些反弹，但大萧条和第二次世界大战在某种程度上确实阻碍了它的发展。与融资和固有 134

的扩张趋势相比，技术创新在供水和废水处理系统演进过程中所起的作用较小。在固体废物领域并非如此，处理技术的变化将在战后产生深远的影响。尽管如此，在这个动荡的时代，环卫服务对社区需求的至关重要性并未消失；它们唯一要做的也只是适应不断变化的环境。

第十一章

成为全国议题的供水服务

联邦政府、服务范围扩大和污染威胁，1920-1945 年

　　尽管经历了 20 世纪 20 年代到 40 年代的经济周期，供水系统的建设和 135
扩展仍在稳步进行。新系统中的不少设施是由为数众多的小社区所建，但
级别是最基础的。1924 年，美国约有 9850 套供水系统，1940 年则约有
14500 套。[1]尽管增速在 19 世纪 90 年代到 20 世纪 20 年代期间最快，但由于
新政资金的注入，增幅在 20 世纪 30 年代也很显著。

　　1920 年到第二次世界大战期间，供水系统的公共所有权仅略有上升，
但公共所有的比例相对较高。1925 年，人口不足 5000 人的社区有公共供水
系统的占 78.3%。[2]发展公共系统的决心体现了这样一种信念，即市政所有

权和管理已通过服务质量，以及水净化和处理方面的改进得到证明。这种社会反应也显示出大萧条的残余影响，即公众对私营部门更多的嘲讽。

136　　很大程度而言，供水系统行业在整个大萧条时期都很稳定。[3]20 世纪 20 年代后期，政府税收增长迅速，且从 20 世纪 30 年代到二战结束一直保持平稳。自第一次世界大战以来，供水系统的数量一直在稳步上升，但到了 20 世纪 30 年代中期却有所下降，直到战争结束时又再次上升。[4]

消费数据显示，20 世纪 30 年代，美国大城市的用水量相当可观。总体用水量有所下降，计量收费的增加可能是造成这种情况的原因之一。[5]其他变量也影响了消费，如新的供水系统、设施扩建、人口增加以及客户群类型等。根据 1926 年进行的一项研究，20% 的人口增长导致了 2% 的消费增长。该研究还表明，费率提高 20% 减少了 13% 的消费；提高 100% 降低了 40% 的需求。[6]

不同政治单元之间在取水和供水方面需要加强合作的必要性日益明显，特别是在响应城市和郊区增长模式的牵引之下。政府互动的一个例子是所谓的“俄亥俄计划”（Ohio Plan），该计划通过类似纽约港务局（纽约和新泽西之间控制港口活动的双州安排）的建构，促进了扬斯敦（Youngstown）地区几个政治机构之间的合作。1919 年，“俄亥俄计划”被赋予了法律效力，使得为供水设施或污水处理厂建立特别区域成为可能。但到了 1927 年，只有扬斯敦和其他几个实体利用了这项法律。[7]

20 世纪 20 年代，在美国其他地区，出现了专门的供水区，以开发水资源并提供充分服务。例如，1925 年，马里兰州已经有了四个都市环卫区。由于 1918 年在巴尔的摩和安妮阿伦德尔（Anne Arundel）两县的大规模兼并，该市获得了购买或谴责该地区任何供水系统的权利。其他城市也遵循类似的路径。[8]

早在 19 世纪 80 年代，一些城市就开始修建区域性的供水和排污工程。1880 年至 1940 年间，波士顿、亚特兰大和加利福尼亚的奥克兰开始承接区域服务，并将大都市的权限扩展到其边界之外。[9]然而，管辖权纠纷依旧普遍。[10]

组织管理方面的另一重要议题，集中在供水和排污设施联合管理的潜在效益上。20 世纪 20 年代，大多数大城市和许多中小型城市都对这两种技术进行了投资，但缺乏一体化管理是这些服务的典型特征。特别是在拥有公共系统的社区中，一体化管理的财政和行政价值越来越明显。但最终的结果取决于当地的情况，收费标准是主要争论点。总体而言，一体化过程将是缓慢的。[11]

毫无疑问，两次世界大战期间供水系统的最大变化是联邦政府的新角色。20 世纪 20 年代，市政当局平均每年投入 1.19 亿美元用于供水系统建设；1933 年，新项目的投资暴跌至 4700 万美元。在新政期间，公共工程署为 2400 至 2600 个供水项目提供了资金，总价约为 3.12 亿美元，占各级政府供水工程总支出的一半。联邦紧急救济署、土木工程署和工程进度署又为市政供水项目的以工代赈事务拨款 1.12 亿美元。

规模较小的社区受到联邦政府的影响最大，这些社区首次能够为公共供水系统、水处理设施和分输网络提供资金，从而刺激增长和经济扩张。许多大城市也从联邦的慷慨中受益。1938 年，公共工程署拨款 550 万美元，为芝加哥启动了一个新的过滤厂项目，尽管该项目因第二次世界大战而推迟，但南部水过滤厂（South Water Filtration Plant，当时世界上最大的过滤厂）于 1947 年投入运营。美国农业部还帮助农村社区和边远郊区开发了流域管理项目和小型供水系统。20 世纪 30 年代，总共有 35 个联邦机构参与了水资源议题的工作。[12]

　　虽然联邦政府在 20 世纪 30 年代与在地社区积极合作开发供水系统，但在此之前，华盛顿已经为各种水利项目，尤其是灌溉、航运和防洪等提供了资金。1935 年，航运和防洪项目大幅增加，灌溉不再是联邦建设拨款的主要内容。市政供水、排污和污水处理以及多用途项目的增加，改变了联邦捐款的性质。[13]

　　在胡佛时代，通过重建金融公司重振经济的努力对供水系统几乎没有任何帮助。根据新政公共工程署，赠款和贷款分别用于"联邦"和"非联邦"项目。"联邦"项目——许多是在胡佛时期规划的——完全由华盛顿提供资金。它们占工程项目的一半以上，但占公共工程署建设总费用的不到 30%。在"非联邦"项目中，联邦政府通常与下级政府分担费用。总的来说，联邦资金占非联邦项目成本的 56%。供水系统属于非联邦项目。[14]

　　1933 年至 1937 年间，公共工程署为所有项目拨款的 37 亿美元中，有 4.5 亿美元用于非联邦供水和排污系统建设。工程进度署在供水和排污系统的开发中也发挥了重要作用，1936 年至 1940 年期间，它将 9.3% 可动员的劳动力投入到此类活动。[15]

　　虽然联邦政府的支持促进了新供水系统的发展，并提供了改善其他设施的资源，但战时的优先任务是将联邦资金从地方环卫服务中转移出来。到战争开始时，用于修建新供水和排污系统的资金有所减少，部分原因是联邦政府的支持力度下降。根据 1944 年美国公共卫生署的估计，战后所需的额外供水设施将耗资 6.83 亿美元以上。6455 个社区的系统扩建将花费 5.02 亿美元，4863 个地区的新系统需要 1.81 亿美元。[16]

　　其他一些联邦水资源立法包含了有利于开发本地供水服务的特点。《填海工程法》（The Reclamation Project Act）（1939 年）认可了供水是规划和修建多用途用水项目的主要组成部分。1944 年的《防洪法》（The 1944

Flood Control Act）包含了可使用联邦多用途水库以补充市政和工业用水的规定。[17]

战时需要优先考虑为一些居民区提供充足的供水。以底特律为例，1943 年夏天，12 个战时工厂社区得益于 4 台水泵的快速安装，避免了潜在的水危机。所有供水系统都必须遵守战时生产委员会（War Production Board）的规定，该委员会要求减少库存以及限制材料采购。由于许多技术专家加入了武装部队，而且缺乏对环卫工程师和环卫化学家的培养，因此人员任用的错位经常发生。[18]在某些情况下，还必须建立起内部安全措施，以保护易受攻击的系统免受破坏，特别是那些为战争工业服务的设施。

一些大型项目是在 20 世纪 30 年代推进的。它们包括南加州都市水管区（Metropolitan Water District of Southern California）250 英里长的隧道和引水渠建设，该工程将科罗拉多河（Colorado River）的水引入洛杉矶，也包括 85 英里长的利用特拉华河（Delaware River）和朗德奥特河（Rondout Creek）的纽约市供水隧道。科罗拉多引水渠项目建造了一些有史以来最大的钢筋混凝土管道。[19]

尽管许多工程师对这些新项目的规模表示赞赏，但政治和社会方面的分歧（包括城市发展的强劲冲动）有时会像洛杉矶—欧文斯谷争议那样消失了。1923 年，把水从欧文斯谷引到洛杉矶的输水管道被证明是不够的。由于对水的需求极其迫切，供水系统主管威廉·马尔霍兰试图再次从欧文斯谷引水，但这一次他面临着激烈的反对。山谷居民组织起来进行反抗，引发了枪战。到 1927 年，这座城市成功地从欧文斯山谷取水，并建立了一个都市供水区。到 1933 年 5 月，欧文斯谷 95% 的农田和 85% 的城镇地产都 139 归洛杉矶市所有。[20]

从公众的角度来看，供水必须充足、便宜和安全。尽管居民能否以合理价格获得充足的水，各地情况有所不同，但到了 20 世纪 20 年代末，水质评估更趋标准化。[21] 而且，在两次世界大战期间，人们对水污染的性质有了更好的理解，水的净化和处理过程也得到了显著改善。过滤前对水的初步澄清更加彻底，机械过滤更加完善，氯化的使用得到更好的控制，研发减少气味和味道的新工艺，关注水中的腐蚀性元素，更广泛地使用曝气以及在水软化上取得进展。[22] 然而，关于何时过滤水、何时对水进行氯化以及何时污水处理优于过滤的争论仍在继续。[23]

第一次世界大战后，数百个城市建造了滤水厂。1926 年，美国有 636 家滤水厂，为大约 2400 万人提供服务。1938 年，滤水厂的数量增加了两倍多，3700 万美国人使用过滤和氯化消毒水，2600 万人使用部分纯净水，1700 万人使用未经处理的水。[24]

氯化消毒持续受到重视，特别是由于伤寒等流行病的周期性暴发。1939 年，只有大约三分之一的供水系统使用氯化消毒法。一些对氯化消毒的抵制来自于味觉和气味问题。工业废弃物，特别是酚类物质，与氯发生反应，在水中产生难闻的味道。英国使用的氯胺，作为氯的替代品，在 20 世纪 30 年代开始受到美国的青睐。它被证明是一种更好的杀菌剂，而且能抑制不好的气味和味道。市政当局也尝试了其他味觉和气味抑制剂。1924 年，活性炭被用作过滤剂，并得到了广泛应用。1943 年，美国大约有 1200 家工厂使用活性炭来控制气味。有时还会将其他化学物质添加到供水系统中，以预防各种健康威胁。直到 1945 年，密歇根州的大急流城和纽约州的纽堡才安装上第一套实验性氟化设备，以改善牙齿健康。[25]

石灰处理已成为软化水的流行方法。洗衣店更喜欢用软水，因为洗衣服所需的肥皂较少。锅炉厂使用软水来防止锅炉管结垢。然而，软水对钢铁有腐蚀作用，可能会对数英里长的管道产生不利影响，因此需求因地而异。[26]

　　虽然过滤和消毒技术在两次世界大战期间没有发生重大变化，但对水污染的关注已成为一个全国性问题。一些专家认为，公众对水污染的关注是推动变革的动力。著名的环卫工程师亚伯·沃尔曼（Abel Wolman）140指出：

　　在联邦援助拨款的刺激下，新建设的发展如此之快；经过卫生当局和感兴趣的资源保护主义者（conservationists）的长期准备，进取性的教育工作取得了如此成效；公众对减轻河流污染的意识提升得如此之高——使得我们不会再问每年有几千人，而是有几百万人可以接受处理设施的服务。[27]

　　当时，还没有准确的方法来衡量公众的意识水平，但是各种各样的利益集团（从资源保护主义者到沿海牡蛎养殖者和捕虾人）都公开主张抵御国家水道受到的环境威胁。[28]公共卫生官员、工程师、科学家和其他专家对此问题都非常重视，并比他们的前任更广泛地认识到水污染问题。美国国家资源委员会水污染咨询委员会（Advisory Committee on Water Pollution of the U. S. National Resources Committee）1939年的一份报告指出了同时代人所看到的问题：“水污染问题是一个全国性的问题。污染的来源和类型很多。每种类型对人类活动都有独特的影响。每种一般类型都需要特殊的控制技术。”[29]

　　在两次世界大战期间，健康问题仍然主导着环卫学家和公共卫生官员的工作思路。他们在供水系统中寻找可能的污染物。追踪水媒疾病（尤其是伤寒）的发病率，证明是公共供水处于相对健康状态的良好指标，而且当时的几年趋势是积极的。20世纪20年代末，美国每10万人的伤寒（副伤寒）总死亡率稳步下降。环卫服务较完善的大城市的伤寒发病率低于农村和城市人口较少的城市。那段时间，伤寒死亡率最高的地区是南方，尤其是南方腹地。[30]

虽然细菌对水纯净度的测量仍然有很大的影响，但随着人们对工业污染物的组成有了更深入的了解，而且研究指出有大量污染物进入了国家水道，工业污染物受到了更多重视。被查明的问题包括：妨碍供水和污水处理设施的正常运行；氧气消耗，降低了自来水的稀释力；鱼类死亡；以及饮用水中的味道和气味问题。1923 年的一份报告指出，美国和加拿大全境至少有 248 套供水系统受到工业废弃物的影响。[31]

一种常见的工业液态废弃物的免费处置方法是将它们排入市政污水系
141 统。一项研究估计，大约有 3000 万美国人的废弃物，"以及数百万人口的工业废弃物"，在未经处理的情况下继续排放到海洋、大河和湖泊中。[32]通过稀释自我净化的信仰依然存在。但人们对稀释的限度——从表面上判断的能防止废弃物腐烂或使污染物消散的必要绝对流量——产生了充分怀疑。[33]

关于是否因工业有废水处置需求就授其权利使用市政排污系统的争论进一步升级。在许多情况下，城市的工业源污染可能已经等于或大大超过了生活源污染。当时的人们已经经历了几十年的商贸废弃物问题，尤其是来自食品加工、制革、纺织制造和锯木厂的有机物质。随着工业化进程的加快，钢铁生产、金属加工、化工生产、煤炭开采、石油炼制和电力生产等行业产生了大量新的废弃物。地理学家克雷格·E. 科尔滕（Craig E. Colten）估计，化工、原生金属和鞣制皮革制品的制造商产生了大约 570 万吨危险废弃物。"20 世纪 30 年代中期产生的废弃物中，包含各种酸、有毒金属、致癌溶剂和油类——所有这些都被现行法律列为有害物质。"[34]

最困难的任务是对工业废弃物进行分类，但在 1940 年以前还没有开发出令人满意的系统。材料种类繁多，而且随着新技术和新产业进入市场，材料的数量也在急剧增加。某一特定废弃物对供水的影响（而不是废弃物的相对毒性）往往最能引起卫生官员、水质专家和工程师的注意。20 世纪 20 年代，苯酚被认为是与供水洁净度有关的最严重的工业废弃物问题。主要的抱怨是苯酚令人讨厌的味道和气味，特别是在氯化水中。这个问题主要集中在从俄亥俄河及其支流抽取的饮用水上。[35]

更严重的问题正在形成。煤和石油蒸馏产生了苯、甲苯和石脑油。矿石粉碎和冶炼作业中产生的含铅废料会进入水道和熔渣堆，并随后成为一种严重的工业卫生问题，因为工人可在相关设施中接触到高浓度的铅。砷是一种剧毒物质，广泛存在于油漆、壁纸和杀虫剂中。钢铁厂每年产生 5 亿到 8 亿加仑的酸洗液和其他酸。这些酸会杀死鱼类，腐蚀下水道并妨碍污水处理。汽油会在污水泵站和污水处理厂引起爆炸。1929 年，在纽约州纽堡发生了一系列下水道爆炸，造成一人死亡，多人受伤。木浆生产过程 142 中产生的亚硫酸盐废水则是水处理的主要难题。[36]

1914 年，美国财政部（美国公共卫生署是其职能部门）制定了第一项"州际商业公共运输公司向公众供应饮用水的洁净度标准"。1925 年，标准获得修订，以适应更有效的评估细菌杂质的方法，并确定了铅、铜和锌的最大允许浓度。该标准在 1942 年和 1946 年被再次修订，强制性要求扩展至包括其他化学成分。[37]

将无机物质纳入水标准的努力是开创性的，但价值有限。卫生当局继续关注细菌杂质。厄尔·B. 菲尔普斯（Earle B. Phelps）曾是辛辛那提污染研究中心（Pollution Study Center）的负责人，后来在麻省理工学院担任化学生物学助理教授，与美国陆军工兵部队的廉姆·M. 布莱克（William

M. Black) 上校一起，在纽约港对氧化过程进行了开创性的分析。布莱克—菲尔普斯的研究是首个提倡用溶解氧 (Dissolved Oxygen，DO) 测定水质的方法。菲尔普斯和他之前的马歇尔·O. 雷顿 (Marshall O. Leighton) 一样，认为有机和无机工业废弃物不仅危害健康，而且对整个水道也有害，但事实证明，在引起人们对处理特定工业废弃物的兴趣方面，菲尔普斯并不比莱顿更成功。

美国公共卫生署转而研究河流，并导致河流净化一般理论的诞生。菲尔普斯和环卫工程师 H·W. 斯特里特 (H. W. Streeter) 创建了"氧垂"曲线，这是第一个可用于分析水质变化的定量模型。有机废弃物的耗氧特性指标至关重要，因为河流吸纳了各种废水，有必要了解其总的同化能力。斯特里特-菲尔普斯模型虽然有缺陷，但为确定水道中的工业污染水平提供了一种通用的测量方法。[38]

在战争年代，卫生官员和其他环卫学家在净水领域保持着领导地位。20 世纪 30 年代，培训提高了环境卫生领域求职者的素质，但并没有明显影响到可供职的人数。大萧条虽然暂时削减了卫生部门的资金，但新政项目通过向供水和污水处理项目提供贷款和赠款还是间接支持了它们的振兴。在联邦紧急救济署的领导下，一项"健康现状调查"在不同的城市和农村社区得以开展。在那之后，战时需求扭转了 20 世纪 30 年代的联邦拨款趋势，使地方卫生部门再次面临资源紧张的局面。但这场战争使美国公共卫生署在国家卫生事务中发挥了重要作用，为战后重要卫生问题的应对提供了参照。[39]

在那些年里，有很多关于需要更好地整合公共卫生和工程领域的讨论，尤其是要将环卫工程的定义扩展到供水和排水问题之外。咨询工程师爱德华·G. 谢布莱 (Edward G. Sheibley) 认为，工程师们的公共卫生工作并没有获得足够的认可，但他承认，"由于供水和污水处置比大多数其他市政问题更为紧迫，工程师们把注意力集中在施工细节上，忽视了预防性工作的机遇，后者主要针对的是环境疾病的问题。"[40]

培训和教育似乎是扩大环卫工程师职能的最佳途径。1924年，阿贝尔·沃尔曼（Abel Wolman）指出，"我们一直习惯称之为'环卫工程师'的群体，让人难以捉摸"，在制定针对他们的培训项目时，有必要使他们"避免变成斯库拉（Scylla）式的结构工程师和卡律布狄斯（Charybdis）[卡律布狄斯是海王波塞冬（Poseidon）与大地女神该亚（Gaea）之女，为希腊神话中坐落在女海妖斯库拉隔壁的大漩涡怪，会吞噬所有经过的东西，包括船只。——译注]① 式的实验室爱好者"。培训的最终结果将是成为"环境的卫生学家"。[41]然而，当时许多大学的技术课程中并没有深入涉及环卫工程和相关主题。此外，1923年美国公共卫生协会环卫工程分会的45名当选顾问中，没有一名执业环卫工程师。到1925年，也只有一名。[42]

大萧条严重影响了市政部门工程师的就业。到1933年4月，1927年受雇于城市的工程师中有44%失业。1941年，美国公共卫生协会指出，市政环境卫生工作明显缺少公共卫生工程师。地方项目对工程师需求的不足，在一定程度上被联邦项目的雇用行动所抵消。20世纪20年代，人们对环卫工程师这一职业的作用日益扩大表现出乐观态度，但这种乐观态度在两次

① 斯库拉（Scylla）和卡律布狄斯（Charybdis），两个希腊神话人物。希腊神话中吞吃水手的女海妖，有六个头十二只手，腰间缠绕着一条由许多恶狗围成的腰环，守护着墨西拿海峡的一侧。斯库拉原先是个美丽的山林女神，女巫喀耳刻（曾将奥德修斯的手下变成猪的女巫）嫉妒她的美貌，于是乘斯库拉洗澡的时候把可怕的魔蛇放入海水之中，使之成为她身体的一部分。卡律布狄斯（Charybdis）海王波塞冬（Poseidon）与大地女神该亚（Gaea）之女。为希腊神话中坐落在女海妖斯库拉隔壁的大漩涡怪，会吞噬所有经过的东西，包括船只。现实中的斯库拉是位于墨西拿海峡（意大利半岛和西西里岛之间的海峡）一侧的一块危险的巨岩，它的对面是著名的卡律布狄斯大漩涡。

世界大战期间明显停滞。[43]

到了1945年，美国的环卫责任仍然由地方、州和联邦的机构承担。在当地，供水和环卫系统的设计和施工监督是大城市和环卫区内部工程人员的责任，而在较小的城镇则是私人咨询公司的责任。市政条例并未有效解决与水污染有关的各种问题，但一些城市设立了监管机构，以减少污染。[44]

各州是河流污染控制新立法行动的中心。在二十世纪上半叶，这一问题仍然是处置城市和工业废弃物的重点。各州普遍反对在水污染控制方面扩大联邦管理权力，而是倾向于把联邦政府的参与限制在调查和研究范围之内。[45]

到了19世纪末，州一级的公共卫生和环卫法规大幅增加，尤其是东北部地区，南部地区则增长较慢。1878年，马萨诸塞州通过了第一部控制河流污染的州立法，赋予州卫生局管控由工业废弃物造成的河流污染的权力。至第一次世界大战时，各州成立了专门负责管理水污染的委员会。到了1927年，除了四个州外，其他州都设立了包含环卫工程部门的卫生局。[46]

水污染监测的结果常常令人失望。法规不一致且执行不严。1921年，美国水务协会一项调查发现，只有5个州授予本州污染管理机构足够的权力，而且因拨款不足阻碍法规执行的问题几乎出现在任何情况之下。一些法律没有规定对侵权行为的处罚，大多数法律免除了针对特定行业、特定废弃物和特定河流污染的处罚。[47]

至少从理论上讲，对妨害行为负有责任的个人或公司可能违反了禁止工业废弃物污染的法律。但总的来说，州议会更倾向于合作，而不是将自己置于与行业对立的关系中。美国石油协会（American Petroleum Institute）和制浆造纸协会（Pulp and Paper Association）等行业协会很快就参与到污染控制或废物利用的联合项目中，尽管其动机有时受到质疑。国家机构将合作模式合理化的理由往往如下：法院行动带来的严厉控制将阻碍经济增长，并可能导致对实际的河流需求和水质处理过程适用性的不完整调查。[48]

在国家立法颁布之前，州际协定是法院系统外处理州际水污染问题的主要制度设置。长期的州际竞争可能会蔓延到其他地区；因此，一种可能的解决方案是通过州际协定来控制或减少污染。协定可以是州立法机关批准并经国会核准的正式协议，也可以是某种非正式安排。1922 年，相关方为科罗拉多河和拉普拉塔河（La Plata River）起草了头两份州际河流协定。它们关注的首要问题是水权，但其他协定还涉及防洪、灌溉、排水和养护。[49]

1925 年，纽约、新泽西和宾夕法尼亚签署了《特拉华河环境卫生保护三州协定》，禁止未经处理的污水和工业废弃物排放到特拉华河或其支流。1931 年，纽约、新泽西和康涅狄格成立了"三州协定委员会"，研究并提出减少纽约港污染的建议。三州协定于 1936 年生效。到 20 世纪 30 年代末，一些州制定完成了自己的协定，尤其是在东海岸和大湖沿岸地区。[50]

州际合作是一种不完善的措施。州际协定一般适用范围较窄，仅限于处理排入水中的污染物，所以无法成为区域行动计划以有效减少城市和工业污染。它们基本没有进一步界定什么是环境责任，也无法制定国家污染控制标准。

在一定程度上，这一时期的联邦法规试图完成州和法院无法完成的任务。然而，在处理污染问题上并没有高于一切的国家愿景。1912 年，联邦政府通过美国公共卫生署在辛辛那提的河流调查站，协助各州评估水污染。1938 年，一个服务于各州的贷款和拨款项目又通过美国公共卫生署水污染控制部门得以建立。第一次世界大战结束前，美国公共卫生署开展了医学研究并提供了一些医疗服务，但其权力有限。

1906 年通过的《纯净食品和药品法》（Pure Food and Drug Act of 1906）、1910 年通过的《杀虫剂法》（Insecticide Act of 1910）以及 1938 年通过的更具实质性的《食品、药品和化妆品法》（Drug and Cosmetic Act of 1938），都表明了人们对有害物质的担忧。此外，到了本世纪中叶，工业安全和卫生开始成为全国听证会的一项议题。直到 1948 年《联邦水污染控制法》（Federal Water Pollution Control Act of 1948）通过后，联邦政府才开始颁布全面的国家水污染控制法规。[51]

有两项立法成为未来处理水污染和工业废弃物的重要先例，即 1899 年的《垃圾法》（Refuse Act of 1899）和 1924 年《奥利污染控制法》（the Oli Pollution Control Act of 1924）。1899 年的《河流与港口法》（the Rivers and Harbors Act of 1899）（通常被称为《垃圾法》）第 13 条禁止未经美国陆军工兵部队许可向通航水域排放污水（下水道污水除外）。它还建议严格禁止废物倾倒，但这似乎超出了该法的主要目标。多年来，《垃圾法》一直只是一项保护航行的次要法规。但到了 20 世纪 60 年代，正如一位评论员指出的那样，它开始被人们当作"能促进环保运动的明星式法规"加以利用。又如另一位评论员所言，"一些关心环境的资源保护主义者和政界人士，似乎把一项旨在防止牛的尸体及其他漂浮物阻碍顺畅贸易的立法，变成了一项有用的反污染立法。"[52]

1924 年的《石油污染控制法》（The Oil Pollution Control Act of 1924）禁止向通航水域倾倒石油，除非是在紧急情况下或由于不可避免的事故。由于污染并未被视为石油工业经济发展的障碍，因此在 20 世纪 20 年代，它并没有引起石油商的足够关注。尽管如此，受污染影响最直接的群体开始抗议。石油污染问题与水污染有关，主要是由油轮排放和陆地渗漏导致。油轮排放问题最受关注，因为水道和沿海地区的污染直接影响到商业渔民和度假村业主。资源保护主义者也谴责这些排放物对鱼类、水禽、河口和海湾的影响。

当时的商务部长赫伯特·胡佛是政府内石油资源保护和反污染的主要倡导者。作为工程师，他反对废弃物；作为商务部长，他感到有必要保护美国渔业，尽管这与他保护商船业主利益的职责有所冲突。随后产生的政府行动虽然开创了先例，却没有达到胡佛的目标。

在石油工业内部，停止污染行为的呼吁与忧虑同行。美国石油协会的态度一开始是防御性的，但它很快意识到，工业界的研究可以控制关于污染问题的信息流动。美国石油协会最初并没有完成任何实质性的工作，只是简单地使用它掌握的数据来减少外界批评。在国会，一项控制石油污染的法案遭到了强烈的抵制，比胡佛希望的弱得多的法案被提交给了总统卡尔文·柯立芝（Calvin Coolidge）。1924 年的《石油污染控制法》作为 1899年以来第一部联邦污染控制法律，并没有充分规定执行条款，只处理燃油船舶在海上倾倒燃料的问题。[53]

两次世界大战期间，各方在处理水污染这一复杂问题方面迈出了第一步。污染认知的范围明显扩大，从最初聚焦的生物污染物和流行病问题，延展到各种有毒化学品。1920 年至 1945 年，水污染不仅成为一个国家问题，而且供水系统的开发和维护也引起了全国的普遍关注。新政计划刺激了供水系统规模的进一步扩大，尤其是向较小的社区扩展。更重要的是，关于供水的决策已不再是纯粹的地方职能。特别是对于大城市而言，这意味着未来规划的新方向。城市边界的扩展要求在旧的核心区之外有新供水方式的产生。未来的变化必须同时考虑到增长的规模和优先事项的变化，特别是水质方面的变化。

第十二章

排污、处理与"扩展中的视角"

1920-1945 年

　　1920 年以后，排污系统在规模上的变化超过了类型上的变化，人们的注意力也随之集中在能够跟上城市发展的技术方法上。关于分流系统与合流系统的争论没有升级到以前的激烈程度，但这些技术的效果让决策者对自己的选择产生怀疑。此外，对供水和排污处理系统进行独立开发和维护获得重新考虑，因为处理设施因用水量增加产生的污水量增加而承受更大的压力。

　　铺设排污管道早已成为美国城市基础设施的重要特征。1870 年，50%的城市居民居住在有排污管道的社区，尽管这仅占美国总人口的 11.7%

（3860 万人中有 450 万人）。[1]到 1920 年，87% 的城市居民居住在有排污管道的社区，约占美国总人口的 45%。这些数字之所以令人印象深刻，是因为拥有排污管道的社区从 1870 年的大约 100 个增加到 1920 年的 3000 个。第二次世界大战结束时，至少在大城市，城市居民的排污管道几近普及，并扩大到 8917 个社区。[2] 148

　　虽然在两次世界大战期间，美国城市排污系统广泛覆盖了城市社区，但新排污管道的修建和现有管线的延伸，与供水系统一样，容易受到大萧条和战争的影响。建筑量在 20 世纪 30 年代初大幅下降，新政期间急剧上升，战争初期陷入低谷，战时受工业需求短暂刺激，战争后期有所下降，并于 1946 年又开始回升。

　　在大萧条和战争时期，许多城市仍然面临人口增长和对外扩张的压力，这迫使政府要继续提供基本服务。在排污系统方面，城市不得不依赖公共资源，尽管有些城市也在探索私人运营的公共设施。[3]某些城市因发展过快，直接导致排污系统不堪重负。随着更多地区铺设了街道和建起了房屋，污水和径流增加。结果，对更大容量排污系统的需求成为一种普遍的公共诉求。[4]

　　分流系统受到了严格的审查，尤其是那些没有设计足够排洪管道的系统。1945 年，全美大约有 6844 套分流系统，而合流系统只有 1470 套；有 373 个社区同时应用了这两种系统。[5]得克萨斯州休斯敦的例子值得关注。大约在 1900 年，该系统由分流和合流管道混合组成，缺少排洪渠道。到第一次世界大战时，该市在华林模式（Waring model）基础上建立了基本的分流系统，并强调排污方面的环卫考虑。然而，20 世纪 20 年代初，由于排污系统严重不足，私人团体开建的管道是市政部门所建里程的三倍。1937 年，休斯敦 792 英里的排污管中只有 175 英里是排洪管。尽管这些管道的周长比较小的分流管道要大，但还不足以应对不断增加的径流量和每年42至46英寸的平均降水量。[6]

向外发展本身给一些社区的废水处理服务带来了严重的问题。1920年至1926年间，洛杉矶主要排污口的污水量从每天3300万加仑增加到7800万加仑，与人口增速大致相当。1940年，圣迭戈（San Diego）也经历了类似的问题，当时的人口在一年内从20万增加到近30万。[7]

为了应对水务过载和城市增长的影响（更不用说对污水处理的需求），需要很大的财政支持。在确定优先事项时，必须考虑到城市的债务负担和潜在的收入来源。此外，大萧条的爆发使应对排污系统问题的努力付诸东流。除供水外，污水处理等项目似乎在市政优先事项中迅速下降。[8]

新政的复苏计划为排污系统和污水处理项目提供了一些喘息之机，使它们免于陷入资金不断减少的恶性循环。从重建金融公司开始，然后是土木工程署、公共工程署和工程进度署，拥有工程师和化学家的企业急切期待这些联邦政府机构的资助项目，以缓解大萧条初期工业市场的低迷。然而，用于排污系统工程的资金却姗姗来迟。

最终，排污系统项目的拨款和贷款获得了批准。通过公共工程署运作，这些项目的拨款规模甚至超过了供水系统项目。公共工程署为1850个排污系统项目提供了约4.94亿美元的贷款和赠款，而2582个供水系统项目的总价为约3.15亿美元。1933年至1939年间，公共工程署建造了全美大约65%的污水处理厂。工程进度署掌握的资源也促成了许多排污系统项目。[9]

全美各地都有排污系统项目。纽约州的城市改进了其规划模式，以吸引更多的联邦支持。1933年至1935年间，公共工程署用于供水系统和排污系统设施改善的开支增加了四倍。纽约、芝加哥和俄亥俄州哥伦布（Columbus）三市都有了活性污泥厂。在一些发展落后的地区，新污水处理设施的建设特别值得注意。在南部，亚特兰大、田纳西州的孟菲斯和北卡罗来纳州的格林斯博罗（Greensboro）等城市都取得了显著的进步。在遥远的西部各州，现代化的污水处理厂基本上可以追溯到公共工程署的出现。[10]

联邦政府介入地方事务并非没有代价。在某些情况下，公共工程署利用其财务杠杆影响市政当局的施工程序和财政实践。在污水处理方面，最著名的例子是一个为芝加哥环卫区完成污水处理厂的项目，该项目的目的是阻止将未经处理的污水倾倒至芝加哥河。该地区在公共工程署参与之前就开始了这个项目，但是由于大萧条和其他问题而被缩减。

在为重启该项目提供资金之前，公共工程署认为肉类包装商对排污管道的使用比例过高，所以坚持要求对其征收排污费。环卫区设计出一种合理的成本分摊方法，但法院却禁止对包装厂进行检查。公共工程署随后着手检查包装公司的污水处置做法。它还坚持颁布立法，允许对新工厂的所有"非常规使用者"征收污水处理税。在公共工程署的压力下，新法律允许环卫区收回早先在针对芝加哥市的一场诉讼中被判决获得的款项。由于环卫区没有其他资金来源，公共工程署的影响力很大。[11]

联邦—地方伙伴关系引发了许多管辖权和行政权问题。然而，联邦财政支持并没有解决长期存在的维护和运营问题，也没有解决日益增长的公共工程基础设施的资金成本问题。此外，联邦政府并不总是能在基础设施融资问题上有所担当，并激发起相关政治行动。在南部，联邦政府用于公共工程项目资金的突然到位，确实将几个社区的地方当局动员了起来。在亚特兰大，与联邦政府官员的积极接触使佐治亚州一半的工程进度署建设拨款用于城市建设。资金支出的最优先事项是城市排污系统。

在新奥尔良，联邦建设项目深陷州政治泥潭。1933 年，市政官员要求公共工程署支持一项由当地排污和供水委员会监督的项目。由于主管公共工程署的内政部长哈罗德·伊克斯（Harold Ickes）不信任休伊·朗格（Huey Long）长期主导的路易斯安那州政府，而后者声称要控制所有的州内合同工程，因此项目申请被推迟。尽管如此，1935 年，公共工程署的资金还是被批准用于该项目，但正如预期的那样，朗格和地方当局摆好了架势，准备处置这些资金。联邦基金一发放，州长奥斯卡·艾伦（Oscar K. Allen）就获得了一项阻止该市启动项目的法院命令，并敦促立法机构为新奥尔良市建立一个新的排污和供水委员会。为了应对这种变化，伊克斯冻结了这些资金。在朗格 1935 年 9 月被暗杀后，冻结获解除。巴吞鲁日（Baton Rouge）的新民主党希望将联邦资金带到该州，因此新奥尔良继续用联邦资金完成了排污工程。[12]

在财政方面，排污和污水处理的人均费用较其他环卫服务低。[13]维修、扩建和新建工程是固定开支，而且随着用水量和与系统连接的增加，处理废物的成本也在快速增长。直到 20 世纪 40 年代，还没有明确的模式来制定统一的污水处理费率结构。1938 年，美国 35 个州的 600 多个市政当局使用税收债券、下水道租金以及污水处理费收入为新项目融资。公共工程署赠款的启动为市政使用税收债券提供了很大的动力。[14]

151　　城市尝试了几种分配污水处理服务费用的方法。一种方法是根据财产的评估价值征税，而不考虑所提供的服务。另一种方法是根据水的使用情况对排污系统收费。[15]大萧条时期的财政困难刺激了对污水处理和垃圾收集服务收费的使用。规模较小的城市发现租赁费很有吸引力，因为这些城市提高税收或寻求发行税收债券的能力有限。1945 年的一项调查显示，人口超过 1 万的城市中，只有 184 个城市在实际利用排污费来增加收入。[16]

解决财政问题、应付城市增长引起的需求，以及在大萧条和战争局面中维持服务，种种努力对供水系统管理带来影响，也大致发生在城市排污系统的管理中。将排污费与用水联系起来，促进了对这些服务的联合管理。效率和经济正在将供水和排污系统整合在一起，小社区尤为如此，因为它们无法承受复杂的官僚体制，也没有卷入大城市中使整合更加困难的政治斗争。[17]

在某些情况下，初期的规划是为了资助耗资巨大的排污工程。一些中小型社区将服务集中到联合供水和排污设施中，或简单地将多个社区连接到单个系统。1927 年，在新泽西州的埃塞克斯县（Essex）和联盟县（Union），11 个社区签署了一份合同，为修建环卫排污管道合流口提供资金。1940 年，旧金山东部的 7 个社区批准了一项区域污水处理调查。然而，城市之间的竞争有时会导致诉讼，而非合作协议。[18]

第一次世界大战后，要求规划环卫服务的呼声越来越高，但是进行什么样的规划呢？除了较小社区尝试的合流管理和合作措施外，环卫区的发展为多个城市地区排污系统的开发和筹资合理化提供了一种手段。以处理污水为目的而组织起来的这类功能区发展缓慢。另一种政府工具是"市政管理权"，但它的应用往往比环卫区在地理上受到更多限制。[19]

除了在污水处理领域，区域规划还没有超出合作计划的范围。上游和下游城市之间关于污水和工业废弃物倾倒的冲突已经在法院进行了争论，并通过州际环卫协定解决了这一问题。倡导者开始呼吁将区域规划作为预防问题的一种手段，而不是试图被动应对结果。宾夕法尼亚州开始将其境内的河流分类为自然状态保护良好的或可用于污水处理的河流。在俄勒冈州，波特兰和其他 65 个社区一起制定污水处理的共同计划。西雅图地区则努力建立一个都市排污区。[20]

1920 年以后，关于污水处理与饮用水过滤的争论逐渐消散，但并未完全消失。虽然稀释法仍被广泛应用，但这些年来，污水处理已成为必要的技术流程和城市服务，因此讨论逐渐转向处理"多少"与用"什么类型"。[21]20 世纪 20 年代，污水处理的基本原理没有改变，但是方法经历了重大修改。克利夫兰的环卫咨询工程师乔治·B. 加斯科尼（George B. Gascoigne）在 1930 年满怀信心地指出："21 年间，污水处理技术已经发展到这样的程度：只要操作得当，就可以通过数种经过充分试验的工艺连续处理污水，达到任何想要的净化程度，而且不会引起人们的反感。"英霍夫化粪池（Imhoff Tank）仍然很受欢迎，而活性污泥处理技术也"从 1915 年玩具式设施发展成为密尔沃基大型工厂般的成熟产业。"在氧化处理领域，滴滤池是标准配置。化粪池和英霍夫池被认为是主要的处理方法；化学沉淀法、活性污泥法、滴滤池法、间歇式砂滤池和土地利用法被认为是过渡技术或辅助方法。[22]

污水处理的研究趋势逐渐转向对水污染的更广泛评估以及如何解决水污染问题。1927 年，新泽西污水处理实验站污水处理主任威廉·鲁道夫（Willem Rudolf）博士指出："污水处理的趋势现在正朝着生物-物理-化学处理的方向发展，对污水进行生物处理的研究必须更多地考虑生物-化学因素。"然而，他意识到，实际上几乎所有同时代的处理方法都是沿着生物学的路线进行的。[23]

过去用来对付水媒疾病的方法经过改进，可以适应更大的废物量或处理设施面临的更高需求，也可以重新定义污染物的构成。[24]一位环卫工程学教授表示："工业废弃物作为污水中的一种要素以及河流污染的来源，现在开始受到应有的但长期未能得到的重视。"[25]不过，工业废弃物控制的进展并不那么乐观。[26]

1930 年，生活在有污水处理（不含稀释法）社区的人口增长速度，首次赶上了有排污管道社区的人口总体增长速度。1920 年至 1945 年间，污水

处理厂服务的人口从 950 万增加到 4690 万（增速 494%）。1945 年，有排污 153
管道社区的 62.7% 的居民可获得污水处理服务，不可获得服务的只占
37.3%。1945 年，美国大约有 5800 座城市污水处理厂。[27]

　　化学沉淀法的回归，很大程度上是因为 20 世纪 30 年代的变化。随着
化学品价格下降，而且在人口稠密的社区，生物方法需要太多的土地面积，
因此一些地方采用了化学沉淀法。此外，越来越多的人认识到商业或工业
废弃物是污染物，开始关注化学处理的价值，因为化学处理比其他方法更
可靠。到 1938 年，大约有 100 家工厂采用了某种形式的化学沉淀法。[28]尽管
如此，关于化学处理长期价值的矛盾心理仍然存在。化学处理只是污水处
理的一个步骤。在许多地方，化学品仅用于季节性作业，不然其成本会过
高。化学法的应用，若与后续的过滤工艺相结合，效果可与生物处理相媲
美。这表明，在此期间污水处理本身仍带有实验性质。[29]

　　研究人员和工程师对污水处理技术的进步充满信心，但他们并未声称
已找到解决方案。"双重处理"技术（污水和地面垃圾混合物的处理）在
密歇根州的兰辛（Lansing）和印第安纳州的加里（Gary）获得测试。此
外，业界还对气体污泥利用、污泥焚烧和污泥处理工艺进行了各种试验。
污泥作为污水处理的"难题"，其处理和处置与污水排放一样受到关注。[30]

　　对于活性污泥这一最受推崇的生物污水处理工艺，设施正在不断扩建，
各种技术也正在进行测试。然而，该工艺的理论仍在查验阶段，相关专利
诉讼更加剧了混乱。密尔沃基活性污泥厂（当时最大的活性污泥厂）于
1925 年投入运营。重要的研究和测试也在芝加哥、休斯敦、印第安纳波利
斯和其他地方进行。20 世纪 20 年代，很少有工厂投产，但到了 1938 年，
已有数百家工厂投入运营。1939 年，芝加哥活性污泥处理厂号称世界
之最。[31]

格里利和汉森咨询工程师公司（芝加哥）（Greeley and Hansen Consulting Engineers）的保罗·汉森（Paul Hansen）在回顾污水处理趋势时表示，大萧条和二战这两大"压力期"对供水净化和污水处理工程的总体设计产生了"显著影响"。他补充说，在二战期间，污水处理比供水净化有"更明显的发展趋势"。供水净化较早获得了公众的认可，但污水处理在很大程度上因联邦财政的刺激获得了更大的接受度。鉴于污水的特性、工业废弃物的多样，以及不同水体对接受这些废弃物的不同要求，污水处理也比供水净化更为复杂。[32]

位于辛辛那提的美国公共卫生署高级环卫工程师哈罗德·W. 斯特里特（Harold W. Streeter）将污水处理和供水净化技术的进步，称为关于河流污染和控制的"总体扩展的视角"。斯特里特认为，"公众对河流污染的关注日益增长，并将其看作是一个全国性的问题"，刺激了这种视角的扩展。[33]更有可能的是，科研人员、工程师、公共卫生专家和环卫学家不断积累的经验，促成了环境洞察力的萌芽。

20 世纪 30 年代，大约 75% 的生活污水产生于东北部、北大西洋沿岸、俄亥俄河、五大湖和密西西比河上游流域。这些地区还出现了严重的工业污染。在 1939 年的一项政府研究中，这条城市人口走廊被称为"美国城市污染带"。对于那些希望减少水污染的人来说，这是他们最聚焦的地方。[34]

"扩展的视角"表明，关于环境卫生与个人健康之间的旧争论已被搁置。生物-物理-化学处理的观点反映出一种更成熟的未来展望正在浮现。虽然此时尚未出现完整的生态学观点，但污水处理和供水净化技术的进一步发展表明，将在第二次世界大战后影响环卫服务的新环境保护范式正在形成。

斯特里特指出，关于河流污染和控制的总体扩展视角，"使有待解决的

154

工程问题的性质和复杂性发生了显著变化",但"与其说是对废物的实际处理,不如说是制定可行的污染控制计划。"他总结说,这些计划的设计必须"使完整的河流系统在适当条件下服务于各种用水需求,并应尽可能避免某些地区过度治理造成的浪费和其他地区的治理不足。"20 世纪 20 年代初,他在俄亥俄河谷的调查中看到了他所描述的"流域意识"的进步。[35]

斯特里特的观点与进步时代应用于自然资源保护的"明智使用"观点非常相似。[36]然而,它也依赖于保护水道的系统看法,因此与以往关于妨害和流行病传播的观念大相径庭。对工业废弃物的关注还扩大了水污染的概念,使其超越了疾病的威胁,也让水污染治理不再等同于生活污水处理。在某种程度上,斯特里特的评论超越了"环卫服务主要是工程或技术问题"的严格范畴。

美国土木工程师学会等专业团体对水污染的关注体现在它们的会议通 155 讯和学报中。各州环卫工程师论坛（Conference of State Sanitary Engineers）创立于 1920 年,成员包括来自各州卫生局的首席环卫工程师。1928 年,污水处理行业协会联合会（Federation of Sewage Works Associations）成立,工作重点在于协调该领域工程师和技术人员的活动。在乔治·W. 富勒（George W. Fuller）和哈里森·P. 艾迪（Harrison P. Eddy）等知名人士的带领下,该联合会收集并发布了大量关于污水和工业废物处理的科技信息。在二战期间,环卫工程师和公共卫生官员在污水处理和水质保持的纠正措施上的界限模糊了。[37]

对于那些年间消除河流污染的有效措施是否获得落实,人们却普遍持怀疑态度。哈佛大学工程学教授乔治·C. 惠普尔在 20 世纪 20 年代初宣称:"现在人们对河流污染更加漠不关心,执法也比二战前更加宽松。"[38]一位作家用有点新奇的口吻,将那些寻求污水处理的人要么描述为"不惜任

何代价追求纯净"，要么是"如果我们能负担得起，就追求纯净"，或者
"让渔民到别处去"。[39]如果我们接受这种界定方法，大多数工程师和环卫专
家很可能属于中间类别。像伊扎克·沃尔顿联盟（Izaak Walton League）这
样的环保主义者团体，可能属于第一类，牡蛎种植者或渔民也属于第一类。
公民环保组织开始关注污水处理和供水净化问题，这表明在水污染问题上
出现了严肃的公众对话。这些努力可能没有达到斯特里特所说的"公众关
注获得增长"的程度，但的确已经有了一个开始。

20 世纪 20 年代末，伊扎克·沃尔顿联盟开展了自己的全国河流污染研
究，并将关注点集中在水生生物影响上。20 世纪 30 年代，该联盟在伊利诺
伊州推广了"为健康和幸福清洁河流"的口号，并因唤起公众对科学处理
污水的热情而受到赞誉。20 世纪 40 年代，美国伊扎克·沃尔顿联盟执行官
肯尼斯·A. 里德（Kenneth A. Reid）明确指出："为了全体美国人民的利
益，还有什么公共工程计划能比作为战后第一项公共工程计划的正面对抗
水污染的行动更为合乎逻辑呢?"[40]

对河流污染和污水处理的关注有助于加快各州对水污染的监管反应，
但联邦政府的行动却相当滞后。在当地，关注的重点集中在城市对水污染
的责任，以及工业通过使用公共排污系统污染水道的程度。到了 20 世纪 20
年代，如一位律师所指出的那样，法律规定一座城市不能"以政府的能力
156 为借口，对因疏忽提供不卫生（水）供应而产生的责任进行抗辩"。但这
样一种观念的问题更大：不管疏忽与否，城市都可以绝对保证其饮用水是
安全的。一些法院案件发现，城市疏忽了对水的适当检查，因而不能确保
其免受污染。另一些案件中，法院并不是根据公共或私人系统供水的纯度，
而是主管人员疏忽行为的责任轻重来作出裁决。这意味着，如果未经处理
的废弃物被倾倒入水中，城市要为污染引起的任何疾病负责。[41]

这是一个相对狭窄的污染定义，它没有考虑化学污染物和生物污染物。当污水处理厂排放的污水威胁到原告的土地或水源时，法院确实认定了市政当局的责任，而且似乎对毗邻潮汐水域而不是淡水水体的市政当局更为宽容。只要不造成公害，那些潮汐沿岸的市政当局在处理废弃物方面有更大的余地。而当市政当局或州政府通过保护性法律和宪章条款来规定个人起诉城市的时限，从而减少承担责任的机会时，法院却会对诉讼时效问题从宽处理。[42]

20 世纪 30 年代，关于工业废弃物的争论日益激烈，焦点是工业界对它的处置需求是否构成使用城市排污系统的正当性。美国公共卫生署的一项调查得出结论："工业造成的有机污染与所有居民造成的有机污染差不多。在许多情况下，城市的工业污染可能等于或超过生活源污染。"[43]

某些形式的工业污染所造成的影响是城市希望避免的。各种酸会杀死鱼类，腐蚀下水道并妨碍污水处理。易燃废弃物在污水泵站和污水处理厂会引起爆炸。亚硫酸盐纸浆废弃物是水处理的主要难点。[44]在战争期间，对工业的例行监管并没有统一路径，许多情况下，城市几乎没有追索权。

与一般的水污染立法和管制一样，那段时期在规范污水处理和处置方面取得的最重要进展是发生在州一级的。20 世纪 20 年代，一些州通过法律，规定城市必须设立污水处理厂。国家卫生部门经常承担执行这些法律的责任。[45]在大多数情况下，河流污染治理的责任由几个州属部门分担，但没有任何一家单位获得明确授权。

因水污染引发的州际敌对关系要么必须通过协定解决，要么通过法庭解决。这一时期最著名的法律诉讼可能发生在芝加哥环卫区。从 1900 年到 1906 年，该市卷入了与其排水管道有关的诉讼。圣路易斯市的官员反对芝加哥将密歇根湖的污水经伊利诺伊河排入密西西比河。法院命令该环卫区 ₁₅₇

停止向运河排放未经处理的污水。1909 年，该环卫区在向美国最高法院提起上诉的同时，开始努力推行废物处理。1922 年，它已经计划并正在建造污水处理厂。经过多年的争论，最高法院颁布了一项法令，限制环卫区可以转移的湖水量。正如经济史家路易斯·P. 凯恩（Louis P. Cain）所说："这项法令为政府监管以外的以法院令形式存在的限制措施开创了先例。"从本质上讲，这项决定确证了污水需要得到处理的理念，并削弱了未经处理的污水或工业废弃物可以通过简单倾倒得到满意处置的观点。这一决定也削弱了稀释的想法，但并非说明它完全不可信。[46]

　　虽然排污和污水处理技术在战争期间没有发生重大变化，但人们强烈感受到收集和处置废弃物的重要性。在大萧条和战争期间，有限的资源用于维持和升级系统，与关于水污染性质和程度的"扩展视角"的主张形成了对比。就工程师而言，他们放松了对稀释法的投入，并提出生物威胁是抵抗污染工作的主要焦点问题。针对纯净供水和有效处理污水相关问题的重新思考，正将环境保护的对话推向一个更高的层次。

第十三章

"环卫工程的孤儿"

垃圾的收集和处置，1920-1945 年

1925 年，乔治·W. 富勒在《美国公共卫生杂志》（*American Journal of* *Public Health*）的一篇文章中，将垃圾处置称为"环卫工程的孤儿"。他接着指出："工程师只是随机接触（垃圾收集和处置），他们的权限和必要研究机会的不足，使其难以确定不同城市的实际问题是什么，以及如何才能最好地建造和运营工程。"[1] 塞缪尔·A. 格里利可就没有那么宽容了："垃圾处置是环卫工程的一个阶段，与公共卫生的关系也许不那么密切，而且在这方面取得的进展可能也不如供水和污水处理领域。"[2]

虽然富勒和格里利低估了鲁道夫·赫林和乔治·华林等工程师对垃圾

收集和处置的贡献，但他们仍然准确地描述了垃圾与供水和排水系统之间的关系。相比之下，在技术和环卫人员的圈子里，垃圾的收集和处置并没有得到供水和排污系统所得到的重视。随着污秽理论的终结，垃圾处置作为一种避免严重健康危害的方法，其重要性逐渐下降。

垃圾处置与其说是健康问题，不如说是工程问题，在环卫服务中处于二等地位。到了 20 世纪 20 年代，一些垃圾管理改革的倡导者已经去世。许多新一代的工程师往往受过大学教育，他们更愿意将自己的技能应用到具体问题上，而不是抨击更广泛的环境、美学或社会问题。

在战争期间，垃圾收集和处置仍然是一个地方问题。与固体废弃物有关的健康和其他环境风险没有引起对伤寒或工业废水的重视。然而，大量的废弃物仍在继续增加。第一次世界大战后，考虑不周和不合时宜的军人复员使美国陷入经济困境。最终，经济的迅速复苏导致了 20 世纪 20 年代的暴发心态和无与伦比的繁荣。20 世纪 20 年代，以战争催生的资本、产业规划、技术创新以及和平时期的需求为基础，一些以消费为导向的产业得到了发展，白领劳动力也得到了扩大。生产力的增长速度是人口和中产阶级扩张速度的两倍，但少数人仍然控制着国家的大部分财富。迎合消费市场的企业是这个时代最成功的企业。大规模的生产技术、高压广告的重点投放以及宽松的消费信贷，往往产生民主化的物质主义，特别是对中产阶级而言。

美国消费品的吸引力源于品种和价格。化学工业生产了一系列新织物、厨房用具、地板和化妆品。在获得了被没收的德国染料专利和创新化学家的专业知识后，杜邦公司（DuPont）引入了人造丝和玻璃纸。其他合成材料（如塑料）也被生产出来。在所有消费品中，汽车是最重要的消费品，使私人交通工具更加普及。到 1930 年，美国 20 家领先的消费品公司中，有 9 家专门生产消费品，而 1919 年只有 1 家。

20 世纪 20 年代，广告业进入了大企业的行列，并针对较大的城市市场开展了大规模的宣传活动。轻松的融资使消费品极具吸引力。甚至宗教也被商品化了。麦迪逊大道的广告人布鲁斯·巴顿（Bruce Barton）写了一本名为《无人知晓之人》（*The Man Nobody Knows*）的畅销书，书中把耶稣基督描述为有史以来最伟大的推销员。[3]

大萧条的破坏抹去了 20 世纪 20 年代不断升级的经济增长。然而，大萧条只是暂时改变了消费趋势和消费习惯。1920 年至 1940 年期间，固体废弃物的产生量稳步上升，从每人每天 2.7 磅增加到 3.1 磅。[4]20 世纪 20 年代的大城市，平均每人每年产生 150 到 250 磅生活垃圾以及十分之四立方码（约 0.3 立方米）的废品和灰渣。[5] 160

尽管垃圾被视为优先度很低的环卫问题，但它对市政当局而言并非无关紧要。在收集垃圾统计数据、开发更系统性的技术以及扩大市政收集和处置责任方面还是取得了长足的进展。垃圾收集，特别是在城市范围扩大之后，因涉及额外费用而引起了广泛关注。关注的重点是新的行政安排以及机械化在将废弃物运至最终目的地这一环节可能具有的优势。对技术的重新评估即将进行，虽然重点仍然是寻找一种单一的技术万灵药，而不是开发综合系统。

与供水和排污系统一样，大萧条和备战优先加剧了垃圾问题。与水务服务不同的是，垃圾似乎没有造成同样的环境危险。具有讽刺意味的是，20 世纪 20 年代和 30 年代，在环卫服务中地位不高的垃圾收集和处置以及街道清洁，反而给大城市带来了巨额财政负担。尽管垃圾管理基建费用较低，但所使用的劳动力比供水和排污系统都要多。[6]

关于是由市政抑或私人收集和处置垃圾的争论，似乎在 20 世纪初就已解决，但在 20 世纪 20 年代和 30 年代又重新出现，核心问题是由谁来承担收集费用。在一些具有城市固体废弃物处置功能的城市，收取服务费的想法得到了一定的支持。人们提出了大量的建议，要求将垃圾收集的成本与垃圾的重量和体积、运输距离、住宅或企业类型、甚至家庭房间的数量或水费的多少联系起来。在某些情况下，可以征收特别税来承担服务费用。但没有一种方法是完全令人满意的。[7]

　　大萧条期间财政收入的减少使城市很难维持足够的服务，更不用说投资资本项目了。大萧条还意味着可回收材料的市场萎缩。新政计划提供了一些支持，但与供水和排污系统相比显得微不足道。截至 1939 年 3 月 1 日，只有 41 项非联邦垃圾处置项目（可与 1527 个排污系统项目对比）获得联邦贷款和拨款。土木工程署工作人员收集垃圾的工作仅是消防计划的一部分，没有救济资金可被用于定期收集和处置服务。然而，焚烧炉建设、垃圾场改善和成本研究这些活动却可以获得联邦贷款和拨款。[8]

　　尽管受到大萧条的冲击，垃圾收集和处置方法在第二次世界大战期间仍经历了显著的技术改进和变化。一些工程师不相信 20 世纪 20 年代初取得的进展。格里利说："一些消息灵通的观察家认为，美国市政当局收集和处置垃圾的做法一团糟。他们看到各种各样的处置方法在得到使用，而且在一些城市，突然从一种方法转换为另一种方法的现象突出，有时还包括放弃掉看似有用且昂贵的正在运行的工厂。这些大型且昂贵的垃圾处置工厂只建成并运营了几年，便被废弃，逐渐解体。"[9]某种角度而言，格里利的这番话是对当时人们寻求一劳永逸式处置方法所产生的阶段性影响作出的回应。依靠新技术解决处置问题暴露出一定的思维定式，而且这些技术手段对不断变化的城市环境缺乏适应性。同时，格里利还对冲动实施那些由私人供应商强加给城市的垃圾处置技术做出了反应。

长期以来，很明显，收集和运输是垃圾管理服务中最昂贵的方面，并造成若干问题。[10]收集是垃圾管理服务中最有可能由私人承担或外包的阶段。特别是在太平洋沿岸，私人垃圾清道夫和其他形式的私人收集占主导地位。全美人口超过 10 万的城市通常都雇佣市政服务人员。[11]

汇总统计数据可以提供更完整的信息。1929 年对 667 座城市（人口超过 4500 人）的调查显示，只有 247 座城市（占 37%）拥有某种类型的市政收集。1939 年对美国和加拿大 190 座城市进行的一项调查发现，其中 149 座城市（占 78%）拥有某种形式的市政服务。然而，这项调查未能说明有多少城市没有作出回应或没有系统的服务，因此市政服务的数据可能是虚高。[12]

为了更好地确定最有效的收集服务，一些城市开展了工时定额研究，以评估收集容器的位置和标准化程度、服务所需车辆的尺寸和类型、运输长度以及二级运输的要求。[13]从理论上讲，在源头上对废弃物进行分类仍然是较好的方法，因为它能给一系列的处置方案带来便利，但做法各不相同。[14]在战争期间，收集方面最大的变化是增加了机动车辆的使用，增加了中转站以及使用二次运输。到第二次世界大战时，机动卡车取代马车成为标准的收集工具。设立中转站，将废弃物集中起来，以便更经济地运至最终处置地点。二次运输，如大型卡车、火车或驳船，被用于增加运往处置地点的运输量。[15]

在战争期间，全国范围内没有采用任何标准的处置方法。但在陆地上倾倒垃圾的做法比其他方法更为常用，尽管早在 19 世纪末就有人对此提出批评。据估计，在人口不足 4000 的城镇中，有 90% 依赖露天垃圾场。倾倒垃圾既方便又简单，但它是出了名的不卫生，会引来害虫，散发难闻的气味，威胁地下水供应，还会引发火灾。1929 年，美国药学会的一个特别委员会建议，不要在河岸上设置垃圾场，因为暴雨后垃圾会被淋滤并被冲到水里。[16]20 世纪 30 年代末，由于法令禁止垃圾场的使用，一些城市郊区的垃圾场正在消失。[17]

海洋倾倒与陆地倾倒相比并不令人满意。而且，向海洋倾倒垃圾的做法已经过时。1933 年，新泽西的沿海城市向法院提起诉讼，要求纽约市停止向海洋倾倒垃圾。同年，美国最高法院维持了下级法院终止这种做法的决定。同样在 20 世纪 30 年代，加利福尼亚州通过了一项法律，禁止向 20 英里内的通航水域或海洋排放垃圾。华盛顿州的贝灵汉姆（Bellingham）和安吉利斯港（Port Angeles），以及不列颠哥伦比亚省的温哥华等其他沿海城市，则继续在海上倾倒垃圾。[18]

20 世纪 20 年代出现的最有前途的技术是卫生填埋场。多年来，灰渣和垃圾一直被用来填埋，但是使用有机废物填充沟壑或平整道路非常令人反感。卫生填埋场采用填埋与露天倾倒相结合的方式。基本原则是同时处理所有形式的废物，并消除有机材料的腐烂。典型的卫生填埋场是分层的：垃圾上覆盖着灰渣、街道清扫物、废品或尘土；然后是另一层垃圾并以此类推。有时会在填料上喷洒化学物质以延缓腐烂。

在一些权威人士看来，这种做法不过是美化了露天倾倒，因此表示反对。"卫生"填埋场的想法很有趣，因为它可以处理大量的垃圾。[19]第二次世界大战后，卫生填埋场成为美国首个被普遍接受的垃圾处置方式。但由于垃圾填埋场成本高且劳动强度大，因此并未立即流行。[20]20 世纪 10 年代，早期的尝试在西雅图、新奥尔良和艾奥瓦州的达文波特进行。现代实践始于 20 世纪 20 年代的英国，当时的做法是"废物堆填法"。20 世纪 30 年代，纽约、旧金山和加利福尼亚州的弗雷斯诺出现同类做法。[21]

让·文森茨（Jean Vincenz）是开发、管理和宣传卫生填埋场的最重要人物。1931 年至 1941 年，作为加利福尼亚州弗雷斯诺市的公共工程专员，文森茨首次使用"沟填法"或"随挖随填"方法。在开发弗雷斯诺卫生填埋场之前，他研究了英国的倾倒技术，访问了加利福尼亚的多座城市，并咨询了纽约市一位积极开发该市填埋场的工程师。弗雷斯诺的卫生填埋场 163 于 1934 年 10 月在该市的污水处理场址启用。同年，文森茨开始了第二个垃圾填埋场项目，很快该市每年用大约 24000 吨混合垃圾填满了 4.3 英亩的土地。[22]

旧金山和纽约市的卫生填埋场比文森茨相对鲜为人知的弗雷斯诺填埋场更受关注。旧金山的填埋场于 1932 年开始运营，最初是作为一项应急措施，直到 1936 年才作为主要处置方案有效运作。与弗雷斯诺填埋场不同的是，旧金山填埋场建在海湾的滩涂上，用于填海造地。对海岸线的改造和填埋场的污染物浸出问题最终引起了人们的极大关注。[23]

纽约市的垃圾填埋场始于 1936 年，其设计与弗雷斯诺填埋场相似，只是规模更大。它位于城市监狱所在地里克尔岛（Riker's Island）。由于对该项目感到满意，市政官员在 20 世纪 30 年代批准了其他场地，期望能够改造更多土地。关于这些场址在何种程度上确实是"卫生"的争论随后爆发，而且环卫署（Department of Sanitation）执行其处置政策的过程中也发生了政治斗争。[24]

20 世纪 30 年代和 40 年代初，发展势头逐渐转向修建卫生填埋场。第二次世界大战期间，美国陆军工兵部队对此进行了试验，1941 年，文森茨接受了工兵部队维修及公用事业司副司长的职位。尽管他对军队在没有足够的监督和适当设备的情况下广泛采用卫生填埋场表示怀疑，但仍遵从命令执行了这些措施。到了 1944 年，有 111 处设施开始使用卫生填埋场，到 1945 年底，大约有 100 座美国城市采用了卫生填埋场。[25]

废物利用，包括废金属回收、其他可销售物品的回收以及餐厨垃圾的循环再生/重复使用，长期以来一直是处置办法之一。第一次世界大战后，猪饲养和垃圾分解提炼两种方法仍在继续，尽管它们的前景越来越渺茫。19 世纪 90 年代末，当美国在第一次世界大战期间被迫增加粮食供应时，养猪业出现了短暂的复苏，但后来有所下降。大萧条和第二次世界大战使这种做法重新流行起来，因为 1934 年和 1936 年的干旱导致玉米作物严重减产以及猪肉价格上涨。[26]

20 世纪 30 年代，科学研究表明，使用未经处理的垃圾作为饲料是猪感染旋毛虫病的重要原因，而旋毛虫病可通过未煮熟的猪肉传染给人类。尽管旋毛虫病的发病率及死亡率很低，但这种疾病与喂养方式之间的联系使一些城市转向了其他方法。不过，在一些地区，用垃圾喂猪的做法一直持续到 20 世纪 50 年代。[27]

164　　分解提炼与喂猪争夺垃圾供应。如前所述，分解提炼法利用化学和机械工艺从食物废弃物中提取可销售的油脂和肥料。由于这些工厂成本昂贵，它们基本上只能在大城市使用。第一次世界大战后，这些工厂的数量略有增加，但随着油脂价格的下降，工厂数量再次下降。不幸的是，由于大约一半的分解提炼工厂由私人承包商运营，因此人们对这些设施知之甚少。除了高昂的建造成本外，对它们的需求也很有限，这是因为这些工厂会散发出可怕的气味，所以被安置在离废物来源很远的地方。运输费用的增加以及进入当地供水系统的污染物，也增加了这种方法的局限性。[28]

一位作家哀叹分解提炼厂的消亡，他认为分解提炼厂既能有效清除垃圾，又能回收有用的材料，（原文此处有一句 "'Oh, for a Moses of the Garbage Can!' he proclaimed." 原著作者建议在中文版删去。——译注）并哀叹 "悲剧不在于损失了多少钱，而在于技术水平将倒退整整四十年。没有其他被广泛接受且令人满意的垃圾处置方法。"[29]然而，即便是改进后的分解提炼设施也达不到他的预期。1939 年，全美只有 14 座分解提炼厂仍在运营。[30]

其他一些方法采用了利用原则，但收效甚微。可产生腐殖质或处置垃圾的堆肥过程主要在美国以外地区得到了研究。1898 年，乔治·华林在纽约启用了垃圾分类设施，旨在将部分收益返还给国库。但是市政府官员从未坚持华林的利用承诺，这些工厂于 1918 年关闭。新的垃圾分类计划的目的并不在废物利用，只被看作一种减少垃圾被运到垃圾场的有效方法。易拉罐、瓶子、废金属、破布、橡胶和纸张的现成市场从来都不够可靠，无法吸引人们更多地关注垃圾分类。私人慈善组织在回收工作方面取得了一些成功，但它们的目标更多的是社会而不是环境。[31]

事实证明，战时的资源回收工作比和平时期的同类工作要成功得多，因为公众的积极性提高了，而且对可回收物的需求很大。在第一次世界大战中，战时工业委员会（War Industries Board）的废物回收服务仿效了英国的国家资源回收委员会（National Salvage Council）。在第二次世界大战中，美国在制定救助计划时再次借鉴了其他国家的做法。战时生产委员会的资源回收部（War Production Board's Salvage Division）的许多方案都是基于英国的做法。国家资源回收工作依靠大约 1600 个地方当局的合作，它们指导包括妇女组织和美国童子军在内的志愿团体的工作。从废金属到橡胶轮胎[165]这些材料都是为战争而收集的。到战争结束时，纸张回收利用率为 35%，但在宣布和平后开始下降。[32]

资源利用技术的成功往往只针对某些废弃物的回收和再利用，没有一种方法具有普遍性。猪喂养以及典型性稍差的分解提炼，表明了社会对资源利用的承诺。在这两种情况下，只有有机废弃物可被回收处置。其时，卫生填埋场还是相当新的事物，露天倾倒仍在继续，尽管存在缺陷。

　　通过处理无机材料或燃烧混合垃圾，焚烧法显示出其通用性。然而，焚烧也有一段曲折的历史。随着人们对垃圾处理的期望发生变化，焚烧的作用也发生了变化。1920 年之前，焚烧未能在处置方案中保持突出地位。20 世纪 20 年代初，焚烧炉最有可能取代郊区和较小社区的露天倾倒场，因为这些地方有工厂，偶尔的不完全燃烧并不令人反感，而且焚烧炉没有被用来发电。1924 年的一份报告指出，接受调查的城市中有 29% 焚烧垃圾。然而，在能源价格低廉的时代，人们对使用焚烧炉将垃圾转化为能源的兴趣并不高。[33]

　　20 世纪 20 年代焚烧炉使用的限制并不是由于严重的环境问题。工程师们普遍认为，从环卫角度来看，焚烧炉是一种可接受的处置选择。如果安装得当，它们不会产生烟雾和异味，因为当时大多数美国焚烧炉只燃烧有机废物和可能的废品。[34]20 世纪初，人们对焚烧垃圾的兴趣有所下降，到 20 世纪 30 年代末，焚烧炉成为一种相对流行的处置方式。在这十年中，焚烧炉的总数可能超过了 700 座，但只处理了约 5% 至 10% 的垃圾。[35]

　　正如一位专家指出的那样，按照四十年后标准开发的装置"毫无悬念地违反了空气质量标准"，但当时并没有受到严格的监管。[36]20 世纪 30 年代，人们对空气污染和焚烧垃圾之间的关系越来越感兴趣。然而，在这一时期，焚烧炉相对卫生无害的观点并未得到成功质疑。[37]

　　焚烧炉失败的部分问题在于市政当局尚未对本地条件进行工程研究，就从"库存货架"上选购焚烧炉。但受制于竞争成本，制造商却无法或不愿意提供这些产品。由于露天垃圾场在中心城市不受欢迎，垃圾焚烧炉在一些城市获得了优势。然而，焚烧炉仍然面临邻避主义的问题。一位支持者指出："单一且误导性的公众舆论往往延误了焚烧炉的建造。社区的每个单元都希望焚烧炉建在城镇的另一边，人们误认为产生气味和烟雾会危害健康。我们需要的是对公众进行教育，让他们知道现代设计的高温焚烧炉中一定能消除异味。"[38]

与 20 世纪 20 年代相反，20 世纪 40 年代焚烧法开始在一些大城市流行起来，这些城市有能力处置垃圾和可燃废品，同时将灰渣和不可燃物送至垃圾填埋场。在大城市中，只有纽约在这一时期开始填埋，但仍然依靠焚烧炉处置某些废弃物。在焚烧厂与垃圾填埋场竞争的情况下，争论的焦点是成本和便利，而不是环境风险。焚烧炉在 20 世纪 40 年代也因广泛用于军营和其他军事设施而受到欢迎。然而，高昂的建造和运营成本仍然是其在许多中等规模社区普及的最大障碍。[39]

家用垃圾处置器的发明为垃圾处置提供了一种不同的方法。这一想法可以追溯到 20 世纪 20 年代和 30 年代污水处理厂使用的研磨机和碎纸机，它们将大块固体转化为细浆。1923 年，在宾夕法尼亚州的莱巴嫩县（Leba-non），人们对粉碎处置进行了首次尝试，即先粉碎垃圾，然后将粉碎物排入下水道处置。[40]1935 年，通用电气公司（General Electric）将市政粉碎处置的理念应用于设计和制造私人住宅厨房的"垃圾处置设备"。[41]其中一些设备已在《科学美国人》等科学杂志以及《家居与花园》（*House and Garden*）等女性杂志上进行了宣传。通用电气公司和其他制造商把营销重点放在了房屋建筑商、厨房装修商和市政官员身上，以争取更大的消费群体。但大面积的安装要等到第二次世界大战结束才来。[42]

1930 年，匹兹堡的咨询工程师内森·B. 雅各布斯（Nathan B. Jacobs）提出了垃圾处置是否取得了进展及未来发展前景的问题。他认为垃圾处置应该引起更多关注，并得出结论：呼吁纳税人的支持，既要考虑财政状况，也要激起公民参与的自豪感。他认为，随着大城市的不断发展，集中控制和管理服务（诸如垃圾收集和处置）将至关重要。[43]

　　美国公共工程协会的垃圾收集和处置委员会在 1941 年版的《垃圾收集实务》（*Refuse Collection Practice*）中也认识到垃圾管理问题更广泛的背景。委员会对"欧洲环卫服务的显著改善"表示赞赏，这在很大程度上是由于各国官员之间交换意见和为找到解决办法而进行的协调努力。该委员会还认识到，将这些成功转化为美国的情况并非易事。首先，欧洲产生的人均垃圾量远低于美国，这归因于欧洲人的"节俭习惯"和各种材料的"供应不足"。其次，该委员会认为，欧洲人"干净、有序、节俭的个人习惯"有助于构建人们"严格遵循"环卫条例和规章的意愿。第三，委员会认为，欧洲人更"普遍尊重环卫服务，特别是垃圾收集服务。"第四，在欧洲，所有的垃圾都被收集在一起进行有效处理，而且处置方法的种类也没有那么大的变化。

　　尽管该委员会可能夸大了欧洲收集和处置服务的效率和效力，并低估了美国同行的价值，但它提出了内森·雅各布斯在 1930 年表达的类似问题。解决垃圾管理问题，不仅需要技术上的解决办法，而且是商品消费者和处置责任人之间的互动问题，这种想法似乎已经消失了。第二次世界大战后，垃圾收集和处置的地位将会提高。但是直到 20 世纪后期，因为出现了对迫在眉睫的"垃圾危机"的恐惧，才使垃圾管理受到全国性的重视。

第三部分

新生态学时代，1945—2000 年

第十四章

生态学时代郊区蔓延的挑战与 "城市危机"
1945–1970 年

第二次世界大战后城市发展的特征，以及环卫技术的主要影响因素是 城市周边地区的持续生长和城市中心区的恶化。郊区蔓延对供水、排污、垃圾收集和处置服务的提供者提出了严格的要求。就其本身而言，郊区化实际变成了提供环卫服务的财政拖累。社会科学学者丹尼斯·R. 贾德（Dennis R. Judd）指出，一项对大都市区的研究"发现，城市中心区环卫服务的成本更多是由郊区人口水平所解释的，而非其他因素。"[1]

对日益老化的基础设施的关注，首次使人们对早先设计和实施的环卫系统的持久性产生质疑。然而，一系列逐步严重的社会问题（通常被称为

"城市危机"），将人们的注意力从基础设施问题转移到其他方面。1945 年以后，环卫服务不仅处于新的社会和政治背景下，还处在不断变化的环境

172 中。"新生态学"和现代环境运动的出现产生了一种新范式，在这种范式中，即使是诸如工程师、公共卫生官员和其他对建设初始系统有影响的环卫学家，也以不同的眼光看待环卫服务。

1945 年以后，大都市区的城市人口比例越来越大。1920 年到 1970 年间，居住在城市的美国人数量从 50% 上升到 73.5%。从 1940 年到 1950 年，城市人口增长了 22.2%，而同期美国的总人口只增长了 14.5%。20 世纪 50 年代，城市人口的增长速度几乎是非城市人口增长速度的 5 倍。1960 年，63% 的美国人（将近 1.13 亿）生活在城市地区。[2]

地理面积的扩大同样令人印象深刻，尤其是在人口数量不断上升的都市地区。1930 年至 1970 年间，休斯敦（从 72 平方英里增至 453 平方英里）、达拉斯（从 42 平方英里增至 280 平方英里）、圣迭戈（从 94 平方英里增至 307 平方英里）、菲尼克斯（从 10 平方英里增至 247 平方英里）、印第安纳波利斯（从 54 平方英里增至 379 平方英里）、圣何塞（从 8 平方英里增至 117 平方英里）和杰克逊维尔（从 26 平方英里增至 827 平方英里）等城市的面积获得了显著扩张。[3]

对于新兴的"阳光地带"（Sun Belt）城市而言，兼并成了一种特别有吸引力的发展手段，尤其是面临其他城市区的竞争有限且有较好的州法律环境的地区。兼并限制了政府的分裂以及郊区的独立发展，并有助于填补税收。1945 年，有 152 座人口超过 5000 人的城市完成了兼并，大大超过了战前水平。20 世纪 40 年代后期，将近 300 座城市兼并了更多的土地，而到了 1967 年，已有 787 座城市完成兼并。[4]

1940 年至 1970 年之间，城市核心群和郊区的发展模式基本上互为镜

像。到了 1970 年，超过一半的城市居民住在郊区。1940 年至 1970 年间，核心城市的标准都市统计区（Standard Metropolitan Statistical Area，SMSA）的比例从 40.7% 下降到 4.4%，郊区的则从 59.3% 上升到 95.6%。1950 年至 1970 年间，芝加哥市和纽约市的人口都减少了。底特律核心区人口减少了 20%，而近郊人口增加了 200% 以上。即使在洛杉矶（唯一一个核心区人口增长的大城市），周边地区的增长也比中心城区高出 141% 到 143%。5

二战后人口向"阳光地带"的迁移，本质上是一场郊区运动，尤其是在加利福尼亚、佛罗里达和得克萨斯等州。6在标准都市统计区内，东北部的城市人口集中程度最高，南部和西部的增幅最大。因此，直到 20 世纪 60 年代，核心城区和郊区之间的增长差距主要集中在东部和中西部。

住房市场的趋势形象地表明了外向发展的加速。1946 年至 1960 年间，建筑商建造了大约 1400 万套单户住宅，到 1970 年，几乎三分之二的美国家庭拥有了自己的住房。事实证明，美国联邦住房管理局提供的数十亿美元抵押贷款担保和退伍军人事务署提供的低息贷款，对推动战后的房地产繁荣至关重要。联邦抵押贷款担保的可用性促进了美国郊区前所未有的新住宅区建设。7肯尼斯·杰克逊（Kenneth Jackson）表示："美国郊区已经从富人的聚居地转变为中产阶级正常期望的家园。"8

郊区对城市中产阶级，尤其是白人产生了推拉效应。拉动因素包括初次开发的新住宅项目中有吸引力的联邦住宅管理局和退伍军人事务署的抵押贷款。推动因素包括城市中心的衰落和种族偏见，这些因素促使了白人大迁移（white flight）。此外，中产阶级城市居民搬出了城市中心区，以避免因那里不断增长的支出而被征税。在这种情况下，白人和黑人都在搬往郊区。

早在 20 世纪 30 年代，居住在美国最大城市郊区的黑人数量就有所增

加。与郊区白人相比，黑人居民比例相当低，这是可以预期的，因为有各
种将少数族裔、穷人和老年人排除在郊区社区之外的努力。黑人郊区居民
和西南部拉丁裔郊区居民经常发现自己被隔离在新的环境中。郊区的隔离
遵循了城市中心区隔离的模式。到了 20 世纪 70 年代，按种族划分的居住
模式仍在继续，且范围更大。对郊区少数族裔的积极排斥，在很大程度上
削弱了非裔美国人、拉丁美洲人和穷人对郊区生活的热情。[9]

　　就业和零售业紧随美国人的城市外迁。20 世纪 60 年代，在 15 个最大
的城市地区，城市中心区就业人数下降，而郊区就业人数上升。新工厂在
郊区社区的建设速度比中心区快得多。为汽车文化而设计的购物中心很快
取代了市中心的百货商店，成为美国零售业的主要标志。到 1956 年，郊区
共有 1600 家购物中心，还有 2500 多家正在规划或建设中。[10]

　　战后郊区对汽车的依赖程度，丝毫不亚于旧郊区对有轨电车的依赖程
度。1945 年至 1965 年间，美国人口增加了 35%，而汽车登记数量增加了
180%，从 2600 万辆增加到 7200 万辆。到 20 世纪 60 年代初，大约 80%的
美国家庭拥有汽车。[11]联邦政府用于高速公路建设的资金不断增加，根据
1956 年《州际高速公路法》（Interstate Highway Act），美国高速公路系统的
估计成本中，约有一半用于 5500 英里的城市高速公路建设。[12]

174　　向城市外围地区推进并不能确保人们摆脱曾经发生在中心区的问题。
早在 20 世纪 50 年代中期，人口最多的郊区内侧地带的居民就要求修建更
多的学校，以及新排污系统、纯净水供应系统以及足够的垃圾处置设施。
资源在一些郊区社区中分散得很稀疏，这促使政府努力吸引新的工商业并
提高税收。郊区和中心城区之间的政治对立加剧，暴露了隔离的后果，特
别是种族隔离和中心区不断加深的财政困难。[13]

　　二战后，中心区成为最受困扰的城市地区。随着潜在购买者将目光投

向城市周边的新建筑，市中心的住房市场开始崩溃。[14]最终，随着商业外迁，从郊区到中央商务区的通勤率下降。大多数大城市的零售额大幅下滑，酒店收入下降，郊区购物中心和汽车旅馆则生意兴隆。[15]

对于核心地区和外围地区之间日益扩大的分歧，早期的回应是促进市中心振兴和城市改造，这解决了一些经济和物质问题，但很难解决许多根本性的问题。这些重建项目牺牲了低收入社区，取而代之的是修建高速公路或私人和政府办公楼，反映出人们对重新焕发活力的中心城区使用方式的看法正在发生变化。尽管对当地居民造成了影响，但贫民区拆迁成为振兴项目的首要目标，拆迁的房屋比建造的房屋还要多。[16]

到 20 世纪 60 年代中期，大批专家开始抱怨"城市危机"，其特征是中心城区经济衰退、健康和环境状况恶化、暴力犯罪率上升、种族骚乱和整个社区的绝望情绪。这种对城市中心生活的悲观描述，与周边地区人们对城市问题日益淡漠的态度相吻合。[17]

提供新的环卫服务和改善现有系统的需要被夹在了向外围发展的趋势和国家都市核心区的泥潭之间。环卫服务的发展和改善正在一系列广泛的社会、经济和政治问题中争取优先地位。此外，美国城市核心区和郊区的需求急剧分化，这使得统一的政策很难制定甚至不可能实施。

城市管理和财政发生重大变化，对环卫服务产生了极大影响。战后几年，联邦政府在城市事务中的作为有所减少。和平与日益增长的财富分散 175 了大萧条和第二次世界大战期间的紧急气氛，削弱了对新政政策的支持，而这些政策似乎对关乎城市发展的问题影响不大。共和党在 20 世纪 50 年代的总统大选中获胜，与民主党执政时期相比，它对核心城市的依赖程度有所降低，因此将重点从城市问题上转移开来。对许多人来说，新时期不再需要制定广泛的国家城市政策和继续提供全面的联邦援助。[18]

地方控制的增强在一定程度上是由于城市分化。郊区的发展催生了许多新的政府部门，这些政府部门加强了核心城区和郊区之间以及郊区本身之间的经济、社会和种族划分。[19]1967 年，全美 227 个标准都市统计区有20703 个地方管理机构，其中市 4977 个，城镇 3255 个，县 404 个，特区7049 个以及学区 5018 个。到 20 世纪 90 年代，地方政府的数量已增至 8万个。[20]

尽管艾森豪威尔政府希望更多的私人利益融入城市事务，但联邦与城市之间的伙伴关系在 20 世纪 50 年代并没有消失。1952 年至 1960 年间，联邦政府对大城市的直接援助有所增加，但仅占市政总收入的 1.2%。虽然城市在 20 世纪 50 年代没有像 20 世纪 30 年代那样面临财政危机，但预算仍然紧张。战争期间，地方政府大幅削减了债务负担，但仍面临公共工程积压的问题。1945 年后，随着城市的扩张，对公共服务的需求和通货膨胀的经济再次推动了市政支出的增长。20 世纪 40 年代后期，市政借款弥补了收支差额。[21]

随着 1961 年民主党重返白宫，城市事务获得了优先地位。1960 年，只有 44 个联邦拨款项目为大城市提供资金；到 1969 年，项目的数量已超过500 个。20 世纪 60 年代，人们认为城市问题可以在本地得到解决的想法因多种原因而消失。随着城市社区的扩大，对公共服务的需求不断增加。城市中心的衰败远远超出了地方政府的应对能力。收入跟不上支出。地方领导人意识到，民主党控制的白宫和国会的政治成功要归功于城市中的多数人。因此，新的资金被分配到几个现有的项目中，包括住房、城市改造、交通和污染控制。在林登·约翰逊（Lyndon Johnson）的伟大社会（Great Society）计划下，联邦资源被用于一组全新的城市项目。一些人试图重振社区参与，减少城市分化，恢复区域规划。[22]

尽管联邦政府的支持不断增加，但美国城市仍面临严重的财政问题，这些问题严重影响了优先考虑哪些服务的决定。地方当局的创收机制受到 176 联邦政府和州政府某些前置税收的局限，如所得税和销售税；各个管辖区的需求与资源分配不均；新收入来源寻求过程中产生的变化可能会挤走工商业或有色人种、老年人以及那些容易迁移的白人。

核心城区和郊区都面临财政压力——前者正在失去税收基础，后者正面临着公共服务需求的增加。在这两种情况下，支出的增长速度快于地方收入的增长。与此同时，美国的税收负担在 1957 年至 1967 年期间保持不变。各级政府和地方部门之间的收入来源竞争非常激烈。一般财产税仍然是本地最重要的收入来源。1932 年之前，它几乎提供了地方政府总收入的75%，但到 20 世纪 60 年代末，财产税仅为地方政府预算提供了 34.5% 的资金。不断上升的成本和公共服务需求的增加，使得二战后对财产税的依赖变得不那么可行，而且在政治上也不那么稳定。越来越流行的策略是在州和（或）联邦一级提供更多的服务资金。另一个办法是寻求新的地方税收来源，特别是市政所得税和地方销售税。这两项来源都特别允许中心城区从郊区通勤者那里获取收入。[23]

公共服务收费成为很重要的收入来源，尤其是在环卫服务和水污染控制方面。水务在增收方面表现最为突出，且与电力、天然气和港口设施共同成为几种最大的净收入来源。[24]在某些方面，服务费在标准都市统计区环卫服务支出中所占比例相对较低。1967 年，地方政府用于排污的支出就占到了总支出的 8.4%；只有教育、街道和道路以及地方公用事业占到了更大的比例。不断增长的资本需求也意味着城市债务大幅增加。[25]

二战后，城市财政问题的复杂性、城市发展模式、地方政府的分化、联邦政府角色的变化以及陈旧基础设施的恶化，给城市领导人带来了重大挑战。新的环卫服务，以及旧设备的维修和更换在今后的战略中具有重要意义，这是环境观念的一种范式转变。传统上强调纯净水供应、适当的污水处理和垃圾处置对公共卫生的影响，现在正被对生物和化学评估的侧重所取代，这些评估的内容包括水的纯净度、废物性质和污染的各种影响。与过去的健康观相比，现代生态学观点建立在更全面的理论基础之上，它更加关注化学标准和对健康的各种物质威胁，从而扩大了对污染的抗击范围。但它也最大限度地消减了环境卫生的价值，并使人们越来越关注个人或私人健康问题，而不是传统的公共卫生问题。

177

范式转变的核心是新生态学的出现。生态学的基本概念围绕着"环境与生物的关系"，特别是两者之间的交互关系。[26]生态学作为一门科学的出现恰逢 20 世纪初开始的工业时代。[27]实践中的新生态学并不是一个包罗万象的环境概念，而是将重点转向了不同的优先事项。到 20 世纪 60 年代，随着传统的进步和经济增长观念受到越来越激烈的质疑，生态学从科学概念转变为流行观念。[28]蕾切尔·卡逊（Rachel Carson）的《寂静的春天》（*Silent Spring*，1962）对杀虫剂的危害发出了严峻的警告，似乎最能把握住这种新精神。职业生态学家开始明确表示："对生物圈的尊重，就像对正义的尊重一样，必须继续在法律和政府中占有一席之地"。[29]

生态学是构建国家环境政策的有益蓝图。新生态学可以以其最简单的形式，引导国家从过去的功利保护主义走向注重环境质量、个人健康与福祉的时代。同样，"从 20 世纪 60 年代末开始，环境议题因强调消费者权益的概念而走向更深刻的讨论，并且可能与资本主义积累原理背道而驰。"[30]

战后的美国，站在环境运动最前沿的是公民和公共利益团体以及各种专家。1901 年至 1960 年间，平均每年出现 3 个新的公共利益保护组织；1961 年至 1980 年间，每年出现 18 个。虽然 20 世纪 70 年代见证了现代环境保护运动最引人注目的崛起，但 20 世纪 60 年代通过塞拉俱乐部（the Sierra Club，1892 年）和全美奥杜邦协会（National Audubon Society，1905 年）等较老的环保组织，以及资源保护基金会（Conservation Foundation，1948 年）、未来资源组织（Resources for the Future，1952 年）和环境保护协会（Environmental Defense Fund，1967 年）等较新的环保组织，环保运动的发展已得到推动。[31]

虽然环境保护组织尚未确定共同议程，但环保主义的基调和精神正在改变。生活质量问题、污染控制、对核能的警惕、对消费主义的批判、以及对自然区域保护的坚持，这些都表明人类在"明智使用"资源方面迈出了一大步，并对传统的经济增长和进步信念发起了挑战。[32]

尽管在公共领域就保护与发展、经济增长与环境质量问题进行了持久的争论，但在 1945 年至 1970 年间，国家环境立法取得了重大进展，例如 178 具有里程碑意义的《荒野保护法》（Wilderness Act，1964）出台。然而，单靠立法并不能保证改善当时的状况。对专业知识的需求让人追忆起标志着资源保护主义运动发端的进步时代的精神。将旧运动与新运动联系起来是对科学技术能够找到解决潜在环境危机方法的希冀。此前一些年表现出的对科学和技术近乎盲目的信仰被更复杂的、有时甚至是自相矛盾的关系所取代。美国在科学技术上取得的成就，有时被归咎于新消费文化的过剩。同时，人们还寻求科学家和技术专家的建议，以帮助消除污染，恢复更适宜的生活质量。[33]

阿贝尔·沃尔曼指出："直到最近几年，人们才开始抱怨现代社会的大多数罪恶都是由工程师的工作造成的。"但沃尔曼和许多其他工程师坚决捍卫这个行业对环境的正面影响，他们认为，"如果没有技术，现代社会就会崩溃"。他补充说，"优化利用世界以造福人类的任务是不可避免的。"[34]

尽管工程实践似乎反映出对控制环境的兴趣，但环卫工程师开始考虑有必要根据不断变化的环境观念更清楚地理解其职能和专业地位。人们越来越关注的是，虽然环卫工程和土木工程具有主要联系，但环卫工程仍没有专业归属。[35]工程师必须与周围瞬息万变的世界保持同步的想法并没有因此而消失。他们开始意识到，需要解决现代生活中许多紧迫的问题。1946年，沃尔曼指出："已经为未来的环卫工程师确定了一个活动范围，这个范围不再被纯粹的技术所限定"。国家卫生局助理局长马克·霍利斯（Mark Hollis）敏锐地指出："在谈到我们日新月异的技术时，对环卫工程实践产生最大影响的可能不是变革本身，而是变革的速度。"[36]事实上，工程师正面临一场重大转变，即人们如何看待他们，以及他们如何看待自己在战后世界中的作用。

公共卫生领域也正在发生变化。二战后，人们逐渐由预防医学转向更多地关注社会和行为问题。具有讽刺意味的是，现代环境运动却反而对一系列污染问题抱有高度的重视和敏感。另一方面，许多传染病的控制工作及将环卫职能下放给技术单位，使人们更加关注个人健康。[37]尽管存在明显的种族差异，但在1940年至1970年间，整个美国人口的出生时预期寿命从62.9岁提高到了70.8岁。[38]1920年至1956年间，每年平均有25起水媒疾病暴发，但1950年至1956年间没有死亡报告。[39]

对环境卫生的关注有限与政府公共卫生部门的减少无关。恰恰相反，公共卫生活动在社会和行为领域的扩大（尽管对预防医学的关注较少）反映在公共卫生机构的扩大上。然而，在1.165亿美国人能获得1434家卫生机构的专职卫生服务时，全国1594个县中仍有4300万美国人未能被相关机构和服务覆盖。[40]

逐渐地，卫生问题可以通过农业部、商务部、住房和城市发展部、内政部、劳工部以及民防署（Civil Defense Administration）等机构在全国范围内得到解决。卫生、教育和福利部署是负责管理美国公共卫生署的主要联邦机构。州服务局管理联邦与州以及州际卫生计划。同样重要的还有 1948年成立的世界卫生组织。[41]

在 1945 年至 1970 年期间，城市增长动力的变化和向新环保范式的转变，将对供水、排污和垃圾管理系统的维护和发展构成挑战。环卫服务保护公众健康和有效运作的能力，将更少地依赖技术水平，而更多地取决于市政府内部或外部生发出来的一系列外在力量。

第十五章

动荡时期

排污社会的"水危机"，1945–1970 年

1958 年 12 月，《财富》杂志（*Fortune*）发表了一篇关于基础设施的文章，它直截了当地指出，供水和排污系统"仍然是公共工程中的重大失败"。该文还补充说："这些关键缺陷正受到随意、勉强和局部但不是整个区域范围内的攻击，这恐怕是暴露问题唯一有效的办法。而且，不仅供水和排污设施严重不足，它们作为塑造社区有力工具的潜力也几乎被完全忽视了。"[1]

这一评价是严厉的，但是很明显，到 20 世纪 40 年代中期，许多建于

19 世纪晚期和 20 世纪早期的环卫系统正在减少。美国水务协会的公共信息委员会（The Committee on Public Information）在其 1960 年的报告中指出，在美国约 1.8 万套正常运作的供水设施中，有五分之一的设施供水量不足，五分之二的设施输水能力差，三分之一的设施水泵有缺陷，五分之二的设施处理能力有缺陷。该委员会估计，57% 的供水系统需要改善输配水设施，[181] 许多供水工程需要改进其管理和会计程序。[2]1961 年对 6370 个社区的调查显示，58% 的社区认为它们的系统是充足的，但 30% 的社区认为它们的系统不够完善，还有 8% 的社区指出迫在眉睫的的缺陷。存在的问题包括：峰值压力低、蓄水能力不足、水质差以及难以满足新住宅区和工业的需要等。[3]

必须在城市快速发展和用水量不断增加的背景下做出改善供水系统的决定，尤其是在配备自动洗碗机、洗衣机和空调等新设备的情况下。例如，自动洗碗机使人均用水量每天增加了 38 加仑。[4]

新的供水系统不断开工投产，特别是在大城市周边地区，以及不再依赖私人水井或基本供水系统的较小城镇。1945 年，美国大约有 1.54 万套供水系统，每天为 9400 万人供应约 120 亿加仑水。到 1965 年，全国有 2 万多套供水系统，每天为大约 1.6 亿人提供 200 亿加仑水。[5]这些新建供水系统绝大多数服务于较小的社区，而不是增加大城市的供水能力，但工作量最大的仍是服务于大城市的不到 400 套供水系统。[6]

城市扩张对战后供水系统的发展产生了巨大的影响，并伴随着支出的增加。到 20 世纪 60 年代中期，83.4% 的供水设施（人口在 2.5 万人以上的城市）是公有的。[7]这些水的年经济价值使供水系统跻身美国十大行业之列。[8]

随着经济的大幅增长和运营成本的上升，从 1950 年开始，全美范围内水务设施支出超过了财政收入，这种情况一直持续到 20 世纪 70 年代。与电力和天然气设施相比，对供水系统的投资很高，但与扩大的服务不相称。[9]尽管现有供水系统的不足日益严重，但对水的需求却增加了。1965 年，美国大陆公共市政系统的全国平均日耗水量约为 157 加仑，而 1955 年则约为 137 加仑。居民用水占总用水量的 46.5%。家庭用水主要用于冲厕（41%）和洗浴（37%）。在郊区社区，浇灌草坪和花园占家庭总用水量的很大比例。取水量最大的地区是北大西洋沿岸、五大湖和加利福尼亚地区，1965 年这些地区的取水量占 55%。在西部地区，灌溉耗水量最为突出，超过了所有其他用途。事实上，国家用水量（市政和农业用水量）统计表明，灌溉和工业用水的消耗规模大大超过市政用水。[10]

战后的供水问题因以下几个原因而加剧：储存、泵送和将水从现有供水设施输送到需求最大地区的设施分布不均；干旱的西部等地长期缺水；传统饮用水源污染加剧。一些城市长期以来依赖远处的地表水供应。旧金山的主要水库距离市区 150 英里；洛杉矶和圣迭戈从 550 英里远的地方取水。在某些情况下，供水被越过州界开采，导致了激烈的控制权之争。例如，在科罗拉多河的使用问题上，南加州与亚利桑那州的利益冲突。[11]在 1962 年的 100 座最大城市中，有 66 座依赖地表水供应，20 座城市依赖地下水，另外 14 座城市两者兼用。1965 年对 2.5 万人口以上城市的调查显示，1514 套供水设施中有 865 套（57.1%）依赖地下水，另外 126 套同时使用地下水和地表水。[12]

配水问题是由于供水设施位于中心城市的位置而造成的，这些供水设施通常服务于较大的都市区或郊区社区。20 世纪 60 年代，芝加哥的中央水厂以合同方式向大约 60 个郊区社区供水。[13]特别区设置和其他行政安排的数量随着对供水的需求而增加。1962 年，大约有 1500 个特别区，其中许多特别区是由较小的服务系统合并而成的。[14]

将供水线路延伸到郊区通常符合中心城区的利益，而对郊区来说，如果没有足够的服务，发展是不可能的。在某些情况下，中心城区不愿意将分输线向外延伸，特别是在未来无法保证兼并的情况下，扩展到未兼并的地区。例如，在圣安东尼奥，较老的中心城区比新建的、人口稀少的地区拥有更多的公共设施连接。[15]一些城市，如洛杉矶和密尔沃基，利用供水服务作为杠杆，对远离中心的地区实施兼并。房地产开发商或其他公共实体在现有城市界限之外修建了管道，最终使未来对远郊区的兼并具有吸引力。得益于 1963 年通过的一项强有力的州兼并法，休斯敦的开发商可以给出为郊区提供供水和排污服务的预期。[16]

中心城区通常以合同形式向边缘地区供水。为了尽量减少将供水管道延伸到周边地区的风险，它们通常会征收城外水费。由于郊区社区规模较大，拟建干线沿线的人口密度较低，因此扩建费用很高。20 世纪 70 年代初，这一城市水务发展趋势出现了转折。住房和城市发展部部长乔治·罗姆尼（George Romney）在许多城市的隔离居住模式上面临若干法律和政治挑战。一种解决方案是向愿意接受住房补贴的社区提供供水和排污补助。然而，郊区对这项计划没有什么兴趣，因为补助金规定了相当令人不快的条件。[17]

从整个供水系统的角度来看，输配成本占公用事业投资的三分之二。[18]管道尺寸过小、干线过长和设计问题等因素加剧了延伸新输配线路的困难。输配线路的内部腐蚀降低了其承载能力，产生了变色的水，并造成不好的味道和气味。[19]在某些情况下，输配系统不足反映出缺乏充分的规划；在其他情况下，则表明所提供的服务存在固有的不平等。例如，在著名的服务均等化诉讼霍金斯诉肖案（*Hawkins V. Shaw*）中，问题不只是黑人家庭和白人家庭缺乏供水和排污服务，还包括服务质量的差异。由于非裔美国人社区的管道较小，供水进入家庭的速度较慢，灭火用水也不易获得。因此，这些地区的火灾保险费较高。许多黑人家庭居住的较贫困社区的老旧程度是影响主管道规模的一个重要因素。[20]

过滤也面临着严格的审查。20世纪60年代，人们使用数学模型来预测过滤器的性能，并确定过滤模式。[21]由于预处理对快速滤砂器的性能有很大的帮助，因此对其进行了深入的研究。尽管50年来过滤器的设计几乎没有改进，但新型预处理设备正在投入使用。一般来说，过滤即使不是水处理中最昂贵的，也仍然是昂贵的部分。具有讽刺意味的是，随着预处理操作效率的提高，过滤器对改善水质的作用越来越小。工程师关心的一个新问题是，过滤器的成本似乎与其贡献不成比例。[22]

甚至广泛采用的氯化法也引起了质疑。1966年，99%的市政当局都采用了化学消毒法。人们开始担心氯化处理是否能满足日益增长的用水需求，测试表明，氯并不能有效地对付所有的微生物，至少在现有供水系统中所使用的浓度下是如此。[23]

此时出现了一种新的水添加剂氟化物，其应用旨在通过供水提供额外的健康效益。一些水源含有天然氟化物，但对于那些不含氟化物的水源，可以进行添加。1945年，密歇根州大溪城、纽约州纽堡市、伊利诺伊州埃文斯顿市和安大略省布兰特福德市开始了公共氟化实践。[24]氟化被用来减少龋齿（蛀牙），这是一种在儿童中特别流行的慢性疾病。包括美国公共卫生署和美国牙医协会（the American Dental Association）在内的氟化倡导者认为，它可以减少60%的蛀牙。1951年，美国医学会的两个委员会和国家研究理事会（National Research Council）的一个特别委员会发表声明，认为没有证据表明在饮用水中添加氟化物会产生毒性。[25]

1951年首次宣布氟化的益处后，公众的接受度不断上升，但有组织地反对在饮用水中使用氟化物的呼声也愈演愈烈。反对的声音与反对氯化的声音类似，也就是说，对任何添加到自然水源中的化合物都持怀疑态度。随着核时代的到来，对放射性污染的恐惧加剧了人们对国家供水的纯净度和可能将外来物质引入水中的担忧。[26]

水的氟化最终成为战后最具争议的水处理问题。围绕该问题，出现了地方诉讼，也有禁止氟化的全国性法案被提交到国会。一些城市在初步试验后放弃了这种做法。1953 年至 1963 年间，有 60 套供水系统停止了氟化，但最终有 26 套供水系统恢复了氟化。[27]一些人批评市政当局支持的氟化法是对个人自由的侵犯。西雅图放射学家弗雷德里克·B. 艾克斯纳（Frederick B. Exner）博士指出，这种做法"侵犯了上帝和人类最神圣的权利"。最荒诞的说法是，氟化是共产主义者杀死或削弱美国人的计划。在斯坦利·库布里克（Stanley Kubrick）1964 年的黑色喜剧《奇爱博士》（*Dr. Strangelove*）中，精神失常的杰克·瑞朋（Jack Ripper）曾独自将一架带有核弹头的轰炸机机翼投放到苏联，他告诉他的长官，氟化是一个可怕的共产主义阴谋，目的是消耗"我们宝贵的体液"。

撇开极端的说法不谈，反氟化组织针对氟化的不那么尖锐的批评和半真半假的陈述，使这场争论继续存在。氟化钠是鼠药；氟化是"非自然的"的强制药物。还有一些问题：氟化物的"安全"含量是多少？仅仅摄入少量的水，氟化不浪费吗？[28]

从长远来看，来自主要公共卫生和科学团体的支持以及增进牙齿健康的正面效果，使得氟化的使用增加。1951 年，360 多个社区采用了这一工艺；到 1968 年，4000 多个社区采用了氟化法。[29]在纽约州纽堡使用 10 年后，与未采用氟化法的金斯敦相比，16 岁青少年的蛀牙现象减少了 41%。在 6 至 9 岁的儿童中，结果更为显著，蛀牙现象减少了 58%。[30]

虽然水的输配和处理问题很严重，但公众的注意力却集中在水资源短
185 缺和干旱问题上。除了西部和西南部，美国大部分地区对干旱长期影响的
不安被夸大了。更严重的问题是资源枯竭的有害影响。在加州，由于干旱
持续，对水的需求不断增加。农业利益集团对此深感不安，公共事业委员
会（The Public Utilities Commission）下令对加州以北的特哈查比
（Tehachapi）山脉实行电力管制，以节约水力发电。尽管旧金山和奥克兰
避免了水问题，但与大型供水系统没有连接的小城镇却受到了影响。南加
州受灾最严重，降雨量低于正常水平，水库供水下降。在伊利诺伊州的几
个社区，依靠深井的城镇用水量超过了可补充的水量。人们对即将到来的
水资源短缺的认识提高，引起了对全国干旱和水资源枯竭的关注。1953
年，除三个州（爱达荷、罗德岛和密西西比）外，其他州都报告了水资源
短缺情况。[31]

干旱只是近年来一系列日益严重的问题之一，由于减少了当地的水供
应而使情况更加恶化。水库的防淤能力通常很差；对水的再利用和其他养
护措施的关注有限；河流污染每年造成数十亿加仑的损失；专家在确定可
用地下水方面做得很差。美国资源保护局（U. S. Conservation Service）局
长总结道："综合看来，我们现有和潜在的用水困难相当于一种非常严重的
全国性水疾病，这是我们国家快速发展的一部分，多年来被我们最初关于
资源丰富的记忆所掩盖。"如此观察，随新生态学的兴起而变得越来越
普遍。[32]

当代人可能对水资源枯竭的"国家问题"作了过于笼统的概括。一场
关于过度用水和可能补救措施的对话就是从这些公开的问题揭露中产生的，
但对于问题的性质或最佳解决方案尚无共识。一些人认为水资源短缺迫在
眉睫，另一些人则声称水资源充足。一些人声称，短缺本质上是地方性的，

可以通过减少无用的浪费来避免。还有一些人认为，人口增长和产业扩张给市政供水带来了"可怕的压力"。一些人甚至将水资源短缺与洪水泛滥时期进行了对比。一位将问题归结为输配缺陷的水文学者则创造了"人—水危机"一词。[33]

水问题的可能解决办法引起了广泛的回应。一些被提议的解决办法是权宜之计，例如限制用水。其他方法侧重于提高系统效率和获取新水源。在达拉斯，20 世纪 50 年代末开始在萨拜因河（Sabine River，城市东南 50 英里）修建水库，它在 20 世纪 80 年代之前一直用于供水。后来开展的进一步规划，目标是满足社区到 2000 年的需要。[34]

对地下水的依赖导致一些社区考虑潜在的地表水源。到 20 世纪 60 年代后期，由于缺乏可靠的数据，对水需求的评估受到了阻碍。美国最近一次对水的大型研究是在 1954 年进行的。其他增加水供应的方法包括人工补给地下水和淡化海水。这两种方法都很昂贵，而且并不普遍。[35]

联邦政府通过解决具体问题、设立委员会和制定大坝建设项目来应对危机。这些项目似乎与日益敏感的资源保护和其他环境关切背道而驰。内华达山脉地区的赫奇赫奇水库（Hetch Hetchy）；绿河上的回声公园（Echo Park）；科罗拉多河上的格伦峡谷（Glen Canyon）、大理石峡谷（Marble Canyon）和桥峡谷（Bridge Canyon）；育空河沿岸的兰帕特（Rampart）等项目在 20 世纪 60 年代面临严峻的阻力。环保主义者华莱士·斯泰格纳（Wallace Stegner）指出，大坝的问题在于"一度至关重要的水，现在已经变成次要的了。"灌溉和水坝的成本是通过出售水电来支付的。"这些有问题的水坝绝不是简单的水坑。决定大坝选址的往往不是钻机的动力头；高效发电需要更高的大坝，因此需要比简单的水坑更大的湖泊。"[36]

联邦水务委员会的调查有助于将注意力集中在水问题上。然而，它们并不总能提供准确的预测，或为未来的供水提出明确的规划战略。例如，总统的物资材料政策委员会（Materials Policy Commission）（佩利委员会，Paley Commission）虽然预测过 1952 年到 1975 年的用水估算量，但它们大大低估了增长率。[37]

水量问题只是战后水问题的一部分。水质变得越来越重要，对水污染的关注也从对生物污染物的关注扩大到各种化学污染物。其中一个原因是许多水媒疾病大量减少，公众对现有的防治方法和技术有信心。一份报告指出，1945 年至 1960 年间，伤寒的暴发次数仅占过去 25 年总数的 31.4%。总的来说，在 1946 年至 1960 年间，水媒疾病的暴发总数急剧下降。另一份报告指出，从 1946 年至 1960 年，共发生过 228 起水媒疾病或中毒事件，在此期间，有 25984 份病历可归因于饮用水污染。在病疫总暴发数中，只有 70 起发生在公共系统。病疫暴发最大比例的原因是地下水未经处理或对处理过程控制不当。[38]

187   市政当局和工业部门都被指责要对供水状况不佳负责，但水土流失造成的泥沙淤积也是原因之一。主要由工业废物引起的地下水污染尤其值得关注，因为相比地表水污染，它的控制难度更大。[39]除了已知的健康危害外，在诸如洗涤剂、杀虫剂等产品中，有数千种新型有机化学品被添加，连同各种工业过程和核技术的应用，产生了未知或鲜为人知的危险。[40]

对水质的批评促使一些人将水污染描述为"国家耻辱"，并谴责美国是"排污社会"（Effluent Society）。随着城市的发展，一个城市的取水口与另一个城市的排污口之间的实际距离缩短了，美国公共卫生署在 1960 年指出："河流污染的速度快于再生水的处理速度。"[41]凯霍加河（Cuyahoga River，流经克利夫兰和阿克伦）"燃烧"的场景以及对伊利湖（Lake Erie）"濒死"的指控，都是内陆水污染的生动例子。这种情况不仅限于东部工业区；美国水道状况的恶化在全国各地都可以追踪到。鱼类的死亡是污染负荷增加的一个迹象，受影响区域涵盖 2200 多英里的河流和 5600 英亩的湖泊。[42]

新的饮用水标准越来越关注进入供水系统的有毒化学物质和可溶性矿物质。1946 年修订后，美国水行业协会自愿采用了所有公共供水标准。20世纪 60 年代，世界卫生组织发起的《国际饮用水标准》（International Standards for Drinking Water，1963 年）和美国水行业协会的《饮用水质量目标》（Goals for Potable Water，1968 年）补充了联邦标准。[43]然而，人们仍然担心，在处理有毒或潜在有毒物质方面，这些标准还远远不够。一些专家还声称，目前广泛使用的细菌技术还不够精确，无法确定水的卫生质量。[44]持保留意见的人出于谨慎却证明犯了错误。令人鼓舞的消息是，早在 20 世纪 40 年代就采用了几种新的分析技术来检测和监测某些微量元素和有毒物质，例如滴滴涕（DDT）。然而，到 1970 年，评估微化学和微物理物质危害的能力还远远不够全面。[45]

越来越明显的是，现有的处理设施在数量和技术能力方面都严重不足。必须进行更有效的规划，并且需要更多资金用于设施的研究和建设。到二战结束时，新的排污系统和工业废物处理厂的建设实际上已经停止。1961年的一项估算表明，为了满足近期的淡水需求，市政当局需要花费 46 亿美元；每年还需要另外 5.75 亿至 6 亿美元，才能使积压的工业废物处理设施退役。[46]

地方当局没有准备好确定且足够的资源来满足处理要求，更不用说控 188制更多的污染了。尽管如此，对设施不足的预测还是促使人们努力组织新的供水和排污管理机构以及环卫区。事实证明，州一级的活动更为全面。1946 年，只有 4 个州——亚拉巴马、密苏里、南卡罗来纳和犹他——没有禁止向水道排放污水和其他废物的具体法律。到 20 世纪 50 年代，仍有 20 多个州没有真正全面的水污染控制设施。[47]

州卫生局在水污染控制方面发挥了重要作用，特别是在 20 世纪 60 年代。1946 年，28 个州授予卫生局治理水污染的权力。在某些情况下，与卫生局或特别委员会结盟的机构得到的权力要大得多。然而，各州对水污染法律的执行情况差别很大。[48]此外，州际行动和州际协定并没有促成统一的国家水污染控制活动。水污染治理必然会触及对各州经济和其他利益至关重要的行业（例如体育和娱乐团体），面对这个现实，需要制定特定政策和法律来平衡或妥协各州的目标。

除了在主要的州际冲突中发挥协调作用，联邦政府在水污染问题上的作用微乎其微。提供给供水和排污系统发展的新政资金有助于缓解一些最严重的水污染问题。自 1897 年以来，大约有 100 项与河流污染控制相关的法案被提交到国会，但都没有通过。[49]1948 年，经第 80 届国会通过，由杜鲁门总统签署了第一项重要的联邦水污染控制法案。《水污染控制法》授权联邦政府参与减少州际水污染的工作。它还授权向市政当局、州际机构和各州提供财政援助，用于建设水污染控制设施。1949 年 7 月，国会首次拨款实施该法。美国公共卫生署也开始收集有关水污染的数据。然而，该法将联邦执法限制在各州同意的州际问题上。[50]

实际上，1948 年的法律很难实施。许多人认为它是试验性的，因为最初只获得了 5 年的执行期。在试验期结束后，又延长了 3 年，直至 1956 年 6 月 30 日。1956 年的修正案虽然繁琐且经常无效，同时保持了州的主导地位，但仍代表了联邦政府第一次长期性的水污染控制努力。尽管联邦政府对新建项目的投资并不大，但财政刺激措施产生了积极的效果。在立法通过后的 4 年里，污水处理厂的建设速度翻了一倍多，而且在所有国家援助

项目中，该类项目的地方政府-联邦政府参与比例最高。最终，有 1300 多 189
个项目获得启动和规划。[51]

1948 年和 1956 年的立法并没有结束关于水污染控制的争论。1945 年
至 20 世纪 60 年代中期，国会争论的焦点是联邦政府对水污染问题的执法
权，以及为协助污水处理设施的建设所必需的联邦财政援助水平。很少有
人关注废物的产生情况以及如何加以控制。

1961 年的《联邦水污染控制法修正案》（The Federal Water Pollution
Control Act Amendments of 1961）延续了联邦政府与各州之间的合作方式。
然而，联邦管辖范围扩大到州际水域以外，包括通航水域或者基本上包括
美国所有主要水道，但事实证明，联邦政府的污染控制权很难执行。[52]

供水和类似项目的建设规模明显扩大。1961 年的合同授予量比原计划
期中的前 4 年平均增加了 25%；1962 年增加了 51%。自 1956 年发展计划启
动以来，有 4437 个项目的拨款获得批准，但到了 1963 年，仍有 1657 份拨
款申请被积压着。联邦资金援助尽管对各地污水处理项目有明显的刺激作
用，但在 1961 年，只有 23% 的拨款流向了人口等于或超过 5 万的城市。与
新政时期的供水和排污项目一样，水污染法律对较小的城镇来说益处更大，
而没有对许多流域性水污染问题给出完整解决方案。需要补充的是，供水
和排污项目所需的资金，在联邦系统内还有其他来源。[53]20 世纪 50 年代和
60 年代初，水务问题的研究经费也有限。实际上，在二战后，私立实验室
和大学、认证项目以及州健康培训项目的研究"从来没有回到巅峰状
态"。[54]

1945 年到 1970 年间，最重要且最具争议的水污染法律是 1965 年的
《水质法》（Water Quality Act of 1965）。联邦政府更深入地参与了水质管
理，而这本来是地方和州的特权。关于联邦政府和州政府权力的争论，以

及关于如何评价水过度污染和足够洁净的争论再次爆发。新环境运动的势头和大量关于水污染威胁的报道引起了公众对这一问题的广泛关注。[55]

国会于 1963 年提出修改联邦《水污染控制法》的法案。受新水污染法案直接威胁的行业——纸浆、造纸、化工和石油公司——强烈反对那些会增加州际水域污染控制压力的条款。许多州和州际水污染控制机构也反对那些威胁它们权威的条款。其他的反对声来自农业团体和一些专业的工程协会。伊扎克·沃尔顿联盟、全美奥杜邦协会和全美野生动物联合会（National Wildlife Federation）等环保组织支持这些新措施，这并不令人意外，但它们对这项立法是否足够严厉持保留态度。妇女选民联盟（League of Women Voters）和全美市长理事会（National Council of Mayors）等团体也加入了这一阵营。

由缅因州民主党参议员埃德蒙·马斯基（Edmund Muskie）提出的参议院关键法案中，最具争议的部分涉及州际水域水质标准的规定。从 1963 年到 1965 年，马斯基和他的支持者不顾参议院的反对和众议院法案中标准条款的弱化，试图维持法案中所要求的标准。1965 年 9 月通过的妥协条款作出了若干让步。该法案维持了卫生、教育和福利局局长在颁布和执行标准方面的作用。约翰逊总统于 1965 年 10 月签署了这项法案，尽管他预计还需要有更多的立法。[56]

倡导者希望新法律能够将国家水污染项目的基本策略从"控制变为预防"。[57]为实现其目标，1965 年的法律极大地改变了水污染控制的官僚机构，特别是设立了联邦水污染控制管理局（Federal Water Pollution Control Administration，FWPCA）。该机构是联邦政府在制定和执行水质标准方面发挥积极作用的最明显标志。它也几乎立即成为州政府机构批评的焦点。美国公共卫生署也不赞成这个与之形成竞争关系的新兴机构，并认为相关职能的转移是对其声望的一种打击。[58]

根据 1965 年的法律，各州必须在 1967 年 6 月 30 日前制定水污染标准，同时还要制定"提升水质"的标准，这些标准将成为联邦标准。如果各州未能解决这一问题，联邦水污染控制管理局将会介入。事实证明，执行这些规定是很难的。执行程序中的模糊性也加剧了人们的焦虑。[59]寻找足够的资金来解决水污染控制问题也给市政当局和州机构带来了难题。许多"伟大社会"项目落实乏力，以及越南战争成本的上升，都使得联邦水质标准提升计划中财政目标更加难以实现。[60]

面对水污染控制的严重问题，1965 年的法律将联邦政府置于制定和执行标准的中间位置。考虑到不同的利益，它也提出了关于采取哪些行动来保护水质的问题。虽然没有人对大多数标准完全满意，但现在已经到了严峻考验全国范围内水污染控制技术和经济极限的时候了。1945 年至 1970 年，美国在面对日益严重的供水问题时经历了一段不安时期。干旱和地方水资源短缺引发了人们对即将到来的水危机的担忧。几乎所有重要的内陆水道都将工作重点转向化学污染物，这标志着关于水污染范围和严重程度的争论进入了新阶段。在新生态学时代的早期，人们自 19 世纪以来，第一次对提供纯净而充足水的能力产生了严重质疑。

第十六章

超越局限

衰败中的排污管、溢流和起泡工厂，1945-1970 年

第二次世界大战后，大城市的快速发展给市政官员和工程师带来了挑战，他们需要开发新的排污系统或扩建旧的排污系统。统计数据显示，排污系统的扩张与经济增长同步。1945 年至 1965 年间，有排污系统的社区数量从 8900 个增加到 13000 多个，有合流和/或分流排污系统服务的人口数量从大约 7500 万增加到 1.33 亿人。[1] 没有排污系统的地区主要位于农村社区或远郊。[2] 1942 年至 1957 年间，人口增长明显超过了排污系统的扩张；从 1957 年到 1962 年，排污系统建设速度略有加快。[3]

　　一些同时代的人认为，对公共排污系统的投资落后于公共供水的投资，原因在于难以找到收入来源来偿还债券债务，而且公众不容易将排污系统视为与供水系统同等重要的公用事业。市民经常拒绝发行排污系统债券，而州政府通常对本地的排污需求漠不关心。排污系统和污水处理厂的建设显然跟不上大城市的发展。[4]

　　为了支付运营费用和维护现有系统，越来越多的城市转向了排污管道 193 租赁。就像用水计量一样，一些人认为排污管道服务费鼓励了节约用水。1950 年，至少有 273 座人口超过 1 万的城市从一般税种中取消了污水处理支出，以换取服务费收入。[5]1951 年，由美国土木工程师学会和美国律师协会（American Bar Association）牵头，由 8 个组织组成的委员会编写了一份关于供水和排污费率的报告和手册。其中最重要的原则是"排污系统所需的年总年收入应由使用者和非使用者分担……大致与提供服务的成本和工程收益成正比。"在战后，由于法律限制，有必要通过收入债券为新排污系统建设提供融资，而这些债券又是以排污管道服务费收益作为偿付基础的。[6]尽管美国人经常满负荷或超负荷使用现有的排污系统，但相关项目的资金筹措问题仍然存在。[7]

　　开发商经常将排污管道延伸到新的边远社区，而公众重建核心城区排污系统的努力却很少受到关注。郊区现有供水和排污系统的连接——或建造新的排污系统——都有助于进一步实现城市分散化，但并不一定能改善现有系统的质量。[8]即使在郊区社区，也不能保证会开发足够的排污系统来满足需求。环卫工程师约瑟夫·A. 萨尔瓦托（Joseph A. Salvato）指出，"迄今为止的证据表明，争取建立健全的液体废物处置系统的这场战役正在郊区失败。"[9]

　　对于规模较小、发展缓慢的地区，尤其是农村地区，化粪池更为经济。

1945 年，约有 1700 万人使用独立的家庭排污系统，特别是化粪池，而公共
排污系统则有 7500 万人使用。1946 年至 1960 年间，超过一半的城市新居
民使用化粪池。大多数设施增长发生在人口不超过 5 万的社区。[10]

随着人口的增加，化粪池往往不能满足社区的需要。当时的一份报告
指出："为了迅速获利，许多房地产开发商建设了庞大的住宅区，通常为每
户住宅配备化粪池，以替代成本更高的社区废物处置系统。密集排列的化
粪池很快就开始超过土壤的承载能力，导致厕所和餐厨垃圾的大量渗漏。"
因此，郊区开始遭受全面的地下水污染。[11]

1946 年，美国公共卫生署开始对家庭排污系统进行全面的研究。到
194 1957 年，设计标准发生了变化。正如一位工程师所言："在家用洗衣机、
合成洗涤剂和垃圾粉碎机问世之前，化粪池和地下排污系统不是生活污水
处理的合适替代。"[12]

中心城区排污系统的大量投资使连接郊区的管线颇具吸引力。郊区的
公共治理通常以小型政治实体为特征，缺乏承担重大工程项目的能力，所
以如果有连接现有排污系统的机会，同样可视为是一种有利条件。激励措
施可能以低费率的形式出现，但更常见的情况是，郊区社区被要求支付更
高的费用，以抵消连接成本以及现有排污厂的额外损耗。[13]

环卫服务向郊区的扩展促进了区域服务提供的方式。成本和效率是发
展区域（至少是城市范围）排污系统的关键因素，有各种组织形式和管辖
安排获得尝试，多城市合并在一些地区很受欢迎。较小的社区，例如新泽
西州默瑟县（Mercer County）的尤因镇（Ewing）和劳伦斯镇（Lawrence），
在 20 世纪 50 年代中期逐步淘汰了污水池和化粪池，并与服务覆盖该镇人
口约 75% 的综合系统相连。到 1960 年，费城地区几乎每个城市都签署了一
项协议，允许中心城区接收和处理它们的污水。另一种方法是由县政府保

持所有权但交由城市管理的方案，它加快了排污系统的整合和巩固进程。[14]

在某些情况下，中心城区政府对排污系统服务的控制给边远社区带来了真正的困难，后者认为它们对这种安排几乎无法施加任何影响。特殊排污区的发展提供了一种替代方法，以连接城市和县的边界，并可能减轻管辖权之争。许多特殊排污区都选出了能在所属地区政府部门任职的官员，并获得了增加税收的权力。[15]另一种办法是成立排污管理部门，这在宾夕法尼亚州尤其流行，该州政府官员一直积极推行控制污水污染的法律，但却很难通过一般税收计划建造净水厂。这些部门的优势是不受评估限制和宪法对借款的限制。在某些情况下，脱离政治被证明是一种优势，但也可能是一种劣势，因为它降低了对公众的影响力。一些社区不愿接受特别区或政府机构，因为它们增加了政府的层级。[16]

城市发展并不是唯一的挑战。超负荷使用和设施退化动摇了人们对排污系统功能和持久性的信心。在曼哈顿，建于19世纪60年代和70年代的砖砌排污管道"濒临失效"。岛上东西两侧的大型干线排污管道已经发生了重大坍塌。在布鲁克林和皇后区，在19世纪90年代被认为是创新的水泥排污管道在20世纪60年代开始失效。[17]1955年3月的一天，在缅因州的刘易斯顿（Lewiston），飓风埃德娜（Edna）在短短几小时内就带来了7英寸的降雨。湍急的洪水冲出了一个直径约50英尺的洞，在一条有80年历史的排污管道上方，地面发生塌陷，因此需要增加一段新的混凝土管道。但当地人后来也惊讶地发现，损失并没有恶化。[18]

20世纪50年代和20世纪90年代，随着工程师越来越关注排污管道的腐蚀、接头漏水以及大量渗水使排污管道超载等问题，重新评估排污管道技术的必要性成为一个热门议题。[19]对现有系统的另一个威胁是原本的设计，它导致许多排污管道不堪重负。溢流问题引发了新一轮关于分流排污系统还是合流排污系统更好的争论。不完善的雨水排污管道被认为是现有系统失灵的主要原因。

在绝对数量上，美国的环卫排污系统多于合流系统。1958 年美国公共卫生署的一项研究发现，在 11131 个有排污管道的社区中，8632 个使用独立的环卫排污系统（77.5%），相比之下，采用合流系统的为 1451 个（13%），同时使用两种系统的为 428 个（4%）。然而，在人口稠密的东北部、大湖区和俄亥俄河地区，合流系统更为普遍。[20]

到 1964 年，人们已经很清楚地认识到，合流排污溢流（combined sewer overflows, CSOs）是全国性的重要污染源。1970 年 6 月，在芝加哥举行的联邦水质管理局（Federal Water Quality Administration）关于暴雨和合流排污溢流的专题讨论会上，一位与会者指出：“水污染问题（包括溢流）已成为公众舆论和政府关注的焦点，是过去强加于现在的过错。”[22]

从合流排污管道排出的多余的水，或从分流雨水排污管道排放的雨水，会把大量污染物带入水道。一项研究显示，在接受调查的城市中，约有 1/3 的城市表示渗水量超过了排污管道的规格。环卫工程师和公共卫生官员最初认为，溢流已经被充分稀释，不会造成严重的水污染问题。但由于城市的增长导致径流量大幅增加，溢流的频率和持续时间都有所增加。

合流排污溢流（约占所有溢水源的 3/4）和其他溢流问题通常发生在
196 土地用于工业用途以及污水主要排入河流的地方。大量工业废物被排放到排污系统，相当于被调查地区人口增长 69% 带来的负荷。与合流排污管道相比，分流雨水排污管道中的雨水排放频繁，而且持续时间更长，甚至“干净”的雨水也受到污染。然而，将雨水和其他各种废物混合在一起的合流排污管道的排放被认为是更为严重的污染威胁。[23]

20 世纪 60 年代，最广泛提倡的解决溢流问题的办法是改用环卫排污管道。一些州实施了禁止建造新的合流排污管道或附加设施的规定。但是，对许多城市来说，改造成环卫排污管道的财政投入过于昂贵。此外，一些专家认为，分流系统并不是解决合流排污管道所有问题的万灵药，特别是它仅是整个排污系统一部分的情况下。[24]由于缺乏分流设施，一些城市开始寻找保护水道不受污染的其他方法。20 世纪 60 年代，芝加哥官员提出了一种临时储存雨水的概念。在此之前，尽管储罐在英国、德国和加拿大流行多年，但在美国安装的储罐相对较少。[25]

虽然溢流引起了人们的严重关切，但污水处理仍然是污染防治工作的重点。一位观察员评论指出："污水处理的独特之处在于，它是唯一一项为他人带来的利益多于市政本身获得利益的市政服务。"[26]二战后，污水处理厂服务的城市居民数量保持相对稳定，但在 20 世纪 50 年代和 60 年代开始增加。1945 年，5480 个社区的污水处理率为 62.7%；到 1957 年，8066 个社区的垃圾处理率提高到 77.7%。[27]

1945 年后，一场声势浩大的建设运动开始了，暂时缓解了战时积压的处理设施项目。1946 年至 1949 年间，新建了 646 座市政污水处理厂。到 1950 年，有 1100 多个项目处于完成阶段，达到了前所未有的水平。大部分项目的内容包括维修、扩建、现代化以及对现有工厂的扩建。然而，到这个十年结束时，仍有大约 15% 的污水处理厂需要更换，另外 10.4% 需要扩建，11.4% 需要增加其他处理装置。1958 年的一项研究表明，在接受调查的污水处理厂中，大约有 2/3 的污水处理厂提供了二级处理，但仍有 1/3 只提供初级处理。[28]

在较大的城市和人口密集地区，活性污泥技术继续占主导地位。1951 年，洛杉矶的亥伯龙活性污泥厂（Hyperion Activated Sludge Plant）开始运营。这是当时最大的，也可能是最现代的污泥厂。[29]到 20 世纪 50 年代，活 197

性污泥工艺还是发生了各种变化。[30]

处理技术的发展还不足以减轻人们对污水流量对水污染影响的担忧。美国公共卫生署的 J. K. 霍斯金斯（J. K. Hoskins）表示，1946 年，美国内河水道接收的源自生活污水的废物相当于 4700 万人未经处理的污水。相同水道接收的工业废物相当于 5500 万至 6000 万人未经处理的污水。[31] 1948 年，《商业周刊》（Business Week）指出，俄亥俄河及其支流中未经处理的污水和工业废物倾倒情况非常糟糕，"当水位很低时，每加仑污水中就有一夸脱来自排污管道。然而，超过 150 万人的饮用水来自俄亥俄河"。[32] 1951 年，据保守估计，美国的水污染总量相当于超过 1.5 亿人排放的未经处理的污水。[33]

1964 年，一些专家声称，随着人口增长、取水量增加以及废物种类和数量的增多，"很快就使被动利用水的自净特性及对水进行稀释的方法无法恢复我们的供水质量。事实上，许多水道变成了露天排污管道。"他们补充说，对污染的主要应对措施（建造废水处理厂）几乎无法满足当前的需求。[34]

二战后，由于进入排污管道和污水处理厂的物质组分发生了变化，石油化工产品、杀虫剂和潜在的放射性物质的使用，令污水排放变得更加复杂。[35] 最具争议的废水之一是合成洗涤剂。由于会在处理现场产生泡沫，而且必须在最终处置前进行处理，合成洗涤剂的日益广泛使用给排污系统运行带来了麻烦。1950 年，据估计全美消费了 5 亿磅合成洗涤剂，并且预计该数量将增加到每年 10 亿磅。另外，合成洗涤剂的销售使聚磷酸盐的产量增加了 200%。[36]

合成洗涤剂的问题一经提出，有关方面就对新产品的污染特征公开表达不同意见。合成洗涤剂的主要生产商宝洁公司（Procter and Gamble Company）通过提供实验数据，否认其产品有负面影响。一些专家则宣称，现有数据所反映的问题是视不同情况而定的。他们认为，对于污水处理厂来说，起泡是一个小问题，而且洗涤剂可能只有在异常大量存在的情况下才会干扰运作。[37]

处理厂经营者继续关注起泡和合成洗涤剂带来的其他问题。1947 年，在宾夕法尼亚州的一个小镇上发生了有记录以来第一起污水处理厂洗涤剂起泡案例。一些人认为起泡只是洗涤剂给污水处理厂带来的众多问题里最明显的那个而已。传统肥皂和合成洗涤剂的主要区别在于后者的杀菌特性。他们指出洗涤剂还会干扰沉降过程。此外，磷盐进入湖泊和池塘，促使有害物质迅速繁殖。[38]

关于合成洗涤剂的争论是对工业污染物对排污系统、污水处理厂和水污染影响的更普遍质疑的缩影。战后，随着人们对化学废物的关注，生物威胁逐渐消失。然而，1960 年联邦官员却乐观地宣布，2.1 万英里的州际河流污染已经减少，一些行业官员甚至怀疑联邦政府的评估夸大了污染问题的严重性。许多工厂干脆无视污染负荷的增加，拒绝改善环境的要求。在行业团体反对新规定的同时，一些城市和地区机构则对在污染治理方面失去地方管控表示担忧。[39]

二战后，虽然美国公共卫生署和其他机构作出了一些努力来评估现有的水污染问题，但并没有立即确立污水进入水道的固定质量标准。1947 年，国会审议了六项要求联邦政府控制河流污染的措施。尽管地方政府不愿支持增加联邦政府的权力，但它们在新一轮污水处理厂建设或重建周期中出现的被动和迟缓，结果会使其无法跟上污染控制的步伐。[40]

1948 年的《水污染控制法》设立了参与水污染治理的联邦机构，并制定了为治理设施建设提供资金的政策，但 1956 年新法律对污水处理的意义更大。1956 年法律的拨款使废水处理厂的建设增加了 62%。该法是对设施建设的可喜推动，但还远远不够。美国城市必须在十年内每年有 5.33 亿美元的资金投入污水处理厂建设，才能满足国家的水污染控制要求。实际建设支出约为该估计数字的一半。由于法规对封顶预算设定得太低，所以无法吸引大型项目，也不能鼓励邻近社区开展合作。[41] 20 世纪 50 年代末，当新政精神逐渐消退时，一些人担心，即便是这一规模不大的联邦水污染控制计划也会引发争议。一篇报道指出："那些反对它的人会骂它是'温和社会主义'的又一个例子。"[42]

　　重新引入联邦拨款以减少水污染并不是保守派反对 1956 年法律的唯一原因。赋予联邦政府在污染防治措施上更大的执法权力对反对者构成了威胁。但是，联邦政府在水污染控制方面的作用并没有在 20 世纪 50 年代消失。1961 年，国会对 1956 年法律进行了修订，增加了处理设施的年度拨款，并提高了个案拨款的上限。它还要求重新分配未被使用的州配额拨款，让有需求的州可以获得更多资金。但即使有额外的联邦援助，到 20 世纪 60 年代末，一些州仍未对现有设施进行足够的监管。[43]

　　20 世纪 60 年代，针对处理设施的拨款计划继续进行，资金被用于全面的污染控制规划、人员培训和水质标准研究。此时，建立某种形式的污水处理标准在国家一级获得讨论，其焦点在于订立标准的原则有哪些。1965 年的《水质法》要求各州为所有州际水域制定水质标准，也要求液体废物的排放必须符合这些标准。[44]

　　然而，到 20 世纪 60 年代末，人们对清洁水和对污水排放进行更仔细监测的渴望，与联邦政府提供的实际支持之间的差距并未消除。面对伟大社会计划和越南战争不断增长的资金需求，约翰逊政府在 1969 年才要求为污水处理设施提供少量资金。在国内的压力下，国会正在考虑根据 1966 年

《清洁水域恢复法》（Clean Waters Restoration Act）授权实施规模更大的一揽子方案。但是联邦资金的承诺被拖延了很长时间，使得许多城市几乎没有能力规划未来。20世纪50年代末以来取得的水务事业进展，将因资金不足而遭受延缓。

1957年至1969年间，有54亿美元用于建设污水处理设施，其中12亿美元来自联邦政府拨款。这些资金大部分用于人口不足2.5万的社区。尽管污水处理设施的资金不断增加，但许多大城市仍在与缺乏同情心的州立法机构进行斗争；联邦资金以远低于需求的速度流向小城市，水污染问题的程度继续超过治理建设规模。[45]

就像供水系统一样，战后的经济繁荣和美国郊区的迅速扩张掩盖了基础设施的长期恶化以及城市无法满足环卫需求的事实。水污染问题的扩展视角也对城市提出了挑战，这些挑战超越了防治流行病的范畴。现代水污染问题虽然通常不如黄热病流行那么严重，但它却更加隐蔽，可能也更难解决。20世纪早期的供水和排污系统，虽然激发了人们对"敢做"（can do）精神的自豪感，但未能达到原本的期望，并预示着对新危机时代即将到来的担忧。

第十七章

作为"第三种污染"的固体废物
1945–1970 年

　　到 20 世纪 60 年代,固体废物已经成为全国性的环境议题。威廉·E. 斯莫尔(William E. Small)在其 1970 年的书中写道:"如今,人们普遍认识到,固体废物是一种生长在陆地上的癌症,它们本身就很可怕,而且严重污染了附近已经被污染的空气和水域——第三种污染与这两种污染密不可分,长期以来一直被认为是无法接受的环境危害。"[1]

土地污染、空气污染和水污染是值得联邦政府采取行动的三大危害。《环境资料》（*Sourcebook on the Environment*）的编辑指出，固体废物问题"在 20 世纪 60 年代出乎全国意料"。[2]现在看来，人们对废物问题有了不同的看法，不再把它看作是一种公害或健康危害，而是将其视为一种无处不在的污染物。1972 年，环境保护署署长威廉·D. 洛克肖斯（William D. Ruckelshaus）表示，固体废物管理是"一个基本的生态问题，它可能比任何其他环境问题都更清楚地表明，我们必须改变许多传统的态度和习惯。[201]它非常直接和具体地表明，一直以来，我们忽视废物处置的污染影响，更忽视自然资源的滥用，由此产生了新的问题和机遇，需要通过调整公共和私营机构来努力以适应。"[3]

二战后的经济繁荣因垃圾问题而蒙污，因为它孕育了"用完即扔"的文化，也促使越来越多垃圾的产生。例如，在 20 世纪 60 年代末和 70 年代初，康涅狄格州纽黑文市的一个两口之家的年收入为 6000 美元，每年产生 800 磅的垃圾。一个年收入 12000 美元的四口之家每年生产 4000 磅垃圾。这个例子说明，家庭规模扩大一倍，不如收入增加对垃圾产生量的影响那么显著。[4]

20 世纪中叶，市政固体废弃物（municipal solid waste，MSW）的数量上升到惊人的比例。住宅和商业垃圾的日产生量从 1940 年的每人每天 2 磅增加到 1968 年的每人每天 4 磅。虽然人均产生量稳定在每天 4 磅左右，但人口增长导致垃圾处置总量稳步上升。1969 年，全美产生了 2.56 亿吨的住宅、商业和其他市政固废，其中收集量仅 1.9 亿吨。[5]

废物的种类加剧了数量问题，它们包括较新的材料，如塑料、其他合成产品和有毒化学品等。随着对废物的了解越来越多，旧的收集和处置方法受到质疑，但很少被放弃。

废物类别的特性反映出重要的前端问题。在所有被丢弃的物品中，纸张、塑料和铝占城市市政固体废物总量的百分比稳步增长。[6]包装行业的空前发展是促使使用寿命短的产品进入市场的一个重要因素。20 世纪 40 年代末，由于超市和其他消费渠道自助销售的兴起，包装变得尤为重要。这种新的营销方向需要有助于销售产品和减少盗窃或损坏的包装。

这些包装材料的普及导致了纸张的新用途和包装垃圾的大量增加。可丢弃物品的广泛消费也严重加剧了城市和农村社区的垃圾问题。纸张的使用量从 1946 年的 730 万吨增加到 1966 年的 1020 万吨。为了使用方便和降低成本，不可回收的瓶子取代了可回收的瓶子。1966 年，纸张和纸板占包装材料消耗的 55%；玻璃占 18%；金属占 16%；木材占 9%；塑料占 2%。

202　1966 年，包装成本占美国国民生产总值（gross national product，GNP）的 3.4%，这还不包括收集和处置费用。那一年的包装材料垃圾达 5200 万吨。[7]

纸张在城市垃圾中所占比例最大，庭院垃圾和食品垃圾则稳步下降。塑料在总量中所占的比例相对较小，但增长迅速。无机材料所占比例很低，但包含许多可能对环境造成严重影响的家用化学品。[8]1969 年在全美范围内收集的物资材料包括 3000 万吨纸和纸制品，400 万吨塑料，1 亿条轮胎，300 亿个瓶子，600 亿个金属罐，数百万吨的修剪草木垃圾、建筑拆除垃圾、餐厨垃圾和污水污泥，更不用说数百万辆报废汽车和大件电器。[9]

固体废物管理的费用仍然是影响收集和处置问题解决的重要因素。20 世纪 60 年代末，地方政府每年在收集和处置方面花费约 15 亿美元。到 20 世纪 70 年代初，美国 48 个最大的城市将其环境预算的近 50% 用于固体废物管理。一些城市开始调查市政服务是否是完成垃圾处理的经济方式。到 20 世纪 60 年代末，包括市政服务、针对工业和其他废物的私人服务，以及自行处置在内的收集和处置费用总额已超过 40 亿美元。收集频率和收集地点对确定收集费用至关重要。20世纪60年代,加州的一项研究表明,当每周两次的垃圾收集代替每周一次的垃圾收集时,收集量增加了约47%,所需的劳动力增加了约128%。[10]

到1950年,已有300多座城市对垃圾收集和处置服务收费。这一趋势遵循了用户付费的方式,它通常用于排污管道维护和污水处理厂的运营。[11]作为固体废物管理费用总额的一部分,收集仍然占最大比例。1968年的一项调查显示,典型的40万人社区每年花费250万美元用于收集,而用于处置环节的只有90万美元。垃圾收集的特点是密度经济,而不是规模经济,因此现代大都市人口分散的典型形态是高效和经济收集的大敌。[12]

与收集相关的主要技术问题聚焦于熟悉的主题,即所提供的收集服务方式和种类。尽管一些城市要求将庭院垃圾和其他生活垃圾分开,但由于成本原因,源头分类很大程度上受到限制。每周多次收集的服务也很昂贵,因此经常会被缩减。[13]引进压缩车并提升垃圾的密度有助于获得运输的经济性,使用转运站则缓解了远距离收集的问题。然而,依靠车辆收集垃圾会对环境造成影响。一项研究指出:"庞大的垃圾车车队所排放的废气、垃圾车加剧的交通拥堵、垃圾从车上被吹走造成的随地撒落,以及垃圾处置工艺本身,都对环境造成了干扰,如果没有垃圾,这些都不会发生。"[14]

尽管一些固体废物管理者希望机械化能减少对人工劳动的依赖,从而减少事故索赔,防止混乱的劳资纠纷,但收集工作仍然是劳动密集型的。在许多城市,劳工问题困扰着收集服务,尤其是在种族问题与各种工人的不满交织在一起的情况下。从业者基本上是非熟练或半熟练的,相关工作也非常缺乏吸引力。[15]

家庭处置技术对收集工作产生了一些影响。20世纪50年代,嵌入式粉碎机开始流行。尽管它尚未成为标准的家用电器,但已经在新兴的中产阶级家庭取得了巨大的进展。该装置无法单独解决垃圾收集问题，处理的垃圾量约占收集垃圾总量的十分之一。这些研磨粉碎机还面临着污水处理人员的强烈反对，因为它们可能堵塞排污管道，使污水处理设施超负荷。1949 年，反对者成功地在纽约、纽黑文、费城、迈阿密和新泽西州的大部分地区禁止了电动处置器。在底特律、丹佛和俄亥俄州的哥伦布，立法活动试图增加设备的使用，但通常只在新建筑的场景中。尽管家庭研磨粉碎机的公共卫生益处已被越来越多的人接受，但认为这种设备可以使城市里没有垃圾的想法是不切实际的。[16]

为了解决垃圾问题，城市官员通常更关注传统的收集和处置方法，而不是新的家庭技术。最初，当市政服务在大城市扩张时，私人公司失去了居民客户，转而专注于商业和工业废物收集。到 20 世纪 60 年代初，市政收集的趋势开始转向私人公司。[17]美国公共工程协会的调查显示，在 1939 年至 1964 年间，仅使用承包方式进行收集的城市所占比例保持稳定，但在那几年，只使用市政收集的城市数量下降了 10%。家庭收集对市政收集的依赖程度最高。[18]1968 年的一项调查显示，公共垃圾车收集了 56% 的生活垃圾，而公共收集部门只处置了 25% 的商业垃圾和 13% 的工业废物。[19]

随着城市兼并了更多的郊区社区，它们通常与现有的私人公司签订合同，而不是扩大市政服务。此外，从分类垃圾收集到混合垃圾收集的转变以及提高效率的要求，也加速了向更具竞争力的系统的转变。可收集垃圾数量的增加使一些城市外包部分服务，而对市政服务的不满让私人收集者有机会声称，他们可以与公共收集部门展开竞争。[20]

关于收集私营化的争论成为应对一系列问题的战场。主要问题包括：谁拥有控制权以及谁对废物的处置做出决定？在 20 世纪 60 年代，一些大型运输公司兼并了一些城市的小型公司，开始了整合的趋势。20 世纪 60 年代成立的三家公司在 20 世纪 70 年代占据了该行业的主导地位：布朗宁－费里斯工业公司（Browning-Ferris Industries，休斯敦）、废弃物管理公司（Waste Management Inc.，芝加哥）和 SCA 服务公司（SCA Service，波士顿）。尽管这些公司当时只处置全美不到 15% 的垃圾，但它们很快就获得了住宅和工业客户，并提供一系列服务。到 1974 年，这些大公司在 300 多个社区签订了合同。1964 年至 1973 年间，65% 的受访城市开展了某种形式的收集服务，但完全由市政收集的城市比例从 45% 下降到 29%。[21]

伴随对不道德商业行为的批评而出现的整合并不罕见。至少从 20 世纪 50 年代开始，垃圾收集行业就被认为是由黑帮控制的。作为回应，1956 年，纽约消费者事务部（New York Department of Consumer Affairs）被赋予颁发许可证和设定费用最高限额的责任。反复调查发现，仍有奸商继续参与市场竞争不激烈的业务，客户经常被骗。自 1956 年开始实行监管以来，收集市场中的公司数量急剧减少。与公司倒闭相比，合并很常见，且没有显著的新参与者。1957 年，纽约州参议院对劳工诈骗进行了长期调查，结果发现黑帮成员已经获得了地方卡车司机联合工会 813 分会（Teamster Local 813）的控制权，并利用它向不接受其客户分配方案的司机施压。1956 年至 1984 年间，纽约对固体废物行业进行了至少 14 次调查。[22]

寻找有效的处置方法仍然是一项严峻的挑战。土地处置仍然是最受欢迎的处置方式。到 1970 年，美国有 15000 个经授权的土地处置场，可能是未经授权数量的 10 倍。其中许多地区不能被视为卫生填埋场。[23] 然而，自 20 世纪 50 年代以来，卫生填埋场的数量确实大幅增加，并与其他处置方式展开了有效的竞争。[24]

20 世纪 50 年代，美国土木工程师学会的环卫工程部编写了关于卫生填埋的手册，该手册已成为标准指南。它将卫生填埋定义为"利用工程原理，205

将垃圾限制在最小的实际面积内，将其减少到最小的实际体积，在不对公众健康或安全造成危害的情况下，在陆地上处置垃圾的方法，并在每天作业结束时，或在必要时以更频繁的间隔，用一层土覆盖。"[25]

在 20 世纪 50 年代和 60 年代，普遍认为卫生填埋是最经济的处置方式，同时也提供了一种开发土地的方法。[26] 以这种方式开发的土地，虽然适用于公园、休闲区，甚至停车场，但不适用于住宅及商业用地。一个典型的例子发生在东布朗克斯（East Bronx）（布朗克斯，美国纽约市的行政区，位于曼哈顿北部大陆，纽约东南部。——译注）。1959 年，该地区填埋的土地上建起了排屋。不到六个月，墙壁上就出现了裂缝，到 1965 年，地板严重倾斜。一年后，房屋专员谴责了这些住房建设，并下令将其拆除。[27]

填埋的另一个风险是潜在的地下水污染。二战后，一些州的卫生部门发布了有关卫生垃圾填埋场可能造成地下水污染的警告。到 1970 年，许多州制定了法规，要求在填埋场选址之前对地下水位置进行实地调查。最紧迫的问题集中在较老的场址，这些场址可能没有经过很好的设计，或者没有考虑到土壤的浸出。[28]

作为替代办法，焚烧方式在大城市得到了一定的支持。一位专家指出："焚烧社区垃圾现在已经完成了一个受青睐、不受青睐和恢复受青睐的循环。"[29] 在焚烧厂与填埋场竞争的情况下，争论的焦点是成本和便利。20 世纪 50 年代，由于没有垃圾填埋场或将垃圾运到远处的处置场所成本太高，焚烧继续发展成为一种大型城市的处置方式。[30]

销毁垃圾仍然是焚烧的主要目标。[31] 尽管市政当局对经济的需求导致了对热回收系统的更多研究，但这一时期成功建造或运营的热回收系统相对较少。焚烧发展的障碍并不主要取决于环境成本。许多工程师仍然认为，如果设计和运营得当，焚烧炉并不一定是惹人厌恶的。最大的反对意见是收集车辆进出废物处置地点的交通问题。但是焚烧远不是解决垃圾问题的普遍方法。[32]

20世纪60年代见证了大量焚烧炉的废弃。据估计,三分之一拥有焚烧炉的城市(约175座)停止使用焚烧炉,转而使用其他方法(主要是卫生填埋场)。在许多情况下出现问题是因为这些工厂的运作超出了设计能力。[206] 最重要的是,焚烧和空气污染之间的关系引起了越来越多的关注。即使设计合理的焚烧炉在超负荷时也会产生烟雾。1969年对纽约市大气颗粒物排放的一项研究表明,有19.3%来自市政垃圾焚烧,18.4%来自各处现场的垃圾焚烧,其余来自空间供暖、发电、工业和移动能源。[33]

直到20世纪60年代,垃圾焚烧炉技术还掌握在少数先驱焚烧炉制造商和一些工程师手中。越来越多的人认识到与焚烧有关的环境问题,这削弱了专家关于焚烧炉安全性的说法。在一些州和城市,出现了更严格的空气污染控制法规。然而,一些工程师仍然坚持认为,焚烧炉运营的不理想结果是由于经济上的妥协,而不是缺乏技术专业保障。1970年,美国公共工程协会估计,75%的焚烧炉设施缺乏足够的空气污染控制措施。[34]

1945年至1970年间,其他处置方式的影响没有填埋和焚烧那么大。给猪喂食垃圾一直持续到20世纪50年代。1953年至1955年间,由于水疱疹(一种导致40多万头猪被屠宰的猪类疾病)的迅速蔓延,政府制定了禁止给猪喂食生垃圾的规定。尽管事先蒸煮垃圾解决了这个问题,但由于这种方法在经济上变得不可行,猪的饲养数量稳步下降。[35]

1934年,美国最高法院终止了在海上倾倒城市垃圾的行为,但工业和一些商业垃圾不受这项裁决的约束。据估计,20世纪60年代末,每年有5000万至6200万吨垃圾(其中60%是疏浚溢出物)被倾倒到海洋中。实际上,从1959年到1968年,美国东北部的工业垃圾倾倒量增加了一倍多。

纽约市继续倾倒污水污泥，批评者称其为"污秽和黑糊糊的死海"。20 世纪 70 年代中期，在美国海岸警卫队的监督下，有将近 120 个海洋垃圾处置场在运作。[36]

各种形式的循环再生和重复使用在战后才开始作为处置选择。在欧洲和亚洲次大陆，有对产生腐殖质的有机物质进行堆肥或生物化学降解传统做法。自 1960 年以来，大约有 2600 家堆肥厂在美国以外的地区使用，其中 2500 家是印度的小型堆肥厂。到 20 世纪 50 年代，美国还没有一座城市对有机废物进行堆肥，但是几年后，私人公司便建造了相关工厂，尽管为数很少。高昂的运输成本以及无法销售大量副产品，使业务无法扩大。到 1967 年底，在 13 个堆肥项目中，只有 3 个是活跃的——坐落于佛罗里达州的圣彼得堡，亚拉巴马州的莫比尔以及得克萨斯州的休斯敦。[37]

其他形式的循环再生，尽管在 20 世纪 60 年代末得到了环保人士的支持，但进展缓慢。1945 年到 1970 年间，纸张的循环再生率稳步下降。1969 年，美国消耗了 5850 万吨纸，循环再生率仅为 17.8%，1960 年为 23.1%，1950 年为 27.4%。废纸的最大来源是瓦楞纸箱和报纸。回收率的下降和消费量的增加使废纸问题日益严重。[38]

直到 20 世纪 60 年代中期，收集和处置一直被认为是地方政府的职能。然而，人们越来越认识到固体废物是更普遍的国家环境问题的一部分，而且废物的收集和处置正在使当地财政资源紧张，因此人们认为，仅限于地方一级的管控措施不足以解决超出每个社区城市范围的问题。[39]

关于将固体废物视为"第三种污染"观点的转变至关重要。卫生、教育和社会福利局的一份报告指出，高生产率和高消费率，再加上城市人口的增加，造成的"垃圾处置问题远远超出了全国几乎任何一个社区的垃圾处理能力和设施"。报告还说，问题的结果是"从数十万座陈旧和负担过重的焚烧炉中飘出的滚滚浓烟，城市垃圾场的明火，建筑拆除现场大规模的焚烧……毁掉我们一批最大城市郊区地带的大面积废弃汽车场，以及堆积在采矿场的名副其实的阴燃垃圾山"。[40]

1963 年 12 月，美国公共工程协会和美国公共卫生署认识到固体废物研究状况不佳，并在新立法要求的推动下，在芝加哥主办了首届全美固体废物研究会议。此后不久，美国公共工程协会成立了固体废物研究所（1966 年）。[41]

1965 年，林登·约翰逊总统在一份关于保护和恢复国家美景的特别声明中呼吁"更好地解决固体废物处置问题"，建议联邦立法协助各州政府制定综合处置方案，并提供研发资金。同年，国会通过了《固体废物处置法》（Solid Waste Disposal Act），作为 1965 年《清洁空气法》修正案的第 2 条。[42]这是联邦立法中第一个将垃圾视为全国性问题的法律。它通过努力"启动和加速"国家研究和开发计划，让联邦政府参与固体废物管理，并在处置计划的"规划、开发和实施"方面向州和地方政府以及州际机构提 208 供技术和财政援助，这些都是前所未有的法律措施。[43]

该法侧重于能够展示固体废物收集、储存、处理和处置新方法的项目。在弗吉尼亚州的弗吉尼亚海滩，建造了一个垂直卫生填埋场（垂直卫生填埋场，采用垂直防渗技术的填埋场。填埋场的垂直防渗系统是根据填埋场的工程、水文地质特征，利用填埋场基础下方存在的独立水文地质单元、不透水或弱透水层等，在填埋场一边或周围设置垂直的防渗工程（如防渗墙、防渗板、注浆帷幕等），将垃圾渗滤液封闭于填埋场中进行有控制导出，防止渗滤液向周围渗透污染地下水和填埋场气体无控释放，同时也有阻止周围地下水流入填埋场的功能。——译注）。马里兰州卫生部试图确定将废弃露天矿山用作垃圾填埋场的可行性。圣迭戈就如何将垃圾转化为无菌和可运输燃料进行了实验。美国公共工程协会研究了通过铁路外运城市垃圾的课题。俄勒冈州立大学研究了垃圾的化学转化，目的是减少垃圾体积并发现可销售的物质。马里兰大学进行了一项研究，从食品加工企业的垃圾中提取浓缩蛋白质。[44]

新法对垃圾问题的评估还不完善，也没有授权监管机构处理更广泛的垃圾问题。此外，它的重点是处置，而不是收集或街道清洁。尽管该法是联邦政府介入的重要一步，但关于固体废物问题的严重程度却缺乏可靠数据说明。约翰逊总统呼吁进行一项专门研究，以评估全国垃圾的规模，《全国社区固体废物管理实践调查》（National Survey of Community Solid Waste Practices）（1968 年）于是成为 20 世纪首例真正意义上的此类国家研究。尽管 6000 个社区中只有不到一半参与了调查，但这项研究有助于填补"数据空白"。[45]

最初，1965 年法律的执行由美国公共卫生署（负责市政垃圾）和矿务局（负责发电厂和工业锅炉厂产生的采矿和化石燃料垃圾）负责。1970 年环境保护署成立后，大多数垃圾处置活动的责任都移交给了该机构。[46]为了完善 1965 年的法律，国会于 1970 年通过了《资源回收法》（Resource Recovery Act），它将重点从废物处置转向循环再生、资源回收以及将废物转化为能源。它设立了国家物资材料政策委员会，以制定关于物资材料需求、供应、使用、回收和处置的国家政策。另一个特点是规定实行国家危险废物储存和处置制度。[47]

虽然联邦立法还不完善，但是 1965 年和 1970 年的法律都使各州更深入地参与固体废物的收集和处置。在 1965 年《固体废物处置法》通过时，还没有州一级的固体废物管理机构。为了应对联邦政府的压力或激励措施，各州开始制定固体废物管理法规，并指定其中已有机构中的一个作为该州的固体废物管理办公室。在第一笔技术援助发放 4 年半后，44 个州开展了积极的项目。最重要的直接结果是制定了各自的固体废物管理计划，因为这是获得联邦资金的前提。不过，各州的计划几乎没有一致性。[48]

　　1945 年至 1970 年间，固体废物管理的关键变化是认识到垃圾问题是国家环境问题。地方当局欢迎州政府和联邦政府提供援助，以应对堆积如山的垃圾，但它们也感到不满，因为新立法要求采取行动，要求改变地方的优先事项并投入地方资源。邻避主义的兴起也增加了市民要求解决长期问题的压力。就像供水系统和排污系统一样，公众对不断升级的"垃圾危机"的争论将在 20 世纪 70 年代爆发。固体废物管理系统不再是"环卫工程的孤儿"，而是开始与其他环卫技术享有同等地位。

209

第十八章

从地球日到基础设施危机

塑造新型环卫城市的力量

　　1970 年以后，随着城市发展变得更加复杂，城市财政困难加深，环境问题加剧，新型环卫服务的实施和现有系统的维护面临着严峻挑战。到 20世纪 80 年代初，很多人都在谈论迫在眉睫的"基础设施危机"。

　　历史学家大卫·R. 戈德菲尔德（David R. Goldfield）和布莱恩·A. 布劳内尔（Blaine A. Brownell）指出："1970 年后出现了城市化的新趋势，尽管当时很少有人注意到这一点。始于 1920 年的郊区化趋势，在 1970 年到达顶峰，当年的人口普查宣布我们已经成为一个郊区国家。"[1] 历史学家乔恩·C.蒂福德（Jon C. Teaford）为这一观察结果增加了新的维度，他指出，城市与郊区的关系与以往的经验大不相同：

　　美国都市化不再像 1945 年那样围绕单一的带有主导性的中心展开；它　211
也不是真正的多中心模式，即只有几个容易识别的中心。用所谓的中心名
称来识别都市区域是不合时宜的，因为美国都市越来越没有中心。然而，
它并不是无特色的、无差别元素的无序扩张，也不是低密度定居点的统一
扩展……相反，它有着丰富的多样性，聚落模式和生活方式的历史积累，
反映了过去和现在数百万美国人的感觉需要……美国都市化是无边缘、无
中心的。[2]

　　核心城市人口持续减少，经济基础受到侵蚀。都市区发展出多个中心，
尽管并不总是很明确；各种独立的社区出现在城市的可延展外围；非城市
的发展挑战了传统的郊区扩张。南部和西南部城市的发展是以东北部和中
西部的老城区衰落为代价的。[3]

　　1970 年后，城市群组是大多数美国人的家园。1975 年，73% 的美国人
（2.13 亿）居住在都市化的县里；20 世纪 80 年代，这一数字跃升至 86%
（2.487 亿）。1990 年的人口普查显示，加利福尼亚是城市化程度最高的州，
为 93%，而南部地区的城市人口最多。2000 年，80.3% 的美国人（2.814
亿人口中的 2.26 亿）生活在大都市区。自 1990 年以来，大都市区的人口
增长了 14%，而非大都市区的人口增长了 10%。[4]

　　尽管一些中产阶级美国人有望通过城市绅士化（gentrification）［城市

绅士化是 20 世纪 60 年代末西方发达国家城市中心区更新中出现的一种社会空间现象，其特征是城市中产阶级以上阶层取代低收入阶级重新由郊区返回内城（城市中心区）。城市绅士化包括：在城市中心区范围，社区外的高收入者侵入并替代社区内的低收入者，低收入者不断迁出；社区物质条件得到相应的改善；社区特性发生转变并出现"大门社区"的现象。——译注］过程回到中心城区，但核心区人口在 20 世纪后期仍继续下降。[5] 1986 年，只有大约 30% 的美国人居住在中心城区；贫穷的非裔美国人和拉丁裔美国人居民比例则更高。[6] 此外，城市人口密度从 1970 年的每平方英里 2766 人下降到 1990 年的每平方英里 2141 人，这表明从中心城区向卫星社区和"郊区"转移。20 世纪 70 年代是中心城区人口流失最严重的时期。然而，与 1950 年边界相似的中心城区自 1990 年以来增长了 2.2%，这表明到下个世纪，中心城区将适度复兴。正如一位观察人士指出的那样："它们几乎不可能恢复到最高水平，但至少衰减已经停止。"[7]

中心城区不再是城市发展的轴心，但它仍然是以银行、金融、医药和教育为主导的服务经济的中心。中心城区"只是变成了另一个郊区，又一个满足某些城市居民特殊需求的美国城市的一部分。"[8] 在大城市里，越来越多的城市居民居住在中心城区以外；到 1970 年，半数以上的城市居民居住在郊区社区（包括一些地区 20% 至 40% 的穷人）。[9]

"郊区"一词在描述城市边缘地区的情况时变得不那么有用了。为中心城区提供劳动力的睡城（bedroom communities）越来越自给自足，吸引了新的就业机会和新的商业机构，以及曾经为市中心保留的文化娱乐活动。评论家在寻找新的名称来代替"郊区"，比如外城、购物中心、边缘城市、新兴都市和技术城市。[10]

1970 年后，美国城市（尤其是东部和中西部的城市）面临着一种所谓的持久困境，其特征是财政压力、缺乏连贯的联邦城市政策以及日益严重的社会和物质问题。[11]联邦政府和州政府规定，城市必须为其居民履行各种职能，它还必须为非居民的福利服务提供资金，特别是通勤者和那些前来享受文化和娱乐活动的访客。尽管一些地方做出了零星的城市重建和回归城市的努力，但中等收入居民的迁出和低收入群体的涌入意味着许多城市增加收入和提供满意服务的能力下降。[12]

中心城区提供服务的成本往往高于周边社区。首先，低收入人群日益集中在中心地区，导致对福利、医疗和医院的需求增加。1978 年，15.4%的中心城区人口收入低于贫困线；1992 年，这一比例为 20.5%。2000 年，大约有 1100 万穷人生活在郊区，而中心城区的穷人则有 1300 万。然而，中心城区的贫困率大约是郊区的两倍（16.1% 比 7.8%）。[13]其次，中心城区比郊区旧得多，因此维护或更换现有基础设施的成本很高。第三，为非居民提供服务的成本减少了用于其他目的的资金。[14]

除了结构性问题之外，财政困境也是真实而普遍的。政府的一般收入来源正在下降，与此同时，仍在继续的白人外迁以及对增税的不情愿，迫使官员要寻找其他方法来平衡预算。为了履行服务义务，一些部门从城市的现金流中借款，打算用未来的收入偿还债务。不久，城市就积累了大量的内债。[15]

1975 年纽约市的财务崩溃就是典型的例子，并引起了全国范围对城市财政混乱的关注。纽约市的问题至少酝酿了 10 年。到 1975 年，由于在 20世纪 60 年代经济扩张期间大量借款，该市已积累了 26 亿美元的债务。纽约市的支出不是常规支出，因为它资助了一些由州、县和其他特区提供的服务。当尼克松（Nixon）政府大幅削减对该市的联邦援助时，当地官员通过短期借款，推迟了之前债务的还款。利息支付已成为许多城市增长最快的预算项目。1974 年底，当纽约市最大的几家银行退出债券市场时，这种财务伎俩无法继续下去。该市的财政预算混乱不堪，50 多万人因此失业。70 年代末，国会的紧急援助使这座城市的财务状况恢复稳定一些，但其他城市也面临类似的财务危机，如巴尔的摩、辛辛那提和费城。一些城市，尤其是那些阳光地带的城市，如休斯敦、达拉斯和菲尼克斯，则避免了同样的困境。[16]

各城市早就向华盛顿及各州首府寻求财政援助。1960 年，联邦拨款占城市总收入的 3.9%；1977 年占 16.3%。在一些城市，四分之一到一半的营业收入来自联邦政府。1960 年至 1977 年间，地方税用于总税收的比例从 61.1% 下降到 42.8%。[17]随着地方对联邦拨款的依赖增加，这些资金的分配方式发生了巨大的变化。20 世纪 70 年代初，理查德·尼克松（Richard Nixon）对废除许多伟大社会计划特别感兴趣，因为这些计划将社区参与置于民选官员的权威之上。东北部和中西部城市人口的减少，以及"阳光地带"的人口增长（共和党的政治前景也随之看好），使得新政府资助老旧中心城市的热情降低。尼克松的新联邦制要求地方政府在控制华盛顿资金支出方面承担更大的责任。[18]

1972 年的《州和地方援助法》（State and Local Assistance Act of 1972）是一项收益共享计划，它在 5 年内向 3900 个地方政府机构发放了约 300 亿美元。随后又增加了两项关于收益共享的法律。其中一项是在杰拉尔德·福特（Gerald Ford）总统任内通过的《住房和社区发展法》（Housing and Community Development Act，1974 年），它被认为是一项针对中心城区的援助计划，但实际上，收益共享成了一项郊区援助计划。根据 1974 年法律，资金自动分配给 8 个以上的"城市化县"和都市区中所有人口超过 5 万的城市。1962 年，最高法院下令重新分配州议会席位，从而增强了郊区与中心城区争夺资金的政治实力。外向型大都市的成长促进了独立行政机关（例如特区）的发展，其许多机构都符合收益共享的条件。为了避免大幅削减预算并维持现有的项目，中心城区不得不花费很大一部分拨款。郊区社区可以利用联邦资金保持低税率，提高市政人员的工资并承保新项目。[19]

　　吉米·卡特（Jimmy Carter）的民主党政府延续了尼克松-福特（Nixon-Ford）时代的地方控制方式。[20]随着罗纳德·里根（Ronald Reagan）的当选，20世纪80年代的新联邦制明显偏离了对城市事务的所有重大承诺。共和党政府重新调整了工作重点，着重强调联邦政府支持国家安全，并以许多国内项目为代价重建国家的国防系统。尽管里根支持通过社会保障为穷人建立"安全网"，但他主张大幅削减联邦政府对城市的联邦援助，包括停止收益共享、支持鼓励私人投资以及许多项目和服务的私有化。里根政府削减了福利支出，取消了一半的联邦保障性住房，提高了公共住房租户的租金，减少了就业培训计划。那些年，唯一真正意义上的城市计划是由纽约州国会议员杰克·坎普（Jack Kemp）倡导的企业园区推广计划。[21]

　　伴随城市税基的缩减，国家城市政策发生的巨大变化——被称为"非城市城市政策"——开始造成"都市政府间的混乱"，导致学校、公园和图书馆关闭，以及对街道、排污管道和桥梁的抢修。考虑到民主党控制的国会实际恢复了几个项目的资金，关于里根削减预算的可怕预测多少有些夸大。州和地方政府通过建立应急基金和提高税收来弥补收入损失。尽管如此，1982年，用于特定城市项目的资金比旧预算预计减少了23%，而且收益共享完全没有遵循统一的联邦城市政策。此外，州政府的援助并没有弥补失去联邦支持所造成的损失。[22]

　　对于已经饱受经济、社会和物质环境问题困扰的城市来说，联邦政府的"撤资"计划尤其造成了困难。1980 年到 1986 年间，联邦政府在非贫困城市的总支出（以当前美元计算）增长了近 66%；在经济下滑的城市，联邦支出仅增长了 5%。里根的新联邦制给美国的老城市带来了沉重的压力，但这些打击至少不是致命的。中心城区衰落与外围区域增长之间的差距依然存在。[23]在 2003-2004 年，美国所有城市的政府间收入超过 4.3 亿美元（其他来源，包括财产税和销售税，约为 6.65 亿美元），其中约有 5100 万美元（约占 12%）来自联邦政府。[24]

215　　20 世纪 80 年代初，公众也认识到现有城市基础设施长期恶化以及新基础设施投资不均的情况。短期情况显示出好坏参半的结果，给人留下的印象是衰退最近才发生。扣除通货膨胀因素后，政府用于公共工程的支出从 1960 年的 600 亿美元增加至 1984 年的 970 亿美元。这在国民生产总值中所占的份额从 3.7% 下降到 2.7%。1977 年，联邦政府项目提供的资金占州和地方公共工程资本投资的 53%，并主要用在了对交通、机场项目和污水处理设施的大笔拨款上。到 1982 年，这一比例下降至 40% 左右。[25]

　　1981 年，TRW 公司的政策分析师帕特·乔特（Pat Choate）和通用电气负责州政府事务的经理苏珊·沃尔特（Susan Walter）出版了《废墟中的美国》（*America In Ruins*）一书。这本书引发了关于美国公共工程状况的广泛争论。根据乔特和沃尔特的说法，公共设施耗损的速度超过了其更换速度。在预算紧张和通货膨胀的时期，维修工作和陈旧公共工程的更换被推迟，新的建设被取消。他们认为，这场基础设施危机最恶劣的后果是其作为"国家经济复兴的严重瓶颈"的影响。[26]他们描绘了现有状况的惨淡景象：州际公路系统正在以每年需要重建 2000 英里道路的速度恶化；5 座桥梁中有 1 座需要修复或重建；在未来 20 年里，需要 750 亿美元至 1000 亿美元来维护城市供水系统。他们呼吁联邦政府帮助制定一项连贯的公共工程政策，并对国家的基础设施需求进行分析和预算。[27]

尽管并非所有人都同意"基础设施危机"的严重程度或缓解该危机所需的实际成本，但很少有人否认巨大问题的存在。1982 年，由美国住房和城市发展部支持的社区和经济发展特别工作组指出，美国已经"发现"了其城市基础设施问题，尤其是在最老旧的城市中心地区。[28]市政财务官员协会（Municipal Finance Officers Association，1983）完成的一项研究明确指出："美国的基础设施陷入困境"，并强调对基础公共设施的"撤资"规模从 5 亿美元至 3 万亿美元不等。同年，应参议院预算委员会要求完成的一项研究表明："对新建项目和更新项目的持续强调可能会导致各州和地方忽视必要的维修工作。"一项私人研究指出，自 1965 年以来，由于政府的工作重点从这些"不太明显的问题"转向了对社会问题的关注，各级政府用于公共工程的国民生产总值百分比从 4.1% 下降至 2.3%。[29]

20 世纪 80 年代中期的研究，虽然仍然提倡基础设施崩溃的概念，但也对早期的预测提出了改进建议。1984 年的一次关于城市基础设施替代方案的研讨会指出了越来越明显的问题："对问题的严重程度……没有达成共识"，也没有明显的单一原因。但是，"一切照旧"是不可能的，这种情况"迫切需要创新"和行政部门之间的合作。[30]

1984 年的《公共工程改进法》（Public Works Improvement Act of 1984）设立了国家公共工程改进委员会，负责向总统和国会报告国家基础设施状况。该委员会在其第一份报告中指出，自"第一批轰动新闻报道"以来，基础设施的议题讨论已日趋成熟。报告还指出，许多系统"年久失修"，问题普遍存在，满足未来需求的成本"会很高"。[31]

1988 年，该委员会在其备受期待的报告《脆弱的基础》（Fragile Foundations）中，该委员会采取了积极的态度，认为在规划、建设、运营和维护国家基础设施方面所做的工作"有很多是好的"。"但总的来说,委员会得出结论,我们的基础设施不足以维持经济的稳定和增长。作为一个国家,我们需要重申对未来的承诺,在过去的基础上进行重大投资。"该委员会发布了"国家公共工程报告卡"。最高级别(B级)为水资源问题,理由出自1986年《水资源法》(Water Resources Act of 1986)对许多水资源项目实行强制性费用分摊的期待。供水系统和航空的评分为B-级,前者是因为它是"有效的地方运营项目",而后者则是由于"安全、有效地应对了快速增长的需求"。高速公路获得了C+级,因为它们得到了更好的维护和路面改善;由于覆盖范围广,但水质改善不大,排污系统获得了C级;公共交通由于系统整体退步获得了C-级;固体废物也被评为C-级,原因是它们有更严格的检测、监测和替代处置方案开发,但费用也更高。危险废物得到最低等级D级,因为清理工作的进展慢于预期。[32]

这份报告以及之前几份报告的核心内容是,未来的任务是艰巨的,但并非不可能完成。《脆弱的基础》指出,公共工程的资本投资在20世纪70年代达到了顶峰。目前的支出水平被认为"勉强能够"抵消年度耗损,更不用说满足新需求了。[33]进入20世纪90年代,尽管克林顿总统和其他人承诺推动"重建美国"的努力,但仍然存在许多问题。从政治角度看,公共工程仍然缺乏强大、统一的选民群体,必须面对选举政治的多变。[34]美国土木工程师协会2005年发布的"美国基础设施报告卡"显示,与1988年《脆弱的基础》相比,几乎没有改善。航空被评为D+级;道路D级;交通D+级;排污系统D-级;饮用水D-级;只有固体废物C+级和危险废物D级与此前相同。诚然,评估人员是不同的(可能只考虑了自身的利益),标准也可能不一样,但是美国土木工程师协会估计,在未来5年内,基础设施投资将需要1.6万亿美元,尽管如此,这仍然是一个令人生畏的数字。[35]

　　尽管在 20 世纪后期和以后，基础设施危机的幽灵笼罩着环卫服务的维护和发展，但环保运动的势头进一步改变了人们对这些服务的看法。环保运动之所以如此引人注目，是因为从 20 世纪 60 年代末开始，它迅速引起了全国的关注。没有什么比地球日更能体现这种吸引力了。这一想法最初模仿的是反越南战争运动中作为一种战术的"宣讲会"。在全美各地，2000所大学校园、10000 所高中、公园和各种开放场所，多达 2000 万人参加了据称是"美国历史上规模最大、最清洁、最和平的示威活动"。从形式上看，地球日非常像 20 世纪 60 年代的和平示威，美国革命之女（Daughters of the American Revolution，DAR）坚持认为地球日必须具有颠覆性。事实上，它是在诸如塞拉俱乐部和奥杜邦协会等温和的活动人士中进行的。地球日象征着人们对环境问题的新热情，也代表着公众对一种早已盛行的趋势的认可。地球日达到了它的目的。[36]

　　尼克松政府支持地球日，并于 1970 年 1 月 1 日签署了《1969 年国家环境政策法》（The National Environmental Policy Act of 1969，NEPA）。尽管尼克松政府在国会会议通过之前一直反对该法案，但最终还是接受了《国家环境政策法》。公开反对"清洁空气、清洁水和开放空间"已毫无意义。通过将他的政府与环保主义联系起来，尼克松得以用自己的方式来解决环境问题，特别是通过技术方案聚焦反污染问题。[37]

　　《国家环境政策法》远非一些人宣称的"环境保护大宪章"，但它呼吁国家对环境承担新的责任。《国家环境政策法》也不仅仅是对资源管理的重申；它还促进了保护和改善环境的努力。它特别强调科学和技术在决策过程中的应用。授权采取行动的条款要求联邦机构编制环境影响报告书（environmental impact statements，EISs），以评估拟议项目和立法的环境影响。[38]

　　《国家环境政策法》为市民参与提供了大量机会，特别是通过查阅政府机构档案中的信息。它成立了环境质量委员会（Council on Environmental Quality，CEQ），负责审查与环境有关的政府活动，制定影响报告准则，并就环境问题向总统提供咨询意见。环境质量委员会本质上是总统的工具，政府的环境保护工作仍然分布广泛。[39]

　　在将环境保护工作列入某个现有部门的职权范围失败后，尼克松政府宣布污染控制和环境影响评估将由一个新的机构负责——环境保护署（以下简称环保署。——译注）。1970 年 12 月，在威廉·洛克肖斯的指导下，环保署开始运作。最初，它包括水污染、空气污染、杀虫剂、固体废物和辐射的划分。但是环保署在环境保护方面并没有全部的法定权力；它只是在执行一系列针对特定环境问题的具体法规。然而，其监管责任很快就使该机构不胜负荷，并受到行业规避监管的压力。[40]

　　到 20 世纪 70 年代中期，环境保护主义已经成为一个固定不变的国家议题。主流环保组织通过采取更积极的措施来帮助起草新的立法，敦促实施现有立法，注重环境影响评估过程，并对政府机构进行监督。此外，随着越来越多的诉讼对关键监管条款进行检验，法院成了战场。[41]

　　20 世纪 80 年代，里根行政团队再次改变了国家政府作为制定和实施环境法规主要力量的方向。里根的支持者希望新政府能够减少环境立法对商业的不利影响，促进经济发展，减少政府在环境事务中的作用。政府的批评者感觉到了反环境保护主义时代的到来。选择詹姆斯·瓦特（James Watt）担任内政部长和安妮·戈萨奇（Anne Gorsuch）担任环保署署长，似乎证实了双方的观点。一些观察人士认为，里根政府在其大部分政策中都采用了"经济发展胜于环境约束"的检验标准，更倾向于"将行政裁量权而不是立法作为首选的改革工具"。[42]

詹姆斯·瓦特宣布在西部公共土地上开发资源和加强海上石油钻探的计划。在环保署，戈萨奇提出的预算大约是卡特政府预算的四分之一，严重削弱了执法部门。管理和预算办公室的大卫·斯托克曼（David Stockman）要求对所有环境法规进行成本效益分析。里根总统解雇了环境质量委员会的现任成员。[43]

20 世纪 70 年代的环境保护势头在 20 世纪 80 年代中期停滞不前。然而，随着瓦特反环保主义愈演愈烈，主要环保组织的成员人数却在增加，甚至在 1983 年 10 月他辞职之后同样如此。同年，戈萨奇因在环保署涉嫌不法行为和潜在犯罪行为而辞职。为了修弥环保署瘫痪而造成的政治损失，里根说服了威廉·拉克尔肖重新担任环保署署长。1985 年，他被职业政府经理李·托马斯（Lee Thomas）接替。在乔治·H. W. 布什（George H. W. Bush）执政期间，资源保护基金会和世界野生动物基金会（World Wildlife Fund）的负责人威廉·K. 赖利（William K. Reilly）成为美国环保署署长，但政府在环境方面的整体记录并不好。[44]

到这个十年结束时，环境监管和遵守方面取得的进展必须用逐步递进的节奏来衡量。在政治方面，平衡经济发展与环境保护的愿望仍然很普遍。在环保界，"可持续发展"的概念（可以维持经济发展，但不能以牺牲公平的生活水平和满足所有人的基本需求为代价，同时采取措施避免对环境造成损害）成为口号。[45]然而，对环境事务的承诺总体上仍然是国家的首要任务，这体现在慢慢扎根于华盛顿的环境游说团体、各种基层组织的出现，以及围绕特定议题的公开斗争。

到 20 世纪 80 年代，主流环境保护主义者不仅面临来自政治和私营部门批评人士的挑战，而且还面临着来自相互竞争的环境观点的挑战。尽管这些挑战有时很尖锐，但却开始扩大环境保护主义的基础。环境正义运动兴起于 20 世纪 80 年代中期，旨在对抗它所认为的日益严重的环境种族主义威胁。一些人把阶级和种族联系起来，但也有许多人认为种族主义是罪魁祸首。全美有色人种促进会（National Association for the Advancement of Colored People，NAACP）前主席小本杰明·E. 查维斯（Benjamin E. Chavis Jr.）牧师，在担任基督教联合会种族正义委员会（United Church of Christ's Commission for Racial Justice，CRJ）执行理事期间创造了"环境种族主义"一词。1982 年，北卡罗来纳州沃伦县（Warren County）以非洲裔美国人为主的居民向基督教联合会种族正义委员会寻求帮助，以抵制多氯联苯（PCB）垃圾场在他们社区的选址，查维斯开始对种族与污染之间的关系感兴趣。这次抗议没有成功，500 多人遭逮捕，其中包括查维斯。虽然环境正义运动的根源可以追溯到 20 世纪 70 年代，但沃伦事件引起了广泛关注。[46]

　　环境正义运动在基层找到了力量，特别是在面临有毒物质和危险废物环境威胁的低收入有色人种中。社会学家安德鲁·萨斯兹（Andrew Szasz）认为："有毒、危险的工业废物问题可以说是过去 20 年来最具活力的环境议题。"[47]当地居民对有毒和危险废物的反应始于邻避主义，但后来演变成不同的东西。洛伊斯·玛丽·吉布斯（Lois Marie Gibbs）是危险废物公民交流中心（Citizens Clearinghouse for Hazardous Wastes）的成员，也是拉夫运河（Love Canal）运动的知名领导人，她认为："我们的运动开始时是'不要在我家后院'（Not in My Backyard，NIMBY），但很快就变成了'不要在任何人家后院'（Not in Anyone's Backyard，NIABY），包括墨西哥和其他欠发达国家。"[48]按照萨斯兹的说法，此时出现的是一种激进的环境民粹主义，即美国激进主义传统中的生态民粹主义。到 1988 年，有将近 4700 个地方团体公开抗议有毒物质，一场充满活力和网络化的社会运动在地方一级兴起，且主要由妇女领导。[49]

环保倡导者表示，草根阶层对环境威胁的抵抗，只不过是对长期经济和社会趋势所带来的更根本的不公正现象的反应。加利福尼亚州立大学洛杉矶分校的辛西娅·汉密尔顿（Cynthia Hamilton）表示，工业化的后果"迫使越来越多的非洲裔美国人成为环境保护主义者。对于那些居住在中心城市的人来说，情况尤其如此，工业生产的残渣、碎片和腐烂物给他们带来了过重的负担。"[50]正如社会学家罗伯特·D. 布拉德（Robert D. Bullard）所指出的，与"环境不公"的斗争"与为消灭'吉姆·克劳'（Jim Crow）（吉姆·克劳是美国剧作家 T. D. 赖斯于 1828 年创作的剧目中的一个黑人角色的名字，后来逐渐变成了贬抑黑人的称号和黑人遭受种族隔离的代名词，是美国统治阶级对黑人实行种族隔离和种族歧视的一套政策和措施。——译注）遗产而进行的民权斗争并无不同"[51]。

1991 年 10 月，由 600 多人组成的多种族团体在华盛顿举行了首届全美有色人种环境领袖峰会。在其"环境正义原则"会议上，与会者希望"开始建立一场国家和国际的有色人种运动，以对抗对我们土地和社区遭受的破坏和掠夺"[52]从某种角度来看，20 世纪 70 年末和 20 世纪 80 年代停滞不前的民权运动正在通过环境正义寻求复兴。环境正义运动以民权运动为历史根源，它也否认与主流环保主义的联系。主流环保主义被认为是白人、通常是男性、中产阶级和上层阶级的意识形态，主要关注荒野保护，对少数群体的利益漠不关心。[53]

1987 年，基督教联合会种族正义委员会出版了《美国有毒废物和种族》（*Toxic Wastes and Race in the United States*），这是对与危险废物场址位置相关的人口结构进行的首次全国性综合研究。调查结果强调，社区的种族构成是最能预测商业危险废物设施选址的单一变量，且在这种情况下，少数族裔的比例过高。该报告得出结论，这些设施"几乎不可能"是偶然分配的。[54]此报告关于蓄意基于种族因素来挑选目标社区的有力推论，为那些有兴趣进一步推进环境正义运动的人提供了强有力的证据。它还引发了221 一场关于种族作为危险废物设施选址中心变量之重要程度的争论，导致有人指控基督教联合会种族正义委员会报告的研究质量恶劣，并对报告结果拥护者所持的错误逻辑提出质疑。[55]

尽管存在争议，环境正义运动的领导人还是认为"位于黑人后院"（Place in Black's Backyard，PIBBY）取代了"不要在我家后院"（NIMBY）。布拉德认为："由于富裕、中等收入的美国人和贫穷的非洲裔美国人生活在一起，因此环境正义的问题很难归结为贫困问题。"[56]他总结道，政府在这场倡导目标明确的运动中也是罪人，因为它使法律和法规的不平等执行制度化，使污染行业优先于"受害者"，并拖延清理工作。[57]

联邦政府为解决环境种族主义问题所做的努力，遭到了运动内部人士的质疑。环保署 1992 年的一份报告支持了少数族裔遭受高度污染影响的一些说法，但它也认为，在大多数情况下，种族和阶级因素是关联在一起的。同年，《国家法律杂志》（*National Law Journal*）进行的一项研究对环保署的环境权益记录提出了质疑。该研究指出，在超级基金项目的管理过程中，如遇危险废物场址问题，应对措施在白人社区与少数族裔社区之间存在差异。环保署署长威廉·赖利因未参加有色人种环境峰会而受到运动成员的强烈批评。尽管运动成功促使克林顿总统签署了一项行政命令："以实现环境正义为目标，将联邦政府的注意力集中在少数族裔社区和低收入社区的环境和人类健康问题上"，但令人失望的是，国会从未通过一项环境正义法案。[58]

　　在有色人种中，对主流环境保护主义和政府行动的批评并不是要给人留下少数族裔很少或根本不关心环境问题的印象。环境正义运动中的一些人甚至主张在共同关心的领域与主流环境保护团体合作。

　　最重要的是，环境正义运动在美国重新提出了与环境保护主义有关的"公平"议题，并在许多方面扩大了这一议题。它成功说服或可能迫使环境团体、政府和私营部门将种族和阶级视为环境问题的主要特征。它有助于提高有毒和危险废物问题在众多环境问题中的重要性。与早期的努力相比，它将人们的注意力更多地转向了城市疫病、公共卫生和城市生活条件上。它还质疑以牺牲人类福祉为代价的经济增长需求。然而，这场运动并不局限于此。它的立场有时不一致，特别是在种族与阶级的问题上。它有时也低估了它的盟友，并曲解了它的敌人。之所以如此，222 是因为这一运动，特别是在其初期，一直在寻求用政治的手段解决它提出来的问题。[59]

　　20 世纪 80 年代，妇女在抗毒运动和其他基层改革中所发挥的作用越来越大，这也明显地扩大了环境运动的范围。除了一些反核运动以外，妇女在传统环境团体中的领导作用有限。1987 年，43 名妇女参加了在弗吉尼亚州阿灵顿召开的有毒物质妇女组织会议（Women in Toxics Organizing Conference），讨论战略问题。那时，生态女性主义——理论建构和社会行动主义的结合——开始提供新的行动方式，同时各种草根努力的影响力也在不断增强。[60]

　　尽管环境正义领袖对此表示怀疑，但理查德·N. L. 安德鲁斯（Richard N. L. Andrews）指出，比尔·克林顿（Bill Clinton）在 1992 年当选总统时，"人们普遍期望总统在环境政策方面恢复强有力的领导"。[61]但是，尽管最初确定了一项强有力的议程，并主张政府致力于在国际环境政策中发挥领导作用，但人们的注意力转向了一系列与环境无关的争议，这些争议使克林顿与保守的共和党反对派对立。在乔治·W. 布什（George W. Bush）担任总统期间，美国在国际环境政策制定方面的领导作用有所减弱，放松或废除国内几项重大环境政策的尝试增多，新石油勘探等环境资源利用力度加大。[62]安德鲁斯质疑道：“虽然环境问题仍然是显而易见和有争议的……人们可能会问，环境时代本身是否已经结束，或者它是否至少进入了一个新的阶段，并与产生它的上一个时代有着根本不同；而不同之处就在于新阶段里不再有基础广泛的共识优先事项和政治议题。”[63]

在新生态学时代，科学在帮助阐明环境问题、寻求解决方案、以及在政治舞台上让解决方案显身手这些方面起着重要作用。20世纪70年代，生态学从生物学的一个分支发展成为一门独立的学科。由于范围太广，它又被细分为人口遗传学、保护生态学、系统生态学和生态经济学。环境科学在接受生态学原理的同时，侧重于资源、气候和地球科学，以及污染和技术评估。[64]

20世纪80年代，对生态风险的研究迅速增长。尽管生态风险与人类健康风险评估的方法类似，但它超越了个体的范畴，而是考察了社区、整体人口、资源、生物多样性和生态系统恢复。[65]风险成为评估人类与自然环境之间关系的主要手段。关于风险和危害证据水平的争论是不可避免的。然而，在向公众公开环境问题和帮助制定法规方面，科学研究或为风险评估提供了工具，或为污染控制提供了新技术。与此同时，科学调查揭示了意想不到的环境危害，带来了以前没有意识到的复杂性，并引发了对政治讨论过程中引入数据的准确性的辩论。[66]

20世纪70年代出现的新监管机构、生态科学的进步以及公众对基础设施恶化的讨论，在很大程度上影响了公共工程。更具体而言，就是工程界经历了相当大的调整。到 20 世纪 60 年代末，"环卫工程师"已经成为"环境工程师"，他们受雇于重工业和公用事业公司、许多公共工程建设项目、包括环保署在内的联邦机构、州和地方政府以及咨询公司。[67]环境工程师"管理着旨在保护和提高环境质量、保护公众健康和福利的结构、设备和系统。"[68]他们在关注自然环境和注重保护个人健康和福祉的以人为中心的观点之间取得平衡，从而摆脱了早期管理自然的倾向。

历史学家杰弗里·K. 斯廷（Jeffrey K. Stine）为建立环境工程的新领域提出了一个务实的目标："通过推动环境工程，工程师试图扩大他们的支持者。"[69]《环境工程》杂志（*Environmental Engineering*）强化了这一观点，指出尽管环境友好工程"为工程师的工作增加了社会效益的维度"，但污染控制工程却变成了"一项极其有利可图的事业"。[70]

然而，对技术解决方案的承诺仍然被工程师广泛接受，并扩展到他们的社群之外。美国环保署署长拉塞尔·E. 特雷恩（Russell E. Train）1975年写道："在控制污染方面，无论是为新污染源制定排放标准，还是为现有设施制定合规时间表，技术进步都必将成为实现我们环境目标的推动力。"[71]

20 世纪 60 年代，人们提出了一种与土木工程相似但又截然不同的方法——生态工程。俄亥俄州立大学自然资源与环境生物学教授威廉姆·J. 米契（William J. Mitsch）将生态工程或"生态技术"定义为"对人类社会及其自然环境的有益设计"，他将此归功于 H. T. 奥德姆和 20 世纪的中国生态文学。他补充说，与环境工程相比，生态工程涉及"识别那些最适应人类需求的生态系统，并认识到这些系统的多重价值"。与其他形式的工程和技术不同，"生态工程将自然环境融入人类社会的设计，而不是试图征服

224　它，并以此作为其存在的理由。"[72]生态科学和生态工程在很大程度上由生物科学塑造，而环境科学和环境工程在很大程度上是由物理科学塑造的。生态工程和生态科学原理在污水处理中的应用最为广泛。[73]

1970年之后，现有环卫系统的维护和新环卫系统的发展被夹在两股力量之间：财政资源的减少以及来自技术和非技术人员的环境关注。构成20世纪末环卫城市的内容与19世纪的起源相去甚远。然而，多年来对各种环卫技术的发展和维护，能否使环卫系统具有足够的弹性，以适应现代大都市的需求，还有待观察。

第十九章

在破损管道和陈旧处理厂之外

1970 年以来的供水、排废和污染

在"基础设施危机"之后，几项主要研究都没有对供水和排污系统作 225
出将会恶化的悲观预测。美国国家公共工程改进委员会（National Council
on Public Works Improvement, NCPWI）1987 年的一份报告指出，不存在
"需要大量联邦补贴"的全国供水"基础设施缺口"。报告得出结论，尽管
小型供水系统确实存在全国性的问题，但整个城市供水系统"并不构成全

国性的问题"。[1]

　　这项评估是在将水务系统与美国基础设施其他组成部分进行比较后得出的。与高速公路的维修和更换相比，供水和排污系统的类似需求显得微不足道。[2]但正是那些相对较小但并非微不足道的数字掩盖了多年来积累的问题。许多饮用水系统依赖于使用了100多年的管道，已经过时，面临大量泄漏的问题，维护不善。排污系统也不完善。[3]

226　　1970年以后，将供水和排污系统耦合的想法仍然得到了倡导者的支持，但实际的尝试很少。一些人认为各种规模的系统无法相互融合，或者相信长期存在的习惯会抵制改变。[4]然而，人们越来越关注水质面临的新威胁，尤其是地下水恶化和非点源污染，这种担忧从观念上把供水和排污问题交织在一起。在新生态学时代，扩大联邦政府对水污染的监管权限和收紧水质标准是认识到水污染严重性的第一步。由于供水和排污系统的运行和维护在很大程度上仍然是地方责任，而水质管理又由联邦当局负责，因此分散化管理威胁着纯净水的保护和污水的有效处理。

　　总的来说，水的供应似乎是充足的，但是在地方和区域一级存在着一些问题。一些城市地区经历了严重干旱和长期缺水。在20世纪80年代中期，纽约市为用水限制做了准备，丹佛制定了污水再利用计划，加州的一些社区出现了水资源短缺的情况。[5]

　　环境质量委员会1993年的报告得出结论，综合取水仍可满足需要。1985年至1990年间，美国人口增长了4%，而取水和用水量仅增长了2%。实际上，与前10年相比，20世纪70年代的用水量增长速度正在放缓。环境质量委员会报告称，节水措施、提高用水效率以及水回用技术应用是造成增速下降的原因。[6]根据美国地质调查局的数据，2000年，美国的用水量估计为每天4080亿加仑。自1985年以来，总的变化幅度不到3%，这主要是由于灌溉和热电两大用途的稳定用水。2000 年，加利福尼亚、得克萨斯和佛罗里达的用水量占总用水量的四分之一。[7]

20 世纪 80 年代中期的数据表明，美国有 206300 套公共供水系统。其中，71.7%属小型，并服务于非社区单位，剩下的 28.3%主要服务于小型居民社区。2000 年，约有 85%的美国人从公共供水系统获得饮用水，而 1950 年这一比例为 62%。在服务于 5 万以上人口的城市供水系统中，约 82%是公有的。[8]

20 世纪后期，本地因素继续影响供水系统的运行和性能。水问题往往是由就职于所谓的非政治机构的专家在技术上界定的，而他们的技术判断却很少受到公众的审查。自进步时代以来，地方官僚机构通常由被任命的行政官员和职业官僚所控制，他们在制定和执行政策方面比地方政治场域227中的任何团体都拥有更大的权力。公共工程机构是专业知识库，并积极动员客户群体（销售公司、供应商和设备制造商）支持他们的工作。城市服务行业（例如土木工程）的发展极大地影响了提供服务的方式。

虽然到 2000 年，美国的供水、污水处理和处置基本上仍是公共事业，但私有化却取得了进展。市政供水和排污系统的私有化可能意味着向私人公司出售或租赁设施、承包经营服务，或通过其他安排将部分责任转移给私营实体。直到 1997 年，私人参与公共供水和排污系统的年限一般限制在 3 至 5 年。这一限制是由美国国税局（Internal Revenue Service，IRS）规定的，该机构禁止通过免税债券融资运营的市政企业对外签订超过 5 年以上的经营合同。1997 年，由于供水和排污服务行业的游说，美国国税局更改了这一规定。[9]到新世纪的第一个十年，欧洲供水系统的私有化比在美国更加普遍。2003 年，美国仅有 5%的供水系统是私有的，只有大约 15%的人口由公司供水。然而，从 1997 年至 2003 年，私人公司根据长期合同运营的公有系统数量从 400 个增加到 1100 个。公共诚信中心（Center for Public Integrity）（一家总部位于华盛顿的非营利性组织）估计，到 2020 年，欧洲和北美 65% 至 75% 的公共供水系统将由私人公司控制，非洲和亚洲也紧随其后。[10]

　　一些昔日的争论仍在继续。洛杉矶市仍在与欧文斯谷居民发生冲突。在 20 世纪 20 年代的紧张局势之后和 1970 年之前，仍留在山谷的居民利用当地作为洛杉矶附近为数不多的未开发地区之一，为度假者提供服务。具有讽刺意味的是，将水引到城市和帝王谷使欧文斯谷免于大规模灌溉农业。1970 年之后，第二条引水渠的建成导致城市与欧文斯谷居民在莫诺湖（Mono Lake）问题上产生冲突，随后，洛杉矶开始了大规模的地下水抽取计划，可能会使欧文斯谷永远干涸。由于无法达成妥协，山谷居民试图寻求禁令停止新的抽水，但没有成功。1976 年，当一段引水渠被炸毁时，紧张局势达到了顶峰。直到 1989 年才制定出确定未来地下水抽取的方式，但即使如此也不能使所有问题都得到解决。山谷的限制性抽水使洛杉矶增加了对大都会水务区（Metropolitan Water District）的依赖，因此也增加了对加利福尼亚北部和科罗拉多河的依赖。天使之城尚未找到解决其最紧迫问题之一的办法，欧文斯谷的人们仍在为未来担忧。[11]

　　水务行业的区域化引起了相当大的关注，特别是加利福尼亚州的大都会水务区和芝加哥的都市环卫区。与英国和荷兰一样，美国也存在着大量服务质量差、不经济的经营单位。供水系统的"地方狭隘主义"（local parochialism）破坏了变革，尤其是在 20 世纪 80 年代的"基础设施危机"之后。[12]

　　尽管市政排污系统服务范围有所扩大，但能达到区域标准的却为数不多。1986 年，19300 套排污系统和 16000 套公共污水处理设施为美国 70%

的人口和 16 万个工业用地提供服务。1996 年，污水处理设施的数量微增至
16024 套，服务人口占总人口的 71.8%。20 世纪 80 年代末，每天有 370 亿
加仑的污水流经这些设施，其中 85% 的污染物被处理掉了。然而，相当一
部分未经处理的废物被工业排放到地表水中，可能多达 39000 处。[13]

　　20 世纪 80 年代初，美国约有一半社区的污水处理设施处于满负荷运转
状态，无法支持进一步的住宅或工业发展，而且可能达不到水质标准。有
时，州政府会使用污水排放禁令作为临时的增长控制措施，以限制新的排
污管道、现有管道的连接、建筑许可和重新区划。限制供水和排污管道的
扩建使增长放缓，因此，系统的必要改进很可能得到快速解决。1976 年底
的一项调查显示，覆盖 4500 多平方英里土地面积的排污服务被暂停使用，
约有 900 万人受到影响。[14]

　　1970 年以后，虽然处理设施超负荷是一个严重的问题，但实际的处理
质量有所改善。1988 年，88% 的处理厂包含二级处理或有更高处理能力的
设备（1996 年大致相同），超过四分之三的美国人可被集中的污水处理设
施服务覆盖。[15]

　　尽管扩大了污水处理的范围，但专家们仍在寻求技术改进。这些措施
包括机械清除沉淀池中的污泥、更有效地控制混凝以缩短沉淀时间和提高
过滤速度，以及实现工厂运行的计算机化。在循环再生变得越来越流行的
时代，土地处理方式又重新得到应用。到 20 世纪 80 年代末，大约 25% 的
城市污水处理产生的污泥被分散在全美 2600 多个地点。但大多数工业污水 229
和污泥不太适合土地处理方式。[16]

　　供水和排污系统的融资也表明了 1970 年以后环卫服务的持续性。虽然
联邦政府在制定水质标准和法规方面发挥了重要作用，但除了协助社区开
发项目外，它为供水系统和污水处理设施建设提供的资金相对较少。20 世

纪 80 年代初的统计数据显示，83% 的市政供水、92% 的雨水和合流排污系统以及 80% 的污水处理支出主要由州政府和地方政府承担。水资源领域的投资主要集中在陆军工兵部队、建设项目、防洪、娱乐、水力发电和供水系统发展等。从 1991 年到 2000 年，各州投入了大约 100 亿美元，作为环保署为饮用水和排污项目提供的资本化拨款的匹配资金，同时还以拨款、贷款和债券的形式，另外提供了约 135 亿美元的资助。[17]

若以公众关注程度作为衡量指标，污水处理设施的资金投入仅占中等水平；与此同时，供水显然被视为地方问题，而减少污染已成为国家关注的主要问题。20 世纪 70 年代末，联邦政府在污水处理设施上的支出达到顶峰。1984 年，联邦政府的建筑工程拨款约占污水处理公共支出的 25%。各州提供了大约 5% 的建设资金，地方支出包含了运营成本和大约一半的建筑成本。在里根政府努力削减非军事项目联邦开支的刺激下，州政府开始向地方政府提供污水处理设施融资援助，且历史较短。到 1981 年，41 个州制定了提供拨款或贷款的计划，以帮助相关项目满足获得联邦拨款的条件；按环保署的规定，地方需匹配 25% 的资本成本。具有讽刺意味的是，20 世纪 70 年代初，州政府和地方政府的投入资金也因环保署的财政承诺而减少，但随着环保署资助的消失，该资金仅略有增加。到 1989 年，用于污水处理和供水的资金越来越多地由地方和州政府掌握。[18]

近年来，联邦政府减少了用于建设污水收集和处理系统的资金，这使得市政当局更加注重效率，并开始考虑替代传统系统的方案。一种方法是分散式污水管理（decentralized wastewater management，DWM），其定义是"在污水产生源头或其附近将其收集、处理和再利用"。这种强调在现场或其附近处理废物，而不是将其运至集中设施的方法，其开发过程必须考虑

230 到公众对明显可视的废物处理技术的反感，或他们对"眼不见，心不烦"

之观念的遵从。2000 年，分散式系统为大约 25% 的美国人口和 37% 的新开发项目提供服务。[19]

　　在人们高度关注一系列威胁国家供水和使污水处理工艺复杂化的环境风险的时代，水媒疾病的暴发持续下降。霍乱和伤寒等疾病已基本消除，少数暴发的疾病主要发生在小型社区或非社区水务系统。出现流行病大规模周期性地暴发的可能性仍存在，例如 1987 年发生在佐治亚州的隐孢子虫病影响了 13000 人，1993 年发生在密尔沃基的严重肠胃炎影响了 403000 万人。输配系统污染和消毒水不足是疫情暴发的重要原因。[20]

　　消毒仍然被视为水处理中最重要的步骤之一。1970 年，氯占城市饮用水消毒剂的 95%。除了增加成本外，氯胺被认为对水中病毒性病原体的影响有限，因此人们转而关注其他的消毒剂，如其他卤素、溴和碘。氯消毒也产生了一些不良副产物，包括三卤甲烷（trihalomethane，THM）。为了控制三卤甲烷，官员出版了一本关于臭氧的新书，因为它具有很高的杀菌效力，也具有抵抗气味、味道和颜色问题的能力以及良好的分解特性。由于臭氧是通电过程产生的，不能储存，很难适应水质的变化，而且它作为消毒剂的作用并不普遍，因此业界也出现了对臭氧的抵制。由于没有达成共识放弃氯化，环保署仍然认为它是控制水媒疾病最有效的常用添加剂。[21]

　　尽管氯化法的成绩令人印象深刻，但它还是受到了严厉的批评。1974 年的一份报告称，密西西比河水（接受了含氯污水）的使用与癌症发病率之间存在因果关系。虽然后来对这项研究的有效性提出了质疑，但它提高了人们对供水中化学污染物和氯化作用的认识。1975 年 4 月，美国环保署关于 79 座城市供水系统中致癌化学物质的报告登上了许多报纸的头版。新奥尔良和明尼苏达州的德卢斯（Duluth）等城市相继出现对水的恐慌。最终，学界发现氯处理会产生氯仿和其他三卤代甲烷。1976 年 3 月，美国国

家癌症研究所（National Cancer Institute）发表了一份报告，指出氯仿具有
致癌性。1979 年，美国环保署设定了第一个三卤甲烷限量标准。[22]

231　　　氟化并没有像消毒那样受到严格的审查，但争论仍在继续。1990 年，
57% 的美国人的供水中添加了氟化物，大多数主要卫生组织认可该物质可
预防蛀牙。美国国家卫生行动委员会（National Health Action Committee）和
安全水基金会（Safe Water Foundation）等其他组织则积极挑战社区饮用水
氟化和学校的含氟漱口计划。支持者指责反对派使用恐吓手段，散布半真
半假的消息，甚至试图将氟化反应与衰老和艾滋病联系起来。

　　一些研究对氟化物抑制蛀牙的能力提出了质疑，表明接触氟化物的人
群和不接触氟化物的人群之间没有明显的差异。一些人还担心，在最极端
的情况下，氟斑牙发病会导致棕色斑点和牙齿凹陷。美国环保署的结论是，
相互矛盾的研究未能提供足够的证据来限制氟化物的使用。[23]

　　与水媒疾病的情况一样，在 20 世纪 70 年代和 80 年代，一些地方的地
表水质似乎有了明显的改善。国家公共工程改进委员会的一份报告指出，
1972 年至 1982 年间，河流和河口水质有所改善，但湖泊水质却有所下
降。[24]然而，严重的污染问题仍然存在。自 1973 年以来，美国各地的供水系
统中都发现了石棉纤维，污水污泥仍然是一个特别难以解决的问题。[25]全美
共 30 多万家工厂有用水工序，由此导致各种有毒物质会进入地表水供应环
节。美国环保署指出，工业排放损害了全国 11% 的河流里程和 10% 的湖泊
面积。一项评估显示，工业排放约占需氧废物总点源负荷的三分之一。到
20 世纪 80 年代末，水体溶氧浓度增加，溶固物减少，一些有毒物质（如
砷、镉、铅、氯丹、狄氏剂、滴滴涕和毒杀芬）浓度下降，这表明点源控
制正在发挥积极作用。[26]截至 1998 年，美国环保署估计，全国 40% 的淡水未
达到水质目标，2000 年主要流域中约有一半存在"水质问题"。[27]

　　虽然地表水仍然是城市、工业、灌溉和发电用水的主要供应来源（2000 年占淡水总使用量的 74%），但 1950 年以后的地下水使用量显然在上升，对中小城市的社区供水系统（community water systems，CWS）而言尤其如此。地下水占所有美国人饮用水源的一半，同时几乎是所有美国农村人口的饮用水源。2000 年，地下水抽取量占公共供水的 37%，占自供生活用水的 98% 以上，占灌溉用水的 42%，更不用说在采矿、畜牧业和工业 232 上的重要用途了。总的来说，地下水占淡水使用量的 26%。[28] 地下水开采获得最大平均井产量的地方位于哥伦比亚熔岩高原（Columbia Lava Plateau）（华盛顿、俄勒冈、加利福尼亚、内华达和爱达荷）和东南沿海平原。在东部和南部，地下水主要用于家庭和工业消耗；在西部，它主要用于灌溉。

　　2000 年，地下水的农业用量约为每天 500 亿加仑，是得克萨斯—墨西哥湾地区和西部部分地区主要消耗的自然资源。在得克萨斯州的高平原地区，奥加拉拉（Ogallala）蓄水层几近枯竭，1982 年到 1997 年间，得克萨斯州损失了 14.35 亿英亩的灌溉农田。从 1950 年到 1975 年，由于灌溉的原因，地下水的开采量总体上是地表水开采量的两倍。即使在城市地区，过度抽取井水（用水速度快于供水补给速度）也是一个问题。[29]

　　地面沉降是过度开采的结果，当从特定位置抽取过多的地下水时，导致周围的黏土塌陷并压实。地表发生地面沉降；地表以下，淡水无法回注到水层结构中。地面沉降还可能破坏管道，堵塞下水道，促使盐水渗入含水层，并加剧洪水泛滥。在路易斯安那、得克萨斯、亚利桑那、内华达和加利福尼亚，由于地下水位下降而发生了严重的沉降。例如，在休斯敦航道周围地区，由于地下水的抽取，1978 年测量到沉降达 10 英尺。[30]

　　地下水的枯竭得到了人们的长期关注，但地下水的质量却很少成为议题。从 20 世纪 70 年代开始，人们开始质疑地下水本质上比地表水纯净的虚幻信念。造成地下水污染的因素包括废物处置方式、灌溉回流、溢漏、废弃的油气井，以及地下储罐和管道的泄漏。一项研究将地下水污染称为"缓慢的、潜在的退化"。[31]据报道，1984 年，8000 口公共和私人水井的水质恶化或无法使用。同年，技术评估办公室列出了地下水中大约 175 种有机化学物质、50 多种无机化学物质、放射性核素和几种生物有机体。1971年至 1985 年间，美国报告了 245 起与地下水有关的疾病暴发。1988 年，美国环保署指出，全美 38 个州的地下水中含有 74 种杀虫剂，甚至在禁止使用滴滴涕之后，仍在许多水源中发现了它。一旦受到污染，地下水比地表水更难恢复到高质量水平。[32]

　　瓶装水购买量的增加表明人们对饮用水的质量越来越关注。在 20 世纪 233 80 年代，美国瓶装水行业以每年 10% 到 15% 的速度增长，2000 年至 2006年的增长率在 8.2% 到 11.8% 之间。1990 年，美国市场上有 700 多种不同品牌的水。大约十五分之一的美国人饮用瓶装水（南加州是三分之一）。2005年，销量超过 75 亿加仑。家用水处理设备的购买量也在上升。[33]

　　20 世纪 70 年代，人们对非点源污染的认识也有所提高。据估计，到1990 年，美国总水质问题的 50% 以上是由农业、工业和居民非点源造成的。流入水道的污染物包含石棉、重金属、石油和油脂、盐、肥料、杀虫剂和除草剂、工地污染物、细菌和病毒污染物、碳氢化合物和表层土壤。[34]全国公共工程改进委员会的一项研究指出："在美国的一些地区，非点源污染非常严重，以至于即使完全消除所有点源污染，仍然不会输送明显清洁的水。"[35]根据美国环保署的报告，"（20 世纪 90 年代末或 2000 年）最新的《国家水质清单》（*National Water Quality Inventory*）显示，农业是造成水质下降的主要原因，州、领地和部落调查到的受损河流英里数的 60% 和受损湖泊面积的一半都受到了影响。"[36]城市地区的径流是受调查河口（海水与淡水混合的海岸附近地区）水质受损的最大来源。20 世纪 80 年代后期，由于常规农业活动的存在，至少在 26 个州的地下水中检测到杀虫剂。对于城市而言，雨水径流也是一个迫在眉睫的非点源污染问题。[37]

20 世纪 70 年代和 80 年代，一些地方研究发现了城市径流污染特征的模式。[38]密尔沃基的一个项目在密尔沃基河粪便大肠菌群的主要来源物质中发现了合流排污溢流。城市径流也被确定为佛罗里达奥拉湖（Lake Eola）退化的唯一原因。此外，一些地区城市藻类、螯虾和香蒲样本测得的铅含量是非城市样本铅含量的 2 至 3 倍。因此，排污溢流是美国约 770 座城市合流排污系统的主要污染问题。1989 年，美国环保署发布了《国家合流排污溢流中心战略》（*National CSO Central Strategy*），该战略集中关注合流排污溢流问题，但没有说明它的具体性质、控制成本或所有可能的解决方案。然而，在 1994 年 4 月，环保署通过国家污染物排放消除系统（National Pollutant Discharge Elimination System，NPDES）许可计划发布了控制政策，并称其为"国家合流排污溢流控制框架"。国家污染物排放消除系统是"在市政组织、环境团体和州机构之间"协商制定的，旨在帮助市政当局和行政许可机构有效实现《清洁水法》的污染控制目标。[39]

1970 年以后，联邦政府在供水和排污问题上发挥的作用最大，其中包括扩大和深化水质和排污标准。1970 年，国会通过了《水质改善法》（Water Quality Improvement Act），它规定了溢油船舶所有人的责任，管理了热污染，并对可能导致违反水质标准的活动制定了许可制度。1971 年，环保署被赋予了水质管理的职责，并为 22 种污染物制定了标准。由于先前立法的成功受到限制，1972 年的《联邦水污染控制法》（后更名为《清洁水法》）最终以压倒性的优势获得通过，成为国家水质立法的关键转折点。[40]

这项法律的目的是使联邦政府在各州的协助下，在处理水污染方面发挥领导作用。它旨在减少排入地表水的污染物总量：到 1983 年实现通航水域的水质适合渔业和游泳（即所谓的"适渔适泳"目标）；要求到 1988 年所有公有污水处理设施都必须实现二级处理；并在 1995 年实现零污染物排放目标。这些目标旨在改变联邦水质管理战略，用限制工业点源污染物排放和城市污水处理厂污染物排放（基于技术的标准）来取代河流内（环境）水质标准控制。

联邦政府还要求各州制定水质管理计划，包括确定点源污染和非点源污染。每个点源污染排放者都必须获得联邦许可，以控制进入水道的特定污染物。当各州和海外领地的许可规程符合严格的新联邦标准时，由其负责管理的国家污染排放消除系统将取代旧的、不可行的许可制度。这些许可包括污水排放限制、监测以及报告要求。到 1994 年，尽管遵守法规程度尚不确定，54 个州和领地中有 39 个承担了国家污染物排放消除系统的管理责任。[41]

对基于技术的标准或"技术强制"（technology-forcing）的关注意味着所有市政污水处理厂必须满足基于二次处理的统一排污标准，所有工业污染源都必须在 1977 年之前应用"最佳实用技术"（best practicable technology，BPT），并在 1983 年之前应用"最佳可行技术"（best available technology，BAT）。[42]但这一目标尚未完全实现。

1977 年的《清洁水法》修正案继续强调以技术为基础的标准。它们还
235 试图通过修改最后期限和指定哪些污染物应受到最多关注来实现零排放目标。联邦政府的财政和管理职能也被削减，所有的项目都将在环保署的监督下回归各州。对这种转变的一种解释是，与 1972 年的立法相比，1977 年的修正案更多地是由各州、市政当局和企业制定的，而 1972 年的立法受到了公共利益集团的强烈影响。因此，修正案更加关注较小的管辖区和农村

地区的问题。[43]

　　尽管清洁水立法在改善水质方面发挥了作用，但它并没有完成其最初的时间表，没有获得授权资金的支持，也没有实现其防污染目标。一些批评人士认为，《清洁水法》和《清洁空气法》都有大量条款"可以理解为对这一群体或那一群体的迁就、姑息或收买"。[44]其他人则指责里根政府在20世纪80年代初削弱了污染控制法，声称现有的监管体系效率低下，控制水平对经济生产力产生了严重影响。[45]

　　这些观点是有道理的。行业对过于严格标准的担忧影响了立法的制定，里根政府对此做出了回应。正如《商业周刊》在1977年所指出的那样，1972年法律"对于为城市和工业提供污水处理系统的工程师、承包商和设备制造商来说是一件好事。但对于那些无法在1997年7月1日'最佳实用技术'的最后期限前完成法定要求的，以及那些预见到1983年更严厉规定即将出台的公司来说，它就是一个威胁。"[46]与之相对应的是，1972年法律的难点在于环保署无法确保法规的遵守。此外，1977年的修正案进一步强化了人们对减少污染物进入水道的新技术的信心。[47]

　　《清洁水法》及其修正案并不是解决一系列复杂问题的完美机制，尤其是那些严重依赖技术手段的问题。法律专家小威廉·H. 罗杰斯（William H. Rodgers Jr.）断言，与《清洁空气法》一样，《清洁水法》"在经济效率的外衣之下，促发了绝对权利与功利主义之间的戏剧性碰撞"，他补充说，"两项不可能完成的任务，尤其是不排放的目标，是20世纪国会受到最彻底谴责的行动之一。"[48]一位城市水资源专家指出，零排放目标是"工程师们经常开玩笑的对象"。[49]

　　技术强制的倡导者认为，有可能重新设计系统以减少用水量和排放水平，甚至回收某些产物加以再利用。[50]技术强制也有其局限性。要求所有公

236　有污水处理厂都必须进行二级处理的要求是实现零排放或设定质量标准的一种专制方式。基于最佳可行技术或最佳实用技术，以及要求签发许可证的排放标准，并未考虑废水接纳水体的水质或排放对环境的影响。相反，这些标准依靠许可证本身和对处理技术效果的信念来消除点源污染。此外，定义最佳可行技术和最佳实用技术的具体工艺相当复杂，当行业反对它们时，环保署有时倾向于进一步削弱这些标准，而不是试图证明它们的合理性或在法庭上进行斗争，因为前者做起来更简便一些。[51]对《清洁水法》最严重的指控是，它在减少污染方面效果不佳。在最好的情况下，零排放的目标是值得称赞的，但却模糊不清，难以实现。围绕《清洁水法》的争论仍在继续，支持者和反对者都将该法作为争论的焦点，集中讨论国家与水污染的斗争。[52]

　　　这项新立法受到一种强大的应对污水问题的历史趋势所引导，即依赖高度集中的、资本密集型的供水过滤和污水处理设施，并依靠它们收集进入水道或经由水道返回给消费者的点源污染物。但仅靠这些机制并不能解决所有形式的水污染，也无助于解决在源头防止污染的问题。

　　　在 20 世纪 60 年代及以后颁布的各项法律中，联邦政府对地下水的保护可以零碎地确定下来，但这些法律通常涉及地下水水量的恢复，而不是地下水水质的维持。[53]然而，20 世纪 80 年代，国会和一些联邦机构努力强化它们对地下水的保护权。1984 年，美国环保署成立了地下水保护办公室，并发布了其地下水保护战略。这还不足以安抚那些关心这个问题的人。次年，资源保护基金会和全美州长协会（National Governors' Association）组织了一场国家地下水政策论坛，为全国地下水保护计划提出建议。[54] 1987年，来自明尼苏达州的民主党国会议员詹姆斯·奥伯斯塔（James L. Oberstar）提议制订《地下水保护法》（Ground Water Protection Act），旨在修订联邦农药法。一段时间以来，公共利益组织"清洁水行动"（Clean Water Action）一直在游说政府限制使用污染地下水的致癌杀虫剂。然而，区域分歧阻碍了对拟议立法的共识。东北部和南部各州表达了支持，但中西部各州，尤其是大量使用杀虫剂的地区，对奥伯斯塔法案的热情较低。此事几乎没有产生任何行动，一项全面的联邦地下水法仍在等待着它的未来。[55]

　　事实证明，非点源污染是最令人困扰的，因为其原因非常多样，现有的处理系统难以应对它，现行法规一直忽略它。20 世纪 70 年代，联邦政府唯一直接针对非点源污染的举措是《清洁水法》第 208 条，该条款要求规划机构审查废物管理的替代方案，并制定减少点源污染和非点源污染的计划。[56]最后，在 1987 年的《清洁水法》修正案中，环保署和州政府官员被要求用基于水质的方法来补充基于技术的标准，以控制非点源污染和各种有毒污染物。新法规对技术强制的重点内容进行了修改，目的是尝试解决以前难以解决的棘手问题。[57]

　　1987 年修正案第 402（P）条规定了一套专门与非点源排放和雨水相关的监管控制系统。此行动是朝着正确方向迈出的第一步，但并未解决所有与非点源污染有关的问题。人们很快将注意力转向了环保署，关于第 402（P）条中雨水条款的实施问题引起了争议。此时，有关一般雨水排放许可证的规则已经颁布，但雨水排放的其他问题仍未完全解决，例如关于合流排污溢流和环卫排污溢流（sanitary sewer overflows，SSOs）的问题就是如此。除了分散式废物管理外，当局还认真考虑了污水再利用计划，并更好地了解潮湿天气流量（wet-weather flow，WWF）或由潮湿天气引起的排放对排污管道污染负荷的影响。但总体而言，政府还有许多工作要做。[58]

　　1970 年以后的水污染治理立法史表明，各种污染问题的应对进程十分困难。建立质量标准也被证明是令人困惑的。《清洁水法》（1972 年）并没

有明确回应饮用水标准制定的问题，一个突出原因是它在保护地下水或非
点源污染方面做得太少。以前有关饮用水标准的法律仅限于州际运输公司
提供的水，重点关注的是可引起传染病的污染物，对地下水源几乎没有规
定。1974 年的《安全饮用水法》（The Safe Drinking Water Act，SDWA）导
致了《国家饮用水基本规定》（National Primary Drinking Water Regulations）
的产生，该规定确立了生物、化学和物理污染物以及饮用水中残留物的最
大污染物水平（maximum contaminant levels，MCLs）。而且，各州拥有首要
的执法权。[59] 与过去几年对生物污染物的关注占主导地位的情况不同，1974
年的法律认识到了饮用水面临的广泛威胁。根据环境工程师丹尼尔·奥肯
（Daniel Okun）的说法：“考虑到其宏大的酝酿过程，1974 年的《安全饮用
水法》……预示着美国公共供水新时代的到来。”[60]

238　　　新国家标准最直接的推动力始于 1970 年美国公共卫生署的供水研究，
该研究指出，许多供水系统未能达到 1962 年美国公共卫生署饮用水标准。
经 1973 年 11 月环境保护协会和环保署发布的调查，以及 1974 年哥伦比亚
广播公司（CBS）播出的一个特别节目“饮用水可能会危害你的健康”，新
奥尔良和其他以密西西比河为饮用水来源的城市供水中存在致癌物的问题，
引起了人们的注意。经过多次争论，福特总统于 1974 年 12 月签署了一项
折中法案。[61]

　　　事实证明，《安全饮用水法》的实施很困难。环保署在落实法律要求
方面进展迟缓，部分原因是它不愿意对当地政府部门动用执法权力，而这
些部门是最常见的饮用水供应者。尽管重新授权很困难，但《安全饮用水
法》在 1986 年进行了全面修订，以加快执行速度，并敦促环保署履行其监
管职责。修正案大大扩展了环保署对饮用水中污染物含量的监管要求，并
列出 83 种必须确定可执行限值的物质。这次修订还催生了两项主要的地下

水保护项目。根据 1974 年法律和 1986 年修正案，那些没有处理其地表水
供水的社区现在必须这样做。[62]一名环保署的律师指出，这些修正案并没有
引起太大的轰动："也许缺乏关注并不奇怪。就获得尊重的程度而言，《安
全饮用水法》一直是联邦环境法中的罗德尼·丹杰菲尔德（Rodney Danger-
field）。［罗德尼·丹杰菲尔德，原名雅各布·科恩（Jacob Cohen），1921
年 11 月 22 日出生于纽约巴比伦。他十几岁时就开始演喜剧《杰克·罗
伊》，但发现喜剧无法支撑生活，于是在 20 世纪 50 年代做了一名推销员。
20 世纪 60 年代初，他以"罗德尼·丹杰菲尔德"的身份重返演艺圈，获
得了更多的尊重。他在 20 世纪 70 年代开设了丹杰菲尔德俱乐部，并在 80
年代主演了一系列热门喜剧电影。作者借用其名，想要表达的是《安全饮
用水法》不受尊重。——译注］"[63]

　　在华盛顿以外，《安全饮用水法》受到了批评人士的攻击。最重要的
问题是"有多安全?"以及"有多清洁?"地方当局将该法视为联邦政府施
加的额外负担。州政府不愿强制执行这项法律，一些州考虑将责任交还给
联邦政府。另一些州则认为，遵守规定的最后期限是不现实的。还有一些
州认为，该法没有充分解决小城镇和农村社区居民的问题。在 20 世纪 90
年代初，来自新墨西哥州的共和党参议员皮特·多梅尼西（Pete Domenici）
曾努力暂停执行部分标准，而克林顿政府则设法向社区提供联邦援助，以
执行《安全饮用水法》。[64]

　　2002 年 10 月 22 日，作为七年级至十二年级学生的《报纸教育》
（Newspapers in Education）计划的一部分，《辛辛那提问询和邮政报》（Cin-
cinnati Enquirer and Post）在其网站上开设了一门名为"清洁水法 30 周年"
的课程。它恰当地指出：

2002 年 10 月 18 日星期五，是《清洁水法》颁布 30 周年纪念日，这是确保公民健康的重要法律。1972 年这部法律的制定是因为严重的卫生问题……与饮用水污染有关问题已经成为公众高度关注的焦点……

除了 1974 年的《安全饮用水法》外，《清洁水法》还使环保署在全国范围内提供了约 8000 万美元资金，以援助各地的污水处理工作。这些努力帮助 7900 万公民获得了比 1968 年更多的现代污水处理设施服务。因公共水处理系统出现问题而报告的疾病暴发比例稳步下降，从 1980 至 1990 年的 73% 下降到 1995 至 1996 年的 30%。

尽管如此，在 1998 年，仍有近 1000 个社区的饮用水供应系统违反了环保署的地表水处理规则，影响到大约 1800 万人，该规则旨在防止被称为贾第鞭毛虫的微生物和病毒污染饮用水。此外，在该法周年纪念日的前一天，美国公共利益研究组织（U. S. Public Interest Research Group, USPIRG）报告说，1999 年至 2001 年间，美国平均每 5 家污水处理厂以及化学和工业设施中，有 4 家对水道的污染会超出联邦许可范围。[65]

变化正在来临，但进展缓慢。无论"基础设施危机"作为对美国公共工程状况的一般性批评有何价值，它的范围并不足以准确描述 1970 年后的供水和排污系统。很显然，这些环卫技术存在老化和恶化的问题，而且它们在设计之初，完全没有预料到地下水污染和非点源污染等问题。特别是对于后者，设计和建造这些系统的理论框架侧重于预防流行病疫和解决一系列（最终的）点源污染物问题，却没有考虑到（并且可能无法预见）20世纪晚期出现的显著环境问题。如果供水和排污系统确实存在"基础设施危机"，那么一些人虽然承认了这一点，但并没有完全加以解决。

第二十章

离开本州，就此消失

美国的垃圾危机

1987 年 3 月 22 日，莫布罗号（Mobro）垃圾驳船离开纽约伊斯利普 240
(Islip)，开始寻找一座填埋场可以接收它所装载的不受欢迎的货物。在两
个多月的时间里，有 5 个州（北卡罗来纳、路易斯安那、亚拉巴马、密西
西比和佛罗里达）和 3 个国家（墨西哥、伯利兹和巴哈马）禁止这艘驳船
卸货。船长很不情愿地将莫布罗号驶回纽约，在那里它受到了令人沮丧的
迎接。具有讽刺意味的是，它最终获得许可，将 3100 吨垃圾倾倒在启程的
地方。[1]这起垃圾驳船事件是记者的乐事，它突显出纽约长期存在的环卫服
务问题，也揭露出阳光地带对冰雪地带（snow belt）（美国的制造业带、传
统工业集中在冬季气候寒冷的东北部和中西部，因而被称为"冰雪地
带"。——译注）困境的漠不关心。它还生动地展示出美国所谓的垃圾危

机，它的困境比"基础设施危机"更为直接和个人化。

垃圾危机作为一个总体性问题的讨论始于 20 世纪 70 年代初，当然在那之前也出现过一些先例。[2]1973 年，全美城市联盟（the National League of Cities）和美国市长论坛（the U. S. Conference of Mayors）发表了一份报告，指出固体废物的数量"猛增"，可用于处置场的城市土地"急剧减少"。此后，垃圾数量危机和垃圾填埋场危机的概念持续了几十年。[3]

1989 年 12 月，《大西洋月刊》（*Atlantic Monthly*）刊登了一篇引起广泛讨论的文章，由考古学家转型为垃圾学家的威廉·拉什杰（William Rathje）明确质疑了人们对这场危机的标准看法：

> 近年来，媒体一直非常关注垃圾填埋场的饱和（及因此而关闭）、焚烧炉的潜在危险以及循环再生工作的明显不足。在这些情况下使用"危机"一词已经成为惯例。然而，尽管有这么多的关注，具体的情况还不得而知。可能是因为缺乏可靠的信息和持续的错误信息构成了真正的垃圾危机。[4]

正如其特征所示，"垃圾危机"的概念是一种行动呼吁，也是对一系列复杂问题的方便标签。之所以方便，是因为"危机"的概念赋予问题相对有形的属性，可以通过同样具体的办法来解决该问题，例如新技术、有效管理或公众意愿。从某种意义上讲，"危机"否认了问题的复杂性，忽略了问题的持久性，没有质疑它是长期的、周期性的还是暂时的。1993 年 5 月，《经济学人》（*Economist*）则从更加积极的角度报道："在许多富裕国家，垃圾是人们最关心的环境问题。政府的政策已开始反映这一事实。"虽然垃圾曾经是一个公共卫生问题，但现在的目标已经转向关注减少垃圾和

241

提升循环利用。垃圾问题似乎变得越来越重要，因为"它越来越被视为污染问题，而其他问题最终会得到解决。"[5]

毫无疑问，美国的垃圾之所以有收集和处置方面的问题，很大程度上是因为其产生量巨大。与其他国家相比，美国年人均垃圾产生量一直很高。从1970年到1990年，市政固体废物增长了61.6%，从每年1.219亿吨增加到每年1.98亿吨。人口的增加以及消费方式的转变是造成垃圾总量稳步增长的原因。2005年，美国的住宅、企业和机构产生了超过2.457亿吨的生活垃圾（然而，与2004年相比减少了160万吨），相当于每人每天约4.54磅（与2004年相比减少了1.5%）。[6]

尽管数量在垃圾问题中至关重要，但它并不是唯一的问题。垃圾的物质成分也很重要。垃圾的产生使人们对消费稀缺资源的合理性产生了疑问，同时也导致了对快速且有效处置社会垃圾的要求。1970年之后，垃圾包含 242 了难以回收的复杂混合物、可回收物质以及大量有毒物质。

近年来，纸张占城市垃圾的比例最大（2005年统计：循环再生前占34.2%）。庭院和食物垃圾是主要的有机垃圾（2005年统计：循环再生前占13.1%），其比重已经稳步下降。塑料在总量中所占的比例越来越大（2005年统计：循环再生前为11.9%）。无机物质所占的百分比很低，但包含着可能对环境造成严重影响的家用化学品。[7]

垃圾的类别特征表明存在着重要的"前端"问题。在所有被丢弃的物品中，纸张、塑料、纺织品和铝即使不占城市垃圾总量多少比重，也以数千吨的速度稳步增长。[8]除纺织品外，这些物料的使用意味着包装垃圾的大量增长，以及纸张各种其他用途的增加。几乎没有人会否认，疯狂的消费主义是造成固体废物问题的主要因素。然而，过度包装并不是唯一的问题。1958年至1976年间，包装消费增长了63%，但包装垃圾总量的快速增长并没有持续到 20 世纪 80 年代和 90 年代。1970 年至 1986 年间，作为市政固体废物组成部分的包装物仅增加了 9%，而耐用品增加了 35%；服装/鞋类增加了 88%；非耐用品增加了 300%；报纸/杂志/书籍增加了 40%；办公和商业用纸增加了 69%。此外，到 2005 年，为循环再生而回收的纸张和纸板的比率是城市垃圾所有物质类别中最高的。当年约有 50% 的消费后纸张和纸板被回收，而在 2000 年，这一比例为 42.8%。[9]

包装物的关键问题是物质成分发生变化。纸板盒、塑料瓶和塑料罐取代了玻璃奶瓶和其他玻璃容器；铝饮料罐取代了钢罐；塑料购物袋开始取代纸袋。1985 年，美国生产了 470 亿磅塑料。在国内消耗的 390 亿磅塑料中，有 33% 用于包装，且超过一半的废弃塑料来自包装物。2005 年，用于耐用品、非耐用品、包装以及其他物品的塑料产量接近 2900 万吨，回收率为 5.7%。对塑料的依赖需要大量使用石化和其他原料，导致大量废物被丢弃在垃圾填埋场；在焚烧炉中燃烧会危害健康；若要进行循环再生，方法很复杂。如果包装物是由多种材质组合而成的，则还会出现其他问题。[10]

正如第 17 章所述，垃圾的数量不仅增加了，而且用途也发生了变化。一些包装不再依赖纸张，但办公用纸和商业印刷用纸量开始增加。新闻纸在市政固体废物总量中所占的比例越来越小。2005 年，虽然有高达 1200 多万吨的报纸（包括新闻纸和磨木屑（groundwood inserts））被生产出来，但回收利用率接近 89%，丢弃量为 100 多万吨。计算机打印和传真纸、直邮广告纸以及高速复印机耗纸导致的废纸量增加尤其显著。计算机时代的"无纸化办公室"的真相就是这样。

回收纸张的潜力虽然很大，但各种类型的纸张和纸板仍经常混在一起进入了垃圾填埋场，因此必须从源头进行回收。不过，即使进行了源头分类，将除新闻纸和清洁纸以外的所有纸张转化为新产品的有效技术也不是很有前景。值得注意的是，纸张在垃圾体积总量中的比例大于重量比例。由于大多数关于垃圾总量的预测都是按重量计算的，所以纸张对处置问题的影响往往被低估。[11]

过度产生垃圾和消耗自然资源的问题成为新生态学时代的重要议题。垃圾的物质组成取决于几个外部原因，包括消费和生产方式、新材料与新技术的可用性和实际应用，以及旧材料和旧技术的淘汰。如果没有认真注意垃圾的物质类别，也没有认识到组分通常处于不断变化的状态，传统的收集和处置办法就会时而被证明是无效和过时的。

长期以来，固体废物的收集一直被认为是一项繁琐、劳动密集型且成本高昂的事项，但它并不是"垃圾危机"中特别引人注目的部分。调查估计，在美国收集和处置垃圾的费用中，有70%至90%用于收集。保守估计，1974年固体废物管理的年度费用为50亿美元，其中将废物收集和运送到处置场所的部分将近40亿美元。[12]

到了21世纪，收集的费用仍然很高。随着城市地区的扩张，垃圾收集也受到了影响。运输至垃圾处置场或运转站的时间越长，意味着燃料和车辆磨损方面的费用显著增加。依靠机械化车队收集垃圾也导致了更多的空气污染问题、更多的交通拥堵和越来越多的事故。[13]

近年来，收集环节也出现了一些旧问题。在一些城市，关于服务私有化的争论越来越激烈。对于消费者来说，服务频率仍然是一个关键问题。人们对循环再生的兴趣越来越大，这重新引发了源头分类与混合垃圾收集的模式选择问题。一般来说，收集问题暴露了影响服务质量的外部因素的重要性。城市结构和规模的改变、人口分布的变化以及环境意识的提高都对收集产生了巨大的影响。244

如果出现了垃圾危机，那么它与垃圾处置问题，特别是美国东部垃圾填埋场的缩减有着最密切的联系。1988 年，《洛杉矶时报》（*Los Angeles Times*）的卡伦·图穆蒂（Karen Tumulty）指出："纽约仅存的大型垃圾填埋场清泉填埋场（Fresh Kills），也象征着整个东北部社区面临的一场危机。当它在世纪之交耗尽空间时，710 万人将不得不寻找其他方法来处理他们四分之三的垃圾。"[14]

纽约市的清泉填埋场，由纽约市环卫署运营，是卫生填埋场时代结束的重要标志。这座世界上最大的垃圾填埋场位于斯塔滕岛（Staten Island）西海岸的盐沼上，占地 2100 多英亩，有四个高度从 90 英尺到 500 英尺不等的土丘。正如经常观察到的那样，它是如此之大，以至于成为了缅因州以南东部海岸带的最高点，而且可以从太空中用肉眼看到。在关闭之前，来自 9 个海运中转站的驳船每周 6 天不间断作业，向它每天运送约 11000 吨垃圾，或每年运送约 270 万吨固体废物和焚烧炉残渣。[15]

除了"令人惊叹"的特性，清泉填埋场几乎从 1948 年诞生之日起就饱受争议。史坦顿岛的居民永远不会原谅那些让他们独自承受纽约垃圾处置压力的决策者们。此外，和当时所有垃圾填埋场一样，清泉填埋场几乎没有任何环境控制措施，包括没有底部衬垫来保护周围地区免受渗滤液（有毒液体）的污染。而且，尽管规模庞大，它连接纳城市日常一半垃圾量的需求都无法满足。[16]

2001 年 3 月，当一艘来自皇后区的垃圾驳船最后一次（此前曾有 40 万次这样的旅行）驶向清泉填埋场，并准备将垃圾卸载到那里时，斯塔滕岛上举行了令人惊奇的庆祝活动。纽约州州长乔治·E. 帕塔克（George E. Pataki）、纽约市市长鲁道夫·W. 朱利安尼（Rudolph W. Giuliani）和史坦顿岛自治区主席盖伊·V. 莫利纳里（Guy V. Molinari）出席了纪念活动。"对于斯塔滕岛来说，这是光荣的一天"，莫利纳里如是说。也有人描述，垃圾填埋场是"史坦顿岛历史上最不堪的环境负担"。[17]然而，这种喜悦是短暂的。在 2001 年 9 月 11 日的恐怖袭击和世贸中心被毁之后，清泉填埋场开始接收来自下曼哈顿区（Lower Manhattan）的大约 120 万吨垃圾中的大部分。正如一些人指出的那样，清泉填埋场也成为这一悲剧事件中许多受害者遗体的最后安息之所。[18]曾经肮脏的垃圾处置场因此变成了圣地。

解决填埋场短缺的一种办法是出口垃圾。在不久以前的过去，这种做 245 法带有绝望的味道，因为它意味着当事人已经放弃了本地的解决方案。在 20 世纪 80 年代末，美国东北部的 3 个州（新泽西、宾夕法尼亚和纽约）每年出口 800 万吨垃圾，其中大部分堆积在中西部，那里的垃圾填埋场数量较多，倾倒费也较低。[19]在 20 世纪 90 年代，固体废物的州际转运很普遍，突出的原因就是成本相对低，而且是其他处置方式的一种较为简单的替代。1995 年，所有州都进口或出口固体废物。在那一年，发生了 252 起转运（两个州或国家之间的固体废物转移）。这比 1990 年的数字增加了 91%。[20]

2000 年，有 3200 万吨市政固体废物跨越了州界，比 1998 年增加了 13%。那段时间，纽约州是最大的净出口地区，为 630 万吨，其次是新泽西州、马里兰州、密苏里州和伊利诺伊州。进口垃圾的地方主要集中在中西部和东海岸，宾夕法尼亚州是最大的净进口州（为 920 万吨，其次是弗吉尼亚州，为 370 万吨）。[21]

有几个因素导致了垃圾跨州界的流动。大多数城市依赖距离最近和最容易获得的处置能力，于是跨越州界就成为某些情况下的自然选择。例如，密苏里州的圣路易斯和堪萨斯城之所以跨州运送垃圾，因为离目的地的垃圾处置场最近，而且运输不受地理障碍的限制。制度上的变化，如服务提供的区域化和固体废物管理行业的整合，消除了作为不可逾越之边界的州界线。此外，随着垃圾填埋场变得越来越大、越来越少，可供倾倒垃圾的选择范围也越来越窄。[22]

州际运输的趋势在许多方面与州政府有关。州和本地政府通过了流量控制条例，规定了市政固体废物加工、处理或处置的地点。然而，由于流量控制，某些指定的设施（如焚烧炉）可以保持对本地固体废物或可回收利用材料来源的垄断。但私人固体废物公司和市政当局之间的关系也因流量控制问题而紧张。在 20 世纪 90 年代初，环境保护署发现，35 个州、哥伦比亚特区和维尔京群岛直接批准了流量控制，其他 4 个州则通过各种行政机制间接批准了流量控制。该机构的结论是，流量控制是固体废物管理的有效工具，但不是开发新管理能力或实现循环再生目标的必要条件。法院则有不同的看法。在 1994 年的卡博内（Carbone）决定中，美国最高法院裁定，凡类似于华盛顿州斯波坎县（Spokane County）通过的旨在确保垃圾焚烧获得足够垃圾流量供应的控制条例，违反了宪法中的州际贸易条款。就国会而言，它继续审查流量控制的优点，支持者们希望撤销 1994 年的决定。

流量控制的战线正在沿州界划定。1999 年 2 月，来自多个州的检查人员开始了"东海岸垃圾车突击检查"。仅一天，就有 417 辆卡车在马里兰州、哥伦比亚特区和新泽西州被拦截。其中 37 辆被勒令离开公路，因为它们运载的东西可能含有潜在危险。关于流量控制的立法辩论以及法院和各州之间的斗争，使人们不清楚地方政府是否能够在 21 世纪依靠流量控制来引导垃圾流向指定的设施。[23]

到 20 世纪 70 年代，固体废物专家和其他人已经开始怀疑卫生填埋场能否满足城市未来的需求。来自循环再生项目的竞争引发了人们对将资源埋在地下的经济可行性的质疑。更加精细的循环再生、原生材料资源的保护、对市政固体废物作为替代燃料来源的使用，以及高昂的建造和维护成本，都使卫生填埋场丧失了作为优选处置方式的地位。渗滤液导致的地下水污染，未经监测的甲烷生成，对这些环境问题的担忧，也在一定程度上降低了卫生填埋场的声誉。

讨论中最直接的问题是如何获得足够的空间。在美国的一些地区，新垃圾填埋场的选址成为问题。许多社区没有留出专门用于废物处置的土地，部分原因是边缘地区的土地已不再可用。赞成使用卫生填埋场的共识其实意味着其他处置方式受到的关注较少，而且在许多情况下，这些方式都走向衰落。[24]

由于市民的抵制和环境标准的提高，填埋场选址是一项高风险的工作。邻避主义受到了更广泛的媒体报道，这是因为有人试图在城市边缘地区建造垃圾填埋场，而那里并不是典型的贫困人群或有色人种居住密集区。在加利福尼亚州康特拉科斯塔县（Contra Costa County），新填埋场的选址位于该县以蓝领为主的东部地区。东部县联盟的组织者 WHEW（We Have Enough Waste，我们有足够的垃圾）指出：“只要有被嫌弃的东西需要安放，比如垃圾场或监狱，你会去哪里找？东部县！”[25]

曾经处于被动或政治中立状态的社区开始反击，它们不愿为整座城市奉献倾倒空间。在 20 世纪 80 年代，回应有毒物质问题的草根组织也开始面临垃圾填埋场和焚烧炉的问题。弗吉尼亚州福尔斯彻奇（Falls Church）的危险废物市民信息中心（The Citizens Clearinghouse for Hazardous Waste, CCHW）于 1986 年设立了固体废物动员项目，以制止不安全的处置做法，推广循环再生和堆肥等替代方法，并努力消除那些会加重固体废物问题的产品。危险废物市民信息中心表示，从佐治亚州到加利福尼亚州他们都取得了胜利。[26]除了抗议有毒设施的选址，环境正义运动的成员还谴责了垃圾填埋场和焚烧炉排放有害物质的风险。[27]此时，要回答垃圾是否得到妥善处置的问题，不仅仅要考虑技术和经济上的可行性，以及环境无害的水平，而且还要考虑社会和政治层面的可接受度。

越来越多的人担心，卫生填埋场并不像其名称所暗示的那样卫生，这给公民团体提供了抵制新选址的武器。经常出没于垃圾填埋场的鸟类、昆虫和啮齿动物会将病原体带给人类。在 20 世纪 80 年代末，每 6 个市政固体废物填埋场中就有 5 个未被衬砌，从而对地下水和地表水构成威胁，特别是通过渗滤液这种媒介造成的威胁。还有人担心各种有害物质和焚烧灰渣进入垃圾填埋场造成的污染。[28]

在 20 世纪 90 年代初严格的联邦法律颁布之前，超过 75% 的市政固体废物最终被填埋。而到了 20 世纪行将过去的时候，垃圾填埋总量却仍然很高。相反，自 20 世纪 80 年代以来，填埋场的数量迅速减少。因为划定标准的不同，填埋场的统计数量差异很大，但所有的评估都清楚地表明，美国垃圾填埋场的总数在大幅减少。一项研究显示，1980 年的城市垃圾填埋场数量为 15577 个；另一份研究报告称，到 1989 年，填埋场数量下降到8000 个以下。在 1990 年至 2000 年间，垃圾填埋场的数量从大约 7300 个减少到 2200 个（有些评估数字甚至低至 1967 个）。2005 年，《生物循环》（*BioCycle*）报告称，美国本土共有 1654 个垃圾填埋场。[29]

对于某些社区而言，这是一场危机，对另一些社区而言却是遥远的危险，特别是在填埋场容量难以确定的情况下。地区差异更为明显。在 2005年，南部的垃圾填埋场数量最多（581 个），而东北部的数量最少（133个）。1985 年至 1990 年间，东北部的垃圾处置费用急剧上涨，这表明当时的垃圾填埋问题已变得非常严重。[30]

处置成本、环境风险因素、管理问题、合规性以及资源浪费等因素，都加剧了填埋场问题。如果说卫生填埋场必然会处于危机状态，那是因为美国城市至少 40 年来都一直依赖着单一维度的处置系统，没有为可行的替代方案做好充分准备。

在所有可用的替代方法中，焚烧是最受欢迎的。但在 1966 年，投入使用的工厂总数已从之前的水平下降至 265 家，到 1975 年只有大约 160 家左 248 右。1988 年，焚烧厂仅处理了 3% 的市政固体废物。[31]尽管这些数字并不能很好地展现出焚烧法作为第二流行处置技术的地位，但焚烧设施仍继续时而出现和时而消失。而它空间占用相对较小和能够减少废物体量的优势也常被高昂的成本和空气污染问题所抵消。

20 世纪 70 年代，能源危机导致了寻找替代燃料的需求，人们因此对变废为能（waste-to-energy，WTE）的兴趣日益浓厚。多年来，人们对原生垃圾直烧（mass burn）和垃圾衍生燃料（refuse-derived fuels，RDFs）的兴趣周期性地出现，但焚烧从来不能与卫生填埋场相提并论。尽管如此，在 20 世纪 90 年代初，变废为能焚烧厂的支持者认为，生活垃圾焚烧仍然是"整个固体废物管理战略中必不可少的组成部分"。[32]两种类型的废物焚烧设施继续使用。第一种通常是一种原生垃圾直烧装置，只燃烧以减少需填埋垃圾的体积，通常建于 1975 年以前；第二种可产生蒸汽，用于发电或直接作为热能出售给用户。变废为能焚烧厂要么采用原生垃圾直烧技术，要么可能是垃圾衍生燃料设施。垃圾衍生燃料厂将可燃物分离出来，其产物通常会被转化成颗粒供以后使用。尽管现代焚烧炉很先进，但 1988 年只有 134 座设施投入使用，其中 38 座为仅有减容效果的焚烧厂，96 座为变废为能焚烧厂。在这些工厂中，只有 18 家是新的变废为能焚烧厂，其中又以位于密西西比河以东的数量最多。[33]

焚烧的经济可行性是工程师和市政官员关注的问题。为控制空气污染而改进灰渣处理方法和设备，大大增加了建造和运营成本。一些具有时代特征的问题也很重要，包括焚烧炉无法落实其环境责任的假设；它们只满足特定的处置需要，而且可用副产品的生产无法抵消其他方面的责任。

到 20 世纪 70 年代初，污染排放尤其令焚烧炉不受公众欢迎，但其减少垃圾量的独特能力使它们无法完全消失。使用洗涤器和除尘器改造工厂减少了空气污染，增加蒸汽产量以提高能源输出的新承诺——再加上垃圾衍生燃料的发展——让焚烧厂在这十年的后期表现良好。然而，污染控制措施费用的升高往往令人望而却步，在 20 世纪 70 年代，焚烧炉很少能与卫生填埋场直接竞争。甚至更具希望的能源生产前景也因蒸汽销售困难而受到阻碍。[34]

1979 年，尽管垃圾发电成本很高，但由于《公用事业管理政策法》（Public Utility Regulatory Policies Act，PURPA）为电力销售提供了有保障的市场，资源回收厂（此处指的仍是变废为能焚烧厂。——译注）得到了适度的发展。产能潜力使资源回收系统很有吸引力，因为它们提供了投资回报的可能性。然而，《公用事业管理政策法》并没有使资源回收厂在处置废物方面获得强有力的竞争地位。[35]

20 世纪 80 年代，一些社区采用了原生垃圾直烧设备。然而，这种技术仍然很昂贵，对二噁英和呋喃、酸性气体和重金属排放的担忧，也削弱了人们的兴趣。[36]变废为能是当时的口号，但反对者声称，资源回收厂并不可靠，无法产生足够的能源来抵消成本，而且会产生二噁英排放。与垃圾填埋场一样，草根团体和环境正义倡导者也在为焚烧炉的选址而战。例如，在 20 世纪 80 年代，一个名为"洛杉矶中南部关切公民"（Concerned Citizens of South-Central Los Angeles，CC-SCLA）的团体成功地阻止了在以黑人为主的市中心社区建造一座大型焚烧炉的计划。20 世纪 80 年代中期至后期，关于焚烧炉设施的争论大幅增加。[37]

　　到了 20 世纪 80 年代中期，关于垃圾处置的环境争论开始排除对变废为能设施的热情。变废为能的推广者必须同时考虑两个因素，即他们所采用的系统能够产生足够的能量来抵消成本，而且不会对空气或地下水造成严重威胁。争论愈演愈烈，公共标准显然也正在发生变化。[38]由于纽约州拉夫运河（Love Canal）出现严重的有毒化学品污染（1978 年），美国环保署和能源部为焚烧炉的规划、研究、示范和商业化提供的十年支持，也受到联邦预算削减和关注焦点从市政固体废物转移到危险和有毒废物的影响。此外，焚烧系统的融资方式正在改变，这影响了本地的管理决策。[39]

　　20 世纪 90 年代初，焚烧条件开始有所改善。卫生填埋场的进一步收缩是主要原因。1991 年，美国环保署颁布了城市垃圾焚烧炉国家标准，该标准对已有的焚烧炉进行了限制。1990 年的《清洁空气法》也限制了焚烧炉的排放。人们希望清洁技术能够达到联邦标准，并通过新的变废为能设备鼓励更高效的能源生产。此外，政府实体推动的"固体废物综合管理"也给焚烧技术留有一席之地。[40]

　　近年来，变废为能的推广者制定了新的策略来增加其技术使用。[41]关于焚烧的持续争论是那些相信技术能解决社会和经济问题的人，与那些对"技术解决方案"持怀疑态度的人之间的一种传统性的对抗。从理论上讲，变废为能提供了一种有效的方法来减少垃圾量，同时也产生了一种有价值 250 的副产品。支持者并没有否认与燃烧垃圾有关的潜在环境危害，但倾向于相信较新的变废为能设施能够经受住性能考验。[42]批评者对这些工厂的效率提出质疑，抱怨它们浪费了变成燃料的资源，并担心焚烧技术应用对环境的影响。环保主义者巴里·康芒纳（Barry Commoner）的批评没有其他人那么含蓄，他将新一代焚烧炉称为"制造二噁英的工厂"。[43]设在华盛顿特区的地方自力更生研究所（The Institute for Local Self-Reliance）强烈批评焚烧，也拒绝将卫生填埋场作为可行的处置方案，而是支持循环再生和废物最小化。它将成本因素与环境影响联系起来，认为"由于尚未解决的环境法规要求，原生垃圾直烧设施（可能还有卫生填埋场）的最终成本尚不完全清楚。"[44]绿色和平组织1990年的一份报告指出，现有毗邻焚烧炉的社区中，有色人种的数量比全国平均水平高出89%，而在被提议建造焚烧炉的社区中，高出的比例为60%。[45]

尽管有趋势表明，在20世纪90年代初，焚烧法处置了全美15%至20%的市政固体废物，但它仍然是一种不稳定的技术，其产能根据各种外部因素持续涨跌。在21世纪初，虽然出现了一小股焚烧分类后市政固体废物的趋势，但大多数焚烧都包含着对能源产物的回收利用。2000年，有102家变废为能设施，但到了2005年，降至88家（39家在东北地区）。[46]

在20世纪60年代，循环再生一度被视为垃圾源头减量的草根方法，也是对过度消费的温和抗议，但到了80年代，它已经成为焚烧和填埋的替代处置策略。正如俄勒冈州的一名工程师所说，循环再生"曾经被嘲笑为环保主义者的一种无效爱好，现在却被视为固体废物管理的重要组成部分，也是减少对垃圾填埋场依赖的一种经济有效方式。"[47]

在20世纪80年代，美国的循环再生处于"起步阶段"。有许多问题需要回答：应该采用哪些激励措施来促进家庭、企业和制造商遵守规定？强制性法律该是怎么样的？是否应该制定政府采购政策？应该对循环再生文化给予多少关注？最重要的是，能否为不断增加的再生产品找到市场？[48]

当固体废物管理者、私人企业和市民团体为这些问题苦苦挣扎时，寻求答案的压力以循环再生项目的形式出现在全国各地。1980年以前，美国只有不到140个社区提供上门回收服务。据估计，20世纪90年代的总数便超过了1000个。1989年，全美有1万多个循环再生和回购中心投入运营，并且有 7000 多家废品处理厂。[49]

国家的主要目标是提高循环再生率，20 世纪 80 年代末，循环再生率为 10%。1988 年，美国环保署呼吁到 1992 年全国的循环再生率能达到 25%（虽然没有达到，但环保署估计 1990 年为 16%，2000 年为 29%），2005 年能达到 35%（环保署估计当年包括堆肥在内的循环再生率为 32.1%，约合每人每天回收 1.46 镑垃圾）。庭院装饰、金属制品、纸张以及纸板制品的循环再生率最高。20 世纪 80 年代，一些州开始积极开展循环再生项目，包括康涅狄格、新泽西、纽约、宾夕法尼亚和东部的罗德岛；南部则有佛罗里达；西部有俄勒冈州。一些社区声称取得的成绩超过了国家标准。[50]

对循环再生持怀疑态度的人担心成本问题、缺乏稳定的市场，以及被他们认定的对许多循环再生项目不准确的成功描述。批评一直持续到 20 世纪 80 年代以后。1996 年，约翰·蒂尔尼（John Tierney）在《纽约时报杂志》（*New York Times Magazine*）上发表文章，他指出，由于 1987 年的莫布罗号事件，"地球历史上最富裕社会的市民突然沉迷于亲自处理他们自己的垃圾。"他表示，出于对垃圾填埋场的担忧，美国人将循环再生视为唯一选择，但未能意识到 1987 年的危机其实是一场虚惊，强制性循环再生计划"并不利于子孙后代"，并将资金从"真正的社会和环境问题"上挪走。他总结道："美国人已经将循环再生视为一种超然体验，一种道德救赎行为。"[51]

这篇文章对数据的使用是有选择性的，蒂尔尼为了编一个故事而不区分事情的精华和糟粕：他将循环再生热潮描述为一种新的冲动，而不是多年以来长期对话的一部分；他批评支持循环再生的人没有考虑到循环再生的成本效益，却没有提供详细的文献说明循环再生的失败之处；在他的描述中，拥护者代表着一个明确的社会或政治边缘群体，而不是一个多元化的群体；他认为循环再生独立于其他废物处置问题，而不是将其视为大型且更复杂系统的组成部分；他把循环再生的历史描绘得好像它已经结束了一样。

对循环再生持批评态度的人常常夸大他们的理由，而支持者有时对循环再生项目的成功过于乐观。在某些情况下，热情的报告中还会附加警告提示。正如在 20 世纪中期将卫生填埋场视为处置垃圾的万灵药一样（只是后来遭到了质疑），需要通过大量实际结果来缓和对循环再生的狂热，但这需要通过仔细的分析，而不是盲目的新闻报道。[52]

循环再生不会消失。1968 年，威斯康星州的麦迪逊市可能是第一座开始回收路边报纸的城市。同年，美国的铝工业开始回收废弃的铝产品。1971 年，俄勒冈州成为第一个颁布"瓶装法案"的州，对每个啤酒和软饮料容器实行 5 美分的退款，除非这些容器可以被多个瓶装商（在这种情况下，它将有 2 美分的退款价值）重复使用，并禁止使用拉环罐。[53]

一些社区的循环再生中心取得了一定的成功，但将材料集中在一个地方的不便极大地限制了人们的参与。路边收集项目虽然运行成本不低，但却成为收集可回收物品的最有效方法，在所有可行的方案中，它能实现最高的垃圾分流率。从最初在麦迪逊和其他一些地方开始，到 1978 年，全市范围内的定期路边项目增加到 218 个，主要分布在加利福尼亚州和东北部。据估计，1989 年，美国有 1600 个全面和试点的路边循环再生项目，参与率估计在 49% 到 92% 之间。

20 世纪 90 年代初，循环再生是一个成长的行业，到了 90 年代中期，循环再生材料市场呈上升趋势。到 1991 年，路边项目的数量猛增至 2711 个，在 50 座最大的城市中，有 47 座城市都实施了这样的项目。2005 年，大约有 8550 个路边循环再生项目，尽管数量的增减取决于谁在进行统计。

此外，到 20 世纪 90 年代初，有 24 个州设有材料回收利用设施（materials recovery facilities，MRFs）。国会研究服务局 1993 年的一份报告指出："在东北部和太平洋沿岸城市化的州……路边项目现在非常普遍，没有这种项目的地区正在成为例外而不是惯例。"到本世纪末，这个情况也适用于美国其他城市人口众多的地区。[54]

20 世纪 80 年代，循环再生发展出了强大的政治和社会吸引力。虽然循环再生并不便宜，但它使决策者站在了资源保护的一边，同时也给有关市民提供了一种参与解决具体固体废物困境和一般环境问题的途径。人们认为循环再生可以解决国家的垃圾处置问题，这给了它强大的动力。它将垃圾处置减量和垃圾产生最小化联系起来，作为节约资源和减少污染的手段，吸引了新的追随者。[55]

"对市议员来说，没有什么比垃圾更重要了，"1984 年，芝加哥市议员奥尔德曼·罗曼·普钦斯基（Alderman Roman Pucinski）如是说。[56]许多人同意这一观点，并认为仅利益集团政治就能解释美国的垃圾危机。难以否认，利益集团过多介入会给垃圾问题带来混乱和复杂性，以及政治领导人解决相关问题的艰巨性。但政治环境本身并不能解释各个城市的优先级设置，也不能说明如何应对所谓的垃圾危机。

20 世纪 70 年代期间，随着许多城市禁止在后院焚烧垃圾，垃圾收集成为强制性要求。可收集垃圾数量的增加使一些城市与私人公司签订合同，为某些收运路线提供服务。由于存在公众对市政服务的不满，让一些私人公司有胆量声称它们可以与市政府展开竞争，并获得优势。[57]到 1974 年，大型公司与 300 多个社区签订了合同。1964 年至 1973 年间，65% 的受访城市开展了某种形式的收集服务，但完全由市政收集的城市比例从 45% 下降到 39%。[58]

　　关于收集服务私有化的争论导致了一些固体废物问题上的对峙局面。主要的争议是由谁来控制收集和由谁来决定垃圾的处置。在许多方面，向私人服务的转变比预期的要容易得多。1981年对10座城市（规模从3.5万人到59.3万人不等）的研究表明，向私人收集服务的转变得到了广泛支持。在合同的第一年，服务费用已大幅度降低。支持私人合同的关键因素包括：联邦或州法规的变化，迫使城市重新审查其收集系统；城市行政资源的减少；以及私人企业推动私有化的努力。事实证明，这些因素和城市规模是最重要的。拥有固定、集中和专业的公共工程系统的大城市往往会比小城市更积极地抵制与私人公司签订收集合同。[59]

　　在20世纪80年代和90年代，垃圾收集私有化的趋势仍在继续。1988年，全美固体废物管理协会（National Solid Waste Management Association，NSWMA）指出，全美80%以上的垃圾是由私人公司根据政府合同或直接为本地居民服务而收集的。对处置设施的私人控制则不那么引人注目。尽管有32%的市政府计划在1989年雇佣承包商，但在1987年，只有22%的市政府实际与私人垃圾填埋场或焚烧设施签订了合同。1988年，全美垃圾填埋场的私有率只有15%，但资源回收利用厂（此处指的是变废为能焚烧厂。——译注）却达到约一半。[60]

　　随着私有化程度的提高，固体废物行业在20世纪70年代开始整合。正如财务顾问安妮·哈特曼（Anne Hartman）在《废物时代》（Waste Age）杂志中所指出的那样："从历史上看，固体废物控制行业整体上是分散、资本不足和不成熟的。"她补充说，这个行业现在"正在树立新的形象，新的管理方法正被用于解决长期存在且相对简单的废物处置问题。"[61]早在20世纪60年代末和70年代初，就已经成立了三家能在1980年主导美国废物处置行业的公司，它们分别是废弃物管理公司、布朗宁-费里斯工业公司和波士顿的 SCA 服务公司（SCA Services）。虽然它们只处置了全国 15% 的垃圾，但由于资金、规模和管理团队上的优势，它们在这个行业有着广泛的影响力。[62]

到 20 世纪 80 年代，行业整合使固体废物私有化服务取得了创纪录的发展。发展还引发了违反联邦反垄断法和处置场地管理不善的指控，还有涉嫌违反联邦环境法规的问题。为了应对各种指控，布朗宁-费里斯工业公司、废弃物管理公司以及其他企业都试图提升自己的形象，还有一些尝试进行企业改造活动。对废物巨头的批评并没有消失，在某些情况下，股票价格的周期性下跌反映了人们对固体废物行业整合和管理的不安。[63]

20 世纪 90 年代，整合活动在很大程度上推动了该行业的发展，一些公司成为了国际企业。1996 年，排名前 6 的公司总收入超过 190 亿美元。1995 年至 1996 年，发生了大量的整合，《废物时代》百强企业中有 28 家被收购或与其他百强公司合并。这些收购在很大程度上是纵向整合计划的一部分，也就是说，企业先控制垃圾，然后将垃圾倾倒至自己控制的垃圾填埋场。[64] 一位专家指出："大公司收购小公司，大公司收购大公司，小公司可能正在与小公司合并。"[65] 较小的运输公司愿意将其出售给较大的公司，很大程度上是因为政府法规提高了经营成本。传统的家族企业往往感到没有准备好应对这个日益复杂的行业。在某些情况下，较大的公司愿意保留较小运输公司原来的名称，并让原来的所有者参与管理。当然，盈利机会或来自大公司的压力也促使一些小公司出售。[66]

1998 年 3 月，美国废弃物处置服务公司（USA Waste Services, Inc.）（当时美国第三大废物处置公司）收购了陷入困境的行业领先者废弃物管理公司，成为最大的固废处置公司。"新"的废弃物管理公司现在控制了全美 20% 以上的垃圾。在 1997 年收入排名前 100 位的公司中，有 15 家在

1998 年被收购，整个行业的整合仍在继续。据 1998 年 1 月 12 日《废弃物新闻》（Waste News）的报道："业内观察人士认为，目前垃圾处置和废金属市场的整合趋势不会很快结束。"事实上，就在第二年，位于亚利桑那州255 斯科茨代尔（Scottsdale）的联合废弃物工业公司（Allied Waste Industries Inc.）（业界排名第三）宣布，它将收购休斯敦的布朗宁-费里斯工业公司，后者当时排名第二，仅次于废弃物管理公司。[67]

　　20 世纪 60 年代以来固体废物行业的转型，或 20 世纪 80 年代和 90 年代的整合，并没有使该行业稳定下来或使其免受持续的批评。正如一位记者在 1990 年指出的那样："废弃物处理者向质疑者提供了一切可以想到的理由来不信任他们，包括技术故障、操纵投标和其他反垄断行为、管理不善以及与有组织犯罪的联系。"垃圾处置巨头劣迹的曝光，以及反复出现的价格操纵和帮派参与，使该行业陷入困境。[68]评论家哈罗德·克鲁克斯（Harold Crooks）断言："废物处置行业的分散性和无序性使大多数公司极易受到开放市场的危害，因此，就像处于类似情况下的其他大城市行业一样，它也常常采取紧迫性的自我保护手段。"[69]即使在新的企业集群崛起之后，该行业仍无法摆脱混乱的历史、激烈的竞争、内部的斗争以及与政府机构和法院的摩擦。但正如克鲁克斯所指出的那样，具有讽刺意味的是，"黑帮已成为废物处置行业过时落后的东西。经济软实力取代了物质硬实力。"[70]

　　私有化趋势表明，固体废物管理的运营阶段发生了巨大的变化。然而对于实现收集和处置服务这些最终责任而言，私有化只是过程中出现的一种复杂特征而已。竞争，而不是所有权类型，似乎是影响服务效率的最重要因素。废物处置行业的整合趋势可能会强烈影响竞争的性质，从而影响与市政府在制定收集和处置政策方面的关系。[71]

各种政府实体之间也存在着管辖权竞争。由于认识到垃圾问题很少局限在城市范围内，于是出现了各种新的安排。一些区域尝试了地区间协议、县级系统、多县公司或州内规划机构。这些安排通常是出于实际需要，不仅涉及收集和处置的复杂问题，而且还要在决策过程中充分注意确定权限范围。由于公共和私营实体都致力于推行"综合废弃物管理"系统，所以"谁负责？"的问题尤为重要。[72]

然而，提倡综合废弃物管理的人可能没有充分注意到这样一个事实，即相关的实践努力可能会加剧公私力量在寻求收集和处置系统控制权上存在的传统竞争。环保署对这一概念的推广表明，联邦政府不仅在制定固体废物国家议程方面，而且在扩大监管方面，都发挥了重要的新作用。 256

特别是自 20 世纪 60 年代以来，联邦政府扩大了垃圾议题的范围，强调其作为具有国家影响的环境问题的重要性。20 世纪 80 年代末，联邦政府在固体废物管理方面的权限不断扩大，这是对曾经被忽视的一种角色的回归。随着 1970 年环保署的成立，大部分垃圾处置活动的责任都转移给了这个新机构；不久之后，其下属的固体废物办公室（Office of Solid Waste, OSW）获得了开展特别研究、授予赠款和公布指导方针的权力。该办公室虽为联邦固体废物管理规划提供了一定程度的稳定性，但并非没有争议。由于环保署的主要职能是协助控制和消除污染，一些官员倾向于集中处理危险废物问题，而不像 1965 年和 1970 年法律所设想的那样强调全面的固体废物管理问题。

20 世纪 70 年代中期，美国环保署提议大幅削减联邦固体废物计划，并建议将职能限制在对危险废物的管理。当国会、州和地方团体都持反对意见时，环保署放弃了这一极端立场，并宣布愿意继续开发和推广资源回收利用系统和技术。但是，在 20 世纪 80 年代初，当能源危机的直接威胁过去后，紧缩开支的规定削减了环保署预算时，该机构几乎完全放弃了垃圾处置议题。[73] 而随着公众对即将到来的"垃圾危机"的关注，以及20世纪80年代中期《资源保护与恢复法》中涉及市政固体废物的条款的加强，环保署和其他联邦机构再次陷入市政固体废物问题的争论中心。[74]

有些人对联邦政府加入这场"垃圾危机"战斗的决心表示赞赏。另一些人则认为，监管权力的增加与实际行动并不相称。众议院交通和商业小组委员会的首席顾问威廉·科瓦克斯（William Kovacs）指出："环保署对《资源保护与恢复法》的落实，只能被描述为拖沓、零散、时而缺位、且前后不一致。"[72]

对乐观主义者来说，将联邦政府的作用扩大到涉及固体废物的问题上，有可能动员美国人采取行动。对悲观主义者来说，它只是在一个音盲合唱团中增加了一种不和谐的声音。而实际中，最起码的可能结果是产生了一种比较中庸的成效。[76]

如前所述，《固体废物处置法》（1965年）和《资源保护与恢复法》（1970年）使各州更加深入地参与和固体废物有关的本地议题。1976年，国会通过了《资源保护与恢复法》，并于1984年被重新授权为《危险废物和固体废物修正案》（Hazardous and Solid Waste Amendments）。这项新立法大大增强了联邦政府在固体废物管理方面的作用，并成为美国第一个全面的危险废物管理框架。[77] 它彻底改变了《资源保护与恢复法》的术语，重新定义固体废物，将危险废物包括在内。《资源保护与恢复法》继续就固体废物和资源回收利用作出规定；命令环保署对危险废物进行"从摇篮到坟墓"的追踪，并对危险废物处置设施实行控制；关闭大多数露天垃圾场；以及制定废物处置设施的最低标准。直到1978年拉夫运河事件曝光后，环保署才开始重视危险废物处置规定的执行。[78]

　　对市政固体废物来说，特别重要的是《资源保护与恢复法》的分编 D，其中规定了环境无害的处置方法，以及采用新的填埋场标准以保护地下水的方法。一位分析人士表示："简单地说，《资源保护与恢复法》的前提是，固体废物问题是我们工业社会的结果。因此，处置废物的真正费用应该由那些从产生废物的产品中受益的人承担。因此，一旦取消了对廉价填埋场的补贴，其他更先进的技术将得到发展。"[79]

　　根据《资源保护与恢复法》，环保署获得了对市政固体废物的全面监管权，特别是在垃圾填埋场和焚烧炉的设计和运行方面。国会指示环保署通过《资源保护与恢复法》制定垃圾填埋标准，其中包括禁止露天倾倒行为。环保署于 1979 年发布了该标准。1984 年的修正案试图加强填埋场标准，1991 年修订案分编 D 规定了垃圾填埋场的最低国家标准。现有的和新建的垃圾填埋场满足分编 D 标准的成本非常高，这导致全国范围内填埋场供给能力进一步减少，从而有利于发展规模更大的区域性填埋场，结果使填埋单位成本降低或激励社区采用替代处置方法。此外，由于成本太高，社区无法独自承担，越来越多的垃圾填埋场成为私人所有。1984 年，美国只有 17% 的填埋场是私人所有的；在 1998 年，这个比例至少达到 40%（如果不是更多的话）。[80]

　　美国的现代固体废物问题太复杂了，不能把它仅看作是一场危机。在"危机"一词的用法中，隐含着这样一种假设，即社会已经达到了一个临界点，超过这个临界点，就会出现危险的结果。许多后来被视为"垃圾危机"的情形其实是一系列问题的慢性积累，它们相互关联，以至于无法采取简单的解决办法。真正困难的任务是确定哪些需要立即采取行动，哪些需要长期坚定的行动。那些属于慢性范畴的问题包括垃圾量、收集环节存在的固有问题、依赖单一处置方式的冲动、强调用"后端"方法解决"前 258

端"问题的思路、公共与私有运营和管理的争论,以及涉及法规的管辖权争议。那些特别需要引起立即注意的问题包括:市政废弃物中有毒物质的增加、有限资源的浪费、缺乏可行的填埋空间,以及空气和水污染程度的增加。这当中的一些问题在地区和程度上各不相同。其他的则比较普遍,例如都存在消耗稀缺或其他宝贵资源的挑战。

在某些方面,应对慢性问题可能比面对那些被认为处于危机关头的问题更加困难。显然,人们对"垃圾危机"的广泛接受,很大程度上源于这样一个事实,至少自 20 世纪 70 年代以来,垃圾问题因环境退化而比以前受到更大的重视。19 世纪的卫生公害在 20 世纪变成了严重的环境问题。一反过去的常态,固体废物管理已达到与供水和排污系统同等重要的水平,都蕴含着对未来公共事业发展的重大挑战。

后记

　　到 20 世纪，美国大多数大城市和许多较小的城市都实现了在全市范围
内建立长期性的集中式环卫（环境）服务的目标。这是一项重大成就。它
意味着，城市随时可以将水用于家庭和商业用途，用于扑灭火灾以及完成
许多其他任务。污水和垃圾以系统性和通常有效的方式排走或运走。城市
不再承担许多传染病引发的最严重后果。正如我们所见，这些至关重要的
服务相互交织，有时在错综复杂的城市基础设施中很难显现，它们与当时
流行的健康和环境观以及价值观密切相关。尽管环卫工作者、工程师和城
市官员可以为帮助城市居民建设起一座环卫城市而感到自豪，但这些环卫
技术或有助于解决，或无法解决一系列新的和不同的环境问题。尽管其总
体影响巨大，但环卫服务的受益机会和使用程度在阶级和种族之间并不总
是平等的。

　　从 19 世纪初开始，建设环卫系统的目的是，将纯净、充足的水作为一
种公共物品提供给市民。除了 1801 年的费城，1830 年以前美国几乎没有哪

座城市拥有现代供水系统。到 19 世纪末，供水系统总体而言已被视为一项
260 公共事业，这样的看法是合理的，因为公众健康需要得到保护，在全市范围内供水也有必要。与后来的排污系统以及固体废物收集和处置系统一样，现代城市供水系统也是在瘴气时代构想出来的。这些系统的建构及其功能与环境卫生的目标有着千丝万缕的联系，也就是说，利用当时流行的感官测试法以判断水的纯净度，可以为公众提供一种不仅没有疾病，而且可以用来减轻疾病的产品。例如，充足的水供应可以帮助清除恶臭的垃圾。

尽管大量增加的管道水被证明是排污系统出现的主要原因，但供水和排污在 19 世纪被分开管理。排污系统的合理性也与环境卫生的原则密切相关。从关注液体废物到关注固体废物的逻辑飞跃是出于对环境卫生的坚持，也几乎完全映射出一项根深蒂固的指导原则，即必须尽快将废弃物从人类面前清除，以保护公众健康。从本质上讲，这一时期的环卫服务只不过是精心设计的运输网络。地下排污系统、卫生填埋场和焚烧炉都是实现环境卫生目标的合理体现。这些技术旨在使人类远离他们的废弃物——这些物质中可能含有疾病的威胁。

整个系统的设计都是为了满足环境卫生的需要。供水系统始于受保护的水源，或者可以通过过滤或处理净化的水源。在新的管道和水泵输配系统中，无需再由个人负责在公共水井或地方水道用容器装水，而是由私人和公共水务系统负责直接向每一位消费者供水。新系统隐含着一种保证，即水的供应符合普遍的纯净标准。在排污系统方面，市民责任也是最低限度的。合流或分流排污管道将家庭和企业的污水输送出去，并由城市负责处理。至此，环境卫生的目标已经实现，因为人类与废弃物的接触（至少从源头上）已大大减少。至于垃圾，现场收集与供水或污水管道的作用相同。

在 19 世纪环境卫生的背景下，供水的采集和输送、污水和固体废物的收集，这几项环卫服务处于最佳状态。只要能有效地提供纯净的水，并尽量减少人类与废弃物的初级接触，这些服务就可以实现其目标。环境范式的改变（从瘴气理论到细菌理论）并没有扰乱这些收集方式，也没有给这些"管道前端"型环卫技术的组成部分带来重大变化。细菌学的新时代确实有助于发现并最终解决"管道末端"的问题。环境卫生这一概念的主要缺点是，它对从家庭和企业排出的污水和垃圾的处置关注有限。

随着细菌学革命的开始，水污染受到了越来越多的特别关注。科学家、医师和工程师现在对他们在防治传染病方面所追寻的有害目标有了更好的了解，并且对如何防治生物污染物也有了更清晰的认识。较老的方法，如稀释法，在适当的情况下是有价值的，但主要集中在处置环节。人们开始认为环境卫生的目标设置不够广泛，所以无法解决复杂的垃圾处置问题，也不足以确保供水的纯净度。在不试图改变环卫技术基本建构的情况下，专家们采用了新的水检测方法，并将注意力越来越集中在改善处理技术上。而设计长期的、全市范围的环卫系统的基本原则从来没有被质疑过；起源于瘴气时代的基本设计在 20 世纪并没有实质性的改变。从本质上讲，糟糕的科学造就了好的技术。

虽然细菌学有效地促进了生物污染的消除，但它在解决其他环境问题方面的作用却不大，特别是工业废物以及进入供水和土地处置场所的新型有毒化学物质。新生态学更加关注与环卫技术有关的供水和土地污染程度。在水体和垃圾填埋场的污染点源，以及其他环卫服务过程中，测量污染物的方法变得更加复杂和全面。同样，环卫技术的基本建构没有改变，但是人们对它们的功能有了更好的了解。

新生态学提高了人们对环境保护投入和产出的认识，这有助于最大限

度地发挥环卫服务的价值。通过对环卫技术的不断改进和有效维护，最好
的一些系统为大都市社区提供了有价值的服务。然而，传统上对长期性、
集中式系统的强调最终暴露了其功能上的局限性。所有的环卫技术都是资
本密集型的，需要不断的维护和修理。20世纪70年代和80年代公开承认
的基础设施危机表明，整个社会缺乏充分维护现有系统的决心。城市预算
中的其他优先事项强烈影响了这些环卫系统的命运，经济萧条或政治领导
262 和意识形态变化所造成的各种财政限制也是如此。与其他基础设施问题一
样，环卫服务也面临着两难选择：是对现有系统进行投资加以改善，还是
扩大服务范围以满足新需求。这些服务与城市发展的性质和速度的联系也
密切相关。

　　路径依赖的结果（最初的选择限制了未来的抉择）使城市在维护或扩
大环卫系统，或开发新系统方面的能力变得复杂。投资建设远距离供水、
抽水站、过滤和处理设施、焚烧炉和填埋场的决定，给过去的城市领导人
提供了一定程度的安慰，他们相信自己正在为提供良好的环卫条件和有效
的服务树立丰碑。与长期计划相反，对项目设计的强调通常意味着后代不
能选择放弃这些系统并重新开始，而是必须维护或扩大这些系统（即使这
些系统存在不足）或面临巨额成本。与其说最初选择了有缺陷的技术，还
不如说系统被设计成永久性的，为了证明它们对当代社会的价值而抵触变
化。从本质上看，这些系统缺乏灵活性，也就是说，由于技术、财政状况
或城市发展模式的变化，它们无法进行实质性的改变。它们也缺乏将功能
与其他系统（例如统一供水和排污系统）结合起来的能力。最近对基础设
施设计中"模块化灵活性"的要求是对这样一种认识的回应：过去的技术
体系构建和应用实践严重限制了当代决策者的选择。

　　关于污染问题，很明显，环卫技术（特别是供水和排污系统）对某些

种类污染物的价值有限，这些污染物要么在处理系统最初设计阶段不存在，要么被认为不重要。特别值得注意的是径流和非点源污染问题。19 世纪和 20 世纪初的系统设计者和决策者没有预见到这些问题，这是无可指责的；毕竟，这些决策发生在历史学家托马斯·P. 休斯（Thomas P. Hughes）在《美国的起源》（*American Genesis*）一书中提出的"技术热情世纪"以及政府集权倾向强烈的时期。然而，为解决环卫问题而开发长期性、集中式技术系统的决心，实际上没有为这些系统适应新的和严重的挑战留下多少空间。换句话说，这些系统建立在长期性而非适应性的基础上。因此，无论决策者喜不喜欢，历史情境都强烈影响着当时环卫服务的选择。

始于 19 世纪并一直延续到现在的环卫技术取得的成就喜忧参半。作为城市的循环系统，环卫服务为促进全美城市居民的环境福祉作出了巨大贡献。它们的过去和现在都是城市建设过程的重要组成部分，是城市地区发展的必要因素。它们可以是将城市发展从核心向外扩展的增长机制，或者通过牵制它们，城市领导人可以利用其作为限制发展的工具。然而，环卫服务也是污染源，从一个地方转移到另一个地方，从一个管辖区转移到另一个管辖区。在所有情况下，它们都与当时流行的健康和环境观念密切相关，这对理解城市发展的许多后果仍然至关重要。作为一个整体，供水、排污以及固体废物收集和处置是城市存在的基础和根本。为了有效运作，美国城市必须成为环卫城市。

注　释

导论

1. Bryan D. Jones et al, *Service Delivery in the City* (New York: Longman, 1980), 2.

2. "A National Movement for Cleaner Cities," *American Journal of Public Health* 20 (Mar. 1930): 296-297; George W. Cox, "Sanitary Services of Municipalities," *Texas Municipalities* 26 (August 1939): 218.

3. Martin V. Melosi, *Garbage in the Cities*, rev. ed. (Pittsburgh: University of Pittsburgh Press, 2005).

4. Joel A. Tarr and Gabriel Dupuy, *Technology and the Rise of the Networked City in Europe and America* (Philadelphia: Temple University Press, 1988), xiii.

5. Martin V. Melosi, "Cities, Technical Systems and the Environment," *Environmental History Review* 4 (Spring/Summer 1990): 45-50.

6. Jon Peterson, "Environment and Technology in the Great City Era of American History," *Journal of Urban History* 8 (May 1982): 344.

7. Martin V. Melosi "Path Dependence and Urban History: Is a Marriage Possible?" in *Resources of the City*, ed. Dieter Schott, Bill Luckin, and Genevieve Massard-Guilbaud (Hampshire, U. K.: Ashgate, 2005), 262-275.

第一章　查德威克时代之前的美国环卫实践

1. Sam Bass Warner Jr., *The Urban Wilderness* (New York: Harper and Row, 1972), 158.

2. Ernest S. Griffith and Charles R. Adrian, *A History of American City Government*,

1775-1870 (1976; reprint, Washington, D. C.: University Press of America, 1983), 218; Cady Staley and George S. Pierson, *The Separate System of Sewerage*, 2nd ed. (New York, 1891), 53; Zane L. Miller and Patricia M. Melvin, *The Urbanization of Modern America*, 2nd ed. (San Diego, Calif.: Harcourt Brace Jovanovich, 1987), 20-21; Blake McKelvey, *American Urbanization* (Glenview, Ill.: Scott, Foresman, 1973), 14.

3. Carl Bridenbaugh, *Cities in the Wilderness*, 2nd ed, (New York: Knopf, 1955), 18, 85-86.

4. John Duffy, *The Sanitarians* (Urbana: University of Illinois Press, 1990), 33; Melosi, *Garbage in the Cities*, 13-15.

5. Duffy, *Sanitarians*, 13, 30; Joel A. Tarr, "Urban Pollution: Many Long Years Ago," *American Heritage*, Oct. 1971, 64-69, 106.

6. Duffy, *Sanitarians*, 20-23.

7. John J. Hanlon, *Principles of Public Health Administration*, 4th ed. (St. Louis: C. V. Mosby, 1964), 48; Duffy, *Sanitarians*, 10-11, 35

8. John Duffy, "Yellow Fever in the Continental United States during the Nineteenth Century," *Bulletin of the New York Academy of Medicine* 44 (June 1968): 687-688; George Rosen, *A History of Public Health* (New York: MD Publications, 1958), 234; Harrison P. Eddy, "Sewerage and Drainage of Towns," *Proceedings of the ASCE* 53 (Sept, 1927): 1604; David R. Goldfield and Blaine A. Brownell, *Urban America*, 2nd ed. (Boston: Houghton Mifflin, 1990), 152.

9. Sam Bass Warner Jr., *The Private City*, rev. ed. (Philadelphia: University of Pennsylvania Press, 1987), 99.

10. Goldfield and Brownell, *Urban America*, *66*, 68-69; Eric H. Monkkonen, *America Becomes Urban* (Berkeley: University of California Press, 1988), 112-115.

11. Raymond A. Mohl, *Poverty in New York*, *1783-1825* (New York: Oxford University Press, 1971), 10-13, 104-106.

12. Hanlon, *Principles of Public Health Administration*, 47; John B. Blake, "The Origins of Public Health in the United States," *AJPH* 38 (Nov. 1948): 1539; Duffy, *Sanitarians*, 15, 18.

13. Other cities contested Boston's claim, including Petersburg, Virginia (1780), Philadelphia (1794), Baltimore (1793), and New York (1796). 参见 Hanlon, *Principles of Public Health Administration*, 48-49.

14. Edwin D. Kilbourne and Wilson G. Smillie, eds., *Human Ecology and Public Health*, 4th ed. (New York: Macmillan, 1969), 114; Hanlon, *Principles of Public Health Administration*, 47-48; Stanley K. Schultz, *Constructing Urban Culture* (Philadelphia:

268

Temple University Press, 1989), 119-120; Duffy, *Sanitarians*, 62.

15. Rosen, *History of Public Health*, 234; Schultz, *Constructing Urban Culture*, 119-121, 140.

16. Duffy, *Sanitarians*, 11-12, 48-49, 57; Hanlon, *Principles of Public Health Administration*, 47.

17. 参见 Martin V. Melosi, "Hazardous Waste and Environmental Liability," *Houston Law Review* 2s (July 1988): 761-763。

18. Schultz, *Constructing Urban Culture*, 43; Melosi, "Hazardous Waste and Environmental Liability," 763-764.

19. "元系统"是指一个"原初"的系统或"等级或时间第一"的系统，而不是"原始"系统的概念。

20. Letty Anderson, "Hard Choices: Supplying Water to New England," *Journal of Interdisciplinary History* 15 (Autumn 1984): 211.

21. Jon C. Teaford, *The Municipal Revolution in America* (Chicago: University of Chicago Press, 1975), 104.

22. M. N. Baker, *The Quest for Pure Water: The History of Water Purification from the Earliest Records to the Twentieth Century* (1948; reprint, New York: AWWA, 1981), 903; Rosen, *History of Public Health*, 125; Jean-Pierre Goubert, *The Conquest of Water* (Princeton, N. J.: Princeton University Press, 1986), 34-40; F. E. Turneaure and H. L. Russell, *Public Water-Supplies* (New York: John Wiley and Sons, 1911), 6.

23. Earle Lytton Waterman, *Elements of Water Supply Engineering* (New York: Wiley, 1934), 4-5; Turneaure and Russell, *Public Water-Supplies* (1911), 6; Richard Shelton Kirby and Philip Gustave Laurson, *The Early Years of Modern Civil Engineering* (New Haven, Conn.: Yale University Press, 1932), 81, 194; Edward S. Hopkins, ed., *Elements of Sanitation* (New York: D. Van Nostrand, 1939), 53; Rosen, *History of Public Health*, 124-125; Harold E. Babbitt and James J. Doland, *Water Supply Engineering*, 4th ed. (New York: McGraw-Hill, 1949), 3.

24. Kirby and Laurson, *Early Years*, 192, 212-214; Hopkins, *Elements of Sanitation*, 53; Daniel E. Lipschutz, "The Water Question in London, 1827-1831," *Bulletin of the History of Medicine* 42 (Sept. /Oct. 1968): 510; Goubert, *Conquest of Water*, 22; Rosen, *History of Public Health*, 124-125.

25. Milo Roy Maltbie, "A Tale of *Two* Cities," *Municipal Affairs* 3 (June 1899): 193; Asok Kumar Mukhopadhyay, *Politics of Water Supply* (Calcutta: World Press Private, 1981), 1; J. J. Cosgrove, *History of Sanitation* (Pittsburgh: Standard Sanitary Manufacturing, 1909), 78, 82; W. S. Chevalier, *London's Water Supply, 1903-1953*

(London: Staples Press, 1953), 1; W. H. G. Armytage, *A Social History of Engineering* (London: Faber and Faber, 1976), 71-72; William Freeman, *Water Supply and Drainage* (London: Sir Isaac Pitman and Sons, 1945), 13; Kirby and Laurson, *Early Years*, 187; Rosemary Weinstein, "New Urban Demands in Early Modern London," in *Living and Dying in London*, ed. W. F. Bynum and Roy Porter (London: Wellcome Institute for the History of Medicine, 1991), 34-36.

26. *The Sanitary Industry* (New York: Johns-Manville, 1944), W4; Rosen, *History of Public Health*, 124-125; Maltbie, "Tale of Two Cities," 193-194; Kirby and Laurson, *Early Years*, 188-191; C. W. Hutt and H. Hyslop Thompson, eds., *Principles and Practices of Preventive Medicine*, vol. 1 (London: Methuen, 1935), 6; Turneaure and Russell, *Public Water-Supplies* (1911), 7.

27. Eric E. Lampard, "The Urbanizing World," in *The Victorian City*, ed. H. J. Dyos and Michael Wolff (London: Routledge and Kegan Paul, 1973), 1, 4, 10-13, 21-22; H. J. Habakkuk and M. Postan, eds., *The Industrial Revolutions and After*, vol. 6 of *The Cambridge Economic History of Europe* (Cambridge: Cambridge University Press, 1966), 274; William Oswald Skeat, ed., *Manual of British Water Engineering Practices*, vol. 1 (Cambridge: Heffer, 1969), 2; Lewis Mumford, *City in History* (New York: Harcourt Brace and World, 1961), 461-465.

28. J. A. Hassan, "The Growth and Impact of the British Water Industry in the Nineteenth Century," *Economic History Review* 38 (Nov. 1985): 532.

29. 同上, 531-534。

30. 同上, 532。

31. H. W. Dickinson, *Water Supply of Greater London* (London: Newcomen Society at the Courier Press, 1954), 103; Chevalier, *London's Water Supply*, 4.

32. Samuel Rideal and Eric K. Rideal, *Water Supplies* (London: Crosby Lockwood and Son, 1914), 97; ASCE, *Pure and Wholesome* (New York: ASCE, 1982), 2; Skeat, *Manual of British Water Engineering Practices*, 30.

33. Skeat, *Manual of British Water Engineering Practice*, 5-6.

34. Brian Read, *Healthy Cities* (Glasgow: Blackie, 1970), 42-43; George W. Fuller, "Progress in Water Purification," *JAWWA* 25 (Oct. 1933): 1566; Chevalier, *London's Water Supply*, 7; Rideal and Rideal, *Water Supplies*, 97; M. N. Baker, "Sketch of the History of Water Treatment," *JAWWA* 26 (July 1934): 904.

35. Anne Hardy, "Parish Pump to Private Pipes," in Bynum and Porter, *Living and Dying in London*, 77-80.

36. Stephen F. Ginsberg, "The History of Fire Protection in New York City, 1800-

270 1842" (Ph. D. diss., New York University, 1968), 318; Letty Donaldson Anderson, "The Diffusion of Technology in the Nineteenth-Century American City: Municipal Water Supply Investments" (Ph. D. diss., Northwestern University, 1980), 87-88.

37. Ginsberg, "History of Fire Protection," 338.

38. U. S. Bureau of Census, *Census of Population: i960*, vol. 1, *Characteristics of the Population* (Washington, D. C.: Department of Commerce, 1961), pt. A, 1-14-15, Table 8; Waterman, *Elements of Water Supply Engineering*, 6; Harrison P. Eddy, "Water Purification—A Century of Progress," *Civil Engineering* 2 (Feb. 1932): 82; J. J. R. Croes, *Statistical Tables from the History and Statistics of American Water Works* (New York, 1885), 4-69.

39. Joel A. Tarr, James McCurley, and Terry F. Yosie, "The Development and Impact of Urban Wastewater Technology," in *Pollution and Reform in American Cities, 1870-1930*, ed. Martin V. Melosi (Austin: University of Texas Press, 1980), 59-60.

40. 也有其他城市声称自己是第一个建立市政自来水厂的，但它们没有建成像费城那样规模的"系统"。参见 George S. Davison, "A Century and a Half of American Engineering," *Transactions of the ASCE* (Oct. 5, 1926): 560。

41. John C. Trautwine Jr., "A Glance at the Water Supply of Philadelphia," *Journal of the New England Water Works Association 22* (Dec. 1908): 421.

42. Michal McMahon, "Fairmount," *American Heritage*, Apr./May 1979, 100-101; Donald C. Jackson, "'The Fairmount Waterworks, 1812-1911' at the Philadelphia Museum of Art," *Technology and Culture* 30 (July 1989): 635; City of Philadelphia, Department of Public Works, Bureau of Water, "Description of the Filtration Works and Pumping Stations, Also Brief Historical Review of the Water Supply, 1789-1900" (1909), 57-59; Michal McMahon, "Makeshift Technology," *Environmental Review* 12 (Winter 1988): 24.

43. Edward C. Carter II, "Benjamin Henry Latrobe and Public Works," *Essays in Public Works History* (Washington, D. C.: Public Works Historical Society, 1976); McMahon, "Fairmount," 100-101.

44. Jane Mork Gibson, "The Fairmount Waterworks," *Bulletin of the Philadelphia Museum of Art* 84 (Summer 1988): 9.

45. 同上。

46. 同上, 10-12; Jackson, "Fairmount Waterworks," 635; McMahon, "Makeshift Technology," 25-26; Goubert, *Conquest of Water*, 56; Turneaure and Russell, *Public Water-Supplies* (1911), 9-11; George W. Fuller, "Water-Works," *Proceedings of the ASCE* 53 (Sept. 1927): 1594; Trautwine, "Glance at the Water Supply," 425; Frederick

P. Stearns, "The Development of Water Supplies and Water-Supply Engineering," *Transactions of the ASCE* 56 (June 1906): 455-456; F. E. lurneaure and H. L. Russell, *Public Water-Supplies*, 4th ed. (New York: John Wiley and Sons, 1948), 8。

47. Ellis Armstrong, Michael Robinson, and Suellen Hoy, eds., *History of Public Works in the United States* (Chicago: APWA, 1976), 232; Griffith and Adrian; *History of American City Government*, 73.

48. M. J. McLaughlin, "142 Years of Water Distribution," *American City* 58 (Dec. 1943): 50; Armstrong et al., *History of Public Works*, 233; Stearns, "Development of Water Supplies," 455; Turneaure and Russell, *Public Water-Supplies* (1948), 7.　271

49. Joel A. Tarr, "The Evolution of the Urban Infrastructure in the Nineteenth and Twentieth Centuries," in *Perspectives on Urban Infrastructure*, ed. Royce Hanson (Washington, D. C.: National Academy Press, 1984), 19; " Golden Decade for Philadelphia Water," *Engineering News-Record* 159 (Sept. 19, 1957): 37.

50. Martin J. McLaughlin, "Philadelphia's Water Works from 1798 to 1944," *American City* 59 (Oct. 1944): 86-87.

51. U. S. Bureau of Census, *Census of Population: 1960*, vol. 1, *Characteristics of the Population*, pt. A, 1-14-15, Table 8; Waterman, *Elements of Water Supply Engineering*, 6.

52. Anderson, "Diffusion of Technology," 1.

53. Charles Jacobson, Steven Klepper, and Joel A. Tarr, "Water, Electricity, and Cable Television," *Technology and the Future of Our Cities* 3 (Fall 1985): 9; Anderson, "Diffusion of Technology," 103-108.

54. Waterman, *Elements of Water Supply Engineering*, 6.

55. Nelson Manfred Blake, *Water for the Cities* (Syracuse, N. Y.: Syracuse University Press, 1956), 44-62, 101-120; J. Michael LaNier, "Historical Development of Municipal Water Systems in the United States, 1776-1976," *JAWWA* 68 (Apr. 1976): 174-175; Gustavus Myers, "History of Public Franchises in New York City," *Municipal Affairs* 4 (Mar. 1900): 85-87; Ginsberg, "History of Fire Protection," 318ff.

56. Fern L. Nesson, *Great Waters* (Hanover, N. H,: University Press of New England, 1983), 1.

57. Blake, *Water for the Cities*, 172-198; LaNier, "Municipal Water Systems," 174; John B. Blake, "Lemuel Shattuck and the Boston Water Supply," *Bulletin of the History of Medicine* 29 (1955): 554-562; Griffith and Adrian, *History of American City Government*, 70-71.

58. John W. Hill, "The Cincinnati Water Works," *JAWWA* 2 (Mar. 1915): 42-53;

Bert L. Baldwin, "Development of Cincinnati's Water Supply," *Military Engineer* 22 (July/Aug. 1930): 320-321; Richard Wade, *The Urban Frontier* (Cambridge, Mass.: Harvard University Press, 1959), 294-295.

59. Wade, *Urban Frontier*, 297; LaNier, "Municipal Water Systems," 176; Gordon G. Black, "The Construction and Reconstruction of Compton Hill Reservoir," *Journal of the Engineers' Club of St. Louis* 2 (Jan. 2, 1917): 4-8.

60. Gary A. Donaldson, "Bringing Water to the Crescent City," *Louisiana History* 28 (Fall 1987): 381-396.

61. Wade, *Urban Frontier*, 294-295; James C. O'Connell, "Chicago's Quest for Pure Water," *Essays in Public Works History 1* (Washington, D. C.: Public Works Historical Society, 1976), 3; Tarr, "Evolution of the Urban Infrastructure," 14; Tarr et al., "Development and Impact," 60.

62. Warner, *Urban Wilderness*, 202.

63. Fred B. Welch, "History of Sanitation," paper presented at the First General Meeting of the Wisconsin Section of the National Association of Sanitarians, Inc., Milwaukee, Dec. 1944, 39, 41; Hopkins, *Elements of Sanitation*, 51-52, 104; *Sanitary Industry*, WI-W3; Frederick Charles Krepp, *The Sewage Question* (London, 1867), 7; Benjamin Freedman, *Sanitarian's Handbook* (New Orleans: Peerless, 1957), 2-4; Baldwin Latham, *Sanitary Engineering* (London, 1878), 21-22.

64. Barrie M. Ratcliffe, "Cities and Environmental Decline," *Planning Perspectives* 5 (1990): 190-191; Kirby and Laurson, *Early Years*, 227-228; Krepp, *Sewage Question*, 7; Cosgrove, *History of Sanitation*, 85-86, 91; Mansfield Merriman, *Elements of Sanitary Engineering*, 4th ed. (New York: John Wiley and Sons, 1918), 141.

65. Weinstein, "New Urban Demands in Early Modern London," 29-31.

66. Kirby and Laurson, *Early Years*, 230.

67. Krepp, *Sewage Question*, 12; Henry L. Jephson, *The Sanitary Evolution of London* (London: John Wiley and Sons, 1907), 14; Charles J. Merdinger, "Civil Engineering through the Ages," *Transactions of the ASCE CT* (1953): 95; Leonard P. Kinnicutt, C. E. A. Winslow, and R. Winthrop Pratt, *Sewage Disposal* (New York: John Wiley and Sons, 1919), 8; Latham, *Sanitary Engineering*, 35; H. B. Hommon, "Brief History of Sewage and Waste Disposal," *Pacific Municipalities* 42 (May 1928): 161; "The London Water Supply," *Engineering Magazine* 2 (Jan. 1870): 82.

68. Melosi, *Garbage in the Cities*, 5-6.

69. Tarr et al., "Development and Impact", 59-60.

70. Eddy, "Sewerage and Drainage," 1603.

71. Tarr et al., "Development and Impact," 60-61; Duffy, *Sanitarians*, 13, 29.

72. Samuel A. Greeley, "Street Cleaning and the Collection and Disposal of Refuse," *Proceedings of the ASCE* 53 (Sept. 1927): 1621.

73. Howard P. Chudacoff and Judith E. Smith, *The Evolution of American Urban Society*, 4th ed. (Englewood Cliffs, N. J.: Prentice-Hall, 1994), 11.

74. Melosi, *Garbage in the Cities*, 111-13; Duffy, *Sanitarians*, 16, 28.

第二章　将蛇尾放入蛇口

1. C. E. A. Winslow, *The Conquest of Epidemic Disease* (1943; reprint, New York: Hafner, 1967), 243.

2. Ann F. La Berge, *Mission and Method* (New York: Cambridge University Press, 1992), xiii, 3, 283-284.

3. Asa Briggs, *Victorian Cities* (1963; reprint, Berkeley: University of California Press, 1993), 16-17.

4. Anthony Brundage, *England's "Prussian Minister"* (University Park: Pennsylvania State University Press, 1988), 4-5.

5. D. D. Raphael, "Jeremy Bentham," *Collegiate Encyclopedia*, vol. 2 (New York: Grolier, 1971), 518-519.

6. Brundage, *England's "Prussian Minister,"* 7-11.

7. 同上, 150-157。

8. 同上, 35-77。

9. C. Fraser Brockington, *The Health of the Community*, 3rd ed. (London: J. and A. Churchill, 1965), 29, 32-33; Margaret Pelling, *Cholera*, *Fever*, *and English Medicine*, *1825-1865* (London: Oxford University Press, 1978), 7; Winslow, *Conquest of Epidemic Disease*, 242-243; W. M. Frazer, *A History of English Public Health 1834-1939* (London: Bailliere, Tindall and Cox, 1950), 13, 15.

10. Brundage, *England's "Prussian Minister,"* 79-81.

11. 同上, 83-84。

12. Briggs, *Victorian Cities*, 21; John H. Ellis, *Yellow Fever and Public Health in the New South* (Lexington: University Press of Kentucky, 1992), 3, 5-6.

13. Edwin Chadwick, *Report on the Sanitary Condition of the Labouring Population of Great Britain*, ed. with an introduction by M. W. Plinn (Edinburgh: University Press, 1965), 1; Anthony S. Wohl, *Endangered Lives* (Cambridge, Mass.: J. M. Dent, 1983), 7.

273

14. Roy Porter, "Cleaning Up the Great Wen," in Bynum and Porter, *Living and Dying in London*, 69.

15. D. B. Eaton, "Sanitary Legislation in England and New York," paper read before the Public Health Association of New York, 1872, 6; M. W. Flinn, *Public Health Reform in Britain* (London: Macmillan, 1968), 14.

16. Lipschutz, "Water Question in London," 510, 523-525; M. W. Flinn, introduction to Chadwick, *Report*, 9-10; Read, *Healthy Cities*, 9.

17. William Hobson, ed., *The Theory and Practice of Public Health* (New York: Oxford University Press, 1979), 4.

18. Bill Luckin, *Pollution and Control* (Bristol: Adam Hilger, 1986), 4.

19. Pelling, *Cholera, Fever, and English Medicine*, 10.

20. Christopher Hamlin, "Providence and Putrefaction," *Victorian Studies* 28 (Spring 1985): 381-386.

21. Brockington, *Health of the Community*, 30; Frazer, *History of English Public Health*, 14-15; Hobson, *Theory and Practice*, 4; Pelling, *Cholera, Fever, and English Medicine*, 12; Flinn, introduction, 58-67.

22. Christopher Hamlin, "Edwin Chadwick and the Engineers, 1842-1854," *Technology and Culture* 33 (Oct. 1992): 680.

23. S. E. Finer, *The Life and Tinies of Sir Edwin Chadwick* (London: Methuen, 1952), 226-229; Read, *Healthy Cities*, 1012; Armytage, *Social History of Engineering*, 140-141; R. A. Lewis, *Edwin Chadwick and the Public Health Movement, 1832-1854* (London: Longmans, 1952), 33, 52-53, 58-59, 105; Brundage, *England's "Prussian Minister,"* 81-82.

24. Quoted in Finer, *Life and Times*, 222.

25. Christopher Hamlin, "Muddling in Bumbledom," *Victorian Studies* 32 (Autumn 1988): 59-60, 78-83; Flinn, *Public Health Reform*, 31-32; Flinn, introduction, 1; Frazer, *History of English Public Health*, 108, 110, 135; Albert Palmberg, *A Treatise on Public Health and Its Applications in Different European Countries* (London, 1895), 7-8; Brockington, *Health of the Community*, 35-38; Arthur J. Martin, *The Work of the Sanitary Engineer* (London: MacDonald and Evans, 1935), 5; Eaton, "Sanitary Legislation," 15-18; Brundage, *England's "Prussian Minister,"* 113-133.

26. Brundage, *England's "Prussian Minister,"* 85, 101-102.

27. Rosen, *History of Public Health*, 232; George Newman, *The Building of a Nation's Health* (London: Macmillan, 1939), 24; Armytage, *Social History of Engineering*, 142, 244; Brockington, *Health of the Community*, 39-40; Martin, *Work of*

the Sanitary Engineer, 6-8.

28. Hamlin, "Edwin Chadwick," 682, 695. 参见 Christopher Hamlin, *Public Health and Social Justice in the Age of Chadwick* (New York: Cambridge University Press, 1998).

29. Read, *Healthy Cities*, 57-60; Flinn, *Public Health Reform*, 11; John E. J. Sykes, *Public Health Problems* (London, 1892), 291; Palmberg, *Treatise*, 116-17, 209; John V. Pickstone, "Dearth, Dirt and Fever Epidemics," in *Epidemics and Ideas*, ed. Terrence Ranger and Paul Slack (Cambridge: Cambridge University Press, 1992), 137.

30. Flinn, *Public Health Reform*, 17-18.

31. Merdinger, "Civil Engineering through the Ages," 22, 98.

32. Hamlin, "Edwin Chadwick," 683-684.

33. Terry S. Reynolds, ed., *The Engineer in America* (Chicago: University of Chicago Press, 1991), 7-9; Merdinger, "Civil Engineering through the Ages," 3-4, i8-i9; Martin, *Work of the Sanitary Engineer*, 24-26.

34. Hamlin, "Edwin Chadwick," 681-706.

35. 1842 年，汉堡成为德国第一个引进设计良好的下水道系统的城市，而第一条现代化的主下水道于 1851 年在巴黎建成。参见 William Paul Gerhard, *Sanitation and Sanitary Engineering* (New York: author, 1909), 100。

36. George W. Fuller and James R. McClintock, *Solving Sewage Problems* (New York: McGraw-Hill, 1926), 3, 22-23; Hamlin, "Providence and Putrefaction," 393; Gerhard, *Sanitation and Sanitary Engineering*, 100.

37. Flinn, *Public Health Reform*, 40-41, 44.

38. Kirby and Laurson, *Early Years of Modern Civil Engineering*, 231; Hom- mon, "Brief History," 161; Leonard Metcalf and Harrison P. Eddy, *American Sewerage Practice*, vol. 1 (New York: McGraw-Hill, 1914), 5, 10.

39. Read, *Healthy Cities*, 15, 20.

40. Armytage, *Social History of Engineering*, 141; L. T. C. Rolt, *Victorian Engineering* (London: Allen Lane, 1970), 143; Flinn, *Public Health Reform*, 37-40; Welch, "History of Sanitation," 43, 45; Harold Farnsworth Gray, "Sewerage in Ancient and Medieval Times," *Sewage Works Journal* 12 (Sept, 1940): 945.

41. S. H. Adams, *Modern Sewage Disposal and Hygienics* (London: E. and F. N. Spon, 1930), 52.

42. Nicholas Goddard, "Nineteenth-Century Recycling," *History Today* 31 (June 1981): 36.

43. Christopher Hamlin, "William Didbin and the Idea of Biological Sewage Treat-

ment," *Technology and Culture* 29 (Apr. 1988)：191-92；Hamlin，"Providence and Pu-trefaction," 393-394.

44. Hamlin，"William Didbin," 189-218；Read，*Healthy Cities*，26-33.

45. Cosgrove，*History of Sanitation*，113.

46. Luckin，*Pollution and Control*，49，141-143.

47. Metcalf and Eddy，*American Sewerage Practice*，vol. i，1-2；Kirby and Laur-son，*Early Years*，235；T. H. P. Veal，*The Disposal of Sewage* (London：Chapman and Hall，1956)，2-4，16-17；Frazer，*History of English Public Health*，225.

48. Elizabeth Porter，*Water Management in England and Wales* (Cambridge：Cam-bridge University Press，1978)，26；F. T. K. Pentelow，*River Purification* (London：Edward Arnold，1953)，9；Fuller and McClintock，*Solving Sewage Problems*，29-30；Skeat，*Manual of British Water Engineering Practices*，9；"London Water Supply," 82-83；Clement Higgins，*A Treatise on the Law Relating to the Pollution and Obstruction of Water-*275 *courses* (London，1877)，1-2；Julius W. Adams，*Sewers and Drains for Populous Districts* (New York，1880)，39；W. Santo Crimp，*Sewage Disposal Works* (London，1894)，7-30.

49. Dickinson，*Water Supply of Greater London*，106.

50. Stuart Galishoff，"Triumph and Failure," in Melosi，*Pollution and Reform*，38.

51. Baker，"Sketch of the History of Water Treatment," 905.

52. Luckin，*Pollution and Control*，35-37，41，45，48. 详细的关于供水的分析，参见 Christopher Hamlin，*A Science of Impurity* (Berkeley：University of California Press，1990)。

53. Hassan，"Growth and Impact of the British Water Industry," 543.

第三章　"环卫思想" 穿越大西洋

1. Miller and Melvin，*Urbanization of Modern America*，31-32，48-49，57；Mc Kelvey，*American Urbanization*，26；Goldfield and Brownell，*Urban America*，104-105.

2. Miller and Melvin，*Urbanization of Modern America*，32.

3. Griffith and Adrian，*History of American City Government*，19.

4. Charles E. Rosenberg，*The Cholera Years* (1962；reprint，Chicago：University of Chicago Press，1987)，228.

5. 同上，7，37-38，55-62，135-137。

6. Howard N. Rabinowitz，*Race Relations in the Urban South*，*1865-1890* (Urbana：University of Illinois Press，1980)，114-121.

7. David R. Goldfield，*Urban Growth in the Age of Sectionalism* (Baton Rouge：Loui-

siana State University Press, 1977), 152-153, 160; William H. Pease and Jane H. Pease, *The Web of Progress* (New York: Oxford University Press, 1985), 90, 93, 99.

8. Khaled J. Bloom, *The Mississippi* Valley's *Great Yellow Fever Epidemic of 1878* (Baton Rouge: Louisiana State University Press, 1993), 10-11.

9. Winslow, *Conquest of Epidemic Disease*, 266.

10. Howard D. Kramer, "The Germ Theory and the Public Health Program in the United States," *Bulletin of the History of Medicine* 22 (May/June 1948): 234-235.

11. J. K. Crellin, "The Dawn of the Germ Theory: Particles, Infection and Biology," in *Medicine and Science in the 1860s*, ed. F. N. L. Poynter (London: Wellcome Institute of the History of Medicine, 1968), 57-67, 71-74; J. K. Crellin, "Airborne Particles and the Germ Theory: 1860-1880," *Annals of Science* 22 (Mar. 1966): 49, 52, 56-57; Mazyek P. Ravenel, ed., *A Half Century of Public Health* (New York: APHA, 1921), 66-67; Erwin H. Ackernecht, "Anticontagionism between 1821 and 1867," *Bulletin of the History of Medicine* 22 (Sept. /Oct. 1948): 567-568, 575-578, 580-582, 587-589.

12. Howard D. Kramer, "The Beginnings of the Public Health Movement in the United States," *Bulletin of the History of Medicine* 21 (May/June 1947): 354.

13. Schultz, *Constructing Urban Culture*, 132-133.

14. C. E. A. Winslow, introduction to Lemuel Shattuck, *Report of the Sanitary Commission of Massachusetts, 1850*, (Cambridge, Mass.: Harvard University Press, 1948), 237; Duffy, *Sanitarians*, 96-97, 137; Ellis, *Yellow Fever and Public Health*, 7.

15. Charles E. Rosenberg, *Explaining Epidemics and Other Studies in the History of Medicine* (New York: Cambridge University Press, 1992), 126-127.   276

16. Schultz, *Constructing Urban Culture*, 137.

17. Barbara Gutmann Rosenkrantz, *Public Health and the State* (Cambridge, Mass.: Harvard University Press, 1972), *16*, 19-20.

18. Winslow, introduction, vi-vii; Hanlon, *Principles of Public Health Administration*, 49-50; Schultz, *Constructing Urban Culture*, 131-132; Rosenkrantz, *Public Health and the State*, 14-23.

19. Kramer, "Beginnings of the Public Health Movement," 362; Hugo Muench, "Lemuel Shattauck—Still a Prophet: The Vitality of Vital Statistics," *AJPH* 39 (Feb. 1949): 152; Rosenkrantz, *Public Health and the State*, 31; Shattuck, *Report of the Sanitary Commission of Massachusetts*, 301-302.

20. Shattuck, *Report of the Sanitary Commission of Massachusetts*, vii-ix, 109; Blake, "Origins of Public Health," 1539; Hanlon, *Principles of Public Health Administration*, 50-51; Kilbourne and Smillie, *Human Ecology and Public Health*, 115; Abel Wol-

man, "Lemuel Shattuck—Still a Prophet: Sanitation of Yesterday—But What of Tomorrow?" *AJPH* 39 (Feb. 1949): 145; C. E. A. Winslow, "Lemuel Shattuck—Still a Prophet: The Message of Lemuel Shattuck for 1948," *AJPH* 39 (Fall 1949): 158; Rosen, *History of Public Health*, 241-243.

21. Hanlon, *Principles of Public Health Administration*, 29, 51; Rosenkrantz, *Public Health and the State*, 36.

22. Duffy, *Sanitarians*, 99.

23. Kramer, "Beginnings of the Public Health Movement," 362-363.

24. 同上, 370-371; John Duffy, "The American Medical Profession and Public Health," *Bulletin of the History of Medicine* 53 (Spring 1979): 2; Duffy, *Sanitarians*, 102-8; Henry I. Bowditch, *Public Hygiene in America* (Boston, 1877), 35; Schultz, *Constructing Urban Culture*, 144-146。

25. Harold M. Hyman, *A More Perfect Union* (New York: Knopf, 1973), 320-322, 331-336.

26. Citizens' Association of New York, *Report of the Council of Hygiene and Public Health of the Citizens' Association of New York, upon the Sanitary Condition of the City* (New York, 1866), cxlii-cxliii.

27. Ellis, *Yellow Fever and Public Health*, 9-12, 35-36.

28. Rosen, *History of Public Health*, 244-248; Gert H. Brieger, "Sanitary Reform in New York City," in *Sickness and Health in America*, ed. Judith Walzer Leavitt and Ronald L. Numbers (Madison: University of Wisconsin Press, 1985), 408; Blake, "Origins of Public Health," 1540; Duffy, "American Medical Profession," 3; Duffy, *Sanitarians*, 120; Schultz, *Constructing Urban Culture*, 121.

29. Rosenkrantz, *Public Health and the State*, 1, 37-73.

30. Hanlon, *Principles of Public Health Administration*, 49.

31. Sam Bass Warner Jr., "Public Health Reform and the Depression of 1873-1878," *Bulletin of the History of Medicine* 29 (Nov./Dec. 1955): 512-513; Kilbourne and Smillie, *Human Ecology and Public Health*, 115; Duffy, *Sanitarians*, 130-132.

32. 参见 Ellis, *Yellow Fever and Public Health*, 可获得对这个问题的彻底论述。

33. Warner, "Public Health Reform," 504, 515-516.

34. Kramer, "Germ Theory," 235-236.

35. Terry S. Reynolds, "The Engineer in Nineteenth-Century America," in Reynolds, *Engineer in America*, 15-17.

36. 同上; 19-20, 23-24; Melosi, *Garbage in the Cities*, 78-79; Anderson, "Diffusion of Technology," 30-33。

277

37. Reynolds, "Engineer in Nineteenth-Century America," 25.

38. Joel A. Tarr, "Bringing Technology to the Cities," 未发表论文, 5.

39. Stuart Galishoff, *Newark* (New Brunswick, N. J.: Rutgers University Press, 1988), 16-17, 66-67; David R. Goldfield, "The Business of Health Planning," *Journal of Southern History* 42 (Nov. 1978): 557-570; Harriet E. Amos, *Cotton City* (Tuscaloosa: University of Alabama Press, 1985), 136-137.

40. 参见 Alan I. Marcus, *Plague of Strangers* (Columbus: Ohio State University Press, 1991)。

41. Kenneth Fox, *Better City Government* (Philadelphia: Temple University Press, 1977), 5-16; Griffith and Adrian, *History of American City Government*, 91-92, 133-138; Maury Klein and Harvey A. Kantor, *Prisoners of Progress* (New York: Macmillan, 1976), 338-364.

42. Chudacoff and Smith, *Evolution of American Urban Society*, 165-166.

43. Philip J. Ethington, *The Public City* (New York: Cambridge University Press, 1994), 24, 26-27; M. Craig Brown and Charles N. Halaby, "Machine Politics in America, 1870-1945," *Journal of Interdisciplinary History* 7 (Winter 1987): 587-588, 609-611; M. Craig Brown, "Bosses, Reform, and the Socioeconomic Bases of Urban Expenditure, 1890–1940," in *The Politics of Urban Fiscal Policy*, ed. Terrence J. McDonald and Sally K. Ward (Beverly Hills, Calif,: Sage, 1984), 69-70.

第四章　纯净与充沛

1. Waterman, *Elements of Water Supply Engineering*, 6.

2. Anderson, "Diffusion of Technology," 102-104, 117; Anderson, "Hard Choices," 218; Tarr, "Evolution of the Urban Infrastructure," 30-31.

3. Griffith and Adrian, *History of American City Government*, 198-217.

4. Goldfield and Brownell, *Urban America*, 151-152.

5. McMahon, "Makeshift Technology," 30-33.

6. Alexander B. Callow Jr., *The Tweed Ring* (New York: Oxford University Press, 1965), 195.

7. M. N. Baker, "Public and Private Ownership of Water-Works," *Outlook*, May 7, 1898, 79.

8. Anderson, "Diffusion of Technology," 108.

9. Blake, *Water for the Cities*, 44-62, 101-120; LaNier, "Municipal Water Systems," 174-175; Myers, "History of Public Franchises," 85-87.

10. Blake, *Water for the Cities*, 172-98; LaNier, "Municipal Water Systems," 174; Blake, "Lemuel Shattuck," 554-562.

11. Nesson, *Great Waters*, 6-12.

12. Blake, *Water for the Cities*, 219.

13. O'Connell, "Chicago's Quest for Pure Water," 1-3; W. W. DeBerard, "Expansion of the Chicago, Ill., Water Supply," *Transactions of the ASCE CT* (1953): 588-593; LaNier, "Municipal Water Systems," 176.

278　14. Wade, *Urban Frontier*, 297; LaNier, "Municipal Water Systems," 176; Black, "Construction and Reconstruction of Compton Hill Reservoir," 4-8.

15. George C. Andrews, "The Buffalo Water Works," *JAWWA* 17 (Mar. 1927): 280; "History of the Buffalo Water Works," *Engineering Record* 38 (Sept. 24, 1898): 363-364.

16. Bruce Jordan, "Origins of the Milwaukee Water Works," *Milwaukee History* 9 (Spring 1986): 2-5; Elmer W. Becker, *A Century of Milwaukee Water* (Milwaukee: Milwaukee Water Works, 1974), 1-3.

17. John Ellis and Stuart Galishoff, "Atlanta's Water Supply, 1865-1918," *Maryland Historian* 8 (Spring 1977): 6-7; Ellis, *Yellow Fever and Public Health*, 29, 142; William Wright Sorrels, *Memphis' Greatest Debate* (Memphis, Tenn,: Memphis State University Press, 1970), 15-24.

18. Louis P. Cain, *Sanitation Strategy for a Lakefront Metropolis* (De Kalb: Northern Illinois University Press, 1978), 37-51; DeBerard, "Expansion of the Chicago, Ill., Water Supply," 593-597; Frank J. Piehl, "Chicago's Early Fight to 'Save Our Lake,'" *Chicago History* 5 (Winter 1976-77): 223-224; Samuel N. Karrick, "'Protecting Chicago's Water Supply," *Civil Engineering* 9 (Sept. 1939): 547-548; John Ericson, *The Water Supply System of Chicago* (Chicago: Barnard and Miller, 1924), 11-13.

19. Larry D. Lankton, "1842," *Civil Engineering* 47 (Oct. 1977): 93-94.

20. 同上, 95-96; Galishoff, "Triumph and Failure," 36。

21. Lankton, "1842," 90.

22. Eugene P. Moehring, *Public Works and the Patterns of Urban Real Estate Growth in Manhattan*, 1835-1894 (New York: Arno Press, 1981), 31-32, 44-45, 47, 50.

23. Blake, *Water for the Cities*, 199-218; Nesson, *Great Waters*, 11-12; William R. Hutton, "The Washington Aqueduct, 1853-1898," *Engineering Record* 40 (July 29, 1899): 190-193.

24. Cited in Blake, "Origins of Public Health," 1541.

25. Galishoff, "Triumph and Failure," 37-38; Michael P. McCarthy, *Typhoid and*

the Politics of Public Health in Nineteenth-Century Philadelphia (Philadelphia: American Philosophical Society, 1987), 1.

26. William P. Mason, *Water-Supply* (New York: John Wiley and Sons, 1897), 466.

27. "Community Water Supply," 236; Baker, "Sketch of the History of Water Treatment," 906-8; George E. Symons, "History of Water Supply 1850 to Present," *Water and Sewage Works* 100 (May 1953): 191; Baker, *Quest for Pure Water*, 127.

28. Baker, "Sketch of the History of Water Treatment," 908-910; Eddy, "Water Purification," 83; Baker, *Quest for Pure Water*, 133, 135.

29. George C. Whipple, "Fifty Years of Water Purification," in Ravenel, *Half Century of Public Health*, 163; Baker, *Quest for Pure Water*, 148.

30. J. Leland FitzGerald, "Comparison of Water Supply Systems from a Financial Point of View," *Transactions of the ASCE 24* (Apr. 1891): 252-256.

31. Armstrong et al., *History of Public Works*, 232-233; Stearns, "Development of Water Supplies," 455; Turneaure and Russell, *Public Water-Supplies* (1911), 7-8; Goubert, *Conquest of Water*, 56-58; Anderson, "Diffusion of Technology," 10-14; Allen Hazen, "Public Water Supplies," *Engineering News-Record* 92 (Apr. 17, 1924): 696; 279 John W. Alvord, "Recent Progress and Tendencies in Municipal Water Supply in the United States," *JAWWA* 4 (Sept. 1917): 291-292.

32. Warner, *Urban Wilderness*, 202.

33. Wade, *Urban Frontier*, 294-295; O'Connell, "Chicago's Quest for Pure Water," 3; Tarr, "Evolution of the Urban Infrastructure," 14; Tarr et al., "Development and Impact," 60.

第五章　地下管网

1. sGerhard, *Sanitation and Sanitary Engineering*, 99.

2. Warner, "Public Health Reform," 507.

3. Edward K. Spann, *The New Metropolis* (New York: Columbia University Press, 1981), 133.

4. Metcalf and Eddy, *American Sewerage Practice*, vol. 1, 15.

5. Joel A. Tarr and Francis Clay McMichael, "Decisions about Wastewater Technology: 1850-1932," *Journal of the Water Resources Planning and Management Division* (May 1977): 48-51; Joel A. Tarr and Francis Clay McMichael, "Historic Turning Points in Municipal Water Supply and Wastewater Disposal, 1850-1932," *Civil Engineering—ASCE*

47（Oct. 1977）: 82-83.

　　6. 参见 Tarr and McMichael, "Historic Turning Points," 83。

　　7. J. B. White, *The Design of Sewers and Sewage Treatment Works*（London: Edward Arnold, 1970）, 3.

　　8. Joel A. Tarr, "The Separate vs. Combined Sewer Problem," *Journal of Urban History* 5（May 1979）: 312.

　　9. Tarr and McMichael, "Decisions about Wastewater Technology," 52.

　　10. Metcalf and Eddy, *American Sewerage Practice*, vol. 1, 24.

　　11. Jon A. Peterson, "The Impact of Sanitary Reform upon American Urban Planning, 1840-1890," *Journal of Social History* 13（Fall 1979）: 88; Gerhard, *Sanitation and Sanitary Engineering*, 102-103; Harrison P. Eddy, "Sewerage and Sewage Disposal," *Engineering News-Record* 92（Apr. 17, 1924）: 693; Metcalf and Eddy, *American Sewerage Practice*, vol. 1, 21; Charles Gilman Hyde, "A Review of Progress in Sewage Treatment during the Past Fifty Years in the United States," in *Modern Sewage Disposal*, ed. Langdon Pearse（New York: Federation of Sewage and Industrial Waste Associations, 1938）, 1.

　　12. Brooklyn, Board of Water Commissioners, *The Brooklyn Water Works and Sewers, a Descriptive Memoir*（New York, 1867）, 71-72.

　　13. 同上。

　　14. Morris M. Cohn, *Sewers for Growing America*（Ambler, Pa.: Certain-teed, 1966）, 46-47.

　　15. City of Boston, *Sewage of Boston*（1876）, 1-2.

　　16. 同上, 4, 7。

　　17. Eliot C. Clarke, *Main Drainage Works of the City of Boston*（Boston, 1885）, 12-15. 参见 William A. Newman and Wilfred E. Holton, *Boston's Back Bay*（Boston: Northeastern University Press, 2006）。

　　18. Metcalf and Eddy, *American Sewerage Practice*, vol. 1, 15; Eddy, "Sewerage and Sewage Disposal," 693; Clarke, *Main Drainage Works*, 16; Warner, "Public Health Reform," 508.

280　　19. Robin L. Einhorn, *Property Rules*（Chicago: University of Chicago Press, 1991）, 137-138.

　　20. Chicago, Bureau of Engineering, Department of Public Works, *A Century of Progress in Water Works, 1833-1933*（Chicago: Department of Public Works, 1933）, 7; Louis P. Cain, "Raising and Watering a City: Ellis Sylvester Chesbrough and Chicago's First Sanitation System," *Technology and Culture* 13（July 1972）: 354-356.

21. Cain, "Raising and Watering a City," 353-354, 356.

22. 在 1871 年之前，为了防止废弃物进入供水系统，芝加哥河的水流被调转了方向，但 1879 年的反常大雨迫使芝加哥尝试通过开发一条运河来加强污染问题控制。参见 Louis P. Cain, "The Creation of Chicago's Sanitary District and Construction of the Sanitary and Ship Canal," *Chicago History* 8（Summer 1979）: 98-110; Cain, "Raising and Watering a City," 358-359; Karrick, "Protecting Chicago's Water Supply," 547-548。

23. George C. D. Lenth, "The Chicago Sewer System," *Journal of the Western Society of Engineers* 28（Apr. 1923）: 103; C. D. Hill, "The Sewage Disposal Problem in Chicago," *A JPH* 8（Nov. 1918）: 834; Einhorn, *Property Rules*, 139.

24. Piehl, "Chicago's Early Fight," 225.

25. Cain, "Raising and Watering a City," 360-364.

26. 同上, 365。

27. Einhorn, *Property Rules*, 139-140.

28. Joanne Abel Goldman, *Building New Yoik's Sewers*（West Lafayette, Ind.: Purdue University Press, 1997）.

29. 参见 Ellis, *Yellow Fever and Public Health*, 142; Rabinowitz, *Race Relations*, 122-123。

30. Moehring, *Public Works*, 317-322.

31. Metcalf and Eddy, *American Sewerage Practice*, vol. 1, 29; Leonard Metcalf and Harrison P. Eddy, *American Sewerage Practice*, vol. 2（New York: McGraw-Hill, 1915）, 8; Eddy, "Sewerage and Sewage Disposal," 693; Hyde, "Review of Progress in Sewage Treatment," 1-2; C. D. Hill, "The Sewerage System of Chicago," *Journal of the Western Society of Engineers* 16（Sept. 1911）: 566.

第六章　临近新公共卫生时代

1. Tarr and Dupuy, *Technology and the Rise of the Networked City*, xiv-xvi.

2. McKelvey, *American Urbanization*, 73, 104.

3. Ernest S. Griffith, *A History of American City Government: The Conspicuous Failure, 1870-1900*（Washington, D. C.: University Press of America, 1974）, 152; Miller and Melvin, *Urbanization of Modern America*, 72, 79; Chudacoff and Smith, *Evolution of American Urban Society*, 90.

4. Chudacoff and Smith, *Evolution of American Urban Society*, 105-107; Ernest S. Griffith, *A History of American City Government: The Progressive Years and Their After-*

math, *1900-1920* (1974; reprint, Washington, D. C.: University Press of America, 1983), 5; Goldfield and Brownell, *Urban America*, 180.

5. Kenneth Finegold, *Experts and Politicians* (Princeton, N. J.: Princeton University Press, 1995), 3, 11-12.

281   6. Jon C. Teaford, *The Unheralded Triumph* (Baltimore: Johns Hopkins University Press, 1984), 30.

7. Finegold, *Experts and Politicians*, 13-22.

8. Morton Keller, *Regulating a New Society* (Cambridge, Mass.: Harvard University Press, 1994), 4.

9. 同上, 190-91; Goldfield and Brownell, *Urban America*, 230; William D. Miller, *Memphis during the Progressive Era*, 1900-1917 (Memphis: Memphis State University Press, 1957), 113.

10. Martin V. Melosi, "Battling Pollution in the Progressive Era," *Landscape* 26 (1982): 36-37.

11. Henry W. Webber, "Civic Pride in New York City," *Forum* 53 (June 1915): 731.

12. M. Christine Boyer, *Dreaming the Rational City* (Cambridge, Mass.: MIT Press, 1983), 17.

13. Teaford, *Unheralded Triumph*, 7.

14. Finegold, *Experts and Politicians*, 15.

15. Griffith, *Conspicuous Failure*, 215; Griffith, *Progressive Years*, 124; Charles N. Glaab and A. Theodore Brown, *A History of Urban America*, 2nd ed. (New York: Macmillan, 1976), 174-176.

16. Teaford, *Unheralded Triumph*, 105, 122; Griffith, *Progressive Years*, 124-125, 128.

17. Alan D. Anderson, *The Origin and Resolution of the Urban Crisis* (Baltimore: Johns Hopkins University Press, 1977), 9, 13.

18. Griffith, *Conspicuous Failure*, 163.

19. Anderson, *Origin and Resolution*, 10; Griffith, *Progressive Years*, 171-176.

20. Griffith, *Progressive Years*, 189.

21. 参见 Nancy Tomes, *The Gospel of Germs* (Cambridge, Mass.: Harvard University Press, 1998).

22. Crellin, "Dawn of the Germ Theory," 57-74.

23. Crellin, "Airborne Particles," 49, 52, 56-57, 59-60.

24. Hutt and Thompson, *Principles and Practices of Preventive Medicine*, 13-14; Carl

E. McCombs, *City Health Administration* (New York: Macmillan, 1927), 6; Kramer, "Germ Theory," 234, 241; Ravenel, *Half Century of Public Health*, 69-71, 78; Duffy, *Sanitarians*, 193.

25. Kilbourne and Smillie, *Human Ecology and Public Health*, 116; Nancy Tomes, "The Private Side of Public Health," *Bulletin of the History of Medicine* 64 (Winter 1990): 509-539; Hibbert Winslow Hill, *The New Public Health* (1916; reprint, New York: Arno, 1977), 8-13.

26. Ernest McCullough, *Engineering Work in Towns and Small Cities* (Chicago: Technical Book Agency, 1906), 62.

27. Charles V. Chapin, "Sanitation in Providence," *Proceedings of the Providence Conference for Good Government and the 13th Annual Meeting of the National Municipal League* (Nov. 19-22, 1907), 325-326.

28. George C. Whipple, "Sanitation—Its Relation to Health and Life," *Transactions of the ASCE* 88 (1925): 94.

29. 同上, 95。

30. George M. Price, *Handbook on Sanitation*, 2nd ed. (New York: John Wiley and Sons, 1905), 241; Barbara Gutmann Rosenkrantz, "Cart before Horse," *Journal of the History of Medicine and Allied Sciences* 29 (Jan. 1974): 62; Milton Terris, "Evolution of Public Health and Preventive Medicine in the United States," *AJPH* 65 (Feb. 1975): 165; Duffy, "American Medical Profession," 7, 16; Duffy, *Sanitarians*, 196-197; James G. Burrow, *Organized Medicine in the Progressive Era* (Baltimore: Johns Hopkins University Press, 1977), 88-89.

31. Blake, "Origins of Public Health," 1547-1548; Duffy, *Sanitarians*, 205.

32. 参见 Galishoff, *Newark*, 103; John Duffy, *A History of Public Health in New York City*, 1866-1966 (New York: Russell Sage Foundation, 1974), 191; Carl V. Harris, *Political Power in Birmingham*, 1871-1921 (Knoxville: University of Tennessee Press, 1977), 155-156, 238-239; Judith Walzer Leavitt, *The Healthiest City* (Princeton, N. J.: Princeton University Press, 1982), 35, 263; Joy J. Jackson, *New Orleans in the Gilded Age* (Baton Rouge: Louisiana State University Press, 1969), 183; Don H. Doyle, *Nashville in the New South*, 1880-1930 (Knoxville: University of Tennessee Press, 1985), 86; Don H. Doyle, *New Men*, *New Cities*, *New South* (Chapel Hill: University of North Carolina Press, 1990), 280-281。

33. Kilbourne and Smillie, *Human Ecology and Public Health*, 115; Blake, "Origins of Public Health," 1545-1547; Duffy, *Sanitarians*, 194, 201-202.

34. Duffy, *Sanitarians*, 239; Hanlon, *Principles of Public Health Administration*, 53-

282

54; Manfred Waserman, "The Quest for a National Health Department in the Progressive Era," *Bulletin of the History of Medicine* 49 (Fall 1975): 355-357; Burrow, *Organized Medicine in the Progressive Era*, 100-102; Kilbourne and Smillie, *Human Ecology and Public Health*, 18; Ralph Chester Williams, *The United States Public Health Service*, 1798-1950 (Washington, D. C.: Commissioned Officers Association of the USPHS, 1951), 441-442; Alfred Crosby, *America's Forgotten Pandemic* (1989; reprint, Cambridge: Cambridge University Press, 2003).

35. Reynolds, *Engineer in America*, 25-26, 169, 173-174, 178; David Noble, *America by Design* (New York: Knopf, 1977), 38-39; Schultz, *Constructing Urban Culture*, 187-189; Goldfield and Brownell, *Urban America*, 245.

36. Noble, *America by Design*, 44.

37. Edwin T. Layton Jr., *The Revolt of the Engineers* (1971; reprint, Baltimore: Johns Hopkins University Press, 1986), vii.

38. Stanley K. Schultz and Clay McShane, "To Engineer the Metropolis" *Journal of American History* 65 (Sept. 1978): 389-411.

39. "The Sanitary Engineer," *Scientific American*, Feb. 16 1918, 142.

40. "The Sanitary Engineer—A New Social Profession," *Chanties and the Commons* (*The Survey*) 16 (June 2, 1906): 286.

41. Gerhard, *Sanitation and Sanitary Engineering*, 58-59.

42. Melosi, *Garbage in the Cities*, 73-79; Pratt, "Industrial Need of Technically Trained Men," 150; Whipple, "Training of Sanitary Engineers," 803; W. B. Bizzell, "Sanitary Engineering as a Career," *AJPH* 15 (June 1925): 510; Abel Wolman, "Contributions of Engineering to Health Advancement," *Transactions of the ASCE CT* (1953): 583-584.

43. Mansfield Merriman, *Elements of Sanitary Engineering*, 2nd ed. (New York, 1899), 7.

283 **第七章　成为市政公用事业的供水服务**

1. Waterman, *Elements of Water Supply Engineering*, 6.

2. Tarr, "Evolution of the Urban Infrastructure," 14.

3. Hill, "Cincinnati Water Works," 56-60; Baldwin, "Development of Cincinnati's Water Supply," 321-323; C. R. Hebble, "A Few Interesting Things about the Cincinnati Water-Works," *American City* 2 (May 1915): 381-383; "Progress on the New Water-Works for Cincinnati, O.," *Engineering News* 40 (Dec. 8, 1898): 354; DeBerard, "Ex-

pansion of the Chicago, Ill., Water Supply," 593-597; Morris Knowles et al., "Lawrence Water Supply—Investigations and Construction," *Journal of the New England Water Works Association* 39 (Dec. 1925): 346-355; Terry S. Reynolds, "Cisterns and Fires: Shreveport, Louisiana, as a Case Study of the Emergence of Public Water Supply Systems in the South," *Louisiana History* 22 (Fall 1981): 348-366.

4. Tarr, "Evolution of the Urban Infrastructure," 26; Ellis and Galishoff, "Atlanta's Water Supply," 5-22.

5. Cornelius C. Vermeule, "New Jersey's Experience with State Regulation of Public Water Supplies," *American City* 16 (June 1917): 602.

6. Griffith, *Progressive Years*, 86-87; Maureen Ogle, "Redefining 'Public' Water Supplies, 1870-1890," *Annals of Iowa* 50 (Spring 1990): 507-530; Gregg R. Hennessey, "The Politics of Water in San Diego, 1895-1897," *Journal of San Diego History* 24 (Summer 1978): 367-383.

7. Committee on Municipal Administration, "Evolution of the City," *Municipal Affairs* 2 (Sept. 1898): 726-727; Griffith, *Conspicuous Failure*, 180; Anderson, "Diffusion of Technology," 106.

8. *The Manual of American Water-Works* (New York, 1897), f-g.

9. Anderson, "Diffusion of Technology," 106, 108 112; Tarr, "Evolution of the Urban Infrastructure," 26, 30; Baker, "Public and Private Ownership," 78.

10. Anderson, "Diffusion of Technology" 122; Henry C. Hodgkins, "Franchises of Public Utilities as They Were and as They Are," *JAWWA* 2 (Dec. 1915): 743.

11. Anderson, "Diffusion of Technology," 115, 119, 121.

12. Myers, "History of Public Franchises," 88-91.

13. Todd A. Shallat, "Fresno's Water Rivalry," *Essays in Public Works History* 8 (1979): 9-13.

14. A. S. Baldwin, "Shall San Francisco Municipalize Its Water Supply?" *Municipal Affairs* (June 1900): 317-328; Clyde Arbuckle, *History of San Jose* (San Jose, Calif.: Memorabilia of San Jose, 1986), 301, 486-487, 501-509.

15. "The Recent History of Municipal Ownership in the United States," *Municipal Affairs* 6 (Winter 1902-3): 524, 529; Anderson, "Diffusion of Technology," 122-123; M. N. Baker, "Municipal Ownership and Operation of Water Works," *Annals of the American Academy* 57 (Jan. 1915): 281.

16. Anderson, "Diffusion of Technology," 123.

17. Baker, "Public and Private Ownership," 78.

18. Olivier Zunz, *The Changing Face of Inequality* (Chicago: University of Chicago

Press, 1982), 118-119.

19. "The Relation of the Municipality to the Water Supply," *Annals of the American Academy* 30 (Nov. 1907): 557-592.

284   20. John Thomson, "A Memoir on Water Meters," *Transactions of the ASCE* 25 (July 1891): 40-65; Armstrong et al., *History of Public Works*, 234-235; Hazen, "Public Water Supplies," 697.

21. W. J. Chellew, "How Meters Promote Equity and Economy in the Distribution of Water," *American City* 6 (Apr. 1912): 665; Morris Knowles, "Equitable Water Rates the Result of Metering," *American City* 8 (Feb. 1913): 172.

22. "The Water-Supply of Cities," *North American Review* 136 (Apr. 1883): 373.

23. "Why Meter?" 522; C. J. Renner, "The Experience of a Small City with Water Meters and Water Rates," *American City* II (Dec. 1914): 474; Thomas H. Hooper, "Should Meters Be Owned and Controlled by the Municipality?" *American City* 20 (Feb. 1919): 183.

24. "Consumption of Water and Use of Meters," 62-63; "Water-Supply Statistics of Metered Cities," *American City* 23 (Dec. 1920): 614-620, and 24 (Jan. 1921): 42-49.

25. Armstrong et al. *History of Public Works*, 222-224; Edward Wegmann, *The Water-Supply of the City of New York*, 1658-1895 (New York, 1896), 90; M. N. Baker, "Water Supply of Greater New York," *Municipal Affairs* 4 (Sept. 1900): 486- 505; "The New Water Supply for New York City," *Scientific American*, Mar. 24, 1906, 250; William W. Brush, "City Aqueduct to Deliver Catskill Water Supply to the Five Boroughs of Greater New York," *Proceedings of the Brooklyn Engineers' Club* 95 (Jan. 1911): 76-114; Percey C. Barney, "Catskill Water System of New York City," *Proceedings of the Brooklyn Engineers' Club* 94 (Jan. 1911): 51-75.

26. William L. Kahrl, *Water and Power* (Berkeley: University of California Press, 1982); Abraham Hoffman, *Vision or Villainy* (College Station: Texas A&M University Press, 1981); Catherine Mulholland, *William Mulholland and the Rise of Los Angeles* (Berkeley: University of California Press, 2000).

27. Remi Nadeau, "The Water War," *American Heritage* 13 (Dec. 1961): 31-35, 103-107; William L. Kahrl, "The Politics of California Water," *California Historical Quarterly* 55 (Spring/Summer 1976): 98-119.

28. Nesson, *Great Waters*, 76-77; J. K. Finch, "A Hundred Years of American Civil Engineering, 1852-1952," *Transactions of the ASCE CT* (1952): 93; Willis J. Milner, "Some Difficulties in Obtaining a Water Supply," *City Government* 6 (May 1899): 105; "Mount Ayr, Iowa, Water Supply," *American Municipalities* 29 (Apr. 1915): 20-21.

29. "Water-Supply Statistics of Metered Cities," (Dec. 1920): 614-620, and (Jan. 1921): 41-49; Perry Hopkins, "Origin and Growth of Public Water-Supply: Part II," *American City* 36 (Jan. 1927): 51.

30. Alvord, "Recent Progress and Tendencies," 291; F. A. Barbour, "Leakage from Pipe Joints," *American City* 15 (Dec. 1916): 660-662; "The Use and Waste of Water," *Engineering Record* 42 (Sept, 1, 1900): 196-198.

31. Waterman, *Elements of Water Supply Engineering*, 254; Anderson, "Diffusion of Technology," 150; Tarr, "Evolution of the Urban Infrastructure," 32; Hazen, "Public Water Supplies," 695-696; Alvord, "Recent Progress and Tenden- cies," 288-297; Griffith, *Progressive Years*, 179; Babbitt and Doland, *Water Supply Engineering*, 6; H. M. Blomquist, "The Planning of Water-Works for Fire Protection," *American City* 21 (Sept. 1919): 242; George W. Booth, "Water Distribution Systems in Relation to Fire Protection," *American City* 14 (June 1916): 593-597.

32. LaNier, "Municipal Water Systems," 178; "Present Tendencies in Waterworks Practice," *Engineering News* 37 (Apr. 15, 1897): 233; J. F. Springer, "Water Pipes of Wood," *Scientific American*, Sept, 11, 1920, 250, 262, 264; Hazen, "Public Water Supplies," 696; Alvord, "Recent Progress and Tendencies," 291-292; Armstrong et al., *History of Public Works*, 233.

33. Amory Prescott Folwell, *Water-Supply Engineering* (New York: John Wiley and Sons, 1903), 45.

34. P. H. Norcross, "Water-Works Extensions and Improvements," *American City* 23 (Aug. 1920): 209; Mary McWilliams, *Seattle Water Department History*, 1854-1954 (Seattle: City of Seattle, 1955), 103.

35. "Assessing Cost of Extensions in a Municipally-Owned Water-Works Plant," *American City* 12 (June 1915): 491-492.

36. Winfred D. Hubbard and Wynkoop Kiersted, *Water-Works Management and Maintenance* (New York: John Wiley and Sons, 1907), 366-376; E. Kuichling, "The Financial Management of Water-Works," *Transactions of the ASCE* 38 (Dec. 1897): 1-40; "Assessing Cost of Extensions," 491-492.

37. R. E. McDonnell, "The Value of Pure Water Supply," *American Municipalities* 27 (June 1914): 70.

38. George C. Whipple, "Clean Water as a Municipal Asset," *American City* 4 (Apr. 1911): 162.

39. Gilbert H. Grosvenor, "The New Method of Purifying Water," *Century Magazine* 69 (Dec. 1904): 208.

285

40. Turneaure and Russell, *Public Water-Supplies* (1911), 122-125; Whipple, "Clean Water as a Municipal Asset," 161.

41. Turneaure and Russell, *Public Water-Supplies* (1911), 125-131.

42. George C. Whipple, "Municipal Water-Works Laboratories," *Popular Science Monthly* 58 (Dec. 1900): 172-175.

43. AWWA, *Water Quality and Treatment*, 2nd ed. (New York: AWWA, 1951), 30-31; Whipple, "Municipal Water-Works Laboratories," 174-182.

44. "Typhoid Fever and Water Supply in 66 American and Foreign Cities," *Engineering News* 35 (May 21, 1896): 336.

45. Rosenkrantz, *Public Health and the State*, 104-105.

46. Allen Hazen, *The Filtration of Public Water-Supplies* (New York: John Wiley and Sons, 1905); Allen Hazen, *Clean Water and How to Get It* (New York: John Wiley and Sons, 1914), 73-88; John W. Hill, *The Purification of Public Water Supplies* (New York: D. Van Nostrand, 1898), 255-266; George C. Whipple, "History of Water Purification," *Transactions of the ASCE* 85 (1922): 476-481; Eddy, "Water Purification," 83-84; Rudolph Hering, "Water Purification," *Journal of the Franklin Institute* 139 (Feb. 1895): 135-144, and 140 (Mar. 1895): 215-224.

47. Baker, "Sketch of the History of Water Treatment," 902-938.

48. 参见 Symons, "History of Water Supply," 191-194。

49. Baker, "Sketch of the History of Water Treatment," 911.

50. Baker, *Quest for Pure Water*, 179; Baker, "Sketch of the History of Water Treatment," 916; Turneaure and Russell, *Public Water-Supplies* (1911), 432-434, 502-503; Fuller, "Progress in Water Purification," 1568; Hazen, "Public Water Supplies," 696.

51. Symons, "History of Water Supply," 191-194; Baker, "Sketch of the History of Water Treatment," 916-917; "Present Tendencies in Water-Works Practice," 233; Alvord, "Recent Progress and Tendencies," 284-285; Edwin O. Jordan, "The Purification of Water Supplies," *Scientific American Supplement*, June 24, 1916, 406-407.

52. Turneaure and Russell, *Public Water-Supplies* (1948), 124-126; Hazen, *Filtration of Public Water-Supplies*, 1-2; Floyd Davis, "Impure Water and Public Health," *Engineering Magazine* 2 (Dec. 1891): 362; William T. Sedgwick, "Water Supply Sanitation in the Nineteenth Century and in the Twentieth," *Journal of the New England Water Works Association* 30 (June 1916): 185-186.

53. Galishoff, "Triumph and Failure," 44; Baker, *Quest for Pure Water*, 139-140; Baker, "Sketch of the History of Water Treatment," 915; Fuller, "Progress in Water Pu-

286

rificatioiy ，" 1569，1570.

54. Turneaure and Russell, *Public Water-Supplies* (1911), 506-511; James H. Fuertes, *Water Filtration Works* (New York: John Wiley and Sons, 1904), 246-255.

55. "Golden Decade for Philadelphia Water," 37.

56. William P. Mason, "Sanitary Problems Connected with Municipal Water Supply," *Journal of the Franklin Institute* 143 (May 1897): 354; Waterman, *Elements of Water Supply Engineering*, 38-39; McDonnell, "Value of Pure Water Supply," 70; Whipple, "Clean Water as a Municipal Asset," 161; Davis, "Impure Water and Public Health," 362; George A. Johnson, "The High Cost of Sanitary Ignorance," *American City* 14 (June 1916): 586.

57. AWWA, *Water Chlorination* (New York: AWWA, 1973), 3-4; N. J. Howard, "Twenty Years of Chlorination of Public Water-Supplies," *American City* 36 (June 1927): 791-794; Morris M. Cohn, "Chlorination of Water," *Municipal Sanitation* 2 (July 1931): 333-334; "Is the Chlorination of Water-Supplies Worth While?" *American City* 20 (June 1919): 524-525; George W. Fuller, "The Influence of Sanitary Engineering on Public Health," *AJPH* 12 (Jan. 1922): 16; Fuller, "Water-Works," 1601.

58. "Water-Supply Statistics of Metered Cities," (Dec. 1920): 613-620.

59. Symons, "History of Water Supply," 191-994; Baker, "Sketch of the History of Water Treatment," 919-921; Baker, *Quest for Pure Water*, 346-349; Fuller, "Progress in Water Purification," 1572; Alvord, "Recent Progress and Tendencies," 287-288; Jennings, "Uses and Accomplishments of Chlorine Compounds," 296-297; Turneaure and Russell, *Public Water-Supplies* (1948), 127; Francis E. Longley, "Present Status of Disinfection of Water Supplies," *JAWW A* 2 (Dec. 1915): 680-686; Joseph W. Ellms, "Disinfection of Public Water Supplies," *American City* 9 (Dec. 1913): 564-568.

60. Alvord, "Recent Progress and Tendencies," 283-284; Symons, "History of Water Supply," 191-94; Baker, "Sketch of the History of Water Treatment," 922-924; Baker, *Quest for Pure Water*, 253-264.

61. 1920 年，在人口超过 10 万的城市中，伤寒造成的死亡率大约是农村和城市人口合计死亡率的一半。参见 Turneaure and Russell, *Public Water-Supplies* (1948), 132。

62. Alvord, "Recent Progress and Tendencies," 283; Turneaure and Russell, *Public Water-Supplies* (1948), 423; Waterman, *Elements of Water Supply Engineering*, 32-33.

63. Marshall O. Leighton, "Industrial Wastes and Their Sanitary Significance," 287 *Public Health: Papers and Reports* 31 (1906): 29; "Progress Report of Committee on Industrial Wastes in Relation to Water Supply," *JAWWA* 10 (May 1923): 415; Melosi,

"Hazardous Waste and Environmental Liability," 753; Joel A. Tarr, "Historical Perspec-tives on Hazardous Wastes in the United States," *Waste Management and Resources* 3 (1985): 91; L. F. Warrick, "Relative Importance of Industrial Wastes in Stream Pollu-tion," *Civil Engineering* 3 (Sept. 1933): 495.

64. 生物需氧量（BOD）测量微生物用于分解有机废弃物所需的氧气。如果供水中有大量的有机废弃物，会出现相当多的细菌来分解这些废弃物。在这种情况下，对氧气的需求会很高，BOD 水平也会很高。随着废弃物被消耗或分散到水中，BOD 水平将下降。参见 Bess Furman, *A Profile of the United States Public Health Service*, 1798-1948 (Bethesda, Md.: National Institute of Health, 1973), 295; Joel A. Tarr, "Industrial Wastes and Public Health," *AJPH* 75 (Sept. 1985): 1060。

65. Tarr, "Industrial Wastes and Public Health," 1060.

66. W. P. Mason, "Dangers of Sanitary Neglect at the Watersheds from Which Come Supplies of City Water," *Sanitarian* 38 (May 1897): 385-393; Philip P. Mick- lin, "Water Quality," in *Congress and the Environment*, ed. Richard A. Cooley and Geoffrey Wandesforde-Smith (Seattle: University of Washington Press, 1970), 131; Tarr, "Indus-trial Wastes and Public Health," 1059-1061; George W. Rafter, "Epidemic Water Pollu-tion," *Engineering Magazine* 1 (Apr. 1891): 156-167; E. B. Besselievre, "Statutory Regulation of Stream Pollution and the Common Law," *Transactions of the American Institute of Chemical Engineers* 16 (1924): 225; Joel A. Tarr and Charles Jacobson, "En-vironmental Risk in Historical Perspective," in *The Social and Cultural Construction of Risk*, ed. Branden B. Johnson and Vincent T. Covello (Boston: D. Reidel, 1987), 318; X. H. Goodnough, "Some Results of the Systematic Examination of the Water of Public Water Supplies," *Journal of the New England Water Works Association* 4 (Sept. 1899): 66; Edwin B. Goodell, *A Review of the Laws Forbidding Pollution of Inland Waters in the United States* (Washington, D. C.: GPO, 1905), 7-47; John Emerson Monger, "Admin-istrative Phases of Stream Pollution Control," *Journal of the APHA* 16 (Aug. 1926): 788; James A. Tobey, "Legal Aspects of the Industrial Wastes Problem," *Industrial and Engi-neering Chemistry* 31 (Nov. 10, 1939): 1322; Warrick, "Relative Importance of Industrial Wastes," 496.

第八章　管道两端的战斗

1. James B. Crooks, *Politics and Progress* (Baton Rouge: Louisiana State University Press, 1968), 132-133.

2. Joel A. Tarr, "Sewerage and the Development of the Networked City in the United

States, 1850-1930," in Tarr and Dupuy, *Technology and the Rise of the Networked City*, 169.

3. Carol Hoffecker, "Water and Sewage Works in Wilmington, Delaware, 1810-1910," *Essays in Public Works History* 12 (Chicago: Public Works Historical Society, 1981), 9; Henry W. Taylor, "A Privately Financed System of Sewers," *Engineering Record* 71 (Jan. 16, 1915): 79-80.

4. Frederick Moore, "The New Drainage and Sewerage System of New Orleans," *Scientific American*, Dec. 7, 1901, 564; "New Orleans: Drainage and Sewerage," *Sanitarian* 43 (Oct. 1899): 299-314; Advisory Board on Drainage, *Report on the Drainage of the City of New Orleans* (New Orleans, 1895); "The New Orleans Sewerage System," *American City* 19 (July 1918): 26-28.

5. Samuel W. Abbott, "The Past and Present Condition of Public Hygiene and State Medicine in the United States," *Monographs on American Social Economics* 19 (1900): 40-43; Pearse, *Modern Sewage Disposal*, 13.

6. Teaford, *Unheralded Triumph*, 219-220; Schultz, *Constructing Urban Culture*, 174; Tarr et al., "Development and Impact," 66-67.

7. John H. Ellis, "Memphis' Sanitary Revolution, 1880-1890," *Tennessee Historical Quarterly* 23 (Mar. 1964): 59-61; Lynette B. Wrenn, "The Memphis Sewer Experiment," *Tennessee Historical Quarterly* 44 (Fall 1985): 340; "American Sewerage Practice," in *Sewering the Cities*, ed. Barbara Gutmann Rosenkrantz (New York: Arno Press, 1977), 24.

8. Wrenn, "Memphis Sewer Experiment," 340; Ellis, "Memphis' Sanitary Revolution," 60; Sorrels, *Memphis' Greatest Debate*, 42.

9. G. B. Thornton, *The Death-Rate of Memphis* (Memphis, 1882), 4-5; Wrenn, "Memphis Sewer Experiment," 340-341.

10. Ellis, "Memphis' Sanitary Revolution," 62-65; U. S. Department of the Interior, Census Office, *Report on the Social Statistics of Cities*, *Tenth Census*, 1880, comp. George E. Waring Jr. (Washington, D. C., 1886), 144-145.

11. U. S. Department of the Interior, *Report on the Social Statistics of Cities*, 144-145.

12. 同上, 145; Wrenn, "Memphis Sewer Experiment," 343-344; Ellis, "Memphis' Sanitary Revolution," 65-66。

13. Wrenn, "Memphis Sewer Experiment," 342-345; U. S. Department of the Interior, *Report on the Social Statistics of Cities*, 146.

14. George Preston Brown, *Sewer-Gas and Its Dangers* (Chicago, 1881), 17.

15. Tarr and McMichael, "Decisions about Wastewater Technology," 52; Tarr, "Separate vs. Combined Sewer Problem," 315-318; Schultz and McShane, Engineer the Metropolis, 394; Schultz, *Constructing Urban Culture*, 167-169.

16. Cited in Sorrels, *Memphis' Greatest Debate*, 44-45.

17. Frederick S. Odell, "The Sewerage of Memphis," *Transactions of the ASCE* 216 (Feb. 1881): 26.

18. Ellis, "Memphis' Sanitary Revolution," 66; Wrenn, "Memphis Sewer Experiment," 345-346; John Lundie, *Report on the Water Works System of Memphis, Tenn.* (Memphis, 1898), 4.

19. Melosi, *Garbage in the Cities*, 44-48.

20. "American Sewerage Practice," 25.

21. Melosi, *Garbage in the Cities*, 47-49.

22. Metcalf and Eddy, *American Sewerage Practice*, vol. 1, 16.

23. Tarr, "Separate vs. Combined Sewer Problem," 317-330; Metcalf and Eddy, *American Sewerage Practice*, vol. 1, 26.

24. Henry N. Ogden, *Sewer Design* (New York: Wiley, 1913), 2-6, 8; Harrison P. 289 Eddy, "Use and Abuse of Systems of Separate Sewers and Storm Drains," *Proceedings of the ASMI* 28 (1922): 131; Staley and Pierson, *Separate System of Sewerage*, 38.

25. Tarr and McMichael, "Historic Turning Points," 84; Tarr, "Sewerage and the Development of the Networked City in the United States," 167.

26. Rudolph Hering, "Sewerage Systems," *Transactions of the ASCE* 230 (Nov. 1881): 362-363.

27. Sam Bass Warner Jr., *Streetcar Suburbs* (1962; reprint, Cambridge, Mass.: Harvard University Press, 1978), 30.

28. Charles C. Euchner, "The Politics of Urban Expansion," *Maryland Historical Magazine* 86 (Fall 1991): 270-287.

29. Harris, *Political Power in Birmingham*, 178-179; Zunz, *Changing Face of Inequality*, 114-116; Doyle, *Nashville in the New South*, 83, 86; Miller, *Memphis during the Progressive Era*, 67-68; Zane L. Miller, *Boss Cox's Cincinnati* (New York: Oxford University Press, 1968), 67.

30. Morris Knowles, "Keeping Boundary Waters from Pollution," *Survey* 33 (Dec. 19, 1914): 313.

31. Metcalf and Eddy, *American Sewerage Practice*, vol. 1, 32.

32. Rudolph Hering, "Sewers and Sewage Disposal," *Engineering Magazine* 8 (Mar. 1895): 1013.

33. Christopher Hamlin, *What Becomes of Pollution?* (New York: Garland, 1987), 1.

34. 同上, 2-3; Tarr, "Industrial Wastes and Public Health," 1060。

35. Whipple, "Principles of Sewage Disposal," 20.

36. "Sewage Treatment in Great Britain and Some Comparisons with Practice in the United States," *Engineering News* 52 (Oct. 6, 1904): 310-311; "British Practice in Sewage Disposal," *Engineering Record* 66 (Nov. 2, 1912): 496.

37. Hyde, "Review of Progress in Sewage Treatment," 3.

38. Pearse, *Modern Sewage Disposal*, 13.

39. Langdon Pearse, "The Dilution Factor," *Transactions of the ASCE* 85 (1922): 451; Metcalf and Eddy, *American Sewerage Practices*, vol. 1, 30-31; H. B. Hommon et al., "Treatment and Disposal of Sewage," *Public Health Reports* 35 (Jan. 16, 1920): 102-103; Hyde, "Review of Progress in Sewage Treatment," 3; Kinnicutt et al., *Sewage Disposal*, 60-61.

40. George W. Fuller, *Sewage Disposal* (New York: McGraw-Hill, 1912), 204-205, 225; E. Sherman Chase, "Progress in Sanitary Engineering in the United States," *Transactions of the ASCE CT* (1953): 562; Tarr, "Sewerage and the Development of the Networked City," 1701.

41. H. W. Streeter, "Disposal of Sewage in Inland Waterways," in Pearse, *Modern Sewage Disposal*, 192; Metcalf and Eddy, *American Sewerage Practice*, vol. 1, 30-31; Charles F. Mebus, "Sanitary Sewerage and Sewage Disposal," *American City* 3 (Oct. 1910): 167-171.

42. Leonard Metcalf and Harrison P. Eddy, *American Sewerage Practice*, vol. 3 (New York: McGraw-Hill, 1915), 40-42; Fuller and McClintock, *Solving Sewage Problems*, 19-21.

43. James E. Foster, "Water-Borne Disease and the Law," *Hygeia* 6 (June 1928): 319-321; John Wilson, "Legal Responsibility for a Pure Water-Supply" *American City* 21 (Sept. 1919): 237; Milton P. Adams, "River Pollution Relieved and Sewer System Ex- 290 panded," *Civil Engineering* 1 (Dec. 1931): 1370; Metcalf and Eddy, *American Sewerage Practice*, vol. 2, 31; Tarr et al., "Development and Impact," 70-71.

44. Tarr et al., "Development and Impact," 72; Tarr, "Industrial Wastes and Public Health," 1061; "The Pollution of Streams," *Engineering Record* 60 (Aug. 7, 1909): 157-159; Monger, "Administrative Phases of Stream Pollution Control," 788; Tobey, "Legal Aspects of the Industrial Wastes Problem," 1322; Warrick, "Relative Importance of Industrial Wastes," 496.

45. Tarr and McMichael, "Decisions about Wastewater Technology," 55; John E. Allen, "Sewage Treatment for Philadelphia," *Proceedings of the ASMI* 35 (1929): 221; George Peter Gregory, "A Study in Local Decision Making," *Western Pennsylvania Historical Magazine* 57 (Jan. 1974): 33, 42.

46. "Chicago Drainage Canal and the City of St. Louis," *Scientific American*, June 20, 1903, 464; O'Connell, "Chicago's Quest for Pure Water," 1, 5-15, 17, 69.

47. Hommon et al., "Treatment and Disposal of Sewage," 120-21; Joel A. Tarr, "From City to Farm: Urban Wastes and the American Farmer," *Agricultural History* 49 (Oct. 1975): 599, 607-610; Kinnicutt et al., *Sewage Disposal*, 205-207; Eddy, "Sewerage and Sewage Disposal," 694; Mary Taylor Bissell, *A Manual of Hygiene* (New York, 1894), 214; Hollis Godfrey, "City Water and City Waste," *Atlantic Monthly*, Sept. 1906, 380; C. E. A. Winslow, "The Scientific Disposal of City Sewage," *Technology Quarterly* 17 (Dec. 1905): 320.

48. Hommon et al., "Treatment and Disposal of Sewage," 117-118; Winslow, "Scientific Disposal of City Sewage," 321-323; Rudolph Hering, "New Method of Sewage Sludge Treatment," *AJPH* 2 (Feb. 1912): 113.

49. Morris M. Cohn, "Present Status of Sewage Treatment Reviewed by APHA," *Municipal Sanitation* 6 (Nov. 1935): 341; Bissell, *Manual of Hygiene*, 210; Hommon et al., "Treatment and Disposal of Sewage," 108.

50. Hamlin, "William Dibdin," 190.

51. 同上。

52. Winslow, "Scientific Disposal of City Sewage," 324-325; Kinnicutt et al., *Sewage Disposal*, 270-73; Metcalf and Eddy, *American Sewerage Practice*, vol. 2, 10-11; Hommon et al., "Treatment and Disposal of Sewage," 114-115.

53. Hommon et al., "Treatment and Disposal of Sewage," 115-116.

54. Metcalf and Eddy, *American Sewerage Practice*, vol. 2, 17-19; Fuller, *Sewage Disposal*, 690-691; Kinnicutt et al., *Sewage Disposal*, 316; Eddy, "Sewerage and Sewage Disposal," 694; A. Marston, "Present Status of Sewage Disposal in the United States," *City Hall* 10 (Nov. 1908): 159; Winslow, "Scientific Disposal of City Sewage," 325-326; Chase, "Progress in Sanitary Engineering," 563.

55. Easby, "Beginnings of Sanitary Science," 104-105; Godfrey, "City Water and City Waste," 382; Winslow, "Scientific Disposal of City Sewage," 323; E. Sherman Chase, "Modern Methods of Sewage Disposal," *American City* 22 (Apr. 1920): 394; Metcalf and Eddy, *American Sewerage Practice*, vol. 2, 12; Marston, "Present Status of Sewage Disposal," 157.

56. Metcalf and Eddy, *American Sewerage Practice*, vol. 2, 20-22; Hommon et al., "Treatment and Disposal of Sewage," 108-109.

57. Metcalf and Eddy, *American Sewerage Practice*, vol. 2, 23-24; Hommon et al., "Treatment and Disposal of Sewage," 109; Kinnicutt et al., *Sewage Disposal*, 175; Chase, "Progress in Sanitary Engineering," 563.

58. Hering, "Sewerage Systems," 366-368.

59. Hommon et al., "Treatment and Disposal of Sewage," 119-120; Eddy, "Sewerage and Sewage Disposal," 695; Earle P. Phelps, "The Chemical Disinfection of Water and Sewage," *Journal of the APHA* 1 (Sept. 1911): 618-19; Earle B. Phelps, "Stream Pollution by Industrial Wastes and Its Control," in Ravenel, *Half Century of Public Health*, 73-76.

60. Bissell, *Manual of Hygiene*, 214; J. D. Glasgow, "Sewage Disposal," *American Municipalities* 26 (Jan. 1914): 120; Hommon et al., "Treatment and Disposal of Sewage," 125-128.

61. Hommon et al., "Treatment and Disposal of Sewage," 121-122.

62. Kinnicutt et al., *Sewage Disposal*, 381-386; Chase, "Progress in Sanitary Engineering," 564; Edward Barow, "The Development of Sewage Treatment by the Activated Sludge Process," *American City* 32 (Mar. 1925): 296-297; William B. Fuller, "Sewage Disposal by the Activated Sludge Process," *American City* 14 (Jan. 1916): 78-79; T. Chalkley Hatton, "Activated-Sludge Process of Sewage Disposal Firmly Established," *Engineering Record* 75 (Jan. 6, 1917): 16-17; Walter C. Roberts, "Activated Sludge Processes," *Public Works* 57 (Nov. 1926): 378; M. N. Baker, "Activated Sludge in America," *Engineering News* 74 (July 22, 1915): 164-171; Anthony M. Rud, "Activated Sludge—A Modern Miracle," *Illustrated World* 25 (Mar. 1916): 91-92.

63. Tarr et al., "Development and Impact," 74-75; Tarr, "Sewerage and the Development of the Networked City," 170; Tarr and McMichael, "Decisions About Wastewater Technology," 84.

64. Tarr, "Separate vs. Combined Sewer Problem," 330-332; Tarr and McMichael, "Historic Turning Points," 85-86; Joel A. Tarr, Terry Yosie, and James McCurley III, "Disputes Over Water Quality Policy: Professional Cultures in Conflict, 1900-1917," *AJPH* 70 (Apr. 1980): 429, 433.

65. Mebus, "Sanitary Sewerage and Sewage Disposal," 168.

第九章　环卫服务的第三大支柱

1. 本章的部分内容源自 Martin V. Melosi, "Refuse Pollution and Municipal Re-

form," in Melosi, *Pollution and Reform in American Cities*, 105-133; Melosi, *Garbage in the Cities*。

2. U. S. Bureau of the Census, *Historical Statistics of the United States* (Washington, D. C.: Department of Commerce, 1975), 224-225, 320-321, 328-332.

3. "Disposal of Refuse in American Cities," *Scientific American*, Aug. 29, 1891, 136; John McGaw Woodbury, "The Wastes of a Great City," *Scribner's Magazine*, Oct. 1903, 392; Henry Smith Williams, "How New York Is Kept Partially Clean," *Harper's Weekly*, Oct. 13, 1894, 973; Rudolph Hering and Samuel A. Greeley, *Collection and Disposal of Municipal Refuse* (New York: McGraw-Hill, 1921), 40.

4. Susan Strasser, *Satisfaction Guaranteed* (New York: Pantheon Books, 1989), 6-7, 101; Grant D. McCracken, *Culture and Consumption* (Bloomington: Indiana University Press, 1988), 22-27.

5. Andrew R. Heinze, *Adapting to Abundance* (New York: Columbia University Press, 1990), 12.

6. Melosi, *Garbage in the Cities*, 146-149; U. S. Bureau of the Census, *Statistics of Cities Having a Population of Over* 30, 000: 1907 (Washington, D. C.: Department of Commerce, 1910), 452-457.

7. Franz Schneider Jr., "The Disposal of a City's Waste," *Scientific American*, July 13, 1912, 24.

8. Hering and Greeley, *Collection and Disposal of Municipal Refuse*, 13, 28.

9. Tarr, "Urban Pollution," 65-66; "Clean Streets and Motor Traffic," *Literary Digest* 49 (Sept. 5, 1914): 413; "Disposal of Refuse in American Cities," 52; Armstrong et al., *History of Public Works*, 127. 参见 Clay McShane and Joel A. Tarr, *The Horse in the City* (Baltimore: Johns Hopkins University Press, 2007).

10. Williams, "How New York Is Kept Partially Clean," 974.

11. City of Newton, Mass., *Report of the Board of Health* (1895), 5; Philadelphia, Bureau of Health, *Annual Report* (1892), 18-19; Chicago, Department of Public Works, *Annual Report* (1899), 23-24; Detroit, Bureau of Health, *Annual Report* (1882), 115.

12. U. S. Department of the Interior, *Report on the Social Statistics of Cities*; Wilson G. Smillie, *Public Health* (New York: Macmillan, 1955), 352.

13. Ravenel, *Half Century of Public Health*, 190-91; Hering and Greeley, *Collection and Disposal of Municipal Refuse*, 2.

14. G. T. Ferris, "Cleansing of Great Cities," *Harper's Weekly*, Jan. 10, 1891, 33.

15. Mary E. Trautmann, "Women's Health Protective Association," *Municipal Affairs* 2 (Sept. 1898): 439-443; Duffy, *History of Public Health in New York City*, 124,

292

130, 132; New York Ladies' Health Protective Association, *Memorial to Abram S. Hewitt on the Subject of Street Cleaning* (New York, 1887) , 4-5.

16. Philadelphia Department of Public Works, Bureau of Street Cleaning, *Annual Report* (1893) , 58; Mrs. C. G. Wagner, "What the Women Are Doing for Civic Cleanliness," *Municipal Journal and Engineer* 11 (July 1901) : 35.

17. League of American Municipalities, *Proceedings*, 1899, 13-27; *City Government* 7 (Sept. 1899) : 49ff.; Carol Aronovici, "Municipal Street Cleaning and Its Problems," *National Municipal Review* 1 (Apr. 1912) : 218-225.

18. Mildred Chadsey, "Municipal Housekeeping," *Journal of Home Economics* 7 (Feb. 1915) : 53-59.

19. Samuel Greeley, "The Work of Women in City Cleansing," *American City* 6 (June 1912) : 873-875.

20. Regina Markell Morantz, "Making Women Modern: Middle-Class Women and Health Reform in Nineteenth-Century America," in *Women and Health in America*, ed. Judith Walzer Leavitt (Madison: University of Wisconsin Press, 1984) , 349.

21. Maureen A. Flanagan, "The City Profitable, the City Livable," *Journal of Urban History* 22 (Jan. 1996) : 173-174; Suellen Hoy, *Chasing Dirt* (New York: Oxford University Press, 1995) , 72-73; Suellen Hoy, "Municipal Housekeeping," in Melosi, *Pollution and Reform*, 173-198.

22. "A Street-Cleaning Nurse," *Literary Digest* 52 (Mar. 18, 1916) : 709-710; "Street Cleaning Brigade of Women," *Municipal Journal and Engineer* 9 (Dec. 1900) : 152; Mrs. Lee Bernheim, "A Campaign for Sanitary Collection and Disposal of Garbage," *American City* 15 (Aug. 1916) : 134-136; Greeley, "Work of Women in City Cleansing," 73-75; Hester M. McClung, "Women's Work in Indianapolis," *Municipal Affairs* 2 (Sept. 1898) : 523; Ewing Galloway, "How Sherman Cleans Up," *American City* 9 (July 1913) : 40.

23. Maureen A. Flanagan, "Gender and Urban Political Reform," *American Historical Review* 95 (Oct. 1990) : 1036-1039, 1044-1050.

24. William Parr Capes and Jeanne Daniels Carpenter, *Municipal Housecleaning* (New York: Dutton, 1918) , 6-9, 213-232; Gustavus A. Weber, "A 'Clean-up' Campaign Which Resulted in a 'Keep Clean' Ordinance," *American City* 10 (Mar. 1914) : 231-234; "Philadelphia's Second Annual Clean-up Week," *Municipal Journal and Engineer* 37 (Sept, io, 1914) : 348-349; Galloway, "How Sherman Cleans Up," 40-41.

25. U. S. Department of the Interior, *Report on the Social Statistics of Cities*.

26. 同上。

27. Melosi, *Garbage in the Cities*, 21-22, 61-63, 96-97, 111-124.

28. Chicago, Department of Health, *Annual Report* (1892), 15-16.

29. "Garbage Contracts," *City and State* 4 (Jan. 20, 1898): 259.

30. Hering and Greeley, *Collection and Disposal of Municipal Refuse*, 155-156; U. S. Department of Interior, *Report on the Social Statistics of Cities*; "Garbage Collection and Disposal," *City Manager Magazine* (July 1924): 12-14.

31. P. M. Hall, "The Collection and Disposal of City Waste and the Public Health," *AJPH* 3 (Apr. 1913): 315-317; C. E. Terry "The Public Dump and the Public Health," *AJPH* 3 (Apr. 1913): 338-341; R. H. Bishop Jr., "Infantile Paralysis and Cleanable Streets," *American City* 15 (Sept. 1916): 313.

32. George E. Waring Jr., "The Cleaning of the Streets of New York," *Harper's Weekly*, Oct. 29, 1895, 1022.

33. George E. Waring Jr., "The Disposal of a City's Waste," *North American Review* 161 (July 1895): 4, 49-54; George E. Waring *Jr.*, *A Report on the Final Disposition of the Wastes of New York by the Dept. of Street Cleaning* (New York, 1896), 3-6; George E. Waring Jr., "The Cleaning of a Great City," *McClure's Magazine*, Sept. 1897, 917-919; Woodbury, "Wastes of a Great City," 388-390; Hering and Greeley, *Collection and Disposal of Municipal Refuse*, 299.

34. Waring, "Cleaning of a Great City," 917-921; E. Burgoyne Baker, "The Refuse of a Great City," *Munsey's Magazine* 23 (Apr. 1900): 83-84; "Street Cleaning," *Outlook*, Oct. 20, 1900, 427; George E. Waring Jr., "The Garbage Question in the Department of Street Cleaning of New York," *Municipal Affairs* 1 (Sept. 1897): 515-524.

35. Baker, "Refuse of a Great City," 90; Waring, "Cleaning of a Great City," 921-923; David Willard, "The Juvenile Street-Cleaning Leagues," in George E. Waring Jr., *Street-Cleaning and the Disposal of a City's Wastes* (New York: Doubleday and McClure, 1898), 177-186.

36. "The Delehanty Dumping-Scow," *Haipei's Weekly*, Oct. 24, 1896, 1051; George E. Waring Jr., "The Fouling of the Beaches," *Harper's Weekly*, July 2, 1898, 663; Waring, "Cleaning of a Great City," 917-919; Waring, *Street Cleaning and the Disposal of a City's Wastes*, 47; Baker, "Refuse of a Great City," 89.

37. George E. Waring Jr., "The Utilization of a City's Garbage," *Cosmopolitan* 24 (Feb. 1898): 406-410; Waring, "Cleaning of a Great City" 919-921; Waring, *Street Cleaning and the Disposal of a City's Wastes*, 47-49; Baker, "Refuse of a Great City," 87.

38. Charles Zueblin, *American Municipal Progress*, rev. ed. (New York: Macmillan, 1916), 75-76, 82; Delos F. Wilcox, *The American City* (New York: Macmillan, 1906),

n8, 224; George A. Soper, *Modern Methods of Street Cleaning* (New York: Engineering News, 1907), 165; John A. Fairlie, *Municipal Administration* (New York: Macmillan, 1906), 258-259; "Tammany and the Streets," *Outlook*, Oct. 20, 1906, 427-428; "The 294 Disposal of New York's Refuse," *Scientific American*, Oct. 24, 1903, 292-294.

39. Helen Gray Cone, "Waring," *Century*, Feb. 1900, 547; Albert Shaw, *Life of Col. Geo. E. Waring, Jr.: The Greatest Apostle of Cleanliness* (New York, 1899), preface, 10-11, 14, 30-34.

40. Ellen H. Richards, *Conservation by Sanitation* (New York: John Wiley and Sons, 1911), 216ff.; Gerhard, *Sanitation and Sanitary Engineering*, 59ff.; H. de B. Parsons, *The Disposal of Municipal Refuse* (New York: John Wiley and Sons, 1906), 8; M. N. Baker, *Municipal Engineering and Sanitation* (New York: Macmillan, 1902), 164; Carl S. Dow, "Sanitary Engineering," *Chautauquan* 66 (Mar. 1912): 80-98; R. Winthrop Pratt, "Sanitary Engineering," *Scientific American*, *Supplement*, Mar. 7, 1914, 150; "Sanitary Engineer" 286-287.

41. Hering and Greeley, *Collection and Disposal of Municipal Refuse*, 4.

42. "Report of the Committee on the Disposal of Garbage and Refuse," in APHA, *Public Health: Papers and Reports* 23 (1897): 206; ASMI, *Proceedings of the ASMI* (1918), 296; *Municipal Journal and Engineer* 41 (Nov. 23, 1916): 646.

43. Hering and Greeley, *Collection and Disposal of Municipal Refuse*, 12-20.

44. "Report of the Committee on Refuse Collection and Disposal, " *AJPH* 5 (Sept. 1915): 933-934; "Refuse Disposal in America," *Engineering Record* 58 (July 23, 1908): 85.

45. "Report of the Committee on the Disposal of Garbage and Refuse," 207; Harry R. Crohurst, "Municipal Wastes," *USPHS Bulletin* 107 (Oct. 1920): 79ft; ASMI, *Proceedings of the ASMI* (1916), 244-245; M. N. Baker, "Condition of Garbage Disposal in United States," *Municipal Journal and Engineer* 11 (Oct. 1901): 147-148; "Report of the Committee on Street Cleaning," *AJPH* (Mar. 1915): 255-259.

46. Hering and Greeley, *Collection and Disposal of Municipal Refuse*, 104-105; Parsons, *Disposal of Municipal Refuse*, 43-44; William F. Morse, *The Collection and Disposal of Municipal Waste* (New York: Municipal Journal and Engineer, 1908), 36; John H. Gregory, "Collection of Municipal Refuse," *AJPH* 2 (Dec. 1912): 919; Robert H. Wild, "Modern Methods of Municipal Refuse Disposal," *American City* 5 (Oct. 1911): 205-207.

47. Melosi, *Garbage in the Cities*, 144-146.

48. Martin V. Melosi, "Technology Diffusion and Refuse Disposal," in Tarr and Du-

puy, *Technology and the Rise of the Networked City*, 207-213.

49. 同上, 214-222。

50. William F. Morse, "Disposal of the City's Waste," *American City* 2 (May 1910): 271.

51. "Report of the Committee on the Disposal of Garbage and Refuse," 215.

52. "Disposal of Garbage," *City Government* 5 (Aug. 1898): 67.

53. "Recent Refuse Disposal Practice," *Municipal Journal and Engineer* 37 (Dec. 10, 1914): 848-849.

54. "Report of Committee on Refuse Disposal and Street Cleaning," in ASMI, *Proceedings of the ASMI* (1916), 245.

55. Capes and Carpenter, *Municipal Housecleaning*, 194-199.

56. Frederick L. Stearns, *The Work of the Department of Street Cleaning* (New York, 1913), 210.

57. Crohurst, "Municipal Wastes," 42-43; Parsons, *Disposal of Municipal Refuse*, 93; William P. Munn, "Collection and Disposal of Garbage," *City Government* 2 (Jan. 1897): 6-7; Capes and Carpenter, *Municipal Housecleaning*, 175.

58. Terry, "Public Dump and the Public Health," 338-339.

59. Cleveland, Chamber of Commerce, Committee on Housing and Sanitation, *Report on Collection and Disposal of Cleveland's Waste* (1917), 7.

60. Hering and Greeley, *Collection and Disposal of Municipal Refuse*, 257; Crohurst, "Municipal Wastes," 43-45; Parsons, *Disposal of Municipal Refuse*, 78-80; D. C. Faber, "Collection and Disposal of Refuse," *American Municipalities* 30 (Feb. 1916): 185-186; Wild, "Modem Methods of Municipal Refuse Disposal," 207-208; A. M. Compton, "The Disposal of Municipal Waste by the Burial Method," *AJPH* 2 (Dec. 1912): 925-929; Charles A. Meade, "City Cleansing in New York City," *Municipal Affairs* 4 (Dec. 1900): 735-736; New York City, Department of Street Cleaning, *Annual Report* (1902-1905), 74; "Waste-Material Disposal of New York," *Engineering News* 77 (Jan. 18, 1917): 119.

61. George H. Norton, "Recoverable Values of Municipal Refuse," *Municipal Engineering* 45 (Dec. 1913): 550-552; "Revenue from Municipal Waste," *Municipal Journal and Engineer* 32 (June 6, 1912): 868; William F. Morse, *The Disposal of Refuse and Garbage* (New York: J. J. O'Brien and Sons, 1899), 3-7.

62. "Effect of the War on Garbage Disposal," *Municipal Engineering* 53 (Sept. 1917): 110-111; "Save the Garbage Waste," *American Municipalities* 33 (July 1917): 105; Irwin S. Osborn, "Effect of the War on the Production of Garbage and Methods of Disposal," *AJPH* 7 (May 1918): 368-372; E. G. Ashbrook and A. Wilson, "Feeding

Garbage to Hogs," *Farmefs Bulletin*, No. 1133 （Washington, D. C., 1921）, 3-26;
Charles V. Chapin, "Disposal of Garbage by Hog Feeding," *AJPH* 7 （Mar. 1918）: 234-
235; U. S. Food Administration, *Garbage Utilization, with Particular Reference to Utiliza-
tion by Feeding* （Washington, D. C., 1918）, 3-11.

63. "Clean Streets and Motor Traffic," 413-414; Woodbury, "Wastes of a Great
City," 396-398.

第十章　经济大萧条、第二次世界大战和公共工程

1. Chudacoff and Smith, *Evolution of American Urban Society*, 207.

2. Carl Abbott, *Urban America in the Modern Age* （Arlington Heights, Ill.: Harlan
Davidson, 1987）, 2.

3. Chudacoff and Smith, *Evolution of American Urban Society*, 216-217; Abbott, *Ur-
ban America in the Modern Age*, 4-5; Joseph Interrante, "The Road to Autopia," *Michigan
Quarterly Review* 19-20 （Fall/Winter 1980-1981）: 502-517; Amos H. Hawley, *The Chan-
ging Shape of Metropolitan America* （Glencoe, Ill.: Free Press, 1956）, 2; Barry Edmon-
ston, *Population Distribution in American Cities* （Lexington, Mass.: D. C. Heath, 296
1975）, 68.

4. Kenneth T. Jackson, *Crabgrass Frontier* （New York: Oxford University Press,
1985）, 190.

5. Chudacoff and Smith, *Evolution of American Urban Society*, 211; Goldfield and
Brownell, *Urban America*, 289; Abbott, *Urban America in the Modern Age*, 7.

6. Interrante, "Road to Autopia," 502-517; Jackson, *Crabgrass Frontier*, 162-163;
Jon C. Teaford, *The Twentieth-Century American City* （Baltimore: Johns Hopkins
University Press, 1986）, 63; Chudacoff and Smith, *Evolution of American Urban Society*,
212; Abbott, *Urban America in the Modem Age*, 36, 43.

7. Miller and Melvin, *Urbanization of Modern America*, 143-147; Teaford, *Twentieth-
Century American City*, 67-72; Chudacoff and Smith, *Evolution of American Urban Society*,
214-215; Goldfield and Brownell, *Urban America*, 302-306.

8. Jackson, *Crabgrass Frontier*, 203-217.

9. Abbott, *Urban America in the Modern Age*, 42.

10. G. E. Gordon, "Water Works Financing," *JAWWA*　26 （Apr. 1934）: 519.

11. Abbott, *Urban America in the Modern Age*, 15, 47-48; Goldfield and Brownell,
Urban America, 323-324; Teaford, *Twentieth-Century American City*, 74-80; Chudacoff
and Smith, *Evolution of American Urban Society*, 233-234.

12. Goldfield and Brownell, *Urban America*, 325-326.

13. John H. Mollenkopf, *The Contested City* (Princeton, N. J.: Princeton University Press, 1983), 47.

14. Roger Daniels, "Public Works in the 1930s," in *The Relevancy of Public Works History* (Washington, D. C.: Public Works Historical Society, 1975), 3.

15. 同上, 3-4; L. Evans Walker, comp., *Preliminary Inventory of the Records of the PWA* (Washington, D. C.: National Archives, 1960), 1; J. Kerwin Williams, *Grants-in-Aid under the PWA* (New York: AMS Press, 1939), 22-28; Charles Trout, "The New Deal and the Cities," in *Fifty Years Later*, ed. Harvard Sitkoff (New York: Knopf, 1985), 134; Goldfield and Brownell, *Urban America*, 326.

16. Mollenkopf, *Contested City*, 55.

17. Teaford, *Twentieth-Century American City*, 82-83; Daniels, "Public Works," 1; Bonnie Fox Schwartz, *The Civil Works Administration* (Princeton, N. J.: Princeton University Press, 1984), 45.

18. Daniels, "Public Works," 7; Mollenkopf, *Contested City*, 65-66; John J. Gunther, *Federal-City Relations in the United States* (Newark: University of Delaware Press, 1990), 78-79.

19. Trout, "New Deal and the Cities," 137, 139, 141, 144-145; Mark Gelfand, *A Nation of Cities* (New York: Oxford University Press, 1975), 48-49; Mollenkopf, *Contested City*, 71-72; Monkkonen, *America Becomes Urban*, 134-135.

20. Teaford, *Twentieth-Century American City*, 90-91; Goldfield and Brownell, *Urban America*, 336-341.

21. Gelfand, *Nation of Cities*, 148-151, 242-245; Walker, *Preliminary Inventory*, 3.

297 第十一章　成为全国议题的供水服务

1. Fuller, "Water-Works," 1588; Turneaure and Russell, *Public Water-Supplies* (1948), 9.

2. "Water-Supply Statistics for Municipalities of Less than 5,000 Population," *American City* 32 (Feb. 1925): 185-191, 33 (Mar. 1925): 309-323, 34 (Apr. 1925): 435-445, 35 (May 1925): 555-565, 36 (June 1925): 665-677, and 37 (July 1925): 47-59.

3. Calvin V. Davis, "Water Conservation—The Key to National Development," *Scientific American*, Feb. 1933, 92.

4. C. B. Hoover, "As Cheap as Water," *Civil Engineering* 1 (Aug. 1931): 1027; George W. Biggs Jr., "Distribution System Practices of a Large Group of Water Compa-

nies," *Engineering News-Record* 104 (May 22, 1930): 851.

5. "A Survey of Public Water Supplies," *American City* 50 (June 1935): 63; Tur-neaure and Russell, *Public Water-Supplies* (1911), 21.

6. Leonard Metcalf, "Effect of Water Rates and Growth in Population upon Per Capita Consumption," *JAWWA* 15 (Jan. 1926): 2, 4-5, 12-17, 19-20.

7. Louis Brownlow, "The Water-Supply and the City Limits," *American City* 37 (June 1927): 27.

8. V. Bernard Siems, "The Advantages of Metropolitan Water-Supply Districts," *American City* 32 (June 1925): 644-645.

9. Sarah S. Elkind, *Bay Cities and Water Politics* (Lawrence: University Press of Kansas; 1998).

10. John Bauer, "How to Set Up Utility Districts," *National Municipal Review* 33 (Oct. 1944): 462-468.

11. George H. Fenkell, "The Management of Water-Works Business from the Execu-tive Standpoint," *American City* 39 (Nov. 1928): 115; "Should Water and Sewerage Sys-tems Be Managed Jointly?" *American City* 60 (Feb. 1945): 11.

12. Armstrong et al., *History of Public Works*, 228, 231-232; Daniels, "Public Works," 9; PWA, *America Builds* (Washington, D. C,: PWA, 1939), 170, 173-178.

13. Abel Wolman, "Some Recent Federal Activities in the Conservation of Water Re-sources," *JAWWA* 28 (Sept. 1936): 1252-1256.

14. Williams, *Grants-in-Aid*, 34; Daniels, "Public Works," 8.

15. U. S. Department of Labor, Bureau of Labor Statistics, *Public Works Administra-tion and Industry* (Washington, D. C.: U. S. Department of Labor, 1938), 9; Mollenkopf, *Contested City*, 66-67.

16. "Water Supplies Will Be Widely Extended after the War," *Scientific American*, July 1944, 18.

17. Armstrong et al., *History of Public Works*, 229-230.

18. "Cities Cooperate to Meet Water Crisis," *American City* 58 (Aug. 1943): 53; L. A. Smith, "Operating the Water Department during Wartime," *American City* 58 (June 1943): 56-57; "Water Conservation," *American City* 58 (Nov. 1943): 51; "Water Supply," *AJPH* 35 (July 1945): 743; Becker, *Century of Milwaukee Water*, 225; "Opportunities for Improving Water-Works Economy," *American City* 43 (Dec. 1930): 103-105; "A National Project for Water Works Betterment," *Civil Engineering* 2 (Apr. 1932): 268.

19. "Important Events, Developments, and Trends in Water Supply Engineering

298 during the Decade Ending with the Year 1939," *Transactions of the ASCE* 105 (1940):
1740, 1744-1754, 1756-1761, 1765-1769.

　　20. Kahrl, "Politics of California Water," 106, 109, 111-115.

　　21. Abel Wolman, *Water, Health, and Society* (Bloomington: Indiana University
Press, 1969), 96.

　　22. Fuller, "Progress in Water Purification," 1574-1575; Harry E. Jordan, "Water
Supply and Treatment," *Transactions of the ASCE CT* (1953): 573; Nicholas S. Hill Jr.,
"Twenty-one Years of Progress in Water-Supply and Purification Practice," *American City*
43 (Sept. 1930): 88-89; Eskel Nordell, "Water Treatment Today— And What of the Fu-
ture?" *American City* 46 (June 1932): 71-73; AWWA, *Water Quality and
Treatment*, 255.

　　23. "Filtration versus Chlorination," *American City* 47 (July 1932): 7; Paul Han-
sen, "Some Relations between Sewage Treatment and Water Purification," *American City*
36 (June 1927): 765-767; "The Unsolved Problems of Water Supply," *American City*
52 (Feb. 1937): 9.

　　24. Waterman, *Elements of Water Supply Engineering*, 6; "The Present Status of
Public Water Supply," *American City* 53 (Oct. 1938): 9; Baker, "Sketch of the History
of Water Treatment," 922-926; "Report of the Committee on Water Supply Engineering of
the Sanitary Engineering Division," *Transactions of the ASCE* 105 (1940): 1777-1778;
"Inventory of Water Supply Facilities," *Engineering News-Record* 123 (Sept. 28, 1939):
60-62.

　　25. "Advantages of Chloramine Treatment of Water," *American City* 43 (July
1930): 7; "Chlorine and Ammonia in Water Purification," *American City* 53 (Jan.
1938): 9; Charles E. Dalton, "Offensive Tastes in Public Water Supplies," *AJPH* 14
(Oct. 1924): 845-846; LaNier, "Municipal Water Systems," 177; Hansen, "Develop-
ments in Water-Purificatiori Practice," 842; Baker, *Quest for Pure Water*, 453-457; "In-
ventory of Water Supply Facilities," 60-62; Wellington Donaldson, "Water Purification—
A Retrospect," *JAWWA* 26 (Aug. 1934): 1058-1059; "Water Supply and Purification,"
AJPH 17 (July 1927): 684-685; H. W. Streeter, "Chlorination—A Reserve Protection?
Or an Integral Part of Purification?" *American City* 35 (Dec. 1926): 788-791; AWWA,
Water Chlorination, 3-5; Howard, "Twenty Years of Chlorination," 793; Cohn, "Chlori-
nation of Water," 386-390; M. N. Baker, *Quest for Pure Water*, 2; Turneaure and Rus-
sell, *Public Water-Supplies* (1948), 135; Baker, "Sketch of the History of Water Treat-
ment," 931-932; "Chlorination—Five Years' Experience," *American City* 59 (Dec.
1944): 9; Symons, "History of Water Supply," 194.

26. James W. Armstrong, "History of Water Supply with Local Reference to Baltimore," *JAWWA* 24 (Apr. 1932): 539; Charles B. Burdick, "Developments in Water Works Construction," *Civil Engineering* 6 (July 1936): 452; "Improved Water Softening with Precipitators," *American City* 53 (Mar. 1938): 55-56.

27. Abel Wolman, "Pollution Control—Where Does It Stand?" *Municipal Sanitation* 11 (Feb. 1940): 64.

28. Seth G. Hess, "Pollution—And the Pocketbook," *Municipal Sanitation* 10 (July 1939): 356-358; Cornelius W. Kruse, "Our Nation's Water," in *Advances in Environmental Sciences*, ed. James N. Pitts Jr. and Robert C. Metcalf, vol. 1 (New York: Wiley-Interscience, 1969), 44-45; Advisory Committee on Water Pollution, U. S. National Resources Committee, *Water Pollution in the United States* (Washington, D. C.: GPO, 1939), 38; David M. Neuberger, "The Disastrous Results of Pollution of Our Waters," *Outlook*, May 23, 1923, 8; Scotland G. Highland, "Stream Pollution an Indictable Offense," *American City* 41 (Dec. 1929): 117. 299

29. Advisory Committee on Water Pollution, *Water Pollution*, 4.

30. "Typhoid Fever in the Large Cities of the United States in 1933," *JAWWA* 26 (July 1934): 947-948; Baker, "Sketch of the History of Water Treatment," 932; "Typhoid Fever in the Large Cities of the United States in 1926," *JAWWA* 17 (June 1927): 769.

31. J. Frederick Jackson, : Stream Pollution by Industrial Wastes, and Its Control," *American City* 31 (July 1924): 23; Sheppard T. Powell, "Industrial-Waste Problems and Their Correction," *Mechanical Engineering* 61 (May 1939): 364; Ernest W. Steel, "By-products from Industrial Wastes," *Scientific American*, Nov. 1930, 379; "Progress Report of Committee on Industrial Wastes," 415; Warrick, "Relative Importance of Industrial Wastes," 495; E. F. Eldridge, *Industrial Waste Treatment Practice* (New York: McGraw-Hill, 1942), 1-4; Wellington Donaldson, "Industries and Water Supplies," *JAWWA* 22 (Feb. 1930): 203; Phelps, "Stream Pollution by Industrial Wastes," 201; L. M. Fisher, "Pollution Kills Fish," *Scientific American*, Mar. 1939, 144-146.

32. Pitts and Metcalf, *Advances in Environmental Sciences*, vol. 1, 43, 46, 48- 50; Almon L. Fales, "Effects of Industrial Wastes on Sewage Treatment," *Sewage Works Journal* 9 (Nov. 1937): 970-971; "New Sewage Plants Check Stream Pollution," *American City* 54 (May 1939): 15; E. B. Besselievre, "The Disposal of Industrial Chemical Waste," *Chemical Age* 25 (Dec. 12, 1931): 517; N. T. Veatch Jr., "Stream Pollution and Its Effects," *JAWWA* 17 (Jan. 1927): 62.

33. Veatch, "Stream Pollution and Its Effects," 62; Almon L. Fales, "The Problem

of Stream Cleansing," *Civil Engineering* 3 (Sept. 1933): 493; Pearse, "Dilution Factor," 451; Jackson, "Stream Pollution by Industrial Wastes," 24.

34. Craig E. Colten, "Industrial Wastes before 1940," paper presented at Forests, Habitats, and Resources: A Conference in World Environmental History, Durham, N. C., Apr. 1987, 4.

35. Robert Sperr Weston, "Water Pollution," *Industrial and Engineering Chemistry* 31 (Nov. 1939): 1314; Leighton, "Industrial Wastes," 29; "Progress Report of Committee on Industrial Wastes," 415-416; Warrick, "Relative Importance of Industrial Wastes," 496; Fales, "Effects of Industrial Wastes," 971-972; Tarr, "Industrial Wastes and Public Health," 1062.

36. Colten, "Industrial Wastes before 1940," 11-12, 11-14-18; Fales, "Effects of Industrial Wastes," 973-974; Leighton, "Industrial Wastes," 32-33; Hervey J. Skinner, "Waste Problems in the Pulp and Paper Industry," *Industrial and Engineering Chemistry* 31 (Nov. 1939): 1331-1332.

37. AWWA, *Water Quality and Treatment*, 34.

38. Tarr, "Industrial Wastes and Public Health," 1060, 1062, 1066.

39. Duffy, *Sanitarians*, 218, 256-258, 261-263, 269; H. A. Kroeze, "The Expanded Role of the Sanitarian," *AJPH* 32 (June 1942): 613-614.

40. Edward G. Sheibley, "The Sanitary Engineer—His Value in Health Administration," *American City* 25 (Nov. 1921): 365.

41. Abel Wolman, "The Training for the Sanitarian of Environment," *AJPH* 14 (June 1924): 472-473.

42. Bizzell, "Sanitary Engineering as a Career," 509-511; S. C. Prescott, "Training for the Public Health Engineer," *AJPH* 21 (Oct. 1931): 1092-1097; Whipple, "Sanitation," 97.

43. Arthur Richards, "Status of Employment among Municipal Engineers," *American City* 49 (Dec. 1934): 58; Reynolds, "Engineer in Twentieth-Century America," 179.

44. Jackson, "Stream Pollution by Industrial Wastes," 23; "Industrial Wastes in City Sewers—1," *American City* 52 (May 1937): 86.

45. H. R. Crohurst, "Water Pollution Abatement in the United States," *AJPH* 36 (Feb. 1936): 177.

46. P. Aarne Vesilind, "Hazardous Waste," in *Hazardous Waste Management*, ed. J. Jeffrey Peirce and P. Aarne Vesilind (Ann Arbor, Mich,: Ann Arbor Science, 1981), 26; Micklin, "Water Quality," 131; Tarr, "Industrial Wastes and Public Health," 1059, 1061, 1064; Tarr, "Historical Perspectives on Hazardous Wastes," 96; Lawrence M.

300

Freidman, *A History of American Law* (New York: Simon and Schuster, 1973), 162-163; Warrick, "Relative Importance of Industrial Wastes," 496; Monger, "Administrative Phases of Stream Pollution Control," 790; James A. Tobey, "Legal Aspects of the Industrial Wastes Problem," *Industrial and Engineering Chemistry* 31 (Nov. 10, 1939): 1322; Hopkins, *Elements of Sanitation*, 183.

47. Donaldson, "Industrial Wastes in Relation to Water Supplies," 198; Edmund B. Besselievre, *Industrial Waste Treatment* (New York: McGraw-Hill, 1952), 325-344; Fales, "Progress in the Control of Pollution by Industrial Wastes," 715-717; Skinner, "Waste Problems," 1332.

48. Baity, "Aspects of Governmental Policy," 1302-1303; Donaldson, "Industries and Water Supplies," 207; "State Laws Governing Pollution," 506; John D. Rue, "Disposal of Industrial Wastes," *Sewage Works Journal* 1 (Apr. 1929): 365-369; "Industrial Wastes in City Sewers—1," 87; Besselievre, "Statutory Regulation of Stream Pollution," 217ff.; Warrick, "Relative Importance of Industrial Wastes," 496; John H. Fertig, "The Legal Aspects of the Stream Pollution Problem," *AJPH* 16 (Aug. 1926): 786; Tobey, "Legal Aspects of the Industrial Wastes Problem," 1322; Tarr, "Industrial Wastes and Public Health," 1060-1061.

49. M. C. Hinderlider and R. I. Meeker, "Interstate Water Problems and Their Solution," *Proceedings of the ASCE* 52 (Apr. 1926): 606-608.

50. Hopkins, *Elements of Sanitation*, 185-188; "Interstate Sanitation Commission Starts Work in Pollution Abatement," *American City* 52 (May 1937): 93; Kruse, "Our Nation's Water," 50.

51. *Water Supply and Sewage Disposal*, 12; Cooley and Wandesforde-Smith, *Congress and the Environment*, 131; Warrick, "Relative Importance of Industrial Wastes," 496; Hopkins, *Elements of Sanitation*, 183.

52. Albert E. Cowdrey, "Pioneering Environmental Law," *Pacific Historical Review* 301 44 (Aug. 1975): 331-349; William H. Rodgers Jr., "Industrial Water Pollution and the Refuse *Act*," *University of Pennsylvania Law Review* 119 (1971): 322-335; Lettie McSpaden Wenner, "Federal Water Pollution Control Statutes in Theory and Practice," *Environmental Law* 4 (Winter 1974): 252-263; "The Refuse Act of 1899," *Ecology Law Quarterly* 1 (1971): 173-202.

53. Martin V. Melosi, *Coping with Abundance* (New York: Knopf, 1985), 151-152; Joseph A. Pratt, "The Corps of Engineers and the Oil Pollution Act of 1924," unpublished manuscript; Colten, "Industrial Wastes before 1940," 13-14.

第十二章 排污、处理与"扩展中的视角"

1. Pearse, *Modern Sewage Disposal*, 13.

2. John R. Thoman and Kenneth H. Jenkins, *Statistical Summary of Sewage Works in the United States* (Washington, D. C.: USPHS, HEW, 1958), 27.

3. John R. Thoman, *Statistical Summary of Sewage Works in the United States* (Washington, D. C,: Federal Security Agency, 1946), 7.

4. Alden Wells, "Investigating Inadequate Sewers—1," *American City* 35 (Oct. 1926): 481-482.

5. Thoman, *Statistical Summary of Sewage Works*, 7.

6. Martin V. Melosi, "Sanitary Services and Decision Making in Houston," *Journal of Urban History* 20 (May 1994): 367, 376-383, 393-395.

7. Willis T. Knowlton, "The Sewage Disposal Problem of Los Angeles, California," *Transactions of the ASCE* 92 (1928): 985; Los Angeles, Special Sewage Disposal Commission, *Report*, pt. 1 (1921), 3-6; Franklin Thomas, "The Sewage Situation of the City of Los Angeles," *Sewage Works Journal* 12 (Sept. 1940): 879-880; B. D. Phelps and R. C. Stockman, "New Sanitary Sewage Facilities for San Diego," *Civil Engineering* 12 (Jan. 1942): 17.

8. "New Occasions—New Duties," *AJPH* 22 (Nov. 1932): 1169.

9. Williams, *Grants-in-Aid*, 35-37; "Selling Sewage Treatment on Facts—Not Fancy," *AJPH* 22 (Oct. 1932): 1069; Harrison P. Eddy, "Developments in Sewerage and Sewage Treatment during 1933," *Water Works and Sewerage* 81 (Feb. 1934): 39; Daniels, "Public Works," 9; PWA, *America Builds*, 279, 291.

10. "WPA Sewer Work in New York City," *American City* 51 (Dec. 1936): 11; H. E. Hargis, "Sewer Connections—A Health and Financial Problem," *American City* 52 (June 1937): 119; E. J. Cleary, "Sanitation Stirs the South," *Engineering News-Record* 118 (June io, 1937): 872-874; "Large Cities Make Progress in Sewage Treatment," *AJPH* 27 (May 1937): 272; L. G. Pearce, "Atlanta Builds Modern Disposal Plants," *Municipal Sanitation* 10 (Jan. 1939): 27; Dana E. Kepner, "Status of Sewage Disposal in Western States," *Civil Engineering* 8 (Sept. 1938): 608.

11. Williams, *Grants-in-Aid*, 256-258.

12. Douglas L. Smith, *The New Deal in the Urban South* (Baton Rouge: Louisiana State University Press, 1988), 106-111. 种族问题仍然是南方项目资金分配中的一个问题。黑人在项目管理中没有发挥作用的地方，项目雇佣的黑人工人数量有限，黑人没有得到与白人社区同等的待遇。参见 Smith, *New Deal*, 234-235。

13. "Cost of Cities' Sanitation Service," *Engineering News-Record* 118 (Jan. 1937)：57; "Financial Statistics of Cities：1926-1934 Sanitation Service," *American City* 51 (Dec. 1936)：11-19.

14. Samuel A. Greeley, "Organizing and Financing Sewage Treatment Projects," *Transactions of the ASCE* 109 (1944)：256-257.

15. Frank A. Marston, "Why Charge for Sewerage Service? —Why Not?" *American City* 42 (Feb. 1936)：145-147; Samuel A. Greeley, "Charges for Sewerage Service," *American City* 48 (Jan. 1933)：65-66; "What Charges for Sewerage Service?" *American City* 48 (June 1933)：68-69; Wagner, "Making Sewage Disposal Pay Its Way," 158; Ernest Boyce, "Service Charges for Sewers and Sewage Treatment Plants," *American City* 40 (Feb. 1929)：106-107; E. E. Smith, "What Does Sewage Disposal Cost?" *American City* 44 (Apr. 1930)：120-122; George J. Schroepfer, "Economics of Sewage Treatment," *Transactions of the ASCE* 104 (1939)：1210-1238.

16. *Municipal Yearbook*, 1945 (1946), 350; Donald C. Stone, *The Management of 302 Municipal Public Works* (Chicago：Public Administration Service, 1939), 241; "Cities Charge Sewer Rentals to Meet Sewerage Costs," *Texas Municipalities* 26 (Apr. 1939)：108; "Status of Sewer Rental Laws in the United States," *American City* 48 (Nov. 1933)：13.

17. "Sewerage and Water Systems under Joint Management," *American City* 60 (Apr. 1945)：78.

18. "California Cities Plan Joint Sewage Facilities," *National Municipal Review* 30 (Dec. 1941)：716; "Single Trunk Sewer Proposed to Serve Seventeen Massachusetts Communities," *National Municipal Review* 13 (Dec. 1924)：715; Edward S. Rankin, "A Notable Example of Municipal Cooperation," *American City* 36 (Feb. 1927)：215; "California Cities Cooperate for Sewage Disposal," *National Municipal Review* 29 (1940)：127; C. A. Holmquist, "Essential Features of an Efficient Municipal Sewerage System," *American City* 37 (Nov. 1927)：610; "Passaic Valley Trunk Sewer Completed," *American City* 31 (Nov. 1924)：315; "Formula for Sewerage Excellence," *American City* 60 (1945)：92.

19. Greeley, "Organizing and Financing Sewage Treatment Projects," 255; Charles Haydock, "Municipal Authorities," *American City* 59 (Mar. 1944)：85-86.

20. E. French Chase, "Regional Planning and Sewage Disposal," *American City* 49 (Aug. 1934)：39; C. A. Holmquist, "Interstate Sanitation Compact and Its Implications," *AJPH* 26 (Oct. 1936)：989-995.

21. Hansen, "Some Relations between Sewage Treatment and Water Purification,"

766-767.

22. George B. Gascoigne, "Sewers, Sewerage and Sewage Disposal," *American City* 43 (Sept. 1930): 97-98.

23. WillemRudolfs, "Needed Research in Sewage Disposal," *AJPH* 17 (Jan. 1927): 24-26.

24. H. W. Clark, "Past and Present Developments in Sewage Disposal and Purification," *Sewage Works Journal* 2 (Oct. 1930): 563.

25. Charles Gilman Hyde, "Decade of Sewage Treatment: 1928-1938," *Municipal Sanitation* 9 (Oct. 1938): 482.

26. "New Sewage Plants Check Stream Pollution," 15.

27. Thoman and Jenkins, *Statistical Summary of Sewage Works*, 21; Pearse, *Modern Sewage Disposal*, 6, 8, 13; E. K. Gubin, "Sewage Treatment and National Defense," *Hygeia* 19 (Dec. 1941): 987; Tarr, "Sewerage and the Development of the Networked City in the United States," 171; "Sewage Facilities in the United States," *American City* 53 (June 1938): 11; Thoman, *Statistical Summary of Sewage Works*, 9.

28. Linn H. Enslow, "Chemical Precipitation Processes," *Civil Engineering* 5 (Apr. 1935): 235; Wellington Donaldson, "Outlook for Chemical Sewage Treatment," *Civil Engineering* 5 (Apr. 1935): 245; Niles, "Early Environmental Engineering," 10.

29. Charles Gilman Hyde, "Recent Trends in Sewerage and Sewage Treatment," *Municipal Sanitation* 7 (Feb. 1936): 48-49.

30. Willem Rudolfs, "Developments in Sewage Treatment—1940," *Sewage Works Engineering* 12 (Feb. 1941): 65-71.

31. 同上, 68; Carpenter, "Progress in Sewerage and Sewage Treatment," 49-50; Harry A. Mount, "Sewage: The Price of Civilization," *Scientific American*, Feb. 1922, 125-126; "Activated Sludge Process Grows in Favor," *American City* 28 (Feb. 1923): 122; Edward Bartow, "The Development of Sewage Treatment by the Activated Sludge Process," *American City* 32 (Mar. 1925): 296-298; Roberts, "Activated Sludge Processes," 378-381; Arthur J. Martin, *The Activated Sludge Process* (London: Macdonald and Evans, 1927), 107-127, 355-360; Robert T. Regester, "Problems and Trends in Activated Sludge Practice," *Transactions of the ASCE* 106 (1941): 158-179; William H. Trinkaus, "Chicago's New Activated Sludge Plant Is Largest in the World," *Civil Engineering* 9 (May 1939): 285-288。

32. Paul Hansen, "Trends in Sewage Treatment," *Sewage Works Engineering* 15 (Mar. 1944): 134.

33. Harold W. Streeter, "Surveys for Stream Pollution Control," *Proceedings of the*

303

ASCE 64（Jan. 1938）：6.

　　34. Advisory Committee on Water Pollution, *Water Pollution*, 4.

　　35. Streeter, "Surveys for Stream Pollution Control," 6, 46.

　　36. 西部对污水农业利用的兴趣体现了自然资源保护的因素。参见 "Sewage and Conservation," *AJPH* 20（May 1930）：520-21；E. B. Black, "Sewage Disposal at Denver, Colo.," *Civil Engineering* 8（Sept. 1938）：578。

　　37. Tarr et al., "Development and Impact," 75.

　　38. "Shall Waterways Be Sewers Forever?" *American City* 35（Aug. 1926）：197.

　　39. "Three Groups Consider Costs of Sewage Treatment vs. Stream Pollution," *American City* 47（Aug. 1932）：13.

　　40. Hommon, "Brief History," 175；Gustav H. Radebaugh, "Selling Sewage Treatment to the Public," *Municipal Sanitation* 7（Oct. 1936）：340-341；"Izaak Walton League Urges Sewage Treatment as No. 1 Postwar Job," *Sewage Works Engineering* 15（Oct. 1944）：507.

　　41. A. L. H. Street, "The City's Legal Rights and Duties," *American City* 35（Dec. 1926）：875；"Liability for Pollution of Waters by Sewage," *National Municipal Review*（Oct. 1928）：605.

　　42. Leo T. Parker, "Right of City to Pollute Water," *Municipal Sanitation* 2（Oct. 1931）：489；Leo T. Parker, "Review of Important 1943 Sewage Suits," *Sewage Works Engineering* 15（Mar. 1944）：143.

　　43. Quoted in Melosi, "Hazardous Waste and Environmental Liability," 755.

　　44. 同上, 757。

　　45. "Laxity in the Operation of Sewage Disposal Plants," *National Municipal Review* 14（1925）：577.

　　46. Louis P. Cain, "Unfouling the Public's Nest," *Technology and Culture* 15（Oct. 1974）：605-606, 608-610.

第十三章　　"环卫工程的孤儿"　　　　　　　　　　　304

　　1. George W. Fuller, "The Place of Sanitary Engineering in Public Health Activities," *AJPH* 15（Dec. 1925）：1072.

　　2. Samuel A. Greeley, "An Analysis of Garbage Disposal," *American City* 31（Aug. 1924）：104.

　　3. Melosi, *Coping with Abundance*, 103-105.

　　4. APWA, *Solid Waste Collection Practice*, 4th ed.（Chicago：APWA, 1975）, 22.

5. Lent D. Upson, *Practice of Municipal Administration* (New York: Century, 1926), 449-57.

6. Samuel A. Greeley, "Administrative and Engineering Work in the Collection and Disposal of Garbage," *Transactions of the ASCE* 89 (1926): 800; "Financial Statistics of Cities: 1926-1934 Sanitation Service," *American City* 51 (Dec. 1936): 11, 13, 15, 17, 19.

7. Harrison P. Eddy, "Why Not Make Garbage Collection and Disposal Self- Sustaining?" *American City* 47 (Oct. 1932): 52-53; Stone, *Management of Municipal Public Works*, 241.

8. Trout, "New Deal and the Cities," 136, 144; "Sanitary Landfill and the Decline of Recycling as a Solid Waste Management Strategy in American Cities," 未发表论文, 15, in author's possession; PWA, *America Builds*, 279; Harrison P. Eddy, " Refuse Disposal—A Review," *Municipal Sanitation* 8 (Jan. 1937): 86.

9. Samuel A. Greeley, "Modern Methods of Disposal of Garbage, and Some of the Troubles Experienced in Their Use," *American City* 28 (Jan. 1923): 15.

10. 同上, 17; George B. Gascoigne, "A Year's Progress in Refuse Disposal and Street Cleaning," American Society of Municipal Engineers, *Official Proceedings of the 38th Annual Convention* 38 (Jan. 1933): 191-192。

11. C. G. Gillespie and E. A. Reinke, " Municipal Refuse Problems and Procedures," *Civil Engineering* 4 (Sept. 1934): 487-88; Stone, *Management of Municipal Public Works*, 241.

12. E. S. Savas, ed., *The Organization and Efficiency of Solid Waste Collection* (Lexington, Mass.: D. C. Heath, 1977), 35-37, 43.

13. Upson, *Practice of Municipal Administration*, 459; Greeley, " Street Cleaning," 1245.

14. Upson, *Practice of Municipal Administration*, 458; *Municipal Index*, 1926, 162-183; *Municipal Index and Atlas*, 1930, 618-635; Armstrong et al., *History of Public Works*, 442.

15. Armstrong et al., *History of Public Works*, 441-442; Gascoigne, " Year's Progress in Refuse Disposal," 188-89; Upson, *Practice of Municipal Administration*, 459-460; J. E. Doran, "The Economical Collection of Municipal Wastes," *American City* 39 (Oct. 1928): 98; Greeley, "Street Cleaning," 1245.

16. Roger J. Bounds, "Refuse Disposal in American Cities," *Municipal Sanitation* 2 (Sept. 1931): 431-432.

17. George W. Schusler, "The Disposal of Municipal Wastes," *American City* 51

（Aug. 1936）: 86; Stone, *Management of Municipal Public Works*, 259-260.　　　　305

18. Martin V. Melosi, "Waste Management," *Environment* 23 (Oct. 1981): 12; Eddy, "Refuse Disposal," 79; Bounds, "Refuse Disposal," 431; Gillespie and Reinke, "Municipal Refuse Problems," 432, 490; "Sanitary Landfill and the Decline of Recycling," 18; Upson, *Practice of Municipal Administration*, 462.

19. Rachel Maines and Joel Tarr, "Municipal Sanitation," case study, Carnegie-Mellon University, Dec. 1980, 16; Bounds, "Refuse Disposal," 431-432.

20. Melosi, *Garbage in the Cities*, 182.

21. Martin V. Melosi, "Historic Development of Sanitary Landfills and Subtitle D," *Energy Laboratory Newsletter* 31 (1994): 20.

22. "Sanitary Landfill and the Decline of Recycling," 19-21; "An Interview with Jean Vincenz," *Public Works Historical Society Oral History Interview* 1 (1980); Jean L. Vincenz, "Sanitary Fill at Fresno," *Engineering News-Record* 123 (Oct. 26, 1939): 539-540; Jean L. Vincenz, "The Sanitary Fill Method of Refuse Disposal," *Public Works Engineers' Yearbook* (1940): 187-201; Jean L. Vincenz, "Refuse Disposal by the Sanitary Fill Method," *Public Works Engineers' Yearbook* (1944): 88-96; "The Sanitary Fill as Used in Fresno," *American City* 55 (Feb. 1940): 42-43.

23. "Sanitary-Fill Refuse Disposal at San Francisco," *Engineering News-Record* 116 (Feb. 27, 1936): 314-317; "Fill Disposal of Refuse Successful in San Francisco," *Engineering News-Record* 116 (July 6, 1939): 27-28; J. C. Geiger, "Sanitary Fill Method," *Civil Engineering* 10 (Jan. 1940): 42; John J. Casey, "Disposal of Mixed Refuse by Sanitary Fill Method at San Francisco," *Civil Engineering* 9 (Oct. 1939): 590-592.

24. "Sanitary Landfill and the Decline of Recycling," 22-25.

25. "Interview with Jean Vincenz," 17-19; Vincenz, "Refuse Disposal by the Sanitary Fill Method," 88-89; Melosi, "Historic Development of Sanitary Landfills," 20; APWA, *Municipal Refuse Disposal*, 3rd ed. (Chicago: APWA, 1970), 91-92.

26. Armstrong et al., *History of Public Works*, 448; Eddy, "Refuse Disposal," 80; Bounds, "Refuse Disposal," 433-434.

27. Armstrong et al., *History of Public Works*, 448; Melosi, "Waste Management," 12.

28. Eddy, "Refuse Disposal," 79; Bounds, "Refuse Disposal," 433-434; Greeley; "Street Cleaning," 1246; Upson, *Practice of Municipal Administration*, 463-464; Harry A. Mount, "A Garbage Crisis," *Scientific American*, Jan. 1922, 38.

29. Mount, "Garbage Crisis," 38.

30. "Trends in Refuse Disposal," *American City* 51 (May 1939): 13.

31. Upson, *Practice of Municipal Administration*, 465-466; Maines and Tarr, "Municipal Sanitation," 6; APWA, *Municipal Refuse Disposal*, 337; Nathan B. Jacobs, "What Future for Municipal Refuse Disposal?" *Municipal Sanitation* 1 (July 1930): 384.

32. Suellen M. Hoy and Michael C. Robinson, *Recovering the Past* (Chicago: Public Works Historical Society, 1979), 20-22.

33. Cyril E. Marshall, "Incinerator Knocks Out Garbage Dump in Long Island Town," *American City* 40 (June 1929): 129; Hering and Greeley, *Collection and Disposal of Municipal Refuse*, 313; *Municipal Index*, 1924, 68; "Garbage Collection and Disposal," 12-13.

34. Crohurst, "Municipal Wastes," 48-49.

35. Michael R. Greenberg et al., *Solid Waste Planning in Metropolitan Regions* (New Brunswick, N. J.: Center for Urban Policy Research, Rutgers University, 1976), 8; G. C. Holbrook, "The Modern Refuse Incinerator—A Sanitary Municipal Utility," *American City* 51 (Dec. 1936): 59.

36. Greenberg et al., *Solid Waste Planning in Metropolitan Regions*, 8.

37. Henry W. Taylor, "Incineration of Municipal Refuse," *Municipal Sanitation* 6 (May 1935): 142; Henry W. Taylor, "Incineration of Municipal Refuse," *Municipal Sanitation* 6 (Oct. 1935): 300; Henry W. Taylor, "Incineration of Municipal Refuse," *Municipal Sanitation* 6 (Aug. 1935): 239; George L. Watson, "What Constitutes a Low Bid on an Incinerator?" *American City* 49 (Oct. 1934): 66.

38. "Public Still Wants No Incinerator as a Next Door Neighbor," *Municipal Sanitation* 8 (Nov. 1937): 585.

39. Rolf Eliassen, "Incinerator Mechanization Wins Increasing Favor," *Civil Engineering* 19 (Apr. 1949): 17-19; Morris M. Cohn, "Highlights of Incinerator Construction—1941," *Sewage Works Engineering* 13 (Feb. 1942): 87.

40. "Combined Treatment of Sewage and Garbage," *National Municipal Review* 13 (Aug. 1924): 450-451; C. E. Keefer, "The Disposal of Garbage with Sewage," *Civil Engineering* 6 (Mar. 1936): 18-80; "Disposal of Ground Garbage into Sewers Arouses Interest," *Municipal Sanitation* 7 (Mar. 1936): 94; Hyde, , "Recent Trends in Sewerage and Sewage Treatment," 46-47; "Send Out the Garbage with the Sewage from the Home," *American City* 50 (Sept. 1935): 13.

41. Suellen Hoy, "The Garbage Disposer," *Technology and Culture* 26 (Oct. 1985): 761.

42. Susan Strasser, "Leftovers and Litter," paper presented at the Organization of American Historians meeting, Atlanta, Apr, 1994, 6-8.

306

43. Jacobs, "What Future for Municipal Refuse Disposal?" 384-385.

44. Committee on Refuse Collection and Disposal, *Refuse Collection Practice* (Chicago: APWA, 1941), 350-370.

第十四章　生态学时代郊区蔓延的挑战与"城市危机"

1. Dennis R. Judd, *The Politics of American Cities*, 3rd ed. (Glenview, Ill.: Scott, Foresman, 1988), 192.

2. U. S. Bureau of the Census, *Historical Statistics of the United States* (1975), 8, 11, 39; Miller and Melvin, *Urbanization of Modern America*, 184-185; John C. Bollens and Henry J. Schmandt, *The Metropolis*, 2nd ed. (New York: Harper and Row, 1970), 17, 19; Alfred H. Katz and Jean Spencer Felton, eds., *Health and the Community* (New York: Free Press, 1965), 25.

3. Jackson, *Crabgrass Frontier*, 139-140.

4. Mollenkopf, *Contested City*, 244-245; Bollens and Schmandt, *Metropolis*, 284-286.

5. Gelfand, *Nation of Cities*, 158; Miller and Melvin, *Urbanization of Modern America*, 213-214; Chudacoff and Smith, *Evolution of American Urban Society*, 261; Mollenkopf, *Contested City*, 214; Jackson, *Crabgrass Frontier*, 138-139; Teaford, *Twentieth-Century American City*, 98, 109.

6. Abbott, *Urban America in the Modern Age*, 100, 110; Miller and Melvin, *Urbanization of Modern America*, 180-181; Richard M. Bernard and Bradley R. Rice, eds., *Sunbelt Cities* (Austin: University of Texas Press, 1983), 1-26. 307

7. Goldfield and Brownell, *Urban America*, 345; Chudacoff and Smith, *Evolution of American Urban Society*, 259-260; Teaford, *Twentieth-Century American City*, 100-102, 216-222; Abbott, *Urban America in the Modern Age*, 64-66; Gelfand, *Nation of Cities*, 158.

8. Jackson, *Crabgrass Frontier*, 215-216.

9. Kenneth Fox, *Metropolitan America* (New Brunswick, N. J.: Rutgers University Press, 1985), 171, 174, 185-186, 189; Judd, *Politics of American Cities*, 179, 183; Jackson, *Crabgrass Frontier*, 242; Christopher Silver, "Housing Policy and Sub-urbanization," in *Race, Ethnicity, and Minority Housing in the United States*, ed. Jamshid A. Momeni (New York: Greenwood Press, 1986), 73, 76; Jamshid A. Momeni, "Su casa no es mi casa," in Momeni, *Race, Ethnicity, and Minority Housing*, 141; W. Dennis Keating, *The Suburban Racial Dilemma* (Philadelphia: Temple University Press, 1994), 11-12.

10. Abbott, *Urban America in the Modern Age*, 113; Chudacoff and Smith, *Evolution of American Urban Society*, 261; Teaford, *Twentieth-Century American City*, 105, 107.

11. Teaford, *Twentieth-Century American City*, 98-99; Jackson, *Crabgrass Frontier*, 162-163; Abbott, *Urban America in the Modern Age*, 86.

12. Melosi, *Coping with Abundance*, 270-271; Abbott, *Urban America in the Modern Age*, 86.

13. Judd, *Politics of American Cities*, 175.

14. Chudacoff and Smith, *Evolution of American Urban Society*, 262, 271-277; Goldfield and Brownell, *Urban America*, 360-363; Jackson, *Crabgrass Frontier*, 244; Teaford, *Twentieth-Century American City*, 115-118.

15. Teaford, *Twentieth-Century American City*, 111, 113; Goldfield and Brownell, *Urban America*, 354.

16. Abbott, *Urban America in the Modern Age*, 76, 82, 84-85; Goldfield and Brownell, *Urban America*, 348-354; Teaford, *Twentieth-Century American City*, 114, 118-126; Jon C. Teaford, *The Rough Road to Renaissance* (Baltimore: Johns Hopkins University Press, 1990), 105-107; Miller and Melvin, *Urbanization of Modern America*, 207, 247; Gelfand, *Nation of Cities*, 160, 168, 205-206; Chudacoff and Smith, *Evolution of American Urban Society*, 270.

17. Gelfand, *Nation of Cities*, 349; Teaford, *Twentieth-Century American City*, 127-136; Abbott, *Urban America in the Modern Age*, 91-95, 117-125; Miller and Melvin, *Urbanization of Modern America*, 201.

18. Miller and Melvin, *Urbanization of Modern America*, 177-178.

19. Teaford, *Twentieth-Century American City*, 107.

20. Bollens and Schmandt, *Metropolis*, 103; Harrigan, *Political Change in the Metropolis*, 248.

21. Gelfand, *Nation of Cities*, 164-165, 196.

22. Teaford, *Twentieth-Century American City*, 136-140; Chudacoff and Smith, *Evolution of American Urban Society*, 278; Miller and Melvin, *Urbanization of Modern America*, 205-206; Goldfield and Brownell, *Urban America*, 363-367.

23. Bollens and Schmandt, *Metropolis*, 252-258; Robert L. Lineberry and Ira Sharkansky, *Urban Politics and Public Policy* (New York: Harper and Row, 1971), 207-208.

24. Institute for Training in Municipal Administration, *Municipal Public Works Administration*, 5th ed. (Chicago: International City Managers' Association, 1957), 51; Bollens and Schmandt, *Metropolis*, 260-263; Lineberry and Shar-kansky, *Urban Politics and Public Polity*, 206, 208-209.

308

25. Bollens and Schmandt, *Metropolis*, 268, 271-273.

26. Clifford B. Knight, *Basic Concepts of Ecology* (New York: Macmillan, 1965), 2.

27. Donald Worster, *Nature's Economy* (Cambridge: Cambridge University Press, 1977), 289, 378; Carolyn Merchant, ed., *Major Problems in American Environmental History* (Lexington, Mass.: D. C. Heath, 1993), 444.

28. Worster, *Nature's Economy*, 339-340; Robert Gottlieb, *Forcing the Spring* (Washington, D. C.: Island Press, 1993), 36; Eugene Odum, "Ecology as a Science," in *The Encyclopedia of the Environment*, ed. Ruth A. Eblen and William R. Eblen (Boston: Houghton Mifflin, 1994), 171.

29. Victor B. Scheffer, *The Shaping of Environmentalism in America* (Seattle: University of Washington Press, 1991), 4.

30. Daniel Faber and James O'Connor, "Environmental Politics," in Merchant, *Major Problems in American Environmental History*, 553.

31. Scheffer, *Shaping of Environmentalism*, 113; Melosi, *Coping with Abundance*, 296-297.

32. Gottlieb, *Forcing the Spring*, 46, 81, 87-98.

33. Environmental Pollution Panel, President's Science Advisory Committee, *Restoring the Quality of Our Environment* (1965), quoted in *American Environmentalism*, 3rd ed., ed. Roderick Nash (New York: McGraw-Hill, 1990), 201; Eric A. Walker, "Technology Can Become More Human," in *Americans and Environment*, ed. John Opie (Lexington, Mass.: D. C. Heath, 1971), 179.

34. Abel Wolman, "The Civil Engineer's Role in Environmental Development," *Civil Engineering—ASCE* 40 (Oct. 1970): 42.

35. Franklin Thomas, "Sanitary Engineers Face Problems Incident to Rapid Expansion in Field of Sanitation," *Civil Engineering* 20 (Feb. 1950): 38; Mark D. Hollis, "Our Rapidly Changing Technology—Its Impact on Sanitary Engineering," *Civil Engineering* 24 (May 1954): 54-55; Mark D. Hollis, "Role of the Sanitary Engineer in Public Health," in *Centennial of Engineering, 1852-1952*, ed. Lenox R. Lohr (Chicago: Centennial of Engineering, 1953), 989-994.

36. Abel Wolman, "The Sanitary Engineer Looks Forward," *AJPH* 36 (Nov. 1946): 1278; Hollis, "Our Rapidly Changing Technology," 54-55.

37. Duffy, *Sanitarians*, 273-274, 280-282, 285-286.

38. Gary Cross and Rick Szostak, *Technology and American Society* (Englewood Cliffs, N. J.: Prentice Hall, 1995), 306.

39. Joseph A. Salvato Jr., *Environmental Sanitation* (New York: Wiley, 1958), 15.

40. 同上, 574, 577。

41. Victor M. Ehlers and Ernest W. Steel, *Municipal and Rural Sanitation* (New York: McGraw-Hill, 1965), 587-590, 599; David Keith Todd, ed., *The Water Encyclopedia* (Port Washington, N. Y.: Water Information Center, 1990), 491; Hanlon, *Principles of Public Health Administration*, 64.

第十五章　动荡时期

1. George P. Hanna Jr., "Domestic Use and Reuse of Water Supply," *Journal of Geography* 60 (Jan. 1961): 22.

2. 同上。

3. "The Water Picture in the United States," *American City* 76 (Sept. 1961): 181; "Water-Works Men Want Faster Progress," *American City* 81 (July 1965): 105; Edward A. Ackerman and George O. G. Lof, *Technology in American Water Development* (Baltimore: Johns Hopkins University Press, 1959), 7.

4. Bollens and Schmandt, *Metropolis*, 176; Edward T. Thompson, "The Worst Public-Works Problem," *Fortune*, Dec. 1958, 102.

5. Babbitt and Doland, *Water Supply Engineering*, 40; G. M. Fair, J. L. Geyer, and Daniel Alexander Okun, *Elements of Water Supply and Wastewater Disposal*, 2nd ed. (New York: Wiley, 1977), 14.

6. Joseph A. Salvato Jr., *Environmental Engineering and Sanitation*, 2nd ed. (New York: Wiley-Interscience, 1972), 103-104.

7. Todd, *Water Encyclopedia*, 351.

8. Fair et al., *Elements of Water Supply*, 14.

9. John D. Wright and Don R. Hassall, "Trends in Water Financing," *American City* 86 (Dec. 1971): 61; Ernest W. Steel, *Water Supply and Sewerage*, 4th ed. (New York: McGraw-Hill, 1960), 617; "Water-Works Men Want Faster Progress," 106.

10. Water Resources Council, *The Nation's Water Resources* (Washington, D. C.: Water Resources Council, 1968), 4-1-1, 4-1-2; Murray Stein, "Problems and Programs in Water Pollution," *Natural Resources Journal* 2 (Dec. 1962): 395; Jack Hirshleifer, James C. DeHaven, and Jerome W. Milliman, *Water Supply* (Chicago: University of Chicago Press, 1960), 2, 26; Fair et al., *Elements of Water Supply*, 27-28.

11. Bollens and Schmandt, *Metropolis*, 176, 178.

12. Ibdd, *Water Encyclopedia*, 226-227, 345-349.

13. Bollens and Schmandt, *Metropolis*, 176.

14. Water Resources Council, *Nation's Water Resources*, 5-1-3.

15. Robert L. Lineberry, *Equality and Urban Policy* (Beverly Hills, Calif,: Sage, 1977), 130.

16. Rodney R. Fleming, "The Big Questions," *American City* 82 (June 1967): 94-95; Charles M. Bolton, "A Metropolitan Water Works Is Best," *American City* 74 (Jan. 1959): 67-68; Wright and Hassall, "Trends in Water Financing," 61; Kruse, "Our Nation's Water," 54; Martin V. Melosi, "Community and the Growth of Houston," *Houston Review* 11 (1989): 110-112.

17. Bollens and Schmandt, *Metropolis*, 177; *Municipal Year Book*, *1947*, 295, 297; Michael N. Danielson, *The Politics of Exclusion* (New York: Columbia University Press, 1976), 223, 233.

18. T. E. Larson, "Deterioration of Water Quality in Distribution Systems," *JAWWA* 58 (Oct. 1968): 1316; Steel, *Water Supply and Sewerage*, 618.

19. Donald E. Stearns, "Expanding and Improving Water Distribution Systems," *Water and Sewage Works* 104 (June 1957): 256; William D. Hudson, "Studies of Distri- 310 bution System Capacity in Seven Cities," *JAWWA* 58 (Feb. 1966): 157, 159, 161-163.

20. Lineberry, *Equality and Urban Policy*, 130-131.

21. Kenneth J. Ives, "Progress in Filtration," *JAWWA* 56 (Sept. 1964): 1225, 1231; J. T. Ling, "Progress in Technology of Water Filtration," *Water and Sewage Works* 109 (Aug. 1962): 315-316.

22. Ling, "Progress in Technology," 317-319.

23. J. Carrell Morris, "Future of Chloridation," *JAWWA* 58 (Nov. 1968): 1475, 1481; AWWA, *Water Chlorination*, 5.

24. Larry E. Jordan, "Outstanding Achievements in Water Supply and Treatment," *Civil Engineering* 22 (Sept. 1952): 137; "Water Supply," *AJPH* 37 (May 1947): 556; Armstrong et al., *History of Public Works*, 240.

25. Jordan, "Outstanding Achievements," 137; "Water Supply" (May 1947), 556; Herman E. Hilleboe, "Public Health Aspects of Water Fluoridation," *AJPH* 41 (Nov. 1951): 1370-1371; "Fluoridation OK," *Newsweek*, Dec. 10, 1951, 46; "Fluoridation of Public Water Supplies," *AJPH* 42 (Mar. 1952): 339; "Fluoridation," *Bulletin of Atomic Scientists* 20 (Sept. 1964): 30.

26. J. C. Furnas, "The Fight Over Fluoridation," *Saturday Evening Post*, May 19, 1956, 37, 142-144; Fred Merryfield, "Water Supply Progress in 1956," *Water and Sewage Works* 104 (Jan. 1957): 12-13.

27. AWWA, *Water Quality and Treatment*, 406.

28. Furnas, "Fight Over Fluoridation," 143-144.

29. AWWA, *Water Quality and Treatment*, 409.

30. "Fluoridation Decade," *Scientific American*, Feb. 1956, 58.

31. "Water Getting Scarce," *Business Week*, Feb. 28, 1948, 24-25; "Water: New York Feels the Pinch," *Business Week*, Dec. 3, 1949, 31-33; Arthur H. Carhart, "Turn Off That Faucet!" *Atlantic Monthly*, Feb. 1950, 39-42; Sherwood D. Ross, "Water Pollution: A National Disgrace," *Progressive*, Aug. 1960, 18.

32. Hugh Hammond Bennett, "Warning: The Water Problem Is National," *Saturday Evening Post*, May 13, 1950, 32-33.

33. "The People-Water Crisis," *Newsweek*, Aug. 23, 1965, 48; "Plenty of Water— But Not to Waste," *Business Week*, Sept. 9, 1950, 82, 84, 86; "Where Is Water Short?" *Chemical Industries* 66 (Apr. 1950): 515; Fairfield Osborn, "Water, Water Everywhere?" *Today's Health* 28 (July 1950): 18-19; Francis Bello, "How Are We Fixed for Water?" *Fortune*, Mar. 1954, 120-123; "Water Crisis Still a Reality," *American City* 71 (Nov. 1956): 23; "Will Water Become Scarce?" *U. S. News and World Report*, Apr. 27, 1956, 84-93; John Robbins, "Water: How Fast Can We Waste It?" *Atlantic Monthly*, July 1957, 31, 33; "Great U. S. Water Shortage," *Newsweek*, Nov. 11, 1957, 45-46; "National Water Shortage," *Science* 127 (Mar. 21, 1958): 634; "Year of the Great Thirst," *Newsweek*, June 28, 1965, 56-57; "Water Crisis—Why?" *U. S. News and World Report*, Aug. 2, 1965, 39-41; "Water Problem in U. S. —What Can Be Done about It," *U. S. News and World Report*, Oct. 25, 1965, 66-68, 73-75; "Water—Too Little and Too Much," *Nation*, Aug. 1965, 91.

34. "Water Scheme Assures City's Growth," *Engineering News-Record* 160 (Apr. 17, 1958): 33-34, 36, 39-4.

35. "People-Water Crisis," 52; "Plenty of Water," 98; "Water-Supply Trends and Responsibilities," *American City* 76 (June 1961): 7; "Key West Gets Largest Desalting Plant," *American City* 81 (July 1966): 22.

36. Wallace Stegner, "Myths of the Western Dam," *Saturday Review*, Oct. 23, 1965, 29.

37. Robbins, "Water," 32; "People-Water Crisis," 49, 52.

38. Hopkins et al., *Practice of Sanitation*, 131-132, 137; Water Resources Council, *Nation's Water Resources*, 5-4-1.

39. Samuel P. Hays, *Beauty, Health, and Permanence* (New York: Cambridge University Press, 1987), 77.

40. Scheffer, *Shaping of Environmentalism*, 50; Tarr and Jacobson, "Environmental Risk in Historical Perspective," 328; Stein, "Problems and Programs in Water Pollution," 401; Richard J. Frankel, "Water Quality Management," *Water Resource Research* 1 (June 1965): 173; Kruse,, "Our Nation's Water," 62-67, 151-154; Bello, "How Are We Fixed for Water?" 124; AWWA, *Water Quality and Treatment*, 441; "Nation's Water Crisis," 83; "Plenty of Water," 88; Carhart, "Turn Off That Faucet!" 42; Robbins, "Water," 34; Water Resources Council, *Nation's Water Resources*, 5-4-2; "Water Supply," *APHA Yearbook, 1949-1950* 40 (May 1950): 118.

41. Ross, "Water Pollution," 17-18.

42. Scheffer, *Shaping of Environmentalism*, 50-53; "Pollution Kills 7, 800, 000 Fish," *American City* 80 (Mar. 1965): 133.

43. AWWA, *Water Quality and Treatment*, 20-31, 69; Water Resources Council, *Nation's Water Resources*, 5-4-2; Armstrong et al., *History of Public Works*, 244.

44. P. H. McGauhey, "Folklore in Water Quality Standards," *Civil Engineering—ASCE* 35 (June 1965): 71; "Water Supply" (May 1947), 558.

45. Tarr and Jacobson, "Environmental Risk in Historical Perspective," 329; John W. Clark, Warren Viessman Jr., and Mark J. Hammer, *Water Supply and Pollution Control*, 2nd ed. (Scranton, Pa.: International Textbook, 1971), 228.

46. Ross, "Water Pollution," 18; Mark D. Hollis, "Water Pollution Abatement in the United States," *Sewage and Industrial Waste* 23 (Jan. 1951): 89; "What Stream Pollution Means Nationally," *American City* 67 (Jan. 1952): 139; M. D. Hollis and G. E. McCallum, "Federal Water Pollution Control Legislation," *Sewage and Industrial Waste* 28 (Mar. 1956): 308; David H. Howells, "We Need More Municipal Waste Treatment Works," *Civil Engineering* 33 (Sept. 1963): 54.

47. Samuel A. Greeley, "Water Resource and Pollution Control Legislation," *Civil Engineering* 31 (Dec. 1961): 62-63; "Where We Stand on Pollution Control," *Engineering News-Record* 137 (Dec. 26, 1946): 78; Warren J. Scott, "Federal and State Legislation for Stream Pollution Control," *Sewage Works Journal* 19 (Sept. 1947): 884; Hollis, "Water Pollution Abatement," 91-92; W. B. Hart, "Antipollution Legislation and Technical Problems in Water Pollution Abatement," in *Water for Industry*, ed. Jack B. Graham and Meredith F. Burrill (Washington, D. C.: AAAS, 1956), 79-81; Allen V. Kneese, "Scope and Challenge of the Water Pollution Situation," in *Water Pollution*, ed. Ted L. Willrich and N. William Hines (Ames: Iowa State University Press, 1965), 56, 60; Greeley, "Water Resource and Pollution Control Legislation," 62-63.

48. Henry J. Graeser, "America's Drinking Water Is/Is Not Safe," *American City* 85 312

(June 1970): 79; "Where We Stand on Pollution Control," 78.

49. Scott, "Federal and State Legislation," 886-888; "Where We Stand on Pollution Control," 78-79.

50. J. Clarence Davies III, *The Politics of Pollution* (New York: Pegasus, 1970), 40-41; Camp, "Pollution Abatement Policy," 252-253; Federal Security Agency, USPHS, *Water Pollution in the United States* (Washington, D. C.: GPO, 1951), 36; Hollis, "Water Pollution Abatement," 89; Hollis and McCallum, "Federal Water Pollution Control Legislation," 307; Micklin, "Water Quality," 131.

51. Davies, *Politics of Pollution*, 40-41; Hollis, "Water Pollution Abatement," 91; Kruse, "Our Nation's Water," 52; Micklin, "Water Quality," 131-132; Ross, "Water Pollution," 18; Hollis and McCallum, "Federal Water Pollution Control Legislation," 308; Murray Stein, "Legal Aspects Stimulate Pollution Control Program," *Civil Engineering* 32 (July 1962): 50; Martin Reuss, "The Management of Stormwater Systems," in *Water and the City*, ed. Howard Rosen and Ann Durkin Keating (Chicago: Public Works Historical Society, 1991), 327.

52. Davies, *Politics of Pollution*, 40; Micklin, "Water Quality," 132; Stein, "Legal Aspects Stimulate Pollution Control Program," 50.

53. Howells, "We Need More Municipal Waste Treatment Works," 54; Stein, "Legal Aspects Stimulate Pollution Control Program," 51; Greeley "Water Resource and Pollution Control Legislation," 61; Water Resources Council, *Nation's Water Resources*, 4-1-2; Armstrong et al., *History of Public Works*, 232.

54. Graeser, "America's Drinking Water Is/Is Not Safe," 79; Stein, "Problems and Programs in Water Pollution," 403, 411, 413.

55. Micklin, "Water Quality," 133-134.

56. 同上, 136-141; Kneese, "Scope and Challenge of the Water Pollution Situation," 3; John F. Timmons, "Economics of Water Quality," in Willrich and Hines, *Water Pollution*, 3-4。

57. "Water Pollution," *Science* 150 (Oct., 8, 1965): 198.

58. 同上, Micklin, "Water Quality," 141; Timmons, "Economics of Water Quality," 63。

59. "Water Pollution: Federal Role," *Science* 150 (Oct., 8, 1965): 199; Micklin, "Water Quality," 142-144.

60. "Vietnam Peace Could Bring Surge in Water Pollution Control," *American City* 83 (Sept., 1968): 124.

第十六章　超越局限

1. "Nationwide Sewage Treatment—How It Looks Today," *American City* 65 (June 1950): 137; Fair et al., *Elements of Water Supply and Wastewater Disposal*, 14.

2. "Sewage Works Show Growth in Small Communities," *American City* 71 (Mar. 1956): 148; "More Sewers Than Ever," *American City* 74 (Feb. 1959): 14; *Water Supply and Sewage Disposal* (Paris: Organization of European Economic Cooperation, 1953), 69.

3. Abel Wolman, "The Metabolism of Cities," *Scientific American*, Sept. 1965, 184.

4. Kruse, "Our Nation's Water," 23-24, 53; Thompson, "Worst Public-Works Problem," 6. 313

5. Institute for Training in Municipal Administration, *Municipal Public Works Administration*, 52, 62; "How Air Conditioning Affects Water Supply" *American City* 63 (July 1948): 9; "273 Cities Charge Sewer Rentals," *American City* 65 (Aug. 1950): 21.

6. "User Charges, Not Grants, Should Pay Utility Costs," *American City* 91 (Nov. 1976): 72; Robie L. Mitchell, "Sewer Revenue Financing," *American City* 61 (Nov. 1946): 121-122.

7. *Water Supply and Sewage Disposal*, 70.

8. Teaford, *Rough Road to Renaissance*, 91; William Edwin Ross and George Erganian, "Sewer Extension Promotes Municipal Growth," *Civil Engineering* 33 (Mar. 1963): 48-49.

9. Joseph A. Salvato, "Problems of Wastewater Disposal in Suburbia," *Public Works* 95 (Mar. 1964): 120.

10. Kruse, "Our Nation's Water," 55; V. G. MacKenzie, "Research Studies on Individual Sewage Disposal Systems," *AJPH* 42 (May 1952): 411; Salvato, "Problems of Wastewater Disposal," 120.

11. Lewis Herber, *Crisis in Our Cities* (Englewood Cliffs, N. J.: Prentice-Hall, 1965), 16.

12. John E. Kiker, "Developments in Septic Tank Systems," *Transactions of the ASCE* 123 (1958): 77, 83.

13. Teaford, *Rough Road to Renaissance*, 90; "Cities Increase Service Charges to Suburbs," *National Municipal Review* 35 (July 1946): 379.

14. David J. Galligan, "Townships Consolidate Sewerage Systems," *American City* 69 (Oct. 1954): 88; Phil Holley, "Inter-City Water-Sewerage Agreements," *American City* 79 (Dec. 1964): 73-75; Arthur D. Caster, "County-Owned, City- Managed Sewerage

System," *American City* 84（Aug. 1969）: 117-118.

15. William S. Foster, "Metropolitan Sewerage Pacts," *American City* 75（Oct. 1960）: 87-89.

16. William S. Foster, "Metropolitan Sewerage Pacts," *American City* 75（Nov. 1960）: 1769-1776; William S. Foster, "Metropolitan Sewerage Pacts," *American City* 75（Dec. 1960）: 143-147; "Sewerage Authorities—Their Short-comings and Advantages," *American City* 68（Aug. 1953）: 15; "Sewage Problems Can Be Solved Without Separate Districts," *American City* 71（Feb. 1956）: 138-141.

17. Martin Lang et al., "Sewering the City of New York," *Civil Engineerings ASCE* 46（Jan. 1976）: 55.

18. "80-Year-Old Sewer Collapses," *American City* 70（Mar. 1955）: 122.

19. "Better Sewer Pipe Needed," *American City* 69（Mar. 1954）: 27.

20. Thoman and Jenkins, *Statistical Summary of Sewage Works*, 5, 8-9, 20, 29.

21. Allen Cynwin and William A. Rosenkranz, "Advances in Storm and Combined Sewer Pollution Abatement Technology," 在水污染控制联合会会议上发表的论文, San Francisco, Oct. 3-8, 1971, 18。

22. Sullivan, "Assessment of Combined Sewer Problems," 108.

23. 同上, 109-111, 115; APWA, *Report on Problems of Combined Sewer Facilities*, xiv-xv, 2-4; Edward Scott Hopkins, W. McLean Bingley, and George Wayne Schucker, *The Practice of Sanitation in Its Relation to the Environment*, 4th ed.（Baltimore: Williams 314 and Wilkins, 1970）, 324。

24. Sullivan, "Assessment of Combined Sewer Problems," 109; "No More Combined Sewers," *American City* 81（May 1966）: 30; J. A. Bronow, "Separate Those Sewers," *American City* 82（Feb. 1967）: 94-96; Cynwin and Rosenkranz, "Advances in Storm and Combined Sewer Pollution Abatement Technology," 1; APWA, *Report on Problems of Combined Sewer Facilities*, xvii; Vinton W. Bacon, "Separate Storm and Sanitary Sewers Not the Answer in Chicago," *American City* 82（Jan. 1967）: 67.

25. Cynwin and Rosenkranz, "Advances in Storm and Combined Sewer Pollution Abatement Technology," 5.

26. "WhoseResponsibility Is Sewage Treatment?" *American City* 61（Mar. 1946）: 15.

27. "Nationwide Sewage Treatment," 137; Thoman and Jenkins, *Statistical Summary of Sewage Works*, 10, 22, 25; Stein, "Problems and Programs in Water Pollution," 397.

28. "Sewerage and Sewage Treatment Planning," *American City* 61（Apr. 1946）: 119; Federal Security Agency, *Water Pollution in the United States*, 22; Morris M. Cohn, "Over 1, 100 Treatment Plants under Construction in 1950," *Wastes Engineering* 22

（Mar. 1951）：125-135；John R. Thoman and Kenneth H. Jenkins, *Municipal Sewage Treatment Needs* （Washington, D. C.：USPHS, HEW, 1958）, 5-6, 30.

29. Geoffrey A. Parkes, "Los Angeles Aims at Perfection," *American City* 66 （June 1951）：79-81, 169.

30. W. W. Eckenfelder Jr., "Theory and Practice of Activated Sludge Process Modifications," *Water and Sewage Works* 108 （Apr. 1961）：145-150；"More Sewers Than Ever," 15.

31. "The Treatment of Industrial Wastes," *AJPH* 36 （Mar. 1946）：281.

32. "Eight-State Drive to Clean Up Rivers," *Business Week*, July 31, 1948, 26.

33. Federal Security Agency, *Water Pollution in the United States*, 10.

34. E. Weisberg, R. A. Phillips, and T. Helfgott, "New Aspects of Waste-Water Reclamation," *American City* 79 （Aug. 1964）：91.

35. 同上。

36. W. Wesley Eckenfelder and John W. Hood, "Detergents and Foaming in Sewage Treatment," *American City* 65 （May 1950）：132.

37. "Detergents—Are They Really to Blame?" *American City* 68 （Jan. 1953）：105；"Detergents—Not Necessarily Guilty," *American City* 71 （Mar. 1956）：120；Eckenfelder and Hood, "Detergents and Foaming," 133；"The Problem of Detergents in Sanitary Engineering," *American City* 66 （Sept. 1950）：115.

38. "Soapless Opera," *Scientific American*, July 1953, 48.

39. "Uncle Sam Steps Up Drive to Halt Pollution by Cities, Industries," *Wall Street Journal*, Nov. 14, 1960；Rolf Eliassen, "Stream Pollution," in Katz and Felton, *Health and the Community*, 94；"Federal Aid for Sewage Treatment," *American City* 71 （Sept. 1956）：5.

40. Samuel I. Zack, "The Case for Federal Aid for Sewage Works," *American City* 71 （Aug. 1956）：165.

41. Howells, "We Need More Municipal Waste Treatment Works," 54；"446 Cities Share in Aid," *Texas Municipalities* 44 （Oct. 1957）：285；"Sewage Works Get Federal Aid," *American City* 71 （Aug. 1956）：15.

42. "Federal Grants for Sewage Works—A Sugar-Coated Warning," *American City* 71 （Aug. 1956）：18.

43. "Legal War on Water Pollution," *Business Week*, July 16, 1960, 132, 134；Howells, "We Need More Municipal Waste Treatment Works," 54；Hopkins et al., *Practice of Sanitation*, 341-342.

44. Hopkins et al., *Practice of Sanitation*, 321, 348；Cynwin and Rosenkranz, "Ad-

315

vances in Storm and Combined Sewer Pollution Abatement Technology," 1.

45. "Collision Course on Pollution," *Business Week*, Nov. 29, 1969, 44.

第十七章 作为"第三种污染"的固体废物

1. William E. Small, *Third Pollution* (New York: Praeger, 1970), 7.

2. Kenneth A. Hammond, George Micinko, and Wilma B. Fairchild, eds., *Sourcebook on the Environment* (Chicago: University of Chicago Press, 1978), 327.

3. William D. Ruckelshaus, "Solid Waste Management," *Public Management* (Oct. 1972): 2-4.

4. Melosi, "Waste Management," 9.

5. Bernard Baum et al., *Solid Waste Disposal*, vol. 1 (Ann Arbor, Mich.: Science, 1974), 3-4; Brian J. L. Berry and Frank E. Horton, *Urban Environmental Management* (Englewood Cliffs, N. J.: Prentice Hall, 1974), 259; Alfred J. Van Tassel, ed., *Our Environment* (Lexington, Mass.: Lexington Books, 1973), 460; Melosi, *Garbage in the Cities*, 207-208; EPA, *Characterization of Municipal Solid Waste in the United States: 1990 Update; Executive Summary* (Washington, D. C.: EPA, June 13, 1990), 3; William Rathje and Cullen Murphy, *Rubbish!* (New York: HarperCollins, 1992), 101; George Ichobanoglous, Hilary Theisen, and Rolf Eliassen, *Solid Wastes* (New York: McGraw-Hill, 1977), 7.

6. EPA, *The Solid Waste Dilemma: An Agenda for Action: Background Documents* (Washington, D. C.: EPA, Sept. 1988), 1-18, 1-19.

7. John A. Burns and Michael J. Seaman, "Some Aspects of Solid Waste Disposal," in Van Tassel, *Our Environment*, 457-458; Baum et al., *Solid Waste Disposal*, i-vi; Laurent Hodges, *Environment Pollution* (New York: Holt, Rinehart, and Winston, 1973), 219; C. L. Mantell, ed., *Solid Wastes* (New York: Wiley, 1975), 32, 35.

8. EPA, *Solid Waste Dilemma: An Agenda for Action*, 1-9; Keep America Beautiful, "An Introduction to Municipal Solid Waste Management," *Focus* 1 (1991): 1; U. S. HEW, USPHS, Environmental Health Service, Bureau of Solid Waste Management, *Solid Waste Management, Abstracts and Excerpts from the Literature*, Pub. No. 2038, 2 vols (Washington, D. C.: GPO, 1970), 35.

9. Berry and Horton, *Urban Environmental Management*, 260; Amos Turk, Jonathan Turk, and Janet T. Wittes, *Ecology, Pollution, Environment* (Philadelphia: Saunders, 1972), 138.

10. Baum et al., *Solid Waste Disposal*, i-vi; D. Joseph Hagerty, Joseph L. Pavoni,

and John E. Heer Jr., *Solid Waste Management* (New York: Van Nostrand Reinhold, 316 1973), 13-14; APWA, *Municipal Refuse Disposal*, viii-ix; National League of Cities and U. S. Conference of Mayors, Solid Waste Management Task Force, *Cities and the Nation's Disposal Crisis* (Washington, D. C.: National League of Cities and U. S. Conference of Mayors, Mar. 1973), 3, 32; Melosi, "Waste Management," 9; Werner Z. Hirsch, "Cost Functions of an Urban Government Service," *Review of Economics and Statistics* 47 (Feb. 1965): 92.

11. Hopkins et al., *Practice of Sanitation*, 226.

12. Peter Kemper and John M. Quigley, *Economics of Refuse Collection* (Cambridge, Mass.: Ballinger, 1976), 109-111; Hagerty et al., *Solid Waste Management*, 13.

13. APWA, *Solid Waste Collection Practice*, 36-39; Hagerty et al., *Solid Waste Management*, 20; William E. Korbitz, ed., *Urban Public Works Administration* (Washington, D. C.: International City Management Association, 1976), 439.

14. Homer A. Neal and J. R. Korbitz, *Solid Waste Management and the Environment* (Englewood Cliffs, N. J.: Prentice-Hall, 1987), 29.

15. Armstrong et al., *History of Public Works*, 442, 444-446.

16. Hoy, "Garbage Disposer," 758; Strasser, "Leftovers and Litter," 7; Melosi, *Garbage in the Cities*, 180-281.

17. Dennis Young, *How Shall We Collect the Garbage?* (Washington, D. C.: Urban Institute, 1972), 12.

18. Savas, *Organization and Efficiency of Solid Waste Collection*, 37-38.

19. Baum et al., *Solid Waste Disposal*, 1: 5.

20. E. S. Savas, " Intracity Competition between Public and Private Service Delivery," *Public Administration Review 41* (Jan. /Feb. 1981): 47-48; Young, *How Shall We Collect the Garbage?* 8-10.

21. Armstrong et al., *History of Public Works*, 446-447; Charles G. Burck, "There's Big Business in All That Garbage," *Fortune*, Apr. 7, 1980, 106-107.

22. Peter Reuter, "Regulating Rackets," *Regulation* 8 (Sept. -Dec. 1984): 29-30, 33-34.

23. Esher Shaheen, *Environmental Pollution* (Mahomet, Ill,: Engineering Technology, 1974), 261.

24. "Sanitary Landfill or Incineration?" *American City* 66 (Mar. 1951): 99; Tarr, "Historical Perspectives on Hazardous Wastes," 99.

25. Thomas J. Sorg and Thomas W. Bendixen, "Sanitary LandfilL" in Mantell, *Solid Wastes*, 71-72; Armstrong et al., *History of Public Works*, 450.

26. Melosi, *Garbage in the Cities*, 184-185.

27. Melosi, "Waste Management," 13.

28. Joel A. Tarr, "Risk Perception in Waste Disposal," 未发表论文, 20-22.

29. Eliassen, "Incinerator Mechanization Wins Increasing Favor," 17-19.

30. 同上; Cohn, "Highlights of Incinerator Construction," 87; E. R. Bowerman, "What Cities Use Incinerators—And Why?" *American City* 67 (Mar. 1952): 100.

31. Casimir A. Rogus, "Refuse Incineration—Trends and Developments," *American City* 74 (July 1959): 94-97.

32. "The Incinerator— 'A Machine of Beauty,'" *American City* 69 (Aug. 1954): 85; "Sanitary Landfill or Incineration?" 98-99.

33. Mantell, *Solid Wastes*, 21.

34. "Incinerator—Residue Study Under Way," *American City* 80 (Mar. 1965): 20; Junius W. Stephenson, "Planning for Incineration," *Civil Engineering* 34 (Sept. 1964): 38, 40; APWA, *Municipal Refuse Disposal*, viii.

35. Melosi, *Garbage in the Cities*, 187-188.

36. Melosi, "Waste Management," 12; Fenton, "Current Trends in Municipal Solid Waste Disposal," 170; Hodges, *Environment Pollution*, 260; Shaheen, *Environmental Pollution*, 260.

37. Shaheen, *Environmental Pollution*, 271; Hopkins et al., *Practice of Sanitation*, 247; Max L. Panzer and Harvey F. Ludwig, "Should We Reconsider Composting of Organic Refuse?" *Civil Engineering* 21 (Feb. 1951): 40-41; APWA, *Municipal Refuse Disposal*, 296-298.

38. EPA, *Legal Compilation: Statutes and Legislative History, Executive Orders, Regulations, Guidelines and Reports*, Suppl. 2, vol. 1, *Solid Waste* (Washington, D. C.: EPA, Jan. 1974), 45-50; J. Rodney Edwards, "Recycling Waste Paper," in Mantell, *Solid Wastes*, 883-890.

39. Frank P. Grad, "The Role of the Federal and State Governments," in Savas, *Organization and Efficiency of Solid Waste Collection*, 169.

40. Stanley D. Degler, *Federal Pollution Control Programs*, rev. ed. (Washington, D. C.: Bureau of National Affairs, 1971), 36.

41. APWA., *Municipal Refuse Disposal*, x.

42. Melosi, *Garbage in the Cities*, 200-201; Grad, "Role of the Federal and State Governments," 169-170.

43. Mantell, *Solid Wastes*, 3-7; Hagerty et al., *Solid Waste Management*, 268-269; APWA, *Municipal Refuse Disposal*, i-z; Shaheen, *Environmental Pollution*, 9.

317

44. Ernest Flack and Margaret C. Shipley, *Man and the Quality of His Environment* (Boulder: University of Colorado Press, 1968), 117-119.

45. Ichobanoglous et al., *Solid Wastes*, 40; Mantell, *Solid Wastes*, 11-12; Kemper and Quigley, *Economic of Refuse Collection*, 5.

46. Armstrong et al., *History of Public Works*, 453; Ichobanoglous et al., *Solid Wastes*, 40-43; Hagerty et al., *Solid Waste Management*, 269, 283-291; Douglas B. Cargo, *Solid Wastes* (Chicago: University of Chicago, Department of Geography, 1978), 74.

47. Melosi, "Waste Management," 7; Degler, *Federal Pollution Control Programs*, 37-38.

48. Van Tassel, *Our Environment*, 468; Grad, "Role of the Federal and State Governments," 169-183; Armstrong et al., *History of Public Works*, 453; Peter S. Menell, "Beyond the Throwaway Society," *Ecology Law Quarterly* 7 (1990): 671; William L. Kovacs, "Legislation and Involved Agencies," in *The Solid Waste Handbook*, ed. William D. Robinson (New York: Wiley, 1986), 9; Berry and Horton, *Urban Environmental Management*, 361-362.

49. Craig E. Colten, "Chicago's Waste Lands," *Journal of Historical Geography* 20 (1994): 124.

第十八章　从地球日到基础设施危机　318

1. Goldfield and Brownell, *Urban America*, 375.

2. Jon C. Teaford, *The Metropolitan Revolution* (New York: Columbia University Press, 2006), 240.

3. U. S. Council on Environmental Quality, *Environmental Quality: Twentyfourth Annual Report of the Council on Environmental Quality* (Washington, D. C.: GPO, 1993), 385; U. S. Bureau of the Census, *Statistical Abstract of the United States* (Washington, D. C.: Department of Commerce, 1995), 43.

4. U. S. Bureau of the Census, *Statistical Abstract of the United States*, 39; U. S. Bureau of the Census, 1990 *Census of Population and Housing, Supplemental Reports: Urbanized Areas of the United States and Puerto Rico*, sec. 1 (Washington, D. C.: Department of Commerce, 1993), Il-a; U. S. Census Bureau, *Population Change and Distribution*, 1990-2000 (Apr. 2001), 5, http://www. census. gov/prod/2001pubs/c2kbr01-2. pdf.

5. Chudacoff and Smith, *Evolution of American Urban Society*, 289-290; Abbott, *Ur-*

ban America in the Modern Age, 136; Goldfield and Brownell, *Urban America*, 380-381, 414-423.

6. Silver, "Housing Policy and Suburbanization," 71; Bernard H. Ross and Myron A. Levine, *Urban Politics*, 5th ed. (Itasca, Ill.: F. E. Peacock, 1996), 59, 285-289.

7. Wendell Cox, "The Role of Urban Planning in the Decline of Central Cities," *Demographia* (June 2005), 16, http://demographia. com/db-xplannerscities. pdf.

8. Teaford, *Twentieth-Century American City*, 153.

9. Jackson, *Crabgrass Frontier*, 284.

10. Teaford, *Twentieth-Century American City*, 153-154; Teaford, *Metropolitan Revolution*, 242-243; Chudacoff and Smith, *Evolution of American Urban Society*, 288-289, 301; Abbott, *Urban America in the Modern Age*, 111, 113-115, 132; Miller and Melvin, *Urbanization of Modern America*, 213; Goldfield and Brownell, *Urban America*, 435-448.

11. Chudacoff and Smith, *Evolution of American Urban Society*, 294.

12. Howard Chernick and Andrew Reschovsky, "Urban Fiscal Problems," in *The Urban Crisis*, ed. Burton A. Weisbrod and James C. Worthy (Evanston, Ill.: Northwestern University Press, 1997), 132, 135-136; Teaford, *Metropolitan Revolution*, 167-184.

13. Daniel T. Lichter and Martha L. Crowley, "Poverty Rates Vary Widely across the United States," Population Reference Bureau (2007), http://www. prb. org/Articles/2002/PovertyRatesVaryWidelyAcrosstheUnitedStates. aspx.

14. Chernick and Reschovsky, "Urban Fiscal Problems," 138-141.

15. Teaford, *Twentieth-Century American City*, 142; Teaford, *Rough Road to Renaissance*, 218, 225, 262, 265; Chudacoff and Smith, *Evolution of American Urban Society*, 294-295; Lawrence J. R. Herson and John M. Bolland, *The Urban Web* (Chicago: Nelson-Hall, 1990), 347.

16. Goldfield and Brownell, *Urban America*, 385-387; Teaford, *Rough Road to Renaissance*, 227-230; Teaford, *Twentieth-Century American City*, 143-146; Abbott, *Urban America in the Modern Age*, 130; Chudacoff and Smith, *Evolution of American Urban Society*, 295-296.

17. Marian Lief Palley and Howard A. Palley, *Urban America and Public Policies*, 2nd ed. (Lexington, Mass.: D. C. Heath, 1981), 24, 59; Teaford, *Twentieth-Century American City*, 140-141; Chudacoff and Smith, *Evolution of American Urban Society*, 293; Herson and Bolland, *Urban Web*, 335-336.

18. Benjamin Kleinberg, *Urban America in Transformation* (Thousand Oaks, Calif.: Sage, 1995), 187-193; Miller and Melvin, *Urbanization of Modern America*, 210-211, 236-238; Teaford, *Twentieth-Century American City*, 140.

19. Herson and Bolland, *Urban Web*, 306; Palley and Palley, *Urban America and Public Policies*, 92; Goldfield and Brownell, *Urban America*, 388-390; Abbott, *Urban America in the Modern Age*, 130, 131; Chudacoff and Smith, *Evolution of American Urban Society*, 292-293; Miller and Melvin, *Urbanization of Modern America*, 211.

20. Kleinberg, *Urban America in Transformation*, 210-13; Goldfield and Brownell, *Urban America*, 392-394.

21. George E. Peterson and Carol W. Lewis, eds., *Reagan and the Cities* (Washington, D. C.: Urban Institute Press, 1986), 1; Chernick and Reschovsky, "Urban Fiscal Problems," 146. 企业园区设立在低收入地区，在那里，联邦政府将向企业提供税收优惠和其他引导，以换取经济发展的承诺。有些园区是在 20 世纪 80 年代建立的，但取得成功的很少。

22. Chernick and Reschovsky, "Urban Fiscal Problems," 146.

23. Peterson and Lewis, *Reagan and the Cities*, 1-10; Kleinberg, *Urban America in Transformation*, 226-236, 242-244; Miller and Melvin, *Urbanization of Modern America*, 228-39; Abbott, *Urban America in the Modem Age*, 131; Chudacoff and Smith, *Evolution of American Urban Society*, 294, 296-297; Goldfield and Brownell, *Urban America*, 433-435.

24. U. S. Census Bureau (2007), http://www. census. gov/govs/estimate/o4ooussl_i. htm.

25. Committee on Infrastructure Innovation, National Research Council, *Infrastructure for the 21st Century* (Washington, D. C.: National Academy Press, 1987), 9; NCPWI, *The Nation's Public Works: Defining the Issues* (Washington, D. C.: NCPWI, Sept. 1986), 57; NCPWI, *Fragile Foundations* (Washington, D. C.: GPO, Feb. 1988), 12-13.

26. Pat Choate and Susan Walter, *America in Ruins* (Durham, N. C.: Duke Press Paperbacks, 1981), xi.

27. 同上，xi-xii, 1-4.

28. George E. Peterson and Mary John Miller, *Financing Public Infrastructure* (Washington, D. C.: Community and Economic Development Task Force, HUD, 1982), 1.

29. Government Finance Research Center, Municipal Finance Officers Association, *Building Prosperity* (Washington, D. C.: Municipal Finance Officers Association, Oct. 1983), 2-3, 72; U. S. Congress, Congressional Budget Office, *Public Works Infrastructure* (Washington, D. C.: GPO, Apr. 1983), 1, 6-7, 14; Touche Ross and Co., *The Infrastructure Crisis* (New York: Touche Ross, 1983), 1.

30. John P. Eberhard and Abram B. Bernstein, eds., *Technological Alternatives for Urban Infrastructure* (Washington, D. C.: National Research Council and Urban Land Institute, Dec. 1985), 1-2, 40, 46, 51-52.

31. NCPWI, *Defining the Issues*, 1, 6.

32. NCPWI, *Fragile Foundations*, 1, 6.

320   33. 同上，7—8, 10, 43, 45。

34. Roger W. Caves, *Exploring Urban America* (Thousand Oaks, Calif,: Sage, 1995), 247-255; Ralph Gakenheimer, "Infrastructure Shortfall," *American Planning Association Journal* 55 (Winter 1987): 22; Bruce Seely, "A Republic Bound Together," *Wilson Quarterly* 17 (Winter 1993): 19-20, 38; Michael Pagano, "Local Infrastructure," *Public Works Management and Policy* 1 (July 1996): 19-22; Carol T. Everett, "So Is There an Infrastructure Crisis or What?" *Public Works Management and Policy* (July 1996): 88-95.

35. American Society for Civil Engineers, "Report Card for America's Infrastructure, 2005," http://www. asce. org/reportcard/2005/index. cfm.

36. Melosi, *Coping with Abundance*, 297; Gottlieb, *Forcing the Spring*, 105-114.

37. Melosi, *Coping with Abundance*, 297-298; Gottlieb, *Forcing the Spring*, 109-10.

38. Wallis E. McClain Jr., ed., *U. S. Environmental Laws: 1994 Edition* (Washington, D. C.: Bureau of National Affairs, 1994), 9-1; Gottlieb, *Forcing the Spring*, 124-125; Melosi, *Coping with Abundance*, 298.

39. Melosi, *Coping with Abundance*, 298; McClain, *U. S. Environmental Laws*, 9-1; Gottlieb, *Forcing the Spring*, 128-129.

40. Richard N. L. Andrews, "Environmental Protection Agency," in *Conservation and Environmentalism*, ed. Robert Paehlke (New York: Garland, 1995), 256; Gottlieb, *Forcing the Spring*, 129; Joseph Petulla, *Environmental Protection in the United States* (San Francisco: San Francisco Study Center, 1987), 48-49.

41. Gottlieb, *Forcing the Spring*, 126, 129.

42. Daniel H. Henning and William R. Mangun, *Managing the Environmental Crisis* (Durham, N. C.: Duke University Press, 1989), 20-21, 27.

43. Petulla, *Environmental Protection*, 56-57.

44. Terry Davies, "Environmental Protection Agency," in Eblen and Eblen, *Encyclopedia of the Environment*, 223; Henning and Mangun, *Managing the Environmental Crisis*, 27-29.

45. Sir Shridath Ramphal, "Sustainable Development," in Eblen and Eblen, *Encyclopedia of the Environment*, 680-683; Lester W. Milbrath, "Sustainability," in Paehlke,

Conservation and Environmentalism, 612-613.

46. Eileen Maura McGurty, "From NIMBY to Civil Rights," *Environmental History* 2 (July 1997): 305-314.

47. Andrew Szasz, *Ecopopulism* (Minneapolis: University of Minnesota Press, 1994), 5.

48. Lois Marie Gibbs, "Celebrating Ten Years of Triumph," *Everyone's Backyard* 11 (Feb. 1993): 2.

49. Szasz, *Ecopopulism*, 6, 69-72.

50. Cynthia Hamilton, "Coping with Industrial Exploitation," in *Confronting Environmental Racism*, ed. Robert D. Bullard (Boston: South End Press, 1993), 63.

51. Robert D. Bullard, *Dumping in Dixie*, 2nd ed. (Boulder, Colo.: Westview Press, 1994), xiii.

52. Quoted in Karl Grossman, "The People of Color Environmental Summit," in *Unequal Protection*, ed. Robert D. Bullard (San Francisco: Sierra Club Books, 1994), 272.

53. Bunyan Bryant and Paul Mohai, eds., *Race and the Incidence of Environmental* 321 *Hazards* (Boulder, Colo.: Westview Press, 1992), 1-2; Dana A. Alston, ed., *We Speak for Ourselves* (Washington, D. C,: Panos Institute, 1990), 3; "From the Front Lines of the Movement for Environmental Justice," *Social Policy* 22 (Spring 1992): 12; Robert D. Bullard, "Anatomy of Environmental Racism and the Environmental Justice Movement," in Bullard, *Confronting Environmental Racism*, 22-23.

54. Charles Lee, "Toxic Waste and Race in the United States," in Bryant and Mohai, *Race and the Incidence of Environmental Hazards*, 10-16, 22-27; Karl Grossman, "Environmental Racism," *Crisis* 98 (Apr. 1991): 16-17; Karl Grossman, "From Toxic Racism to Environmental Justice," *E: The Environmental Magazine* 3 (May/June 1992): 30-32; Dick Russell, "Environmental Racism," *Amicus Journal* 11 (Spring 1989): 22-25.

55. Daniel Kevin, "Environmental Racism' and Locally Undesirable Land Uses," *Villanova Environmental Law Journal* 8 (1997): 122; Rachel D. Godsil, "Remedying Environmental Racism," *Michigan Law Review* 90 (Nov. 1991): 397-398; Bullard, *Confronting Environmental Racism*; Vicki Been, "What's Fairness Got to Do with It?" *Cornell Law Review* 78 (Sept. 1993): 1014-1015, 1018-1024; Vicki Been, "Locally Undesirable Land Uses in Minority Neighborhoods," *Yale Law Journal* (Apr. 1994): 1386, 1406.

56. Bullard, *Dumping on Dixie*, xv.

57. Bullard, *Unequal Protection*, xvi.

58. President William Clinton, "Executive Order on Federal Actions to Address Envi-

ronmental Justice in Minority Populations and Low Income Populations," Washington, D. C., Feb. 11, 1994; "Not in My Backyard," *Human Rights* 20 (Fall 1993): 27-28; Bryant and Mohai, *Race and the Incidence of Environmental Hazards*, 5; Grossman, "People of Color Environmental Summit," 287.

59. Gottlieb, *Forcing the Spring*, 235-269; Mark Dowie, *Losing Ground* (Cambridge, Mass.: MIT Press, 1997), 125-135, 170-172.

60. Gottlieb, *Forcing the Spring*, 207, 227-230, 233-234; Carolyn Merchant, *Radical Ecology* (New York: Routledge, 1992), 183-209.

61. Richard N. L. Andrews, *Managing the Environment*, *Managing Ourselves* (New Haven, Conn.: Yale University Press, 2006), 351.

62. 同上, 350-395。

63. 同上, 351。

64. Odum, "Ecology as a Science," 171; Herman Koren, ed., *Handbook of Environmental Health and Safety*, vol. 1 (Boca Raton, Fla.: Lewis, 1991), 81.

65. Daniel Woltering and Talbot Page, "Ecological Risk," in Eblen and Eblen, *Encyclopedia of the Environment*, 163.

66. Hays, *Beauty, Health, and Permanence*, 338; Walter A. Rosenbaum, *Environmental Politics and Policy*, 3rd ed. (Washington, D. C.: Congressional Quarterly Press, 1995) / 9-11, 75-78, 175.

67. P. Aarne Vesilind, J. Jeffrey Peirce, and Ruth F. Weiner, *Environmental Engineering*, 3rd ed. (Boston: Butterworth-Heinemann, 1994), 11; Robert A. Corbitt, ed., *Standard Handbook of Environmental Engineering* (New York: McGraw-Hill, 1990), 1. 2-1. 6; C. Maxwell Stanley, "The Engineer and the Environment," *Civil Engineering—ASCE* 42 (July 1972): 79.

68. Arcadio P. Sincere and Gregoria A. Sincero, *Environmental Engineering* (Upper Saddle River, N. J,: Prentice-Hall, 1996), xv, 1-2.

69. Jeffrey K. Stine, "Engineering a Better Environment," paper presented at the SHOT/HSS Critical Problems and Research Frontiers Conference, Madison, Wis., 1991, 11.

70. Vesilind et al., *Environmental Engineering*, 11.

71. Paul N. Cheremisinoff and Richard A. Young, eds., *Pollution Engineering Practice Handbook* (Ann Arbor, Mich.: Ann Arbor Science, 1975), v.

72. William J. Mitsch and Sven Erik Jorgensen, eds., *Ecological Engineering* (New York: Wiley, 1989), 4-5.

73. Peter C. Schulze, ed., *Engineering within Ecological Constraints* (Washington,

D. C.: National Academy Press, 1996), 1, 3, 6, 31, 33, 66-68, 79, 112-114, 131.

第十九章　在破损管道和陈旧处理厂之外

1. NCPWI, *The Nation's Public Works: Executive Summaries of Nine Studies* (Washington, D. C.: NCPWI, May 1987), 37-38.

2. Neil S. Grigg, *Urban Water Infrastructure* (New York: Wiley, 1986), 7-8.

3. Everett, "So Is There an Infrastructure Crisis or What?" 91; Jesse H. Ausubel and Robert Herman, eds., *Cities and Their Vital Systems* (Washington, D. C.: National Academy Press, 1988), 265.

4. Grigg, *Urban Water Infrastructure*, 17; NCPWI, *The Nation's Public Works: Report on Water Supply* (Washington, D. C.: NCPWI, 1987), 14; David Holtz and Scott Sebastian, eds., *Municipal Water Systems* (Bloomington: Indiana University Press, 1978), 71.

5. Sam M. Cristofano and William S. Foster, eds., *Management of Local Public Works* (Washington, D. C.: International City Management Association, 1986), 280; Duane D. Baumann and Daniel Dworkin, *Water Resources for Our Cities* (Carbondale: Southern Illinois University Press, 1978), 8; U. S. Water Resources Council, *The Nation's Water Resources*, 1975-2000, vol. 1 (Washington, D. C.: U. S. Water Resources Council, Dec. 1978), 2.

6. CEQ, *Environmental Quality: Twenty-fourth Annual Report of the Council on Environmental Quality* (Washington, D. C.: GPO, 1993), 55-57; U. S. Bureau of the Census, *Statistical Abstract of the United States* (Washington, D. C.: Department of Commerce, 1995), 232; Conservation Foundation, *State of the Environment: A View from the Nineties* (Washington, D. C.: Conservation Foundation, 1987), 225-226, 232.

7. Susan S. Hutson et al., "Estimated Use of Water in the United States in 2000," *U. S. Geological Survey Circular* 1268 (Mar. 2004; revised Feb. 2005), http://pubs. usgs. gov/circ/2004/circ1268.

8. NCPWI, *Report on Water Supply*, 7, 17-18, 91; Hutson et al., "Estimated Use of Water in the United States in 2000."

9. Janet Werkman and David L. Weterling, "Privatizing Municipal Water and Wastewater Systems," *Public Works Management and Policy* 5 (July 2000): 52.

10. Anthony Lenze, "Liquid Assets," *Pittsburgh Post-Gazette*, Sept. 16, 2003; Christopher D. Cook, "Drilling for Water in the Mojave," *Progressive*, Oct. 2002, 19-20; Lolis Eric Elie, "Privatization Argument Has Its Leaks," *New Orleans Times-Picayune*, 323

Mar. 31, 2003.

11. Norris Hundley Jr., *The Great Thirst* (Berkeley: University of California Press, 1992), 332-347.

12. NCPWI, *Report on Water Supply*, 16; Holtz and Sebastian, *Municipal Water Systems*, 71; Grigg, *Urban Water Infrastructure*, 1, 85.

13. NCPWI, *The Nation's Public Works: Report on Wastewater Management* (Washington, D. C.: NCPWI, 1987), 1, 35; NCPWI, *Executive Summaries of Nine Studies*, 41; NCPWI, *Defining the Issues*, 13; NCPWI, *Fragile Foundations*, 54, 158, 164; Robert B. Williams and Gordon L. Culp, eds., *Handbook of Public Water Systems* (New York: Van Nostrand Reinhold, 1986), 801; U. S. Census Bureau, *Statistical Abstract of the United States*, 2000, http://www. census. gov/prod/www/statistical-abstract-1995_2000. html.

14. Government Finance Research Center, Municipal Finance Officers Association, *Building Prosperity* (Washington, D. C.: Government Finance Research Center, Municipal Finance Officers Association, Oct. 1983), 4; NCPWI, *Report on Wastewater Management*, 86-87; SCS Engineers, *Sewer Moratoria* (Washington, D. C.: Office of Policy Development and Research, HUD, July 1977), 1, 4, 9-15, 17-22.

15. NCPWI, *Fragile Foundations*, 54; George Tchobanoglous and Franklin L. Burton, eds., *Wastewater Engineering* (New York: McGraw-Hill, 1991), 4; U. S. Census Bureau, *Statistical Abstract of the United States*, 2000, http://www. census. gov/prod/www/statistical-abstract-1995_2000. html.

16. H. E. Hudson Jr., "Water Treatment—Present, Near Future, Futuristic," *JAWWA* 68 (June 1976): 275-276; Graham Walton, "Developments in Water Clarification in the U. S. A.," in Society for Water Treatment and Examination and the Water Research Association, "Water Treatment in the Seventies," proceedings of a symposium, Reading, Pa., Jan, 1970, 69; EPA, Office of Water Programs Operations, *Primer for Wastewater Treatment* (Washington, D. C.: EPA, July 1980), 4; Koren, *Handbook of Environmental Health and Safety*, 513-514; William S. Foster, "Waste water Plants Using Computers," *American City* 90 (Dec. 1975): 66; George A. Sawyer, "New Trends in Wastewater Treatment and Recycle," *Chemical Engineering* 79 (July 24, 1972): 120-28; Russell L. Culp, "No Innovation in Wastewater Treatment?" *Civil Engineering—ASCE* 42 (July 1972): 46-48; Conservation Foundation, *State of the Environment*, 446.

17. ACIR, *Financing Public Physical Infrastructure* (Washington, D. C.: ACIR, June 1984), 12; APWA, *Proceedings of the National Water Symposium* (Washington, D. C.: APWA, Nov. 1982), 11; Peterson and Miller, *Financing Public Infrastructure*, 31-

32; Betsy A. Cody et al., *Federally Supported Water Supply and Wastewater Treatment Programs* (*Washington*, D. C.: *Congressional Research Service*, *Library of Congress*, Mar. 25, 2003), 1, 3, http://weller. house. gov.

18. NCPWI, *Report on Wastewater Management*, 14-15, 17; Richard Pinkham and Scott Chaplin, *Water* 2010 (Denver: Rocky Mountain Institute, 1996), 4.

19. Steven J. Burian et al., "Urban Wastewater Management in the United States," *Journal of Urban Technology* 7 (2000): 54.

20. CEQ, *Environmental Quality*, 83, 86-87.

21. J. Carrell Morris, "Chlorination and Disinfection—State of the Art," *JAWWA* 63 324 (Dec. 1971): 769, 772-73; William Whipple Jr., *New Perspectives in Water Supply* (Boca Raton, Fla.: Lewis, 1994), 15-21; Charles D. Larson, O. Thomas Love, and James M. Symons, "Recent Developments in Chlorination Practice," *fournal of the New England Water Works Association* 91 (Sept. 1977): 279; George E. Symons and Kenneth W. Henderson, "Disinfection—Where Are We?" *JAWWA* 69 (Mar. 1977): 148-154.

22. J. Carrell Morris, "Chlorination and Practice," *Proceedings of the Annual Public Water Supply Engineers' Conference* (1978): 31; Joseph T. Ling, "Research— Key to Quality Water Supply in the 1980s," *JAWWA* 68 (Dec. 1976): 659; NCPWI, *Report on Water Supply*, 3, 5.

23. John Cary Stewart, *Drinking Water Hazards* (Hiram, Ohio: Envirographics, 1990), 121-126; "The Fluoridation Controversy," *Health Matrix* 2 (Summer 1984): 66-76.

24. NCPWI, *Report on Wastewater Management*, 10.

25. Williams and Culp, *Handbook of Public Water Systems*, 552; William H. Rodgers Jr., *Environmental Law*: *Air and Water*, vol. 1 (St. Paul, Minn.: West, 1986), 230-237.

26. Conservation Foundation, *State of the Environment*, 103; Council on Environmental Quality, *Environmental Quality*, 66-69; Koren, *Handbook of Environmental Health and Safety*, 472.

27. EPA, "Policy and Guidance: Fact Sheet," (Apr. 1998), http://www. epa. gov/waterscience/standards/planfs. html.

28. NCPWI, *Report on Water Supply*, 18; Sarah E. Lewis, "The 1986 Amendments to the Safe Drinking Water Act and Their Effect on Groundwater," *Syracuse Law Review* 40 (1989): 894; U. S. Geological Survey, "Ground Water Use in the United States," http://ga. water. usgs. gov/edu/wugw. html.

29. CEQ, *Environmental Quality*, 63; Conservation Foundation, *State of the Environ-*

ment, 231; Sally Benjamin and David Belluck, *State Groundwater Regulation* (Washington, D. C.: Bureau of National Affairs, 1994), 9-10; GAO, *Water Supply for Urban Areas* (Washington, D. C.: GPO, June 15, 1979), 10; U. S. Geological Survey, "Ground Water Use in the United States"; "Long Range Planning for Drought Management—The Groundwater Component," U. S. Department of Agriculture, Natural Resources Conservation Service, http://wmc. ar. nrcs. usda. gov/technical/GW/Drought. html.

30. Melosi, "Sanitary Services and Decision Making in Houston," 393.

31. Tames J. Geraghty and David W. Miller, "Status of Groundwater Contamination in the U. S.," *JAWWA* 70 (Mar. 1978): 162.

32. Conservation Foundation, *State of the Environment*, xlii, 96; Lewis, "1986 Amendments to the Safe Drinking Water Act," 897; Benjamin and Belluck, *State Groundwater Regulation*, 3, 7, 10; Carol Wekesser, ed., *Water* (San Diego, Calif.: Greenhaven Press, 1994), 81; Geraghty and Miller, "Status of Groundwater Con- tamination," 162, 166; Joan Goldstein, *Demanding Clean Food and Water* (New York: Plenum Press, 1990), 113, 116; David E. Lindorff, "Ground-Water Pollution—A Status Report," *Ground Water*, vol. 1 of *Proceedings of the Fourth NWWA-EPA National Ground Water Quality Symposium* (Jan. /Feb. 1979), 9-12; U. S. Congress, Office of Technology Assessment, *Protecting the Nation's Groundwater from Contamination* (Washington, D. C,: 325 GPO, 1984), 7; EPA Region 5 and Agricultural and Biological Engineering, Purdue University, *Ground Water Primer* (May 8, 1998), http://www. purdue. edu/envirosoft/groundwater/src/title. htm.

33. NCPWI, *Report on Water Supply*, 6; Stewart, *Drinking Water Hazards*, 225-26; International Bottled Water Association Web site, http://www. bottledwater. org.

34. Laurel Berman et al., *Urban Runoff Water Quality Solutions* (Chicago: APWA Research Foundation, May 1991), 9-10; ACIR, *Sourcebook of Working Documents to Accompany High Performance Public Works* (Washington, D. C.: ACIR, Sept. 1994), 453; Vladimir Novotny and Gordon Chesters, *Handbook of Nonpoint Pollution* (New York: Van Nostrand Reinhold, 1981), 2-3, 7-9, 11.

35. NCPWI, *Report on Wastewater Management*, 18.

36. EPA, *Nonpoint Source Pollution: The Nation's Largest Water Quality Problem*, Pointer No. 1, EPA841-F-96-004A (updated 2006), http://www. epa. gov/nps/facts/point1. htm.

37. NCPWI, *Report on Wastewater Management*, 11; Richard Field and John A. Lager, "Urban Runoff Pollution Control—State-of-the-Art," *Journal of the Environmental Engineering Division—ASCE* 101 (Feb. 1975): 107.

38. Richard Field and Robert Turkeltaub, "Don't Underestimate Urban Runoff Problems," *Water and Wastes Engineering* 17 (Oct. 1980): 48.

39. 同上, 50-51; Vladimir Novotny and Harvey Olem, *Water Quality* (New York: Van Nostrand Reinhold, 1994), 7-8; Kevin B. Smith, "Combined Sewer Overflows and Sanitary Sewer Overflows," *Environmental Law Reporter* 26 (June 1996): 26-27; EPA, "National Pollutant Discharge Elimination System (NPDES)," (Sept. 12, 2002), http://cfpub. epa. gov/npdes/cso/cpolicy. cfm? program_ id＝5.

40. Ralph A. Luken and Edward H. Pechan, *Water Pollution Control* (New York: Praeger, 1977), 4; NCPWI, *Report on Wastewater Management*, 5.

41. NCPWI, *Report on Wastewater Management*, 6, 13, 56-57; Russell V. Randle and Suzanne R. Shaeffer, "Water Pollution," in *Environmental Law Handbook*, ed. Timothy A. Vanderver Jr. (Washington, D. C.: Bureau of National Affairs, 1994), 148-149; Koren, *Handbook of Environmental Health and Safety*, 535; Grigg, *Urban Water Infrastructure*, 87.

42. Paul B. Downing, *Environmental Economics and Policy* (Boston: Little, Brown, 1984), 5; George S. Tolley, Philip E. Graves, and Glenn C. Blomquist, *Environmental Policy*, vol. 1 (Cambridge, Mass.: Ballinger, 1981), 182; Luken and Pechan, *Water Pollution Control*, 3; Koren, *Handbook of Environmental Health and Safety*, 458-459, 536-539.

43. NCPWI, *Report on Wastewater Management*, 13, 57-58.

44. Rodgers, *Environmental Law*, 16.

45. Downing, *Environmental Economic and Policy*, 7-8.

46. "The Push to Ease Water Rules," *Business Week*, Mar. 21, 1977, 69.

47. Palley and Palley, *Urban America and Public Policies*, 291-292.

48. Rodgers, *Environmental Law*, 19-20.

49. Grigg, *Urban Water Infrastructure*, 86.

50. NCPWI, *Report on Water Supply*, 8-9.

51. Petulla, *Environmental Protection*, 54-55.

52. J. Clarence Davies III and Barbara S. Davies, *The Politics of Pollution*, 2nd ed. (Indianapolis: Bobbs-Merrill, 1975), 184, 187, 194-196; "Water Quality: Problems," 326 *Water and Sewage Works* 123 (Dec. 1976): 41; Hays, *Beauty, Health, and Permanence*, 78-79; Downing, *Environmental Economics and Policy*, 5; Wekesser, *Water*, 63-66.

53. G. E. Eden and M. D. F. Haigh, *Water and Environmental Management in Europe and North America* (New York: Ellis Horwood, 1994), 33-35. 有一些有趣的监督反污染立法（包括《清洁水法》）进展的网站，这是其中之一：Scorecard: The Pollu-

tion Information Site, http://www. scorecard. org/。

54. Lewis, "1986 Amendments to the Safe Drinking Water Act," 898-899.

55. Benjamin and Belluck, *State Groundwater Regulation*, 6-7, 11.

56. Environment and Natural Resources Policy Division, Congressional Research Service, *Nonpoint Pollution and the Area-Wide Waste Treatment Management Program under the Federal Water Pollution Control Act* (Washington, D. C.: GPO, 1980), 14.

57. McClain, *U. S. Environmental Laws*, 2-1-1; Koren, *Handbook of Environmental Health*, 534, 540-541.

58. Randle and Shaeffer, "Water Pollution," 192; Smith, "Combined Sewer Overflows," 31; Berman et al., *Urban Runoff*, 7; Burian et al., "Urban Wastewater Management," 53-58.

59. Williams and Culp, *Handbook of Public Water Systems*, 10; Whipple, *New Perspectives in Water Supply*, 73; Goldstein, *Demanding Clean Food and Water*, 133; CONSAD Research Corporation, *Study of Public Works Investment in the United States*, vol. 4 (Pittsburgh: CONSAD, Mar. 1980), E27; Grigg, *Urban Water Infrastructure*, 55-56; Alan Levin, "Safe Drinking Water Act and Its Implications," *Proceedings of the Third Domestic Water Quality Symposium*, St. Louis, Feb. 27-Mar. 1, 1979, 1020-1021.

60. Daniel A. Okun, "Drinking Water for the Future," *AJPH* 66 (July 1976): 639.

61. 同上; McClain, *U. S. Environmental Laws*, 5-1.

62. Randle and Schaeffer, "Water Pollution," 220-221.

63. Kenneth F. Gray, "Drinking-Water Act Amendments Will Tap New Sources of Strength," *National Law Journal* 8 (Sept, 1, 1986): 16.

64. Randle and Schaeffer, "Water Pollution," 235; Ling, "Research," 661; Palley and Palley, *Urban America and Public Policies*, 293-294; Okun, "Drinking Water for the Future," 639.

65. "The Clean Water Act Turns 30," *Newspaper in Education*, Oct. 22, 2002, http://www. cincinnati. com/nie/archive/10-22-02.

第二十章　离开本州，就此消失

注：本章的主要部分基于 Martin V. Melosi, "Down in the Dumps," in *Urban Public Policy*, ed. Martin V. Melosi (University Park: Pennsylvania State University Press, 1993), 100-127; Melosi, *Garbage in the Cities*, chapter 8; and other of my publications listed in the notes。

1. 参见 *Houston Chronicle*, May 18, 1987。

2. Mount, "Garbage Crisis," 38.　　　　　　　　　　　　　　　　　　327

3. National League of Cities and U. S. Conference of Mayors, *Cities and the Nation's Disposal Crisis*, 1; Neal and Korbitz, *Solid Waste Management and the Environment*, 5; Robert Emmet Long, ed., *The Problem of Waste Disposal* (New York: H. W. Wilson, 1989), 9; "An Interview with Sylvia Lowrance," *EPA Journal* 15 (Mar./Apr. 1989): 10.

4. William L. Rathje, "Rubbish!" *Atlantic Monthly*, Dec. 1989, 99.

5. "Waste and the Environment," *Economist* 327 (May 29, 1993): 3.

6. U. S. Bureau of the Census, *Statistical Abstract of the United States* (Washington, D. C.: Department of Commerce, 1995), 236; "Comparative Data on National Solid Waste Generation and Economic Output," in *Recycling and Incineration*, ed. Richard A. Denison and John Ruston (Washington, D. C.: Island Press, 1990), 34-35; Franklin Associates, Ltd., *Analysis of Trends in Municipal Solid Waste Generation*, 1972 *to* 1987 (Proctor and Gamble, Browning-Ferris Industries, General Mills, and Sears, Jan. 1992), ES-1-2, 1-4; Richard Stren, Rodney White, and Joseph Whitney, eds., *Sustainable Cities* (Boulder, Colo.: Westview Press, 1992), 184; EPA, *Municipal Solid Waste: Basic Facts* (Mar. 2, 2007), http://www. epa. gov/msw/facts. htm; EPA, *Municipal Solid Waste in the United States*, 2005: *Facts and Figures*, 1, http://www. epa. gov/msw/facts. htm.

7. U. S. Bureau of the Census, *Statistical Abstract of the United States*, *1996* (Washington, D. C.: Department of Commerce, 1995), 236; Stratford P. Sherman, "Trashing a $150 Billion Business," *Fortune*, Aug. 28, 1989, 90; Philip O'Leary and Patrick Walsh, "Introduction to Solid Waste Landfills," *Waste Age* 22 (Jan. 1991): 44; EPA, *Municipal Solid Waste: Basic Facts* (Mar. 1, 2007).

8. EPA, *Solid Waste Dilemma: An Agenda for Action*, 1-18, 1-19; EPA, *Municipal Solid Waste in the United States*, 33.

9. Lewis Erwin and L. Hall Healy Jr., *Packaging and Solid Waste* (Washington, D. C.: AMA Membership Publications Division, American Management Association, 1990), 19; Melosi, *Garbage in the Cities*, 207-8; EPA, *Municipal Solid Waste in the United States*, 40.

10. EPA, *Solid Waste Dilemma: An Agenda for Action*, 1-19, 1-20, Appendixes A-B-C, A. A-1-48; EPA, *Municipal Solid Waste in the United States*, 49-50.

11. EPA, *Solid Waste Dilemma: An Agenda for Action*, Appendixes A-B-C, A. A-1-48; Franklin Associates, *Analysis of Trends in Municipal Solid Waste Generation*, 1-10-11, 4-1-6, 4-14, 5-3-4, 5-11, 5-14, 6-1-2, 6-10, 7-3; EPA, *Municipal Solid Waste in the United States*, 37.

12. APWA, *Solid Waste Collection Practice*, 1; E. S. Savas, "How Much Do Government Services Really Cost?" *Urban Affairs Quarterly* 15 (Sept. 1979): 23-42.

13. Neal and Korbitz, *Solid Waste Management and the Environment*, 29.

14. Karen Tumulty, "No Dumping (There's No More Dump)," *Los Angeles Times*, Sept. 2, 1988.

15. Matthew Gandy, *Concrete and Clay* (Cambridge, Mass.: MIT Press, 2002), 192-93; Hans Tammemagi, *The Waste Crisis* (New York: Oxford University Press, 1999), 194-95; "Waste Disposal in New York City," *Waste Age* 12 (Dec. 1981): 45; Bill Breen, "Landfills Are #1," *Garbage* 2 (Sept. /Oct, 1990): 43; "What to Do with Our Waste," *Newsweek*, July 27, 1987, 51; J. Tevere MacFadyen, "Where Will All the Garbage Go?" *Atlantic*, Mar. 1985, 29.

16. "Waste Disposal in New York City," 45; Tammemagi, *Waste Crisis*, 194-95.

17. Jim Johnson, "New York City Nightmare' Ends," *Waste News* 6 (Mar. 26, 2001): 1, 35.

18. "Attack Resurrects NYC's Fresh Kills," *Waste News* 6 (Nov. 12, 2001): 13; "Debris Gone: Memories Remain," *Waste News* 7 (Sept, 2, 2002): 1.

19. Casey Bukro, "Eastern Trash Being Dumped in America's Heartland," *Houston Chronicle*, Nov. 24, 1989.

20. Edward W. Repa, "Interstate Movement: 1995 Update," *Waste Age* 28 (June 1997): 41-44, 48, 50.

21. Susanna Duff, "Interstate Waste Keeps Crossing the Lines," *Waste News* 6 (Aug. 6, 2001): 4.

22. Repa, "Interstate Movement," 52, 54, 56.

23. Deb Starkey and Kelly Hill, *A Legislator's Guide to Municipal Solid Waste Management* (Washington, D. C.: National Conference of State Legislatures, Aug. 1996), 20-21; EPA, Solid Waste and Emergency Response, Office of Solid Waste, *Environmental Fact Sheet: Report to Congress on Flow Control and Municipal Solid Waste* (EPA530-F-95-008, Mar. 1995), www. epa. gov/fedrgstr/EPA-WASTE/1995/ March/Day-21 /Pr-177/ html; H. Lanier Hickman Jr., *Principles of Integrated Solid Waste Management* (New York: American Academy of Environmental Engineers, 1999), 2. 6. 3-2. 6. 7; Herbert F. Lund, *The McGraw-Hill Recycling Handbook* (New York: McGraw-Hill, 1998), 2. 3-2. 4; Larry S. Luton, *The Politics of Garbage* (Pittsburgh: University of Pittsburgh Press, 1996), 29, 107-108, 117-118, 133-134; John Aquino, "The Tie That Binds?" *Waste Age* 27 (Sept. 1996): 90; Deanna L. Ruffer, "Life after Flow Control," *Waste Age* 28 (Jan. 1997): 73.

328

24. J. J. Dunn Jr. and Penelope Hong, "Landfill Siting—An Old Skill in a New Setting," *APWA Reporter* 46 (June 1979): 12.

25. Quoted in Peter Steinhart, "Down in the Dumps," *Audubon*, May 19, 1986, 106.

26. "Solid Waste Organizing Project," *Everyone's Backyard* 11 (Feb. 1993): 8.

27. Martin V. Melosi, "Equity, Eco-racism and Environmental History," *Environmental History Review* 19 (Fall 1995): 1-16.

28. Neal and Korbitz, *Solid Waste Management and the Environment*, 116; Sue Darcey, "Landfill Crisis Prompts Action," *World Wastes* 32 (May 1989): 28; Joanna D. Underwood, Allen Hershkowitz, and Maarten de Kadt, *Garbage* (New York: INFORM, 1988), 8-12; Denison and Ruston, *Recycling and Incineration*, 4-5.

29. "Municipal Solid Waste Management," *State Factor* 15 (June 1989): 2; Edward W. Repa and Allen Blakey, "Municipal Solid Waste Disposal Trends: 1996 Update," *Waste Age* 27 (Jan. 1996): 43; NSWMA, *Landfill Capacity in the Year* 2000 (Washington, D. C., 1989), 1-3; Edward W. Repa, "Landfill Capacity: How Much Really Remains," *Waste Alternatives* 1 (Dec. 1988): 32; Ishwar P. Mu- rarka, *Solid Waste Disposal and Reuse in the United States*, vol. 1 (Boca Raton, Fla.: CRC Press, 1987), 5; "Land Disposal Survey," *Waste Age* 12 (Jan. 1981): 65; NCPWI, *Fragile Foundations*, 193; Conservation Foundation, *State of the Environment*, 107; "The State of Garbage in 329 America," *BioCycle* 41 (Mar. 2000): 30, www. jgpress. com/BCArticles/2000/040032. html; Chaz Miller, "Garbage by the Numbers," *NSWMA Research Bulletin* (July 2002): 2; "The State of Garbage in America," *Bio Cycle* 31 (Mar. 1990): 49; "The State of Garbage in America," *Bio- Cycle* 32 (Apr. 1991): 34-36; "The State of Garbage in America," *Bio Cycle* 41 (Mar. 2000): 30; EPA, *Municipal Solid Waste in the United States*, 140.

30. EPA, *Municipal Solid Waste in the United States*, 140; EPA, *Solid Waste Dilemma: An Agenda for Action*, 2. E-1; O. P. Kharbanda and E. A. Stallworthy, *Waste Management* (New York: Auburn House, 1990), 67.

31. Melosi, "Waste Management," 12; Kharbanda and Stallworthy, *Waste Management*, 67; Greenberg et al., *Solid Waste Planning in Metropolitan Regions*, 8.

32. Eileen B. Berenyi and Robert N. Gould, "Municipal Waste Combustion in 1993," *Waste Age* (Nov. 1993): 51.

33. EPA, *Solid Waste Dilemma: An Agenda for Action*, 2. D-1-3, 2. D-5.

34. "Hard Road Ahead for City Incinerators," in *Solid Wastes—II*, ed. Stanton S. Miller (Washington, D. C.: American Chemical Society, 1973), 110-111; Van Tassel,

Our Environment, 464-465; "Moving to Garbage Power," *Time*, Jan. 9, 1978, 46.

　　35. Neil Seldman, "Mass Burn Is Dying," *Environment*　31 (Sept. 1989): 42; U. S. Congress, Office of Technology Assessment, *Facing America's Trash* (Washington, D. C.: Office of Technology Assessment, 1989), 222.

　　36. David Tillman et al., *Incineration of Municipal and Hazardous Solid Wastes* (San Diego, Calif.: Academic Press, 1989), 59, 113; Institute for Local Self- Reliance, *An Environmental Review of Incineration Technologies* (Washington, D. C.: Institute for Local Self-Reliance, 1986), 2.

　　37. Russell, "Environmental Racism," 23-26; Gottlieb, *Forcing the Spring*, 189-190; Blumberg and Gottlieb, *War on Waste*, 58-60.

　　38. K. A. Godfrey Jr., "Municipal Refuse: Is Burning Best?" *Civil Engineering* 55 (Apr. 1985): 54-55; James E. McCarthy, "Incinerating Trash," *Congressional Research Service Review* 7 (Apr. 1986): 19; Institute for Local Self-Reliance, *Environmental Review of Incineration Technologies*, 8; Seldman, "Mass Burn Is Dying," 42; Allen Hershkowitz, "Burning Trash," *Technology Review* (July 1987): 26, 30; Melosi, "Down in the Dumps," 111.

　　39. Seldman, "Mass Burn Is Dying," 42; U. S. Congress, Office of Technology Assessment, *Facing America's Trash*, 222.

　　40. John H. Skinner, "The Consequences of New Environmental Requirements," paper presented at Centre Jacques Cartier, Lyon, France, Dec. 1993, 6-7; Margaret Ann Charles, "New Trends in Waste-to-Energy," *Waste Age* 24 (Nov. 1993): 59-60. "综合废弃物管理" 是美国环保署采用的一个相对常识性的概念，它强调要遵从于 "从最理想到最不理想的一系列有优先序的选择"，即源头减量为最优，卫生填埋为最劣。参见 James R. Pfafflin and Edward N. Ziegler, eds., *Encyclopedia of Environmental Science and Engineering*, vol. 2 (Philadelphia: Gordon and Breach Science, 1992), 704-705。

　　41. Charles, "New Trends in Waste-to-Energy," 59-60; Berenyi and Gould, "Municipal Waste Combustion," 51-52; Melosi, "Equity, Ecoracism and Environmental History," 4-11.

330　　42. Schwab, "Garbage In, Garbage Out," 7.

　　43. Hershkowitz, "Burning Trash," 27; McCarthy, "Incinerating Trash," 19-20.

　　44. Institute for Local Self-Reliance, *Environmental Review of Incineration Technologies*, 8.

　　45. David Naguib Pellow, *Garbage Wars* (Cambridge, Mass.: MIT Press, 2002), 9-10.

46. EPA, *Municipal Solid Waste in the United States*, 137-138.

47. Quoted in Long, *Problem of Waste Disposal*, 17.

48. Seldman, "Waste Management," 43-44.

49. "Municipal Solid Waste Management," 6.

50. NSWMA, *Solid Waste Disposal Overview* (Washington, D. C.: NSWMA, 1988), 2; Cynthia Pollock, "There's Gold in Garbage," *Across the Board* (Mar. 1987): 37; "Municipal Solid Waste Management," 7; Debi Kimball, *Recycling in America* (Santa Barbara, Calif.: ABC-Clio, 1992), 3, 5-6, 22-24; EPA, *Municipal Solid Waste in the United States*, 1, 5-6.

51. John Tierney, "Recycling Is Garbage," *New York Times Magazine*, June 30, 1996, 24-26.

52. John T. Aquino, "A Recycling Pilgrim's Progress," *Waste Age* 28 (May 1997): 220, 222, 224, 226, 228, 230-232.

53. Seldman, "Waste Management," 43-44; Schwab, "Garbage In, Garbage Out," 9; EPA, *Recycling Works*! (Washington, D. C,: GPO, Jan. 1989); Nicholas Basta, "A Renaissance in Recycling," *High Technology* 5 (Oct. 1985): 32-39; Barbara Goldoftas, "Recycling: Coming of Age," *Technology Review* (Nov. /Dec. 1987): 30-35, 71; Anne Magnuson, "Recycling Gains Ground," *American City and County/Resource Recovery* (1988), RR10; Debra L. Strong, *Recycling in America*, 2nd ed. (Santa Barbara, Calif.: ABC-CLIO, 1997), 1-20.

54. Chaz Miller, "Source Separation Programs," *NCRR Bulletin: Journal of Resource Recovery* 10 (Dec. 1980): 82-83; EPA, *Municipal Solid Waste in the United States*, 13; Jim Glenn, "Curbside Recycling Reaches 40 Million," *BioCycle* 31 (July 1990): 30-31; Susan J. Smith and Kathleen M. Hopkins, "Curbside Recycling in the Tbp 50 Cities," *Resource Recycling* 11 (Mar. 1992): 101-102; "State of Garbage in America" (1991), 36-37; "Reduce, Reuse, and Recycle" (Dec. 12, 2000), www. epa. gov/epaoswer/non-hw/muncpl/reduce. htm; U. S. Census Bureau, *Statistical Abstract of the United States*: 2001, 218; Lund, *McGraw-Hill Recycling Handbook*, 2. 2; James E. McCarthy, "Bottle Bills and Curbside Recycling: Are They Compatible?" *Congressional Research Service Report* (Jan. 27, 1993), 9.

55. Kirsten U. Oldenburg and Joel S. Hirschhorn, "Waste Reduction," *Environment* 29 (Mar. 1987): 17-20, 39-45.

56. "Garbage at the Crossroads," *Chicago Tribune*, Feb. 1, 1984.

57. Savas, "Intracity Competition," 47-48.

58. Armstrong et al., *History of Public Works*, 446-447.

59. Eileen Brettler Berenyi, "Contracting Out Refuse Collection," *Urban Interest* 3 (1981): 30-42; E. S. Savas, "Solid Waste Collection in Metropolitan Areas," in *The Delivery of Urban Services*, ed. Elinor Ostrom (Beverly Hills, Calif.: Sage, 1976), 211-213, 219-221, 228; John N. Collins and Bryant T. Downes, "The Effect of Size on the Provision

331 of Public Services," *Urban Affairs Quarterly* 12 (Mar. 1977): 345.

60. NSWMA, *Privatizing Municipal Waste Services* (Washington, D. C.: NSWMA, 1988), 1-5.

61. Anne Hartman, "The Solid Waste Control Industry," *Waste Age* 4 (July/ Aug. 1973): 54.

62. Burck, "There's Big Business in All That Garbage," 107-108.

63. *Facing America's Trash* (New York: Van Nostrand Reinhold, 1992), 53; "The Politics of Waste Disposal," *Wall Street Journal*, Sept. 5, 1989; Nancy Shute, "The Selling of Waste Management," *Amicus Journal* 7 (Summer 1985): 8-15; James Cook, "Waste Management Cleans Up," *Forbes*, Nov. 18, 1985, reprint; Bob Sab- latura, "BFI, Waste Management Face Probe," *Houston Chronicle*, July 6, 1988; Richard Asinof, "The Nation's Dumpster," *Environmental Action* 17 (May/June 1986): 13-16; Janet Novack, "A New Tbp Broom," *Forbes*, Nov. 28, 1988, 200, 202.

64. John T. Aquino, "Yanks Abroad," *Waste Age* 29 (Apr. 1998): 84-93; Bethany Barber and John T. Aquino, "The Waste Age 100," *Waste Age* 28 (Sept. 1997): 37.

65. John T. Aquino, "The Future Is (Almost) Now," *Waste Age* 27 (Dec. 1996): 52-53.

66. Scott Jones, "The Latest Moves in Waste Industry Consolidations," *Waste Age* 28 (May 1997): 180, 184.

67. USA Waste Services, Inc., *Hoover's Company Capsules* (Austin, Tex.: Hoover's, 1998); John T. Aquino, "Waste Age 100," *Waste Age* 29 (Sept. 1998): 83-84; "Experts Predict Busier 1998," *Waste News* 3 (Jan. 12, 1998): 1; Cheryl L. Dunson, "Consolidation: Rearranging the Pieces," *Waste Age* (July 1, 1999), http:// wasteage. com.

68. Barnaby J. Feder, "'Mr. Clean' Takes on the Garbage Mess," *New York Times*, Mar. 11, 1990.

69. Harold Crooks, *Dirty Business: The Inside Story of the New Garbage Agglomerates* (Toronto: James Lorimer, 1983), 8.

70. Harold Crooks, *Giants of Garbage* (Toronto: James Lorimer, 1993), 55.

71. John Vickers and George Yarrow, *Privatization* (Cambridge, Mass.: MIT Press, 1988), 41.

72. EPA, *Solid Waste Dilemma: An Agenda for Action*, 2.

73. Melosi, "Waste Management," 7-8; *Facing America's Trash*, 299.

74. Cathy Dombrowski, "Reilly Predicts More Regs and Higher Disposal Costs," *World Wastes* 32 (May 1989): 39.

75. Kovacs, "Legislation and Involved Agencies," 19.

76. Menell, "Beyond the Throwaway Society," 674.

77. Melosi, "Waste Management," 7; Degler, *Federal Pollution Control Programs*, 37-38; Cristofano and Foster, *Management of Local Public Works*, 318; McClain, *U. S. Environmental Laws*, 3-1; William H. Rodgers Jr., *Environmental Law: Pesticides and Toxic Substances* (St. Paul, Minn.: West, 1988), 528-529; Grad, "Role of the Federal and State Governments," 169-183; Kovacs, "Legislation and Involved Agencies," 9; Berry and Horton, *Urban Environmental Management*, 361-362.

78. Rodgers, *Environmental Law*, 530-531; Cristofano and Foster, *Management of Local Public Works*, 318; McClain, *U. S. Environmental Laws*, 3-1-2.

79. Kovacs, "Legislation and Involved Agencies," 10, 12-18.　　　332

80. "Waste and the Environment," 8; Melosi, "Historic Development of Sanitary Landfills," 20-24; Repa and Blakey, "Municipal Solid Waste Disposal Trends," 46; Geoffrey F. Segal and Adrian T. Moore, *Privatizing Landfills*, Policy Study No. 267 (May 2000), http://www. reason. org/ps267. html.

文献参考论文

333   为写出这样一本书而进行的研究，掌握大量的文献是必不可少的。最有价值的文献来源是历史时期中的技术和大众期刊，它们提供了大量信息，从统计数据到具体市政实践的案例研究都有。它们也反映了包括政府官员、技术专家、医务人员、环卫专家和公众的各种观点。一些期刊，特别是《美国城市》（*American City*）出色地展现出环卫技术在城市中应用的总体背景。各种工程协会的会刊、论文集和期刊，特别是《美国土木工程师协会会刊》（*Transactions of the American Society of Civil Engineers*）、《美国土木工程师协会论文集》（*Proceedings of the American Society of Civil Engineers*）和《美国水务工程协会杂志》（*Journal of the American Water Works Association*）提供了广泛的信息。在这些出版物中，特别有用的是统计数据和对关键技术工艺、财政政策和工程技术发展的令人印象深刻的分析。关于环卫系统的详细技术信息，最有价值的期刊始终是《土木工程》（*Civil Engineering*）、《工程新闻与记录》（*Engineering News and Record*）、《市政杂志与工程师》（*Municipal Journal and Engineer*）、《公共工程》（*Public Works*）、《科学美国人》（*Scientific American*）、《排污工程杂志》（*Sewage Works Journal*）、《排污与工业废物》（*Sewage and Industrial Waste*）、《供水与排污工程》（*Water and Sewage Works*）和《废物时代》（*Waste Age*）。然而，这些期刊必须谨慎使用，因为它们往往代表着废物处理行业、公共工程界或市政部门的观点。就了解处于同一历史时期中的卫生和环境问题而言，很少有期刊能比《美国公共卫生杂志》（*American Journal of Public Health*）更好。《调查》（*Survey*）和《市政事务》（*Municipal Affairs*）等市政议题期刊广泛介绍了环卫改革团体的工作。在《商业周刊》（*Business Week*）、《新闻周刊》（*News-week*）、《瞭望》（*Outlook*）、《科普月刊》（*Popular Science Monthly*）、《时代周刊》（*Time*）和《美国新闻与世界报道》（*U. S. News and World Report*）等更针对普通消费者的期刊上发表的文章，通常都涉及全国性的重大问题。

历史时期中的工程文献对于理解许多技术发展、技术转让，以及工程风格和程序非常有用。特别是在 19 世纪和 20 世纪初，这些文献给出了关于环卫服务历史的最好的叙述。其中最重要的是鲁道夫·赫林（Rudolph Hering）和塞缪尔·A. 格里 334

利（Samuel A. Greeley）的《城市垃圾的收集和处置》［*Collection and Disposal of Municipal Refuse*（New York：McGraw-Hill，1921）］；兰登·皮尔斯（Langdon Pearse）主编的《现代污水处置》［*Modern Sewage Disposal*（New York：Federation of Sewage and Industrial Waste Associations，1938）］；F.E. 图诺（F. E. Turneaure）和 H. L. 罗素（H. L. Russell）的《公共供水》［*Public Water-Supplies*（New York：John Wiley and Sons，1911，1948）］。其他重要的文献包括哈罗德·E. 巴比特（Harold E. Babbitt）和詹姆斯·J. 多兰德（James J. Doland）的《供水工程》第四版［*Water Supply Engineering*（New York：McGraw-Hill，1949）］；W. H. 科菲尔德（W. H. Corfield）的《污水处理与利用》第三版［*The Treatment and Utilisation of Sewage*（London：Macmillan，1887）］；乔治·W. 富勒（George W. Fuller）的《污水处置》［*Sewage Disposal*（New York：McGraw-Hill，1912）］；威廉·保罗·格哈德（William Paul Gerhard）的《环境卫生和环卫工程》［*Sanitation and Sanitary Engineering*（New York：author，1909）］；艾伦·海森（Allen Hazen）的《公共供水过滤》［*The Filtration of Public Water-Supplies*（New York：John Wiley and Sons，1905）］；威廉·P. 梅森（William P. Mason）的《供水》［*Water-Supply*（New York：John Wiley and Sons，1897）］；伦纳德·梅特卡夫（Leonard Metcalf）和哈里森·P. 埃迪（Harrison P. Eddy）的《美国污水处理实务》第 1 卷［*American Sewerage Practice*（New York：McGraw-Hill，1914）］；威廉·F. 莫尔斯（William F. Morse）的《垃圾处置》［*The Disposal of Refuse and Garbage*（New York：J. J. O'Brien and Sons，

1899）］；乔治·W. 拉夫特（George W. Rafter）和 M. N. 贝克（M. N. Baker）的《美国污水处置》［*Sewage Disposal in the United States*（New York：D. Van Nostrand，1894）］；塞缪尔·里迪尔（Samuel Rideal）和埃里克·K. 里迪尔（Eric K. Rideal）的《供水》［*Water Supplies*（London：Crosby Lockwood and Son，1914）］；乔治·A. 索珀（George A. Soper）的《现代街道清洁方法》［*Modern Methods of Street Cleaning*（New York：Engineering News，1907）］；唐纳德·C. 斯通（Donald C. Stone）的《市政公共工程管理》　［*The Management of Municipal Public Works*（Chicago：Public Administration Service，1939）］。《纯净水的追求：从最早记录到 20 世纪的水净化历史》［*The Quest for Pure Water：The History of Water Purification from the Earliest Records to the Twentieth Century*（1948；reprint，New York：AWWA，1981）］是一座信息的宝库，其中关于水净化技术的内容尤其丰富，作者是一位著名的环卫学家。

其他一手史料是必不可少的。政府报告和研究资料非常丰富，其中关于法规、条例、新项目和规划研究的信息都很有价值。每个大城市都有卫生局以及工程和公共工程部门的记录。联邦人口普查资料涵盖了许多基本的市政统计数据和有关财政事务的信息，但是，研究人员会发现，相关部门每年改变数据类别的做法令人抓狂。

一些专门报告是环卫历史和环卫服务发展的关键转折点。包括，埃德温·查德威克（Edwin Chadwick）的《英国劳动人口环卫状况报告》［*Report on the Sanitary Condition of the Labouring Population of Great Britain*（Edinburgh：University Press，1965）］，由 M. W. 福林（M. W. Flinn）作导言，该报告提出了"环卫观念"；埃利斯·S. 切斯布罗夫（Ellis S. Chesbrough）的《芝加哥排污系统》　［*Chicago Sewerage*（Chicago：Board of Sewage Commissioners，1858）］，影响了芝加哥环卫区的发展；国家公共工程改进委员会（National Council on Public Works Improvement）的《脆弱的基础》［*Fragile Foundations*（Washington，D. C.：GPO，Feb. 1988）］，代表了一系列强调美国基础设施危机的报告；富兰克林协会（Franklin Associates）的《1972 年至 1987 年市政固体废物产生趋势分析》　［*Analysis of Trends in Municipal*

Solid Waste Generation, 1972 *to* 1987（Proctor and Gamble，Browning-Ferris Industries，General Mills，and Sears，Jan. 1992）]，促进了全美对固体废物问题的讨论；詹姆斯·P. 柯克伍德（James P. Kirkwood）的《关于河水过滤的报告》[*Report on the Filtration of River Waters*（New York：Van Nostrand，1869）]，将过滤的思想引入美国城市；勒姆尔·沙塔克（Lemuel Shattuck）的《1850 年马萨诸塞州环卫委员会的报告》[*Report of the Sanitary Commission of Massachusetts*，1850（Cambridge，Mass.：Harvard University Press，1948）]，根据查德威克报告对美国的环卫状况做出了类似的说明。

二次文献的质量参差不齐，19 世纪和 20 世纪早期比 20 世纪后期更重要。（除本研究使用的主要著作外，此处所列的还包括《环卫城市》（*The Sanitary City*，2000）布面装订版面世以后出版的相关书籍和文章。精简版的注释包含了最初研究参考过的许多作品，但是我推荐读者直接阅读 2000 年版本，以获得更详细的一手和二手史料清单。）在城市史中，最直接适用于基础设施研究的作品包括，乔恩·蒂福德（Jon Teaford）的《都市革命》[*The Metropolitan Revolution*（New York：Columbia University Press，2006）]；《美国城市革命》[*The Municipal Revolution in American*（Chicago：University of Chicago Press，1975）]；《文艺复兴的坎坷之路》[*The Rough Road to Renaissance*（Baltimore：Johns Hopkins University Press，1990）]；《20 世纪美国城市》[*The Twentieth-Century American City*（Baltimore：Johns Hopkins University Press，1986）] 以及《不为人知的胜利》[*The Unheralded Triumph*（Baltimore：Johns Hopkins University Press，1984）]。同样有价值的作品还包括，肯尼斯·福克斯（Kenneth Fox）的《更好的城市政府》[*Better City Government*（Philadelphia：Temple University Press，1977）]；戴维·R. 戈德菲尔德（David R. Goldfield）和布莱恩·A. 布劳内尔（Blaine A. Brownell）的《美国城市》第二版 [*Urban America*（Boston：Houghton Mifflin，1990）]；埃里克·H. 蒙科宁（Eric H. Monkkonen）的《城市化的美国》[*America Becomes Urban*（Berkeley：University of California Press，1988）]；斯坦利·K. 舒尔茨（Stanley K. Schultz）的《建构城市

文化》［*Constructing Urban Culture*（Philadelphia：Temple University Press，1989）］
以及小萨姆·巴斯·华纳（Sam Bass Warner Jr.）的《城市荒野》［*The Urban Wilderness*（New York：Harper and Row，1972）］。欧文·D. 古特弗伦德（Owen D. Gutfreund）的《20 世纪的扩张》　［*Twentieth Century Sprawl*（New York：Oxford，2004）］；罗伯特·M. 福格尔森（Robert M. Fogelson）的《中心城区的兴衰，1880-1950 年》　［*Downtown：Its Rise and Fall*（New Haven，Conn.：Yale University Press，2001）］。

　　欧内斯特·S. 格里菲斯（Ernest S. Griffith）关于美国城市的一些早期作品，为城市政府和财政政策提供了非同寻常的素材。《美国城市政府史：1870-1900 年的显著失败》［*A History of American City Government：The Conspicuous Failure*，1870–1900（Washington，D. C.：University Press of American，1974）］；《美国城市政府史：进步时代及其后果，1900–1920 年》［*A History of American City Government：The Progressive Years and Their Aftermath*，1900-1920（1974；reprint，Washington，D. C.：University Press of America，1983）］；以及格里菲斯（Griffith）和查尔斯·R. 阿德里安（Charles R. Adrian）的《美国城市政府史：传统的形成，1775–1870 年》［*A History of American City Government*，1775–1870：*The Formation of Traditions*（1976；reprint，336 Washington，D. C.：University Press of America，1983）］。关于规划和基础设施，参见乔恩·A. 彼得森（Jon A. Peterson）的《美国城市规划的诞生，1840–1917 年》［*The Birth of City Planning in the United States*，1840-1917（Baltimore：Johns Hopkins University Press，2003）］。

　　一些专著将城市主题的更一般性研究与环卫服务的重要案例研究相结合，奥利维尔·祖茨（Olivier Zunz）在这方面做得最好，其代表作为《不平等现象的变化》［*The Changing Face of Inequality*（Chicago：University of Chicago Press，1982）］。关于城市基础设施发展的一般性研究很少。值得参考的包括埃利斯·阿姆斯特朗（Ellis Armstrong）、迈克尔·罗宾逊（Michael Robinson）和苏伦·霍伊（Suellen Hoy）主编的《美国公共工程史》　［*History of Public Works in the Unites States*

（Chicago：APWA，1976）］，其中包括一系列基于已出版的公共文件的委托性研究论文；约瑟尔夫·W. 康维茨（Joself W. Konvitz）的《城市千年》［*The Urban Millennium*（Carbondale：Southern Illinois University Press，1985）］主要研究的是欧洲；乔尔·A. 塔尔（Joel A. Tarr）和加布里埃尔·杜普伊（Gabriel Dupuy）主编的《技术与欧美网络城市的兴起》［*Technology and the Rise of the Networked City in Europe and America*（Philadelphia：Temple University Press，1988）］包含了一些学术文章，内容涉及那些覆盖范围广但时间有限的一系列公共服务。在理论层面上，特别是在论述市政服务责任问题时，可参考查尔斯·D. 雅各布森（Charles D. Jacobson）的优秀著作《捆绑的纽带》［*Ties That Bind*（Pittsburgh：University of Pittsburgh Press，2000）］。也可参考盖尔·拉德福德（Gail Radford）的论文《从市政社会主义到公共当局》（From Municipal Socialism to Public Authorities），刊于《美国历史杂志》［*Journal of American History* 90（Dec. 2003）：863-890］。

关于环境监管的研究是理查德·N.L. 安德鲁斯（Richard N. L. Andrews）的《管理环境，管理我们自己》［*Managing the Environment, Managing Ourselves*（New Haven, Conn.：Yale University Press，2006）］。另可参考克里斯托夫·伯恩哈特（Christoph Bernhardt）和吉纳维夫·马萨德·吉尔波特（Genevieve Massard-Guilbaud）主编的《现代恶魔》［*The Modern Demon*（Clermont-Ferrand, France：Presses Universitaires Blaise-Pascalk，2002）］；威廉·L. 安德烈（William L. Andreen）的论文《美国水污染控制的演变》（The Evolution of Water Pollution Control in the United States），刊于《斯坦福环境法杂志》［*Stanford Environmental Law Journal* 22（Jan. 2003）：145-200］；保罗·查尔斯·米拉佐（Paul Charles Milazzo）的《不可能的环境保护主义者》［*Unlikely Environmentalists*（Lawrence：University Press of Kansas，2006）］；克里斯汀·梅斯纳·罗森（Christine Meisner Rosen）的"'了解'工业污染"（"Knowing" Industrial Pollution），刊于《环境历史》［*Environmental History* 8（Oct. 2003）：565-597］；乔尔·A. 塔尔（Joel A. Tarr）的论文《作为历史问题的美国工业废物处置》（Industrial Waste Disposal in the United States as a Historical Problem），刊于《安比克斯》［*Ambix* 49（Mar. 2002）：4-20］。

要了解公共卫生问题，约翰·达菲（John Duffy）的作品是必不可少的，尤其是其《纽约市公共卫生史，1866－1966 年》［*A History of Public Health in New York City*, 1866－1966（New York：Russell Sage Foundation, 1974）］和《环卫学家》［*The Sanitarians*（Urbana：University of Illinois Press, 1990）］两本著作。同样重要的还有约翰·H. 埃利斯（John H. Ellis）的《新南方的黄热病和公共卫生》［*Yellow Fever and Public Health in the New South*（Lexington：University Press of Kentucky, 1992）］；克里斯托弗·哈姆林（Christopher Hamlin）的《查德威克时代的公共卫生和社会正义》［*Public Health and Social Justice in the Age of Chadwick*（Cambridge：Cambridge University Press, 1998）］；苏伦·霍伊（Suellen Hoy）的《追逐尘土》［*Chasing Dirt*（New York：Oxford University Press, 1995）］；朱迪斯·沃尔泽·莱维特（Judith Walzer Leavitt）主编的《美国妇女与健康》［*Women and Health in America*（Madison：University of Wisconsin Press, 1984）］；迈克尔·P. 麦卡锡（Michael P. McCarthy）的《19 世纪费城的伤寒与公共卫生政治》［*Typhoid and the Politics of Public Health in Nineteenth-Century Philadelphia*（Philadelphia：American Philosophical Society, 1987）］；查尔斯·E. 罗森伯格（Charles E. Rosenberg）的《霍乱年代》［*The Cholera Years*（1962；reprint, Chicago：University of Chicago Press, 1987）］；芭芭拉·古特曼·罗森克茨（Barbara Gutmann Rosenkrantz）的《公共卫生与国家》［*Public Health and the State*（Cambridge, Mass.：Harvard University Press, 1971）］；南希·托姆斯（Nancy Tomes）的《细菌福音》［*The Gospel of Germs*（Cambridge, Mass.：Harvard University Press, 1998）］。还可参考莎拉·S. 埃尔金德（Sarah S. Elkind）的论文《公共工程与公共卫生》（Public Works and Public Health），刊于《公共工程历史论文》［*Public Works History* 19（Kansas City, Mo.：Public Works Historical Society, Dec. 1999）］；史蒂芬·J. 霍夫曼（Steven J. Hoffman）的论文《"吉姆·克劳南部的进步公共卫生管理》（Progressive Public Health Administration in the Jim Crow South），刊于《社会历史杂志》［*Journal of Social History* 35（2001）：177-194］；

玛格丽特·汉弗莱斯（Margaret Humphreys）的《疟疾》[*Malaria*（Baltimore：Johns Hopkins University Press，2003）]；史蒂文·约翰逊（Steven Johnson）的《幽灵地图：伦敦最致命流行病的故事》[*The Ghost Map*：*The Story of London's Deadliest Epidemic*（New York：Penguin，2006）]；杰拉尔德·马科维茨（Gerald Markowitz）和戴维·罗斯纳（David Rosner）的《欺骗与否认》[*Deceit and Denial*（Berkeley：University of California Press，2002）]；格雷格·米特曼（Gregg Mitman）的论文《寻找健康：美国环境史上的景观与疾病》（In Search of Health：Landscape and Disease in American Environmental History），刊于《环境史》[*Environmental History* 10（Apr. 2005）：184-210]；哈罗德·L. 普拉特（Harold L. Platt）的论文《"聪明的微生物"：进步时代曼彻斯特和芝加哥的细菌学和环卫技术》（"Clever Microbes"：Bacteriology and Sanitary Technology in Manchester and Chicago during the Progressive Age），刊于《奥西里斯》[*Osiris* 19（2004）：149-166]；莎莉·谢尔德（Sally Sheard）和海伦·鲍尔（Helen Power）主编的《身体与城市：城市公共卫生史》[*Body and City*：*Histories of Urban Public Health*（Aldershot，U. K.：Ashgate，2001）]；约翰·威尔斯曼（John Welshman）的《城市医学：20 世纪英国的公共卫生》[*Municipal Medicine*：*Public Health in Twentieth-Century Britain*（Oxford，U. K.：Peter Lang，2000）]；路易·P. 凯恩（Louis P. Cain）和伊利斯·J. 罗特拉（Elyce J. Rotella）的论文《死亡与消费》（Death and Spending），刊于《人口统计年鉴》[*Annales de Demographie Historique* 45（2002）：139-154]。

关于环境运动，参见罗伯特·戈特利布（Robert Gottlieb）的《赋能春天》[*Forcing the Spring*（Washington，D. C.：Island Press，1993）]；亚当·罗姆（Adam Rome）的《乡村里的推土机》[*The Bulldozer in the Countryside*（Cambridge：Cambridge University Press，2001）]；马克·道伊（Mark Dowie）的《失地》[*Losing Ground*（Cambridge，Mass.：MIT Press，1997）]；塞缪尔·P. 海斯（Samuel P. Hays）《美丽、健康与永恒》[*Beauty*，*Health*，*and Permanence*（Cambridge：Cambridge University Press，1987）]。

遗憾的是，市政、环卫和环境工程主题在吸引学术研究方面不如公共卫生和医学。一些值得参考的研究包括特里·S. 雷诺兹（Terry S. Reynolds）主编的《美国工程师》[*The Engineer in America*（Chicago：University of Chicago Press, 1991）]；彼得·C. 舒尔茨（Peter C. Schulze）主编的《生态约束下的工程》[*Engineering within Ecological Constraints*（Washington, D. C.：National Academy Press, 1996）]；拉里·D. 兰克顿（Larry D. Lankton）的论文《"实用的"工程师：约翰·B. 杰维斯和老克罗顿渡槽》（The "Practicable" Engineer：John B. Jervis and the Old Croton Aqueduct），刊于《公共工程历史论文》[*Public Works History* 5（Chicago：Public Works Historical Society, 1977）]；马丁·V. 梅洛西（Martin V. Melosi）的论文《务实的环境保护主义者：环卫工程师小乔治·E. 华林》（Pragmatic Environmentalist：Sanitary Engineer George E. Waring Jr.），刊于《公共工程历史论文》[*Public Works History* 4（Washington, D. C.：Public Works Historical Society, 1977）]；以及斯坦利·K. 舒尔茨（Stanley K. Schultz）和克莱·麦克沙恩（Clay McShane）的论文《设计大都市》（To Engineer the Metropolis），刊于《美国历史杂志》[*Journal of American History* 65（Sept. 1978）：389-411]。

338　　由于供水对城市的成长和发展具有重要意义，其二次文献书目较多，但在质量和选题分布上却参差不齐。最著名的作品写于 40 年前：纳尔逊·曼弗雷德·布莱克（Nelson Manfred Blake）的《城市之水》[*Water for the Cities*（Syracuse, N. Y.：Syracuse University Press, 1956）]。从未出版过但令人印象深刻的是莱蒂·唐纳森·安德森（Letty Donaldson Anderson）的《技术在 19 世纪美国城市中的扩散：市政供水投资》[The Diffusion of Technology in the Nineteenth-Century American City：Municipal Water Supply Investments（Ph. D. diss., Northwestern University, 1980）]，还有一篇该论文的衍生文章《艰难的选择：向新英格兰供水》（Hard Choices：Supplying Water to New England），刊于《跨学科历史杂志》[*Journal of Interdisciplinary History* 15（Autumn 1984）：211-234]。另可参考苏亚特·加利肖夫（Stuart Galishoff）的论文《成功与失败：1860-1923 年美国对城市供水问题的回应》（Triumph and

Failure：The American Response to the Urban Water Supply Problem，1860-1923），收录在马丁·V. 梅洛西的《美国城市污染与改革》［*Pollution and Reform in American Cities*（Austin：University of Texas Press，1980），35-57］；莎拉·S. 埃尔金德（Sarah S. Elkind）的《海湾城市与水政治》［*Bay Cities and Water Politics*（Lawrence ：University Press of Kansas，1998）］；埃尔默·W. 贝克尔（Elmer W. Becker）的《密尔沃基水的世纪》［*A Century of Milwaukee Water*（Milwaukee：Milwaukee Water Works，1974）］；亚伯拉罕·霍夫曼（Abraham Hoffman）《愿景还是邪恶：欧文斯谷-洛杉矶水资源争议的起源》［*Vision or Villainy：Origins of the Owens Valley-Los Angeles Water Controversy*（College Station：Texas A&M University Press，1981）］；威廉·L. 卡尔（William L. Kahrl）的《供水和电力》［*Water and Power*（Berkeley：University of California Press，1982）］；弗恩·L. 内森（Fern L. Nesson）《大水域》［*Great Waters*（Hanover，N. H. ：University Press of New England，1983）］；霍华德·罗森（Howard Rosen）和安·德金·基廷（Ann Durkin Keating）主编的《供水与城市》［*Water and the City*（Chicago：Public Works Historical Society，1991）］；约瑟夫·W. 巴恩斯（Joseph W. Barnes）的论文《供水工程的历史：奥尔巴尼、尤蒂卡、锡拉丘兹和罗切斯特的比较》（Water Works History：Comparison of Albany，Utica，Syracuse，and Rochester），刊于《罗切斯特历史》［*Rochester History* 39（July 1977）：1-22］；约翰·B. 布莱克（John B. Blake）的论文《莱缪尔·沙塔克与波士顿供水》（Lemuel Shattuck and the Boston Water Supply），刊于《医学史通报》［*Bulletin of the History of Medicine* 29（1955）：554-562］；加里·A. 唐纳森（Gary A. Donaldson）的论文《把水带到新月城》（Bringing Water to the Crescent City），刊于《路易斯安那州历史》［*Louisiana History* 28（Fall 1987）：381-96］；约翰·H. 埃利斯（John H. Ellis）和斯图尔特·加利肖夫（Stuart Galishoff）的论文《亚特兰大的供水，1865-1918 年》（Atlanta's Water Supply，1865-1918），《马里兰历史学家》［*Maryland Historian* 8（Spring 1977）：5-22］；格雷格·R. 亨尼西（Gregg R. Hennessey）的论文《1895-1897 年圣迭戈的水政治》（The Politics of Water in San Diego，1895-

1897），刊于《圣迭戈历史杂志》［*Journal of San Diego History* 24（Summer 1978）：367-383］；卡罗尔·霍菲克（Carol Hoffecker）的论文《特拉华州威尔明顿的供水和排污系统，1810-1910 年》 （Water and Sewage Works in Wilmington, Delaware, 1810-1910），刊于《公共工程历史论文》［*Public Works History* 2（Chicago：Public Works Historical Society，1981）］；布鲁斯·乔丹（Bruce Jordan）的论文《密尔沃基供水系统的起源》（Origins of the Milwaukee Water Works），刊于《密尔沃基历史》［*Milwaukee History* 9（Spring 1986）：2-16］；雅各布·贾德（Jacob Judd）的论文《布鲁克林供水》 （Water for Brooklyn），刊于《纽约历史》 ［*New York History* 47（Oct. 1966）：362-371］；米卡尔·麦克马洪（Michal McMahon）的论文《临时技术：19 世纪费城的供水和政治》 （Makeshift Technology：Water and Politics in Nine-teenth-Century Philadelphia），刊于《环境评论》 ［*Environmental Review* 12（Winter 1988）：21-37］；詹姆斯·C. 奥康奈尔（James C. O'Connell）的论文《芝加哥对纯净水的追求》（Chicago's Quest for Pure Water），刊于《公共工程历史论文》［*Public Works History* 1（Washington，D. C.：Public Works Historical Society，1976） ］；莫林·奥格尔（Maureen Ogle）论文《重新定义"公共"供水，1870-1890 年：对艾奥瓦三个城市的研究》 （Redefining "Public" Water Supplies，1870-1890：A Study of Three Iowa Cities），刊于《艾奥瓦年鉴》 ［*Annals of Iowa* 50（Spring 1990）：507-530］；特里·S. 雷诺兹（Terry S. Reynolds）的论文《蓄水池和火灾：路易斯安那州什里夫波特市，作为南部公共供水系统出现的案例研究》 （Cisterns and Fires：Shreveport, Louisiana, as a Case Study of the Emergence of Public Water Supply Systems in the South），刊于《路易斯安那州历史》 ［*Louisiana History* 22（Fall 1981）：337-367］；托德·A. 沙拉特（Todd A. Shallat）的论文《弗雷斯诺的水竞争》（Fresno's Water Rivalry），刊于《公共工程历史论文》［*Public Works History* 8（1979）：9-13］；以及马克·J. 蒂尔诺（Mark J. Tierno）的论文《在匹兹堡寻找纯净水》 （The 339 Search for Pure Water in Pittsburgh），刊于《西宾夕法尼亚州历史杂志》 ［*Western Pennsylvania Historical Magazine* 60（Jan. 1977）：23-36］。克里斯托弗·哈姆林

（Christopher Hamlin）发表了几篇有关英国水净化的重要研究报告，但美国没有类似的作品。参见他的《杂质科学》[*A Science of Impurity*（Berkeley：University of California Press，1990）]以及《什么是污染？》[*What Becomes of Pollution?*（New York：Garland，1987）]。

最近对供水的研究包括 K. 弗斯·莫兰（K. Foss-Mollan）的《硬水：密尔沃基的政治和供水》[*Hard Water：Politics and Water Supply in Milwaukee*（West Lafayette，Ind.：Purdue University Press，2001）]；罗伯特·杰罗姆·格伦农（Robert Jerome Glennon）的《水的愚行：地下水抽水和美国淡水的命运》[*Water Follies：Groundwater Pumping and the Fate of America's Fresh Waters*（Washington，D. C.：Island Press，2002）]；约翰·格雷汉姆·利（John Graham-Leigh）的《伦敦供水战争》[*London's Water Wars*（London：Francis Boutle，2000）]；查尔斯·哈代三世（Charles Hardy III）的论文《费城的供水》（The Watering of Philadelphia），刊于《宾夕法尼亚遗产》[*Pennsylvania Heritage* 30（Spring 2004）：26-35]；约翰·哈桑（John Hassan）的《现代英格兰和威尔士的水史》[*A History of Water in Modern England and Wales*（Manchester：Manchester University Press，1998）]；杰勒德·T. 科佩尔（Gerard T. Koeppel）的《哥谭市供水》[*Water for Gotham*（Princeton，N. J.：Princeton University Press，2000）]；道格拉斯·E. 库佩尔（Douglas E. Kupel）的《增长的燃料：供水和亚利桑那州的城市环境》[*Fuel for Growth：Water and Arizona's Urban Environment*（Tucson：University of Arizona Press，2003）]；查尔·米勒（Char Miller）的论文《日益缺水的世界》（Running Dry），刊于《西部杂志》[*Journal of the West* 44（Summer 2005）：44-51]；凯瑟琳·马霍兰德（Catherine Mulholland）的《威廉·马霍兰德与洛杉矶的崛起》[*William Mulholland and the Rise of Los Angeles*（Berkeley：University of California Press，2000）]；莫琳·奥格尔（Maureen Ogle）的论文《19 世纪中叶美国城市的供水、废物处置和私有文化》（Water Supply，Waste Disposal，and the Culture of Privatism in the Mid-Nineteenth Century American City），刊于《城市历史杂志》[*Journal of Urban History* 25（1999）：321-347]；贾里

德·奥西（Jared Orsi）的论文《重建城市：北美西部城市的供水历史》（Reclaiming the City: Water History in the Urban North American West），刊于《西部杂志》［*Journal of the West* 44（Summer 2005）：8-11］；朱尼·帕瓦拉（Jouni Paavola）的论文《水质即财产》（Water Quality as Property），刊于《环境与历史》［*Environment and History* 8（2002）：295-318］；迈克尔·罗森（Michael Rawson）的论文《水的本质》（The Nature of Water），刊于《环境史》［*Environmental History* 9（July 2004）：411-435］；克里斯托弗·塞勒斯（Christopher Sellers）的论文《氟化水的人工性质》（The Artificial Nature of Fluoridated Water），刊于《奥西里斯》［*Osiris* 19（2004）：182-200］；卡洛琳·G. 夏皮罗·夏平（Carolyn G. Shapiro-Shapin）的论文《过滤城市形象：进步主义、地方控制与圣路易斯供水，1890-1906 年》（Filtering the City's Image: Progressivism, Local Control, and the St. Louis Water Supply, 1890-1906），刊于《医学与应用科学史杂志》［*Journal of the History of Medicine and Applied Sciences* 54（July 1999）：387-412］；玛丽卡·索科尔（Marienka Sokol）的论文《城市开垦：菲尼克斯和拉斯维加斯的供水和城市景观》（Reclaiming the City: Water and the Urban Landscape in Phoenix and Las Vegas），刊于《西部杂志》［*Journal of the West* 44（Summer 2005）：52-61］；沃纳·特勒斯肯（Werner Troesken）的论文《种族、疾病和美国城市供水，1889-1921 年》（Race, Disease, and the Provision of Water in American Cities, 1889-1921），刊于《经济历史杂志》［*Journal of Economic History* 61（2001）：750-776］；沃纳·特勒斯肯（Werner Troesken）的论文《伤寒率和私人供水系统的公共收购，1880-1925 年》（Typhoid Rates and the Public Acquisition of Private Waterworks, 1880-1925），刊于《经济历史杂志》［*Journal of Economic History* 59（1999）：927-948］；沃纳·特勒斯肯（Werner Troesken）的《供水、种族和疾病》［*Water, Race, and Disease*（Cambridge, Mass.: MIT Press, 2004）］。

有关废水处理系统历史的文献比关于供水系统的文献要少得多，但其中的一些的书写更加成熟。研究者如果不接触乔尔·A. 塔尔（Joel A. Tarr）的作品，就无法对这一主题展开思考。参见他的论文《从城市到农场：城市垃圾和美国农民》（From City to Farm：Urban Wastes and the American Farmer），刊于《农业历史》［*Agricultural History* 49（Oct. 1975）：598-612］；论文《工业废物与公共卫生》（Industrial Wastes and Public Health），刊于《美国公共卫生杂志》［*American Journal of Public Health* 75（Sept. 1985）：1059-1067］；

　　论文《分流与合流排污问题》（The Separate vs. Combined Sewer Problem），刊于 340 《城市历史杂志》［*Journal of Urban History* 5（May 1979）：308-339］；《寻找终极归宿》［*The Search for the Ultimate Sink*（Akron，Ohio：University of Akron Press，1996）］；乔尔·A. 塔尔（Joel A. Tarr）、詹姆斯·麦库利（James McCurley）和特里·E. 尤西（Terry E. Yosie）的论文《城市污水处理技术的发展和影响》（The Development and Impact of Urban Wastewater Technology），收录于梅洛西主编的《美国城市污染与改革》（*Pollution and Reform in American Cities*）第59-82页。对芝加哥来说，同样重要的还有路易斯·P. 凯恩（Louis P. Cain）的著作，如《湖畔大都市的环卫战略》［*Sanitation Strategy for a Lakefront Metropolis*（De Kalb：Northern Illinois University Press，1978）］；论文《芝加哥环卫区的建立和环卫及船舶运河的建设》（The Creation of Chicago's Sanitary District and Construction of the Sanitary and Ship Canal），刊于《芝加哥历史》［*Chicago History* 8（Summer 1979）：98-110］；以及论文《养育和浇灌一座城市：埃利斯·西尔维斯特·切斯堡和芝加哥的第一个环卫系统》（Raising and Watering a City：Ellis Sylvester Chesbrough and Chicago's First Sanitation System），刊于《技术与文化》［*Technology and Culture* 13（July 1972）：353-372］。另见杰米·贝尼迪克森（Jamie Benidickson）的《冲洗文化：污水的社会和法律史》［*The Culture of Flushing：A Social and Legal History of Sewage*（Vancouver：UBC Press，2007）］。

　　对于更好地理解重要城市的环卫问题而言，一些著作的视野和意义比仅仅谈论废水问题的研究更广泛，包括道格拉斯·布林克利（Douglas Brinkley）的《大洪水》［*The Great Deluge*（New York：William Morrow，2006）］；克雷格·科尔滕

(Craig E. Colten) 的《一个不自然的大都市》 [*An Unnatural Metropolis*（Baton Rouge：Louisiana State University Press，2005）]；威廉·德弗雷尔（William Deverell）和格雷格·希斯（Greg Hise）主编的《阳光之地》 [*Land of Sunshine*（Pittsburgh：University of Pittsburgh Press，2005）]；埃里克·杰伊·多林（Eric Jay Dolin）的《政治水域》[*Political Waters*（Amherst：University of Massachusetts Press，2004）]；马修·甘迪（Matthew Gandy）的《混凝土与黏土》 [*Concrete and Clay*（Cambridge，Mass.：MIT Press，2002）]；布莱克·甘普雷希特（Blake Gumprecht）的《洛杉矶河》 [*The Los Angeles River*（Baltimore：Johns Hopkins University Press，1999）]；斯蒂芬·哈利迪（Stephen Halliday）的《伦敦的臭气》[*The Great Stink of London*（Stroud：Sutton，2001）]；阿里·凯尔曼（Ari Kelman）的《河流及其城市》 [*A River and Its City*（Berkeley：University of California Press，2003）]；贾里德·奥西（Jared Orsi）的《危险的大都市》[*Hazardous Metropolis*（Berkeley：University of California Press，2004）]；戴维·L.派克（David L. Pike）的《地下城市》[*Subterranean Cities*（Ithaca，N. Y.：Cornell University Press，2005）]；哈罗德·L.普拉特（Harold L. Platt）的《震撼城市》[*Shock Cities*（Chicago：University of Chicago Press，2005）]；乔尔·A.塔尔（Joel A. Tarr）主编的《破坏与重建》[*Devastation and Renewal*（Pittsburgh：University of Pittsburgh Press，2003）]；以及加文·怀特曼（Gavin Weightman）的《伦敦的泰晤士河》 [*London's Thames*（New York：St. Martin's Press，2005）]。

专门关于污水问题的第一本著作是乔安妮·阿贝尔·高德曼（Joanne Abel Goldman）的《修建纽约下水道》[*Building New York's Sewers*（West Lafayette，Ind.：Purdue University Press，1997）]。尽管时间跨度太窄，无法对议题进行全面的论述，但高德曼在引入政治作为污水系统规划的一个关键因素方面做得很好。还可参考斯图亚特·加利肖夫（Stuart Galishoff）的论文《排水、疾病、舒适和阶级：纽瓦克下水道的历史》（*Drainage，Disease，Comfort，and Class：A History of Newark's Sewers*），刊于《索塞特》[*Societas* 6（Spring 1976）：121-138]；克里斯托弗·哈姆林

(Christopher Hamlin) 的论文《埃德温·查德威克和工程师，1842-1854 年：管道和砖制下水道战争中的系统和反系统》（Edwin Chadwick and the Engineers, 1842-1854: Systems and Antisystems in the Pipe-and-Brick Sewers War），刊于《技术与文化》[*Technology and Culture* 33 (Oct. 1992): 680-709]；以及舒尔茨（Schultz）和麦克肖恩（McShane）的论文《设计大都市》（To Engineer the Metropolis）。

关于固体废物的文献一直很薄弱，但近年来越来越丰富。然而，在美国，唯一 341 广泛论述这个议题的是马丁·V. 梅洛西（Martin V. Melosi）的《城市垃圾》[*Garbage in the Cities* (Pittsburgh: University of Pittsburgh Press, 2005)]。另外请参见我的论文《倾倒在垃圾堆里：美国有垃圾危机吗?》（Down in the Dumps: Is There a Garbage Crisis in America?），刊于马丁·V. 梅洛西主编的《城市公共政策》[*Urban Public Policy* (University Park: Pennsylvania State University Press, 1993), 100-127]；论文《危险废物与环境责任》（Hazardous Waste and Environmental Liability），刊于《休斯敦法律评论》[*Houston Law Review* 25 (July 1988): 1-39]；论文《卫生填埋场的历史发展和分编 D》（Historic Development of Sanitary Landfills and Subtitle D），刊于《能源实验室通讯》[*Energy Laboratory Newsletter* 31 (1994): 20-24]；论文《休斯敦的环卫服务和决策，1876-1945 年》（Sanitary Services and Decision Making in Houston, 1876-1945），刊于《城市历史杂志》[*Journal of Urban History* 20 (May 1994): 365-406]；论文《焚烧作为处置选择的可行性》（The Viability of Incineration as a Disposal Option），刊于《公共工程管理与政策》[*Public Works Management and Policy* I (July 1996): 40-51]；论文《废物管理：美国的清洁》（Waste Management: The Cleaning of America），刊于《环境》[*Environment* 23 (Oct. 1981): 6-13, 41-44]；论文《美国文化背景下的弗雷斯诺卫生填埋场》（The Fresno Sanitary Landfill in American Cultural Context），刊于《公共历史学家》[*Public Historian* 24 (Summer 2002): 17-35]；或者更综合性的研究《污染四溢的美国》[*Effluent America* (Pittsburgh: University of Pittsburgh Press, 2001)]。另可参考克雷格·E. 科尔滕（Craig E. Colten）论文《芝加哥的荒地》（Chicago's Waste Lands），刊于《历史地理杂志》

［*Journal of Historical Geography* 20（1994）：133-134］；拉里·S. 卢顿（Larry S. Luton）《垃圾的政治》［*The Politics of Garbage*（Pittsburgh：University of Pittsburgh Press，1996）］；威廉·拉什杰（William Rathje）和卡伦·墨菲（Cullen Murphy）的《垃圾!》［*Rubbish*!（New York：Harper-Collins，1992）］；帕特里夏·阿尔德（Patricia Ard）的论文《花园之州的垃圾》（Garbage in the Garden State），刊于《公共历史学家》［*Public Historian* 27（Summer 2005）：57-66］；丹尼尔·埃利·伯恩斯坦（Daniel Eli Burnstein）的《紧邻上帝》［*Next to Godliness*（Urbana：University of Illinois Press，2006）］；威廉·A. 科恩（William A. Cohen）和瑞安·约翰逊（Ryan Johnson）主编的《污秽：肮脏、厌恶和现代生活》［*Filth：Dirt，Disgust，and Modern Life*（Minneapolis：University of Minnesota Press，2005）］；米拉·恩格勒（Mira Engler）的《设计美国垃圾景观》［*Designing America's Waste Landscapes*（Baltimore：Johns Hopkins University Press，2004）］；克莱·麦克肖恩（Clay McShane）和乔尔·A. 塔尔（Joel A. Tarr）的《城市中的马》［*The Horse in the City*（Baltimore：Johns Hopkins University Press，2007）］（论述的不仅仅是废物问题）；本杰明·米勒（Benjamin Millers）的《肥沃的土地》［*Fat of the Land*（New York：Four Windows Eight Walls，2000）］；赫瑟斯·罗杰斯（Heathers Rogers）的《消失的明天：垃圾的隐藏生活》［*Gone Tomorrow：The Hidden Life of Garbage*（New York：New Press，2005）］；伊丽莎白·罗伊特（Elizabeth Royte）的《垃圾之地》［*Garbage Land*（New York：Little，Brown，2005）］；苏珊·斯特拉瑟（Susan Strasser）《浪费与匮乏》［*Waste and Want*（New York：Metropolitan Books，1999）］；汉斯·塔姆梅纳吉（Hans Tammemagi）的《废物危机》［*The Waste Crisis*（New York：Oxford University Press，1999）］；克里斯托弗·J. 普雷斯顿（Christopher J. Preston）和史蒂芬·H. 科里（Steven H. Corey）的论文《公共卫生和环境保护主义：将垃圾添加到环境伦理学的历史中》（Public Health and Environmentalism：Adding Garbage to the History of Environmental Ethics），刊于《环境伦理学》［*Environmental Ethics* 27（Spring 2005）：3-21］；卡尔·齐姆林（Carl Zimring）的《为你的垃圾掏钱》［*Cash for Your Trash*

（New Brunswick, N. J.: Rutgers University Press, 2005）］。

最近一些与本研究相关的并有助于理解环境正义问题的著作包括安德鲁·萨兹（Andrew Szasz）的《生态民粹主义》[*Ecopopulism*（Minneapolis: University of Minnesota Press, 1994）]；芭芭拉·L. 艾伦（Barbara L. Allen）的《不安的炼金术：路易斯安那州化学走廊争端中的公民和专家》[*Uneasy Alchemy: Citizens and Experts in Louisiana's Chemical Corridor Disputes*（Cambridge, Mass.: MIT Press, 2003）]；罗伯特·D. 布拉德（Robert D. Bullard）、格伦·S. 约翰逊（Glenn S. Johnson）和安吉尔·O. 托雷斯（Angel O. Torres）的《扩张的城市》[*Sprawl City*（Washington, D. C.: Island Press, 2000）]；卢克·科尔（Luke Cole）和希拉·福斯特（Sheila Foster）的《从底层开始：环境种族主义与环境正义运动的兴起》[*From the Ground Up: Environmental Racism and the Rise of the Environmental Justice Movement*（New 342 York: NYU Press, 2001）]；M. 伊根（M. Egan）的论文《美国底层环境保护主义》（Subaltern Environmentalism in the United States），刊于《环境与历史》[*Environment and History* 8（2002）: 21-41]；戴安·D. 格拉夫（Diane D. Glave）和马克·斯托尔（Mark Stoll）主编的《"爱风与雨"：非洲裔美国人与环境历史》[*"To Love the Wind and the Rain": African Americans and Environmental History*（Pittsburgh: University of Pittsburgh Press, 2006）]；多洛雷斯·格林伯格（Dolores Greenberg）的论文《重建种族与抗议》（Reconstructing Race and Protest），刊于《环境历史》[*Environmental History* 5（Apr. 2000）: 223-50]；史蒂芬·J. 霍夫曼（Steven J. Hoffman）的《里士满建筑中的种族、阶级和权力》[*Race, Class and Power in the Building of Richmond*（Jefferson, N. C.: McFarland, 2004）]；埃里克·J. 克里格（Eric J. Krieg）的论文《纽约布法罗的种族与环境正义》（Race and Environmental Justice in Buffalo, New York），刊于《社会与自然资源》[*Society and Natural Resources* 18（Jan. 2005）: 199-213]；史蒂夫·勒纳（Steve Lerner）的《钻石：路易斯安那州化学走廊环境正义的斗争》[*Diamond: A Struggle for Environmental Justice in Louisiana's Chemical Corridor*（Cambridge, Mass.: MIT Press, 2005）]；艾琳·麦格蒂

（Eileen McGurty）《转变环境保护主义》［*Transforming Environmentalism*（New Bruns-wick, N. J.：Rutgers University Press, 2007）］；戴维·纳吉布·佩洛（David Naguib Pellow）的《垃圾战争》［*Garbage Wars*（Cambridge, Mass.：MIT Press, 2002）］；戴维·纳吉布·佩洛（David Naguib Pellow）和罗伯特·J. 布鲁尔（Robert J. Brulle）主编的《权力、正义与环境》［*Power, Justice, and the Environment*（Cambridge, Mass.：MIT Press, 2005）］；艾伦·斯特劳德（Ellen Stroud）的论文《生态乌托邦的浑水》（Troubled Waters in Ecotopia），刊于《激进历史评论》［*Radical History Review* 74（Spring 1999）：65-95］；朱莉·茨（Julie Sze）的《有害的纽约：城市健康与环境正义的种族政治》［*Noxious New York：The Racial Politics of Urban Health and Environmental Justice*（Cambridge, Mass.：MIT Press, 2007）］；以及西尔维娅·胡德·华盛顿（Sylvia Hood Washington）的《放弃他们》［*Packing Them in*（Lanham, Md.：Lexington Books, 2004）］。

索　引

图书在版编目(CIP)数据

环卫城市：从美国殖民地时期直到现在/(美)马丁·V.梅洛西著；毛达，王丽敏译．—北京：商务印书馆，2022
（生态与人译丛）
ISBN 978 - 7 - 100 - 21198 - 7

Ⅰ.①环…　Ⅱ.①马…　②毛…　③王…　Ⅲ.①公共卫生—城市公用设施—建筑史—研究—美国　Ⅳ.①TU993-097.12

中国版本图书馆 CIP 数据核字(2022)第 091075 号

生态与人译丛
环卫城市
——从美国殖民地时期直到现在
〔美〕马丁·V.梅洛西 著

毛达　王丽敏 译
梅雪芹 校

商 务 印 书 馆 出 版
（北京王府井大街 36 号　邮政编码 100710）
商 务 印 书 馆 发 行
北京市白帆印务有限公司印刷
ISBN 978 - 7 - 100 - 21198 - 7

2022 年 11 月第 1 版　　　开本 710×1000　1/16
2022 年 11 月北京第 1 次印刷　　印张 29¾
定价：128.00 元